Beat Ernst und Alexander Vögtli
Moderne Pharmakokinetik

Beachten Sie bitte auch weitere interessante Titel zu diesem Thema

Vohr, H.-W. (Hrsg.)

Toxikologie

Band 1: Grundlagen der Toxikologie

2010
Softcover
ISBN: 978-3-527-32319-7

Band 2: Toxikologie der Stoffe

2010
Softcover
ISBN: 978-3-527-32385-2

2-Volume Set:

ISBN: 978-3-527-32386-9

van de Waterbeemd, H. und Testa, B. (Hrsg.)

Drug Bioavailability

Estimation of Solubility, Permeability, Absorption and Bioavailability

Second, Completely Revised Edition
2009
Hardcover
ISBN: 978-3-527-32051-6

Ecker, G. und Chiba, P. (Hrsg.)

Transporters as Drug Carriers

Structure, Function, Substrates

2009
Hardcover
ISBN: 978-3-527-31661-8

Mannhold, R. (Hrsg.)

Molecular Drug Properties

Measurement and Prediction

2008
Hardcover
ISBN: 978-3-527-31755-4

Ottow, E. und Weinmann, H. (Hrsg.)

Nuclear Receptors as Drug Targets

2008
Hardcover
ISBN: 978-3-527-31872-8

Groner, B. (Hrsg.)

Peptides as Drugs

Discovery and Development

2009
Hardcover
ISBN: 978-3-527-32205-3

Tang, W. und Eisenbrand, G.

Handbook of Chinese Medicinal Plants

Chemistry, Pharmacology, Toxicology

2010
Hardcover
ISBN: 978-3-527-32226-8

Beat Ernst und Alexander Vögtli

Moderne Pharmakokinetik

Transport durch Membranen

WILEY-VCH

WILEY-VCH Verlag GmbH & Co. KGaA

Autoren

Prof. Dr. Beat Ernst
Institut für Molekulare Pharmazie
Pharmazentrum, Universität Basel
Klingelbergstrasse 50
4056 Basel
Schweiz

Dr. Alexander Vögtli
Institut für Molekulare Pharmazie
Pharmazentrum, Universität Basel
Klingelbergstrasse 50
4056 Basel
Schweiz

Abbildungen
Dr. Alexander Vögtli

1. Auflage 2010

Bibliografische Information der Deutschen Nationalbibliothek
Die Deutsche Nationalbibliothek verzeichnet diese Publikation in der Deutschen Nationalbibliografie; detaillierte bibliografische Daten sind im Internet über http://dnb.d-nb.de abrufbar.

Cover-Design Adam-Design, Weinheim
Satz Hagedorn Kommunikation GmbH, Viernheim
Druck und Bindung betz-druck GmbH, Darmstadt

Printed in the Federal Republic of Germany
Gedruckt auf säurefreiem Papier

ISBN: 978-3-527-32376-0

Inhaltsverzeichnis

Moderne Pharmakokinetik. Beat Ernst, Alexander Vögtli

ISBN: 978-3-527-32376-0

Widmung

Für meine Lehrer
Alexander Vögtli

Für Lenah und Thomas
Beat Ernst

Vorwort der Autoren und Danksagung

Dieses Buch geht auf die Zusammenarbeit der Autoren im Rahmen der Vorlesungen "Molekulare Wirkstoffmechanismen" und "Aktiver und Passiver Transport über Membranen" zurück, die an der Universität Basel den Studierenden der Pharmazeutischen Wissenschaften angeboten werden.

Während die pharmakodynamischen Aspekte der Wirkstoff-Target-Wechselwirkung in vielen Lehrbüchern breit abgehandelt wird, fehlen viele Informationen über den pharmakokinetischen Teil. Insbesondere der Transport über Membranen wird dabei nur stiefmütterlich behandelt. So beantworten Lehrbücher Fragen wie "Wie werden Arzneimittel im Körper verteilt? Wie gelangen sie an den Wirkort und docken an die richtigen Bindungsstellen an? Wie werden sie im Körper metabolisiert und schließlich wieder ausgeschieden? Welches sind die Mechanismen, die diesen Transportprozessen zu Grunde liegen?" gar nicht oder nur ungenügend.

Die Pharmakokinetik ist aber auch für die Arzneimittel-Verordnung und insbesondere für das Verständnis und die Gewichtung von Arzneimittel-Wechselwirkungen von zentraler Bedeutung. Deshalb sollte auch bei Fachleuten im Gesundheitswesen, z.B. in der Apotheke, das pharmakokinetische Basiswissen auf dem neusten Stand sein.

Das vorliegende Buch ist sowohl für alle fortgeschrittenen Studierenden der Pharmazie, Medizinalchemie, Chemie, Pharmakologie und angrenzender Disziplinen als auch für Gesundheitsfachleute wie Apotheker und Ärzte, Medizinalchemiker und Pharmakologen gedacht, die an der pharmazeutischen Wirkstoffforschung interessiert sind. Mit den Kapiteln

- Der Weg des Wirkstoffs zum molekularen Target
- Gastrointestinale Absorption
- Prozesse an der Leber
- Eliminierung an der Niere
- Verteilung ins Gehirn: die Blut-Hirn-Schranke
- Verteilung zur Plazenta

wird der Weg eines Wirkstoffs zu seinem Target und die Barrieren, die sich ihm dabei in den Weg stellen, begleitet. Mit zahlreichen Beispielen haben wir ver-

Moderne Pharmakokinetik. Beat Ernst, Alexander Vögtli

ISBN: 978-3-527-32376-0

sucht, die für die pharmakokinetische Phase verantwortlichen strukturellen Eigenschaften einer Verbindung herauszuarbeiten.

Was wären Lehrbücher ohne erhellende Illustrationen und schematische Darstellungen? Bilder sind einprägsam, unterstützen den Lernprozess und machen komplexe Sachverhalte erst richtig begreifbar. Deshalb waren Bilder für dieses Buch von grosser Wichtigkeit und wurden von Alexander Vögtli nach einheitlichen didaktischen Gesichtspunkten neu erarbeitet und gestaltet. Dies setzte natürlich auch voraus, dass das Lehrbuch durchgehend in Farbe erscheinen kann.

Schliesslich haben viele Kollegen direkt und indirekt zu diesem Buch beigetragen. Speziell bedanken möchten wir uns bei Andrea Dür für ihren Beitrag zum Kapitel *Verteilung ins ZNS: Blut-Hirn-Schranke* und bei Matthias Wittwer für den Text zum Unterkapitel *PAMPA*. Ebenfalls zu Dank verpflichtet sind wir Frau Dr. Nöthe vom Verlag Wiley-VCH für die kompetente Umsetzung vom Manuskript zum Buch und die ausserordentlich gute Betreuung.

Wir hoffen, dass dieses Lehrbuch viele der eingangs gestellten Fragen beantwortet und wünschen dem Wirkstoff-interessierten Leser viel Vergnügen.

Alexander Vögtli
Mai 2010
Basel, Schweiz

Beat Ernst
Mai 2010
Basel, Schweiz

1
Einleitung

1.1
Übersicht über das Thema Pharmakokinetik

In der modernen Arzneimitteltherapie und -forschung gilt der Grundsatz, dass ein pharmazeutischer Wirkstoff an eine molekulare Zielstruktur binden muss, damit ein biologischer Effekt ausgelöst werden kann. Unter Zielstrukturen, auch *Targets* genannt, werden Rezeptoren, Enzyme, Ionenkanäle und Transporter zusammengefasst. Die Rezeptortheorie (Maehle *et al.*, 2002) wurde durch Paul Ehrlich mitbegründet, der zu Beginn des 19. Jahrhunderts postulierte, dass bestimmte chemische Strukturen auf der Zelle für die selektive Bindung von Substanzen verantwortlich sind und dass die „Medikamente nicht wirken, wenn sie nicht gebunden sind“ (*Corpora non agunt nisi fixata*, Ehrlich, 1909, S. 214):

> „Beherrscht wird das ganze Gebiet von einem ganz einfachen, ich möchte sagen selbstverständlichen Grundsatz. Wenn in der Chemie das Gesetz gilt: corpora non agunt nisi liquida, so ist für die Chemotherapie maßgebend: corpora non agunt nisi fixata!“

Für Enzyme beschrieb Emil Fischer 1894 das Schlüssel-Schloss-Prinzip am Beispiel der spezifischen Bindung zwischen Enzym und Substrat (Fischer, 1894):

> „Um ein Bild zu gebrauchen, will ich sagen, dass Enzym und Glucosid wie Schloss und Schlüssel zu einander passen müssen, um eine chemische Wirkung auf einander ausüben zu können.“

Eine nicht-kovalente Wechselwirkung führt zu einem Komplex zwischen Substrat und Enzym, dessen relative Bindungsstärke man als Affinität bezeichnet. Um der konformationellen Flexibilität der beiden Bindungspartner Rechnung zu tragen, wurde schließlich das Induced-Fit-Konzept („Hand-im-Handschuh-Prinzip“) geprägt (Koshland, 1958).

Ein Beispiel für ein Enzym als Zielstruktur ist die Neuraminidase des Grippevirus, welches sich in den Epithelzellen der Atemwege repliziert. Der antivirale Wirkstoff Oseltamivir (Tamiflu®), der bei der medikamentösen Therapie der Grippe verwendet wird, bindet an die virale Neuraminidase und hemmt dadurch ihre Funktion. Dies führt dazu, dass sich das Virus nach der Replikation nicht

Moderne Pharmakokinetik. Beat Ernst, Alexander Vögtli

ISBN: 978-3-527-32376-0

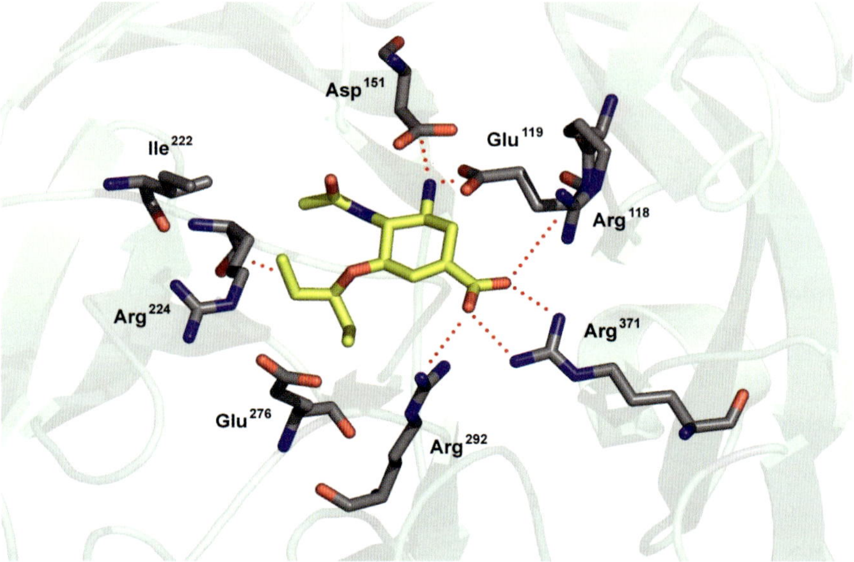

Abb. 1.1 Damit ein pharmazeutischer Wirkstoff einen biologischen Effekt auslösen kann, muss er an ein molekulares *Target* binden. Die Abbildung zeigt den antiviralen Wirkstoff Oseltamivir (Tamiflu®, gelb), gebunden an das Enzym Neuraminidase N1 des Influenza-Virus A vom Subtyp H5N1. Rot eingezeichnet sind die mutmaßlichen intermolekularen Wechselwirkungen, welche der Wirkstoff mit dem Enzym eingeht. Die Bindung blockiert die Active Site des Enzyms und damit dessen Funktion und verhindert die Vermehrung des Virus (Koordinanten aus Russell *et al.*, 2006; Bild erstellt mit PyMOL, http://pymol.sourceforge.net).

mehr von der Wirtszelle lösen und sich deshalb nicht weiter vermehren kann (Wutzler & Vogel, 2000). Die Bindung von Oseltamivir an die Neuraminidase ist in Abbildung 1.1 dargestellt.

Neben der Bindungsstärke, der *Affinität* zum Target, ist die *Selektivität* ein weiterer wichtiger Aspekt. Der Wirkstoff soll nur an ein definiertes Target binden (z.B. an Proteine des Grippevirus), nicht aber an andere Rezeptoren (z.B. körpereigene Proteine). Eine unselektive, d.h. gleichzeitige Hemmung verschiedener Targets kann zu Toxizität und unerwünschten Wirkungen führen.

Eine starke und selektive Bindung eines Wirkstoffs an eine Zielstruktur ist aber nur eine Voraussetzung für einen biologischen Effekt und damit eine effektive medikamentöse Therapie. Eine weitere essentielle Bedingung ist, „dass der Wirkstoff den Wirkort überhaupt in ausreichender Konzentration erreicht" (Clark, 1933). Oseltamivir beispielsweise wird peroral in Form von Kapseln verabreicht und muss aus dem Darm zu den Epithelzellen der Atemwege und zu den Grippeviren gelangen.

Einem Wirkstoff – oder der Gesamtheit aller Wirkstoffmoleküle aus der Arzneiform – stellen sich auf dem Weg aus dem Darm zur Zielstruktur (z.B. der Lunge) zahlreiche *Barrieren* in den Weg, welche den Transport behindern und die Menge

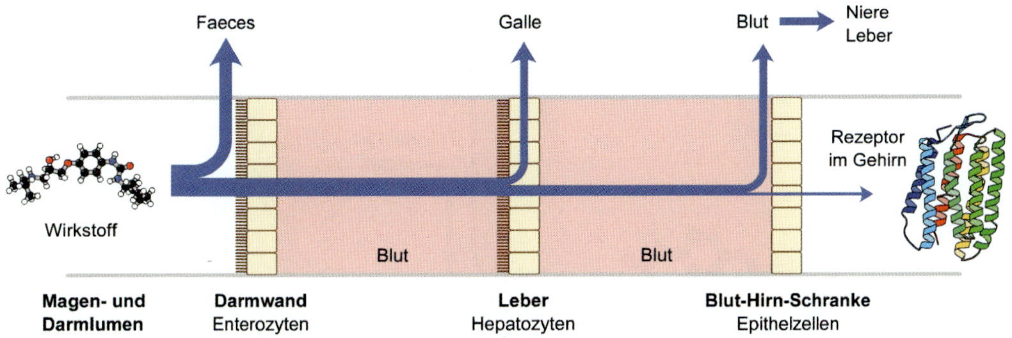

Abb. 1.2 Die Abbildung illustriert Beispiele von Barrieren, die sich einem Wirkstoff auf dem Weg zur molekularen Zielstruktur in den Weg stellen. Nur ein kleiner Teil der verabreichten Dosis erreicht tatsächlich das molekulare Target, welches sich hier im Gehirn befindet.

des Wirkstoffs, der schließlich das *Target* erreicht, signifikant reduzieren können (s. Abb. 1.2, van de Waterbeemd *et al.*, 2001). Unter Barrieren versteht man Transportbarrieren (z.B. Membranen, Efflux-Proteine), physikochemische Barrieren (z.B. Löslichkeit, pH) und biochemische Barrieren (z.B. metabolisierende Enzyme, Plasmaprotein-Bindung). Bereits der Zerfall und die Freisetzung (*Liberation*) des Wirkstoffs aus der Arzneiform im Darm stellen eine erste Barriere dar. Der Wirkstoff muss im Darm in Lösung gehen, damit er absorbiert werden kann. Hierbei spielen u.a. die Arzneiform (Voigt, 2000), der Inhalt des Magen-Darm-Trakts und die physikochemischen Eigenschaften des Wirkstoffs eine entscheidende Rolle (Hörter & Dressmann, 2001). Wird der Wirkstoff unvollständig aus der Arzneiform freigesetzt, kann nur ein Teil der gesamten Dosis den systemischen Kreislauf und damit die molekulare Zielstruktur erreichen. Säurelabile Wirkstoffe können zudem im sauren Milieu des Magens (pH 1 bis 2) abgebaut werden (z.B. Penicilline, Digoxin, Erythromycin, Protonenpumpen-Inhibitoren). Im Darm kann der Wirkstoff bereits bevor er das Target erreicht, biotransformiert werden und seine Aktivität verlieren (Doherty & Charman, 2002).

Eine wichtige Barriere ist die *Transportbarriere*. Wirkstoffe müssen nach der oralen Verabreichung auf dem Weg zu ihrem Target in der Regel mehrere Zellschichten überwinden. Die erste Zellschicht, auf die der oral verabreichte Wirkstoff trifft, ist das einschichtige Oberflächenepithel im Darm, das von den Darmzellen (Enterozyten) ausgebildet wird (Welsch, 2006). Der Prozess der Aufnahme des Wirkstoffs aus dem Darm in die Blutgefäße der Darmzotten wird als *intestinale Absorption* bezeichnet. Die verschiedenen möglichen Transportwege an der apikalen Enterozytenmembran sind in Abbildung 1.3 dargestellt. Wirkstoffe können zwischen den Zellen passieren (sog. *parazellulärer Transport*). Dieser Transportweg spielt aber eine untergeordnete Rolle und ist auf hydrophile Wirkstoffe mit einem Molekulargewicht von < 200 g/mol beschränkt (z.B. Aciclovir, Paracetamol), da die Zellen in den Zwischenräumen durch Verschlusskontakte (*Tight Junctions*) eine Barriere gegen den freien Stofftransport ausbilden (z.B. Schnee-

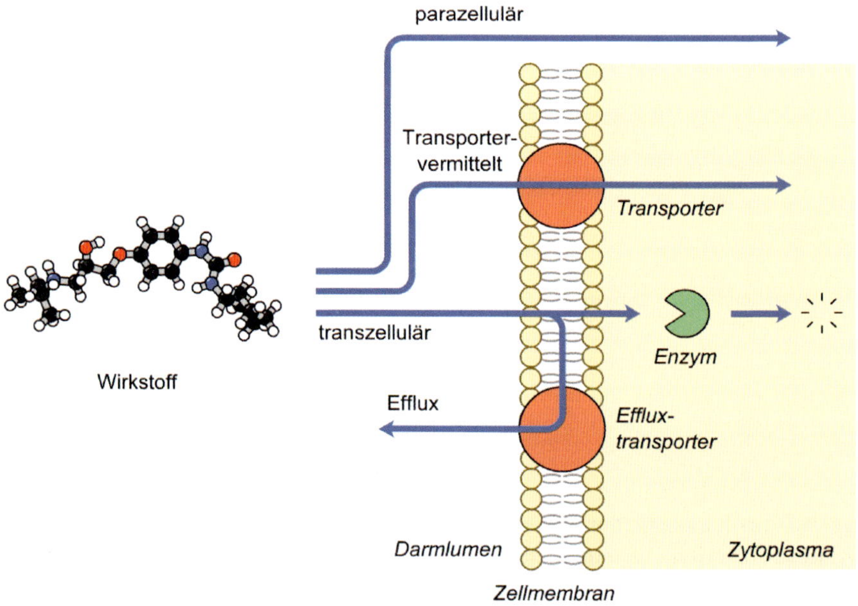

Abb. 1.3 Die Abbildung zeigt, über welche Transportwege ein pharmazeutischer Wirkstoff die apikale Zellmembran eines Enterozyten im Darm passieren kann.

berger & Lynch, 2004). Die meisten Wirkstoffe passieren die Zelle *transzellulär* und müssen dabei hydrophobe Zellmembranen überwinden. Hier sind verschiedene Transportmechanismen möglich. Ein lipophiler Wirkstoff kann passiv über die Membran diffundieren. Für hydrophile und geladene Wirkstoffe ist die Zellmembran – die im inneren Kern hydrophob ist – jedoch eine Transportbarriere. Die physikochemischen Eigenschaften eines Wirkstoffs determinieren deshalb sein Verhalten gegenüber der Transportbarriere.

Oseltamivir beispielsweise ist nur durch einen chemischen Kunstgriff oral absorbierbar. Der Wirkstoff wird nämlich erst nach der Absorption in den Enterozyten und in der Leber durch enzymatische Hydrolyse freigesetzt (s. Abb. 1.4). Die Umwandlung erfolgt nahezu vollständig. Es handelt sich um einen sogenannten *Prodrug*, ein Begriff, der 1958 von Adrien Albert geprägt wurde:

> „Sometimes the substance as administered, is only a ‚pro-drug' which has to be broken down to give the true drug." (Albert, 1958, S. 421).

Die polare und im Magen-Darm-Trakt positiv geladene Carboxylatgruppe des aktiven Wirkstoffs wurde mit Ethanol verestert, damit der Wirkstoff intestinal absorbiert wird und als Kapsel oral verabreicht werden kann (Li *et al.*, 1998).

Der Körper ist auf effiziente Mechanismen angewiesen, die auch hydrophile und geladene Nahrungsbestandteile die Membranbarriere passieren lassen, z.B. Ionen, Nukleinsäuren, Aminosäuren, Peptide, Lipide oder Zucker. Das wird mit *Transportproteinen*, d.h. Transportern und Kanälen, erreicht, die den selektiven

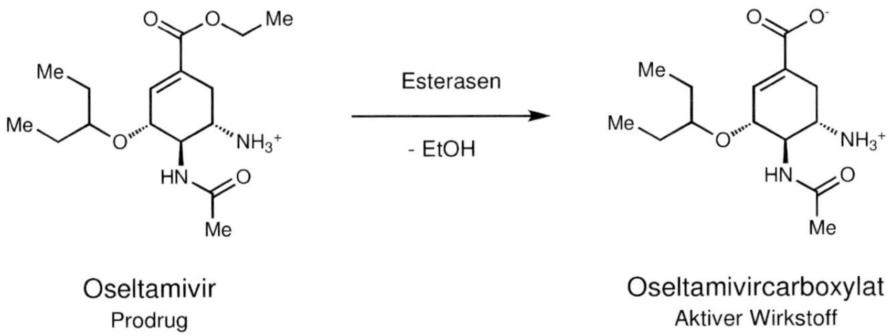

Abb. 1.4 Aktivierung des Prodrugs Oseltamivir zum aktiven Wirkstoff Oseltamivircarboxylat.

Transport bestimmter Substanzen und Substanzgruppen über Zellmembranen durch verschiedenartige Mechanismen begünstigen. Glucose beispielsweise kann aufgrund ihrer hydrophilen Hydroxylgruppen Zellmembranen nicht passiv überwinden. Der Zucker wird deshalb über die Transporter GLUT (Glucose-Transporter, z.B. an der Blut-Hirn-Schranke) und SGLT (Sodium-dependent Glucose Transporter, z.B. im Darm) über Membranen transportiert (Brown, 2000). Transportproteine können auch für den Transport von pharmazeutischen Wirkstoffen über die Membran ausgenützt werden (Amidon & Sadée, 1999).

Transporter transportieren aber auch in die Gegenrichtung (sog. *Efflux*). Lipophile Substanzen, die in die Membran diffundiert sind, werden so wieder aus der Membran zurück in den Darm transportiert. Der am besten charakterisierte Efflux-Transporter ist P-Glykoprotein (P-gp), ein ATP-abhängiger Transporter. P-gp wurde zunächst als Faktor bei der Entstehung der Kreuzresistenz von Tumorzellen gegenüber Zytostatika entdeckt (Gottesman, Fojo & Bates, 2002). Später wurde gezeigt, dass der Transporter auch an physiologischen Geweben, z.B. im Magen-Darm-Trakt, vorkommt (Thiebaut *et al.*, 1987). In den 90er Jahren wurde beispielsweise mit Knockout-Mäusen gezeigt, dass P-gp die Funktion einer Transportbarriere gegenüber Xenobiotika und pharmazeutischen Wirkstoffen wahrnimmt (z.B. Zhang & Benet, 1999). Als weiterer Transportweg ist noch die Rezeptor-abhängige Endo- und Transzytose zu nennen, bei dem Vesikel, die durch einen Einstülpungsvorgang der Zellmembran entstehen, den Wirkstoff einschließen und in und über die Zelle transportieren.

Die diskutierten Transportprozesse an der Zellmembran sind jedoch nicht nur bei der Absorption im Darm relevant, sondern auch bei allen weiteren pharmakokinetischen Prozessen, welchen der Wirkstoff im Organismus ausgesetzt ist, d.h. der Biotransformation, der Verteilung und der Elimination. Bei der ersten Leberpassage (*hepatischer First-Pass*) strömt das venöse Blut aus dem Darm an den Leberzellen (Hepatozyten) vorbei in Richtung Herz (Welsch, 2006). Neben zahlreichen Funktionen im Stoffwechsel hat die Leber durch ihre strategische Position zwischen Darm und systemischem Kreislauf eine wichtige Entgiftungs- und Ausscheidungsfunktion. Substanzen ohne physiologische Funktionen, sogenannte *Xenobiotika* (z.B. Zusatzstoffe in der Nahrung, Drogen oder Agrochemikalien) können hier durch Enzyme biotransformiert und der Ausscheidung in die Galle oder der Niere zugeführt werden (Testa, 1995; 2006). So werden lipophile Wirkstoffe beispielsweise besser wasserlöslich gemacht, damit sie effizient eliminiert werden können (Beyer, 1990). Durch diese erste Leberpassage kann ein wesentlicher Anteil des Wirkstoffs inaktiviert und eliminiert werden (z.B. Thummel, Kunze & Shen, 1997).

Eine kausale Bedingung für die hepatische Biotransformation (den Metabolismus) und die hepatische Elimination ist die Aufnahme in die Leberparenchymzellen (Hepatozyten) über deren sinusoidale Zellmembran, da die metabolischen Reaktionen vorwiegend intrazellulär stattfinden. Bei dieser Aufnahme sind wiederum dieselben Transportprozesse involviert, die oben bereits diskutiert wurden. Der biotransformierte und unveränderte Wirkstoff kann wieder zurück ins Blut oder über eine weitere Membran in die Galle transportiert und der Ausscheidung zugeführt werden (Transporter an der Leber: Kullak-Ublick, Stieger & Meier, 2004).

Hat der Wirkstoff nach der ersten Leberpassage schließlich die systemische Zirkulation erreicht, muss er aus dem Blut zu seiner molekularen Zielstruktur gelangen. Wenn diese außerhalb der Blutgefäße liegt, muss er dazu in das Gewebe verteilt werden (*Distribution*). Je nach Zielstruktur müssen erneut zelluläre Barrieren überwunden werden, zum Beispiel die Blut-Hirn-Schranke, die vom abgedichteten Endothel der Blutgefäße im Gehirn ausgebildet wird. Die Passage aus den Blutgefäßen in das Hirngewebe wird durch diese Barriere erschwert. Wiederum entscheiden die diskutierten Transportprozesse, die Eigenschaften des Wirkstoffs und die spezifischen Eigenschaften der Barriere, ob eine Substanz diese Barriere passieren kann. Die Blut-Hirn-Schranke stellt ein großes Problem für die Entwicklung zentral wirksamer Medikamente dar, da sie generell für Wirkstoffe schlecht durchlässig ist (Pardridge, 2005).

Sobald der Wirkstoff in den Organismus aufgenommen ist, beginnt auch seine Ausscheidung (*Elimination*). Neben der hepatischen Elimination sind insbesondere die Nieren an der Ausscheidung der Wirkstoffe beteiligt (renale Elimination). Alternative Ausscheidungswege, zum Beispiel über die Lunge, sind möglich und für einige Xenobiotika bedeutsam (z.B. Methanol). Die renale Klärung des Blutes wird von drei Prozessen bestimmt, der *Filtration*, der *Reabsorption* und der *Sekretion*.

Die Reabsorption und die Sekretion sind erneut Prozesse, bei denen der Wirkstoff eine Zellschicht und Zellmembranen passieren muss (oder parazellulär transportiert wird). Wiederum sind die diskutierten Transportprozesse beteiligt und determinieren zusammen mit den Eigenschaften des Wirkstoffs (und weiteren Faktoren, z.B. der Proteinbindung) das quantitative Ausmaß der Ausscheidung.

Oseltamivir, welches nach der Aktivierung durch Hydrolyse als Oseltamivircarboxylat vorliegt, wird vorwiegend renal ausgeschieden. Es wird sowohl filtriert als auch sekretiert. Da Oseltamivircarboxylat eine negative Ladung trägt, erfolgt die Sekretion vermutlich über Organische Anionen-Transporter (OAT). Da die Sekretion mit Probenecid inhibiert werden kann (Hill *et al.*, 2002) wurde auch spekuliert, dass im Fall einer Grippepandemie das rare Oseltamivir mit Probenecid gestreckt werden könnte (Butler, 2005). Dies analog zu Penicillin, dessen Wirkdauer durch Probenecid signifikant verlängert werden kann (z.B. Burnell & Kirby, 1951).

Zusammenfassend sind Transportprozesse und Transportbarrieren entscheidend am Schicksal eines pharmazeutischen Wirkstoffs im Organismus beteiligt, d.h. an seiner Absorption, der Distribution, am Metabolismus und an der Elimination. Diese Prozesse, die mit der Freisetzung (Liberation) unter dem Begriff der *Pharmakokinetik* zusammengefasst werden (Dost, 1953; 1968), stehen wiederum in direktem Zusammenhang mit der *Pharmakodynamik* (d.h. den Effekten des Wirkstoffs, unerwünschten Wirkungen, Interaktionen und Kontraindikationen). Schließlich sind Transportproteine auch selbst interessante Targets für die Pharmakotherapie. So gehören etwa die Protonenpumpen-Inhibitoren (z.B. Omeprazol, Antramups®, Target: H^+/K^+-ATPase), die Antidepressiva (z.B. Fluoxetin, Fluctine®, Prozac®, Target: Neurotransmitter-Transporter) und die Calcium-Antagonisten (z.B. Amlodipin, Norvasc®, Target: Calciumkanäle) zu den weltweit am meisten verwendeten Medikamenten (IMS Health).

Literatur

Albert A. Chemical aspects of selective toxicity. *Nature,* **1958**, *182,* 421–422.

Amidon G.L. & Sadée W (Hrsg.). Membrane transporters as drug targets. New York: Kluwer Academic, **1999**.

Beyer K-H. Biotransformation der Arzneimittel. Berlin, Heidelberg: Springer, **1990**.

Brown G.K. Glucose transporters: structure, function and consequences of deficiency. *Journal of Inherited & Metabolic Diseases,* **2000**, *23,* 237–246.

Burnell J.M & Kirby W.M.M. Effectiveness of a new compound, Benemid, in elevating serum penicillin concentrations. *Journal of Clinical Investigation,* **1951**, *30(7),* 697–700.

Butler D. Wartime tactic doubles power of scarce bird flu-drug. *Nature,* **2005**, *438*(*3*), 6.

Clark A.J. The mode of action of drugs on cells. London: Arnold, **1933**.

Doherty M.M. & Charman W.N. The mucosa of the small intestine. How clinically relevant as an organ of drug metabolism? *Clinical Pharmacokinetics,* **2002**, *41*(*4*), 235–253.

Dost F.H. Der Blutspiegel. Leipzig: Thieme, **1953**.

Dost F.H. Grundlagen der Pharmakokinetik. Stuttgart: Thieme, **1968**.

Ehrlich P. Chemotherapie von Infektionskrankheiten, 1909. In: Himmelwelt F. The collected papers of Paul Ehrlich. Volume III – Chemotherapy. London, Oxford, New York, Paris: Pergamon Press, **1960**.

Fischer E. Einfluss der Configuration auf die Wirkung der Enzyme. *Berichte der Deutschen Chemischen Gesellschaft,* **1894**, *27* (*3*), 2985–2993.

Gottesman M.M., Fojo T. & Bates S.E. Multidrug resistance in cancer: role of atp-dependent transporters. *Nature Reviews Cancer,* **2002**, *2,* 48–58.

Hörter D. & Dressman J.B. Influence of physicochemical properties on dissolution of drugs in the gastrointestinal tract. *Advances Drug Delivery Reviews,* **2001**, *46,* 75–87.

Hill G., Cihlar T., OO C., Ho E.S., Prior K., Wiltshire H., Barrett J., Liu B. & Ward P. The anti-influenza drug oseltamivir exhibits low potential to induce pharmakokinetics drug interactions via renal secretion – correlation of in vivo and in vitro studies. *Drug Metabolism and Disposition,* **2002**, *30,* 13–19.

Koshland D.E. Application of a Theory of Enzyme Specificity to Protein Synthesis. *Proceedings of the National Acadamy of Science,* **1958**, *44 (2),* 98–104.

Kullak-Ublick G.A., Stieger B. & Meier P.J. Enterohepatic bile salt transporters in normal physiology and liver disease. *Gastroenterology*, **2004**, *126*, 322–342.

Li W., Escarpe P.A., Eisenberg E.J., Cundy K.C., Sweet C., Jakeman K.J., Merson J., Lew W., Williams M., Zhang L., Kim C.U., Bischofberger N., Chen M.S. & Mendel D.B. Identification of GS 4104 as an orally bioavailable prodrug of the influenza virus neuraminidase inhibitor GS 4071. *Antimicrobial Agents and Chemotherapy*, **1998**, *42(3)*, 647–653.

Maehle A-H., Prüll C-R & Halliwell R.F. The emergence of the drug receptor theory. *Nature Reviews Drug Discovery*, **2002**, *1*, 637–641.

Pardridge W.M. The blood-brain barrier: bottleneck in brain drug development. *NeuroRx*, **2005**, *2*, 3–14.

Russell R.J., Haire L.F., Stevens D.J., Collins P.J., Lin Y.P., Blackburn G.M., Hay A.J., Gamblin S.J. & Skehel J.J. The structure of H5N1 avian influenza neuraminidase suggests new opportunities for drug design. *Nature*, **2006**, *443*, 45–49.

Schneeberger E.E. & Lynch R.D. The tight junction: a multifunctional complex. *American Journal of Physiology - Cell Physiology*, **2004**, *286*, C1213–C1228.

Testa B. Drug Metabolism. In: Wolff M.E (Hrsg.) Burger's Medicinal chemistry and drug discovery, Volume 1: Principles and practice. New York (etc.): John Wiley & Sons, **1995**.

Testa B. & Krämer S.D. The biochemistry of drug metabolism: an introduction part 1. Principles and overview. *Chemistry & Biodiversity*, **2006**, *3(10)*, 1053–1101.

Thews G., Mutschler E. & Vaupel P. Anatomie, Physiologie, Pathophysiologie des Menschen. Stuttgart: Wissenschaftliche Verlagsgesellschaft, **1991**.

Thiebaut F., Tsuruo T., Hamada H., Gottesman M.M., Pastan I. & Willingham M.C. Cellular localization of the multidrug-resistance gene product P-glycoprotein in normal human tissues. *Proceedings of the National Academy of Sciences*, **1987**, *84(21)*, 7735–7738.

Thummel E.K., Kunze K.L. & Shen D.D. Enzyme-catalyzed processes of first-pass hepatic and intestinal drug extraction. *Advanced Drug Delivery Reviews*, **1997**, *27*, 99–127.

van de Waterbeemd H., Smith D.A., Beaumont K. & Walker D.K. Property-based design: optimization of drug absorption and pharmacokinetics. *Journal of Medicinal Chemistry*, **2001**, *44(9)*, 1313–1333.

Voigt R. Pharmazeutische Technologie. Stuttgart: Deutscher Apotheker Verlag, **2000**.

Welsch U. Sobotta – Lehrbuch Histologie. München, Jena: Urban & Fischer, **2006**.

Wutzler P. & Vogel G. Neuraminidase inhibitors in the treatment of influenza A and B – overview and case reports. *Infection*, **2000**, *28(5)*, 261–266.

Zhang Y. & Benet L.Z. The gut as a barrier to drug absorption. *Clinical Pharmacokinetics*, **2001**, *40(3)*, 159–168.

2
Freisetzung aus der Arzneiform

2.1
Bioverfügbarkeit von Arzneimitteln

Intravenöse Verabreichung

Damit oral verabreichte pharmazeutische Wirkstoffe an ihre Targets binden und im peripheren Gewebe einen Effekt auslösen können, müssen sie im Darm absorbiert werden und das Zielgewebe in ausreichender Konzentration erreichen. Ob ein Wirkstoff an seinen Rezeptoren in therapeutischer Konzentration vorhanden ist, kann beispielsweise durch Biopsien oder bildgebende Verfahren ermittelt werden (z.B. PET, siehe Valk *et al.*, 2003). Einfacher ist jedoch die Messung von Plasmakonzentrationen im Blutkreislauf, da ein Wirkstoff im Allgemeinen über den systemischen Kreislauf in das Gewebe diffundiert oder transportiert wird. Es muss allerdings beachtet werden, dass der Nachweis des Wirkstoffs im Blut noch keine Garantie dafür ist, dass der Wirkstoff sein Target auch tatsächlich erreicht!

Bei einer intravenösen Gabe (Injektion oder Infusion) erscheint die gesamte Dosis im Blutkreislauf. Abbildung 2.1 zeigt den Konzentrationsverlauf bei verschiedenen Applikationen. Bei Kurve A wird die gesamte Dosis innerhalb kurzer Zeit injiziert. Der exponentielle Abfall der Kurve reflektiert die sofort einsetzende Elimination aus dem Plasma. Kurve B und C stellen den Plasmakonzentrationsverlauf bei Dauerinfusionen dar.

Der Pädiater Friedrich H. Dost (1910–1985), der Wortschöpfer und Mitbegründer der Pharmakokinetik (Dost, 1953; siehe auch Dost, 1968), hat gezeigt, dass die Fläche unter der Kurve des Konzentrationsverlaufs (*AUC*, ***A****rea* ***U****nder the* ***C****urve*) unabhängig von der Geschwindigkeit und vom Ort der intravenösen Injektion ist. Ein solches Experiment ist in Abbildung 2.1 dargestellt. Einem 10-jährigen Kind wurde eine Dosis von 720 mg *p*-Aminohippursäure (PAH) in einer schnellen Injektion (Kurve A), einer Dauerinfusion von 90 Minuten (Kurve B) und einer Dauerinfusion von 180 Minuten verabreicht (Kurve C) verabreicht. Die Fläche unter der Kurve bleibt innerhalb der statistischen Grenzen immer gleich (108 cm^2, 93 cm^2, 92 cm^2). Die Fläche AUC ist also direkt proportional zur injizierten Dosis (Dost & Gladtke, 1963; siehe auch Dost, 1968). Wird die Dosis verdoppelt, verdoppelt sich auch die AUC. Die AUC kann demnach als Maß für die injizierte Dosis betrachtet werden.

Moderne Pharmakokinetik. Beat Ernst, Alexander Vögtli

ISBN: 978-3-527-32376-0

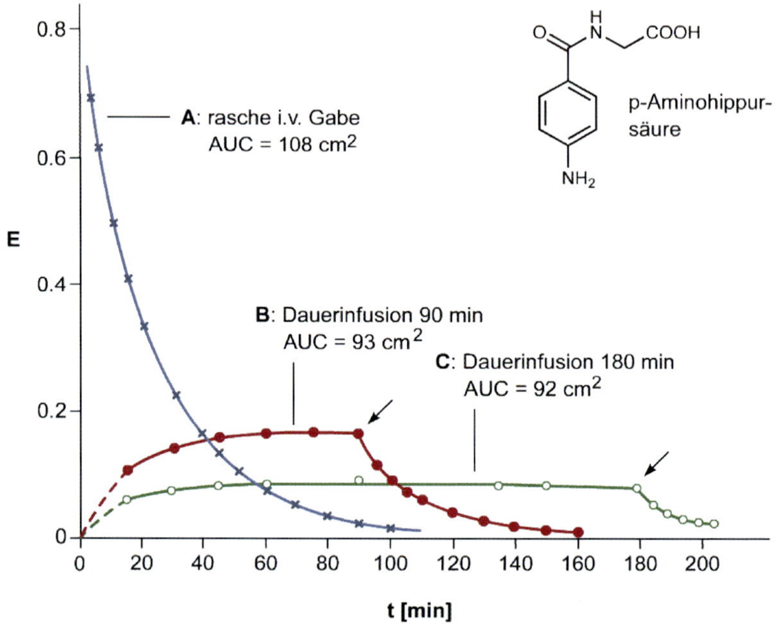

Abb. 2.1 Experiment von Dost und Gladtke (1963). Unabhängig von der Geschwindigkeit der intravenösen Gabe (Injektion oder Infusion) bleibt bei gleicher Dosis *p*-Aminohippursäure (PAH) die Fläche unter der Kurve (AUC) identisch. Während Kurve A den Plasmakonzentrationsverlauf bei einer intravenösen Applikation darstellt, zeigen Kurve B und C denjenigen von zwei zeitlich unterschiedlichen Dauerinfusionen. Die Pfeile (⟶) markieren das Ende der Infusionen nach 90 bzw. 180 Minuten. Die Extinktion E (Ordinate) ist ein Maß für die Plasmakonzentration (Bild nach Dost & Gladtke, 1963).

Perorale Applikation

Der Plasmakonzentrationsverlauf kann auch bei peroraler Verabreichung eines Arzneimittels bestimmt werden. Dazu werden Probanden über einige Stunden nach Verabreichung des Medikaments Blutproben entnommen und die Konzentrationen des Wirkstoffs im Plasma bestimmt. Die Proportionalität der AUC zur Dosis bleibt auch bei oraler Gabe erhalten, da diese Relation, wie oben gezeigt, unabhängig vom Ort oder der Geschwindigkeit der Verabreichung ist. Hingegen begegnet der oral verabreichte Wirkstoff einer Reihe von Barrieren, welche die Menge des Wirkstoffs, die den Kreislauf erreicht, reduzieren können. Wird der Arzneistoff beispielsweise nicht vollständig absorbiert, im Darm teilweise abgebaut oder von der Leber extrahiert und metabolisiert, ist die Fläche unter der Kurve nach oraler Verabreichung (AUC_{oral}) kleiner als bei einer intravenöser Verabreichung ($AUC_{i.v.}$). Der Quotient F von AUC_{oral} zu $AUC_{i.v.}$ ist die Fraktion der oralen Dosis, welche alle Barrieren überwunden hat und die systemische Zirkulation erreicht.

$$F = absolute\ (systemische)\ Bioverfügbarkeit = \frac{AUC_{oral}}{AUC_{i.v.}}$$

Die charakteristischen Kurvenverläufe für Absorption und Elimination, bzw. die für einen Wirkstoff daraus resultierenden Plasmakonzentrationskurven sind in Abbildung 2.2 dargestellt.

F wird als die *absolute (systemische) Bioverfügbarkeit* eines Arzneimittels bezeichnet. Bioverfügbarkeit ist definiert als das *Ausmaß* und die *Geschwindigkeit*, mit denen ein Arzneistoff die systemische Zirkulation ausgehend von einer pharmazeutischen Formulierung erreicht. Sie wird durch den Vergleich mit einer intravenös verabreichten Dosis bestimmt, welche per Definition zu 100 % im Plasma erscheint. Die Bioverfügbarkeit kann zwischen 0 (0 %) und 1 (100 %) variieren (s. Abb. 2.3). In der Praxis wird im Allgemeinen eine möglichst hohe Verfügbarkeit angestrebt.

Die orale Bioverfügbarkeit eines Arzneimittels wird durch eine Reihe von Prozessen, welche auf die Arzneiform und den Wirkstoff einwirken, bestimmt. An diesen Prozessen sind anatomische, zelluläre und molekulare Strukturen und Mechanismen beteiligt, welche einer Reihe von Einflussfaktoren unterliegen (s. Abb. 2.4). Diese werden im Folgenden ausführlich diskutiert, insbesondere

- die Freisetzung des Wirkstoffs aus der Arzneiform im Darm (Kapitel 2)
- die intestinale Absorption und die Teilprozesse, die bei der Passage aus dem Darm in das Blut involviert sind, sowie der Transport zur Leber (Kapitel 3). Und schließlich
- die Prozesse an der Leber: d.h. der Transport des Wirkstoffs in die Hepatozyten, die Biotransformationen und die Sekretion in die Galle (Kapitel 4).

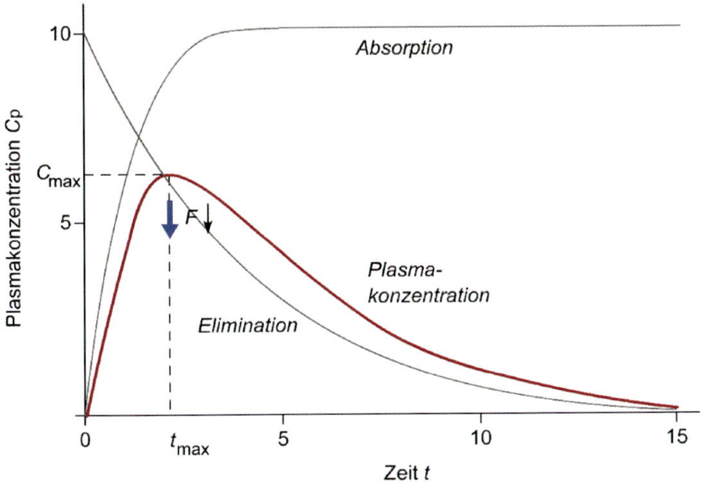

Abb. 2.2 Blutspiegelkurve nach oraler Verabreichung. Die Kurve ist eine Kombination zweier exponentieller Funktionen, der Absorption und der Elimination des Pharmakons. In diesem Beispiel ist die Absorptionsgeschwindigkeit 4-mal größer als die Eliminationsgeschwindigkeit. Die Absorptionskurve ist gleichzeitig der Spezialfall der Kurve, wenn keine Elimination stattfindet. Die Eliminationskurve zeigt den Kurvenverlauf bei einer intravenösen Gabe. Die Bioverfügbarkeit *F* in diesem Beispiel ist 100 % ($F = 1$). Bei sinkendem Quotienten *F* bewegt sich C_{max} und damit die Kurve nach unten (Pfeil) und die AUC verkleinert sich (nach Dost, 1968).

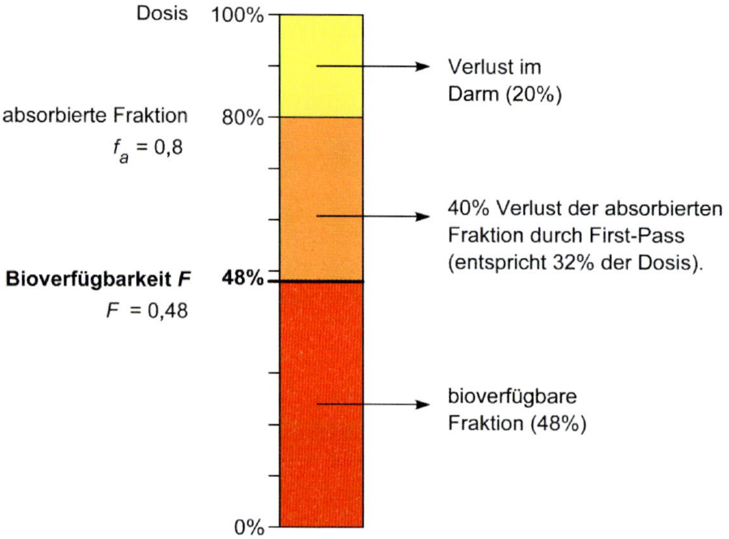

Abb. 2.3 Bioverfügbarkeit *F*. Bei diesem Beispiel gelangen 80 % der Dosis in die Pfortader, die absorbierte Fraktion beträgt also 0,8. Von diesen 80 % werden durch den First-Pass-Metabolismus 40 % eliminiert. Nur 48 % der ursprünglichen Dosis erreichen schließlich den systemischen Kreislauf (Bild nach Langguth, Fricker & Wunderli-Allenspach, 2004).

2.2
Freisetzung aus der Arzneiform

Der erste Prozess, welcher die orale Bioverfügbarkeit mitbestimmt, ist die Freisetzung des Wirkstoffs aus der Arzneiform. Nur wenn der Wirkstoff gelöst vorliegt, kann er absorbiert werden.

Die Formulierung, also die „Verpackung" des Wirkstoffs in der Arzneiform (z.B. Tablette, Kapsel, Lösung), hat sowohl einen Einfluss auf das Ausmaß als auch auf die Geschwindigkeit der Aufnahme in den systemischen Kreislauf. Abbildung 2.5 zeigt den Einfluss auf die **Geschwindigkeit** eines hypothetischen Arzneimittels mit einem engen therapeutischen Bereich. Angestrebt wird eine Plasmakonzentration, die möglichst lange im therapeutischen Bereich (auch therapeutisches Fenster genannt) liegt. Dargestellt sind die Plasmakonzentration-Zeit-Verläufe von drei unterschiedlichen Formulierungen. Die Dosis ist bei allen drei Arzneiformen identisch. Bedingt durch einen schnellen Lösungsvorgang wird Formulierung A schnell und komplett absorbiert. Die schnelle Absorption führt nach relativ kurzer Zeit (t_{max}) zu einem hohen, maximalen Plasmaspiegel (C_{max}). Dadurch erreicht die Konzentration toxische Werte, was zu unerwünschten Wirkungen führt. Aus Formulierung C wird der Arzneistoff hingegen nur sehr langsam freigesetzt. Über den gesamten Verlauf wird die minimale Konzentration, welche für einen therapeutischen Effekt benötigt wird, nie erreicht. Ideal ist der Kurvenverlauf B; die Plasmakonzentration des Präparats liegt über

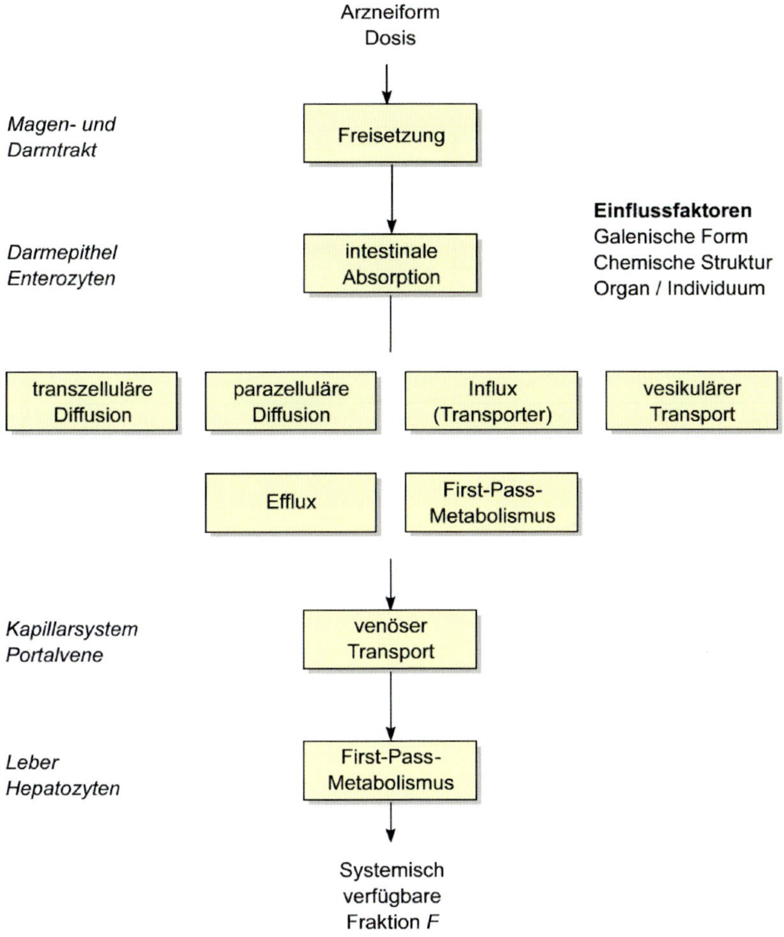

Abb. 2.4 Die orale Bioverfügbarkeit eines Arzneimittels wird durch eine Folge von Prozessen beginnend mit der Auflösung des Arzneimittels beeinflusst. Sie wird bestimmt durch die Freisetzung, die passive oder aktive Absorption, Efflux-Mechanismen und den intestinalen und hepatischen First-Pass-Metabolismus.

einen längeren Zeitraum im therapeutischen Bereich und erreicht andererseits die toxische Konzentration nicht.

Dieses Beispiel ist eine gute Illustration dafür, dass die Arzneiform einen entscheidenden Einfluss auf die Bioverfügbarkeit hat, sowohl auf das Ausmaß als auch auf die Geschwindigkeit der Aufnahme. **Bioverfügbarkeit ist also nicht ausschließlich eine Substanzeigenschaft**, sondern kann auch mit der Darreichungsform beeinflusst werden.

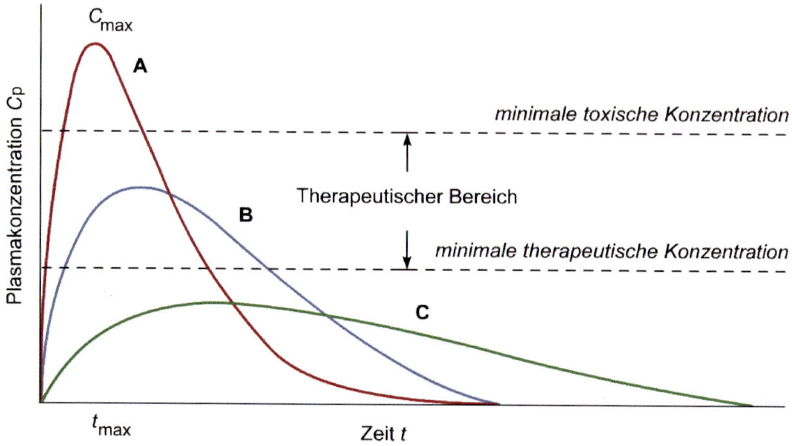

Abb. 2.5 Einfluss von Formulierung und Absorptionsgeschwindigkeit auf die Bioverfügbarkeit. Eine langsame Absorptionsgeschwindigkeit bedingt durch eine langsame Freisetzung/Auflösung verschiebt die Spitze der Kurve (C_{max}, maximale Plasmakonzentration C_p) nach rechts und führt zu einer Abflachung (nach Chasseaud & Taylor, 1974).

2.2.1 Lösungsgeschwindigkeit

Die Lösungsgeschwindigkeit (dm/dt) beschreibt die Geschwindigkeit des Lösungsvorgangs (Review: Hörter & Dressman, 2001; siehe auch Voigt, 2000). Sie ist von der Arzneiform, den physikochemischen Eigenschaften des Wirkstoffs und den gastrointestinalen Bedingungen abhängig. Mathematisch wird sie mit der Noyes-Whitney-Gleichung beschrieben, aus der die meisten Einflussfaktoren abgeleitet werden können (s. Abb. 2.6):

$$\frac{dm}{dt} = \frac{DA}{h}(C_s - C_t)$$

dm/dt steht für die Menge Wirkstoff, die pro Zeiteinheit in Lösung geht. D ist der Diffusionskoeffizient, A die Oberfläche des Arzneimittels (d.h. der Wirkstoffpartikel), h die Ausdehnung der Diffusionsgrenzschicht, welche das Partikel umgibt. In der Grenzschicht ist die Lösung gesättigt (Sättigungslöslichkeit C_s des Wirkstoffs). C_t ist die Konzentration des Wirkstoffs im Lösungsmittel (resp. im Verdauungssaft).

Einfluss der Formulierung

Die Lösungsgeschwindigkeit wird von der Formulierung entscheidend mit beeinflusst. Zwei wichtige Parameter sind die Partikeloberfläche A und die Löslichkeit C_s, die beide von der Formulierung abhängig sind.

Partikelgröße – Oberfläche A. Die Lösungsgeschwindigkeit ist proportional zur Gesamtoberfläche der Partikel. Je kleiner also die Partikel, desto größer ist ihre

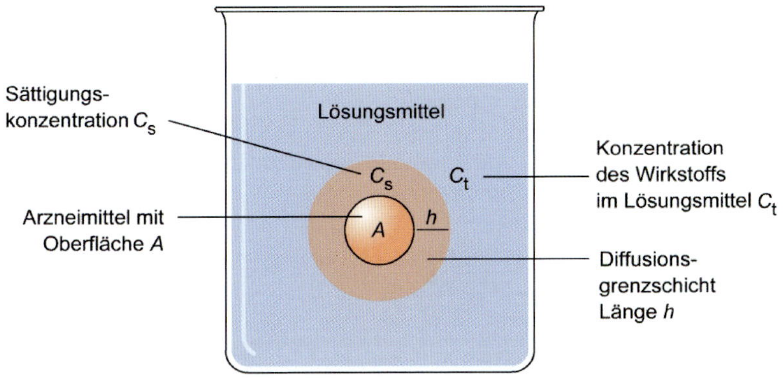

Abb. 2.6 Lösungsgeschwindigkeit gemäß der Noyes-Whitney-Gleichung. Ein Arzneimittel mit der Oberfläche *A* ist im Lösungsmittel dispergiert. An der Oberfläche des Partikels bildet sich eine dünne Grenzschicht, in welcher der Wirkstoff in der Sättigungskonzentration vorliegt (hier vergrößert dargestellt). Daraus diffundiert die Substanz kontinuierlich in das Lösungsmittel resp. *in vivo* in den Verdauungssaft (Bild nach Shargel & Yu, 1999).

Gesamtoberfläche und desto schneller werden sie im Allgemeinen in Lösung gehen. Dies ist vor allem für schlecht lösliche Stoffe äußerst relevant.

Kapseln müssen sich zuerst auflösen, bevor ihr Inhalt (z.B. ein Pulver, Pellets, ein Granulat) in Lösung gehen kann. Damit sich gepresste Tabletten effizient auflösen können, ist zunächst ein Zerfallsschritt notwendig. Man spricht von einer *Desaggregierung* der Arzneiform. Eine aus einem Granulat hergestellte Tablette wird zuerst in das Granulat und aus dem Granulat in das Pulver zerfallen (Abbildung 2.7). Die Lösungsgeschwindigkeit nimmt mit dem Ausmaß des Zerfalls – dadurch vergrößert sich ja die Gesamtoberfläche der Partikel – ständig zu. Natürlich ist der Zerfall abhängig von der Art der Tablette. Kautabletten zum Beispiel werden bereits im Mund in kleinere Partikel zerkleinert, die sich anschließend weiter auflösen. Brausetabletten werden vor der Einnahme aufgelöst und damit entfällt der Lösungsschritt. Retardtabletten (Depotarzneiformen) geben den Wirkstoff über eine lange Zeitspanne kontrolliert ab. Wenn der Wirkstoff nur lokal im Mund wirken soll, finden Lutschtabletten Verwendung.

Hilfstoffe. Hilfstoffe können den Lösungsvorgang positiv beeinflussen. Zerfallshilfsmittel (auch Sprengmittel) ermöglichen die rasche und vollständige Desaggregierung von Tabletten und somit ihre Auflösung. Löslichkeitsvermittler wie Tenside helfen, dass schlecht lösliche Substanzen zum Beispiel durch Mizellbildung in Lösung gehen.

Einfluss des Wirkstoffs

Sättigungslöslichkeit des Wirkstoffs. Die Löslichkeit einer Substanz wird als die Konzentration in einer gesättigten Lösung bei einer bestimmten Temperatur definiert. Die Lösungsgeschwindigkeit im Darm ist umso schneller, je höher einer-

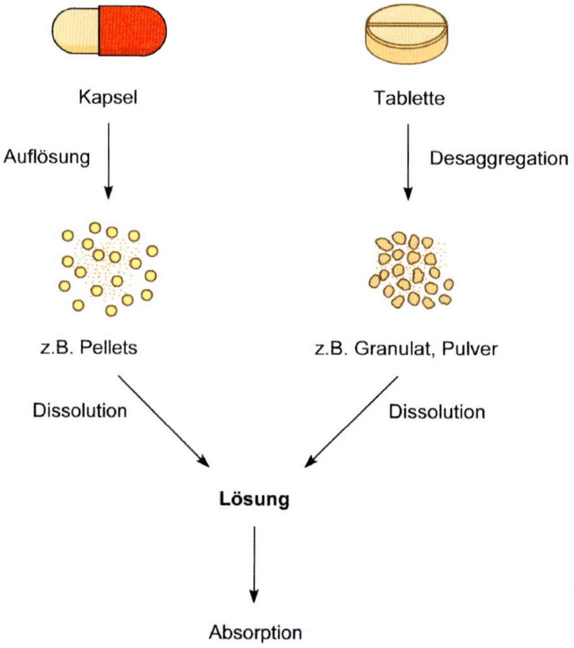

Abb. 2.7 Zerfall und Lösung einer Arzneiform. Kapseln müssen sich zuerst auflösen, bevor ihr Inhalt (z.B. Pellets oder ein Pulver) in Lösung gehen kann. Tabletten müssen schnell in kleinere Bestandteile zerfallen, damit durch die Oberflächenvergrößerung eine schnellere Lösung ermöglicht wird.

seits die Löslichkeit ist und je tiefer andererseits die Konzentration der Substanz im Magen-Darmsaft ist. Die Löslichkeit ist eine Eigenschaft des Wirkstoffs, die von einer Reihe seiner Eigenschaften, wie Lipophilie, Ionisation und der Kristallform abhängt. Sie wird aber auch durch das gastrointestinale Milieu (Verdauungssaft, pH) und durch die Formulierung der Substanz (z.B. Löslichkeitsverbesserer) beeinflusst. Die Konzentration im Darm ist abhängig vom Flüssigkeitsvolumen, das zur Lösung zur Verfügung steht und von der Geschwindigkeit, mit welcher der Wirkstoff aus dem Darm ins Blut gelangt. Wird eine Substanz schnell absorbiert, sinkt die Konzentration im Darm.

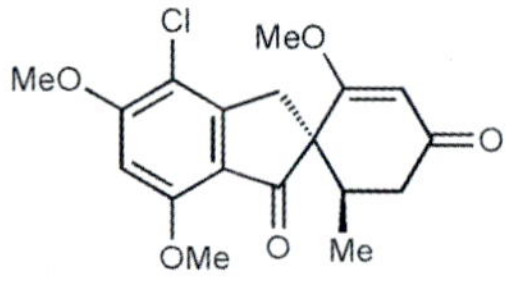

Griseofulvin

Das Antimykotikum Griseofulvin ist ein Beispiel eines in Wasser sehr schlecht löslichen Wirkstoffs. Seine Löslichkeit beträgt 15 μg/ml bei 37 °C. Das bedeutet, dass zur Lösung von 500 mg der Substanz rund 33 l Flüssigkeit benötigt würden (Hörter & Dressman, 2001). Für Griseofulvin wurde gezeigt, dass die Löslichkeit durch Verkleinerung der Partikelgröße stark erhöht werden kann. Es wurde eine lineare Beziehung zwischen dem Logarithmus der spezifischen Partikeloberfläche und der Absorption gefunden (Atkinson *et al.*, 1962).

Lipophilie. Es besteht eine inverse Korrelation zwischen dem Verteilungskoeffizienten *P* (resp. log *P*, siehe Abschnitt 3.2.2) und der Löslichkeit. Da log *P* auch ein Maß für die Lipophilie einer Substanz ist, gilt generell auch: **je lipophiler eine Substanz, desto schlechter ihre Löslichkeit.** Das Beispiel Nimesulid (siehe Seite 23) verdeutlicht die Beziehungen zwischen Löslichkeit und Lipophilie.

Kristalline Form des Wirkstoffs. Wirkstoffe können in mehreren kristallinen, sogenannten polymorphen Formen vorliegen (Polymorphie = Vielgestaltigkeit). Die verschiedenen Kristallformen unterscheiden sich in ihren physikochemischen Eigenschaften, unter anderem im Schmelzpunkt. Auch die Löslichkeit kann sich unterscheiden und damit auch die Lösungsgeschwindigkeit. Dies gilt zum Beispiel für Methylprednisolon, das in der amorphen Form besser löslich ist und demnach auch besser absorbiert wird.

Amorphe (nicht-kristalline) Form eines Wirkstoffs. Sie ist häufig besser löslich als die kristalline. Auch die Bildung von Kristallen mit oder ohne Kristallwasser hat einen Einfluss auf die Löslichkeit. So ist zum Beispiel die Lösungsgeschwindigkeit für Erythromycindihydrat schneller und vollständiger als die für das Mono- und Anhydrat. Während das Dihydrat nach 20 bis 30 Minuten zu 100 % gelöst ist, sind vom Mono- und Anhydrat weniger als 20 % gelöst (Allen *et al.*, 1978).

Ionisation. Die Löslichkeit schwach saurer und basischer Wirkstoffe ist abhängig von ihrer Ionisation. Im ionisierten Zustand sind sie generell besser löslich, weshalb viele Wirkstoffe als Salze formuliert werden. Aber auch verschiedene Salze eines Wirkstoffs können sich in ihrer Löslichkeit unterscheiden, z.B. nehmen die Lösungsgeschwindigkeiten von Phenoxymethylpenicillin in dieser Reihenfolge ab: Kaliumsalz > Calciumsalz > Säure (Pfeifer *et al.*, 1995).

Wieviel Prozent eines Wirkstoffs im Magen und Darm ionisiert vorliegt, ist von der Ionisationskonstante K_a (resp. pK_a) und vom pH-Wert des Magen-Darminhalts abhängig. Eine schwache Carbonsäure wie Indomethacin mit einem pK_a von 4,5 liegt bei niedrigen pH-Werten im Magen in der protonierten, neutralen Form vor und ist schlecht löslich. Bei einem pH-Wert von 4,5 ist sie erst zu 50 % ionisiert. Bei höheren Werten im Dünndarm steigt der Anteil der deprotonierten Form und damit die Löslichkeit (s. Abb. 2.8).

Umgekehrt weisen schwache Basen (pK_a 6–8), die bei tiefem pH-Werten protoniert vorliegen, eine hohe Löslichkeit im Magen auf. **Bei schlecht löslichen, schwach basischen Wirkstoffen ist es entscheidend, dass der Wirkstoff im Magen bei saurem pH in Lösung gehen kann.** Ansonsten kann die Bioverfügbarkeit stark erniedrigt werden. Beispiele solcher Basen sind Ketoconazol (s. Abb. 2.10 und Fallbeispiele), Cinnarizin, Dipyridamol und Diazepam (Charman *et al.*, 1997).

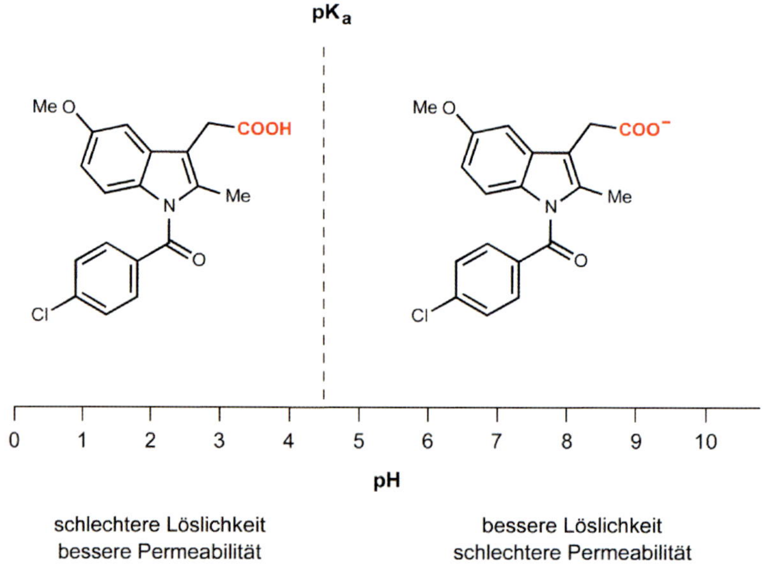

Abb. 2.8 Ionisation von Indomethacin in Abhängigkeit des pH-Werts.

Einfluss des Magen- und Darminhalts

pH-Wert. Dressman und Kollegen haben den pH-Wert im Magen und im Duodenum bei jungen, gesunden Erwachsenen untersucht (s. Tab. 2.1, Dressman *et al.*, 1990). Im nüchternen Zustand lag der **pH im Magen** zwischen 1 und 2 (Median 1,7). Er stieg nach der Einnahme von Nahrung bis auf einen Median von 6,7 – also beinahe neutral – an. Der pH sank anschließend wieder ab und erreichte nach weniger als 2 Stunden nach der Nahrungsaufnahme wieder den basalen Wert. Der Grund für den Anstieg des gastrischen pH – obwohl die Säuresekretion erhöht wird, steigt der pH im Magen – liegt in einer Verdünnung und Pufferung durch die aufgenommene Nahrung.

Der Median des **duodenalen pH** bei nüchternen Probanden lag in der erwähnten Studie bei 6,1. Allgemein kann für das Duodenum von einem Wert zwischen ca. 5 und 6 ausgegangen werden (Hörter & Dressman, 2001). Im unteren Dünndarm liegt der pH zwischen 6 und 7. Dieser Wert verringerte sich nach der Aufnahme von Nahrung auf einen Median von pH 5,4 und blieb über mehrere Stunden tief.

Tabelle 2.1 pH-Wert im Magen und Duodenum bei gesunden Erwachsenen vor und nach der Nahrungsaufnahme. (Dressman *et al.*, 1990).

	pH nüchtern	pH nach dem Essen
Magen	1–2 (Median 1,7)	6,7
Duodenum	6,1 (Median)	5,4

Diese Veränderungen des pH mit oder ohne Mahlzeit können relevante Auswirkungen auf die Lösungsgeschwindigkeit schwacher Säuren und Basen haben. Arzneiformen, deren Auflösung durch einen niedrigen pH im Magen begünstigt wird, lösen sich nach der Einnahme einer Mahlzeit schlechter auf. Schwache Basen sind im Magen schlechter löslich, wenn der pH nach dem Essen auf Werte von 6 bis 7 ansteigt (Hörter & Dressman, 2001). Von pH-Veränderungen nicht beeinträchtigt sind hingegen ungeladene Substanzen oder sehr schwache Säuren, wie zum Beispiel Paracetamol, ein Phenol mit einem pK_a von 9,5. Paracetamol wird erst in sehr basischem Milieu deprotoniert, das aber unter physiologischen Bedingungen nicht erreicht wird.

Der pH-Wert ist nicht nur vom Füllzustand des Magens abhängig, sondern unter anderem auch vom Alter und vom Geschlecht. Die pH-Profile sind zwar bei älteren Menschen ähnlich wie bei jungen. Bei älteren Probanden dauert es aber deutlich länger, bis der gastrische pH wieder auf das basale Niveau zurückgeht. Zudem leidet eine signifikante Anzahl älterer Menschen an einer Untersekretion (Hypochlorhydrie) oder an einem absoluten Sekretionsmangel (Achlorhydrie) von Salzsäure. In der Untersuchung von Russell *et al.* hatten 11 % der Probanden mit einem Durchschnittsalter von 71 Jahren einen gastrischen pH über 5,0 (Russell *et al.*, 1993).

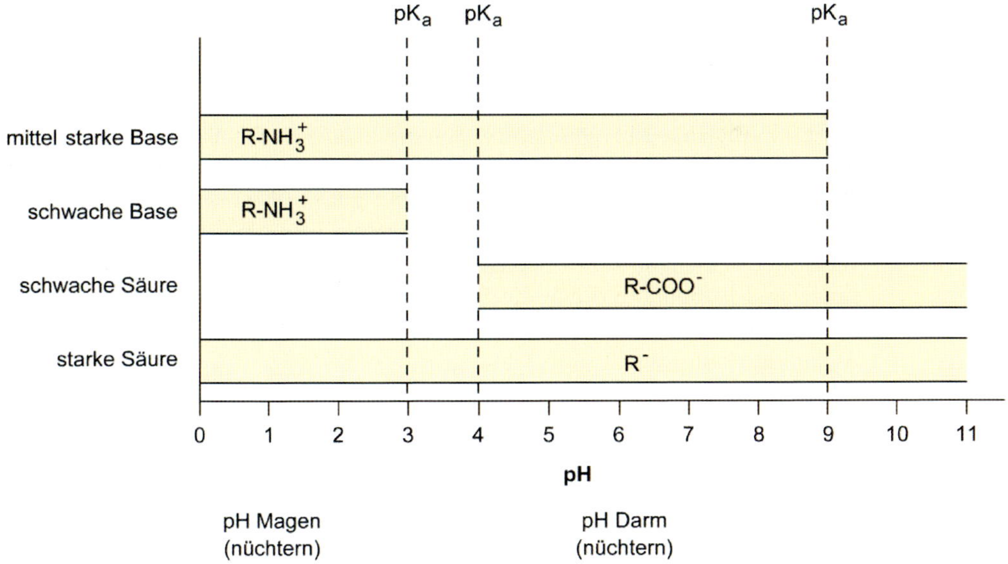

Abb. 2.9 Die Abbildung zeigt, in welchen pH-Bereichen schwache und starke Säuren und Basen im Magen und im Darm (nüchtern) ionisiert vorliegen. In ionisierter Form ist die Löslichkeit am höchsten. Eine mittelstarke Base mit einem pK_a von 9 liegt bis zu pH 9 ionisiert vor. Sie ist also im Magen und im Darm gut löslich. Schwache Basen hingegen, mit einem tiefen pK_a von 3 (z.B. Azol-Antimykotika) liegen nur im Magen bei sehr tiefen pH-Werten protoniert vor. Das Gegenteil trifft auf schwache Säuren zu, die vor allem im Darm gut löslich sind (z.B. Diclofenac). Starke Säuren mit einem pK_a von 0 sind über die gesamte pH-Skala deprotoniert. Sie sind aber als Wirkstoffe ungeeignet, weil sie ätzend auf die Schleimhaut wirken.

Auch pathologische Veränderungen (z.B. durch AIDS) und Medikamente haben einen Einfluss auf die Säurebildung. Die Einnahme von Protonenpumpen-Inhibitoren (PPI) und H_2-Antagonisten (z.B. Omeprazol und Ranitidin, s. Abschnitt 3.6 „Transporter als Targets") führt zu einer drastischen Reduktion der Säureproduktion im Magen.

Veränderungen der pH-Werte durch die Einnahme von Mahlzeiten können auch die Auflösung des Tablettenüberzugs beeinflussen, welcher der Absorption vorausgeht. Der Überzug Magensaft-resistenter Arzneiformen löst sich erst bei pH-Werten im schwach sauren bis neutralen oder schwach basischen Milieu auf. Steigt der gastrische pH an, kann es zu einer verfrühten Freisetzung kommen.

Ein weiterer Aspekt in diesem Kontext ist die **Stabilität** des Wirkstoffs. Säurelabile Wirkstoffe (z.B. Penicilline, Digoxin, Erythromycin, Protonenpumpen-Inhibitoren) werden unter sauren Bedingungen chemisch verändert. In diesen Fällen müssen die zu erwartenden Veränderungen in Abhängigkeit vom pH-Wert berücksichtigt werden. Schließlich beeinflusst der pH neben der Löslichkeit und der Stabilität auch die Permeabilität (siehe unten). Diese Effekte sind zum Teil gegenläufig.

Galle als Lösungsvermittler. Die Einnahme der Mahlzeiten fördert die Sekretion von Galle in den Dünndarm. Galle und die darin enthaltenen Gallensalze können die Löslichkeit (und die Permeabilität) von lipophilen, schlecht löslichen Wirkstoffen unter anderem durch die Bildung von Mizellen verbessern. Dieser Prozess wird als *Solubilisierung* bezeichnet. Das klassische Beispiel eines Wirkstoffs, dessen Bioverfügbarkeit bei Einnahme nach der Mahlzeit erhöht ist, ist das Antimykotikum Griseofulvin.

Auch die Bioverfügbarkeit von Danazol, fettlöslichen Vitaminen, Retinsäurederivaten und Halofantrin kann durch Applikation nach der Nahrungsaufnahme verbessert werden. So wird beispielsweise die Bioverfügbarkeit der Retinoide Tretinoin und Isotretinoin durch die Einnahme mit einer Mahlzeit verdoppelt. Bei diesen Verbindungen handelt es sich um lipophile, schlecht lösliche Substanzen. Allerdings kann durch die Bildung schlecht löslicher Gallensalz-Wirkstoff-Komplexe auch eine Reduktion der Bioverfügbarkeit eintreten, z.B. bei Pafenolol und Neomycin (Charman *et al.*, 1997).

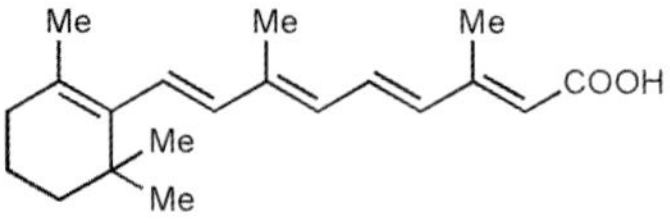

Tretinoin
(Vitamin A Säure)

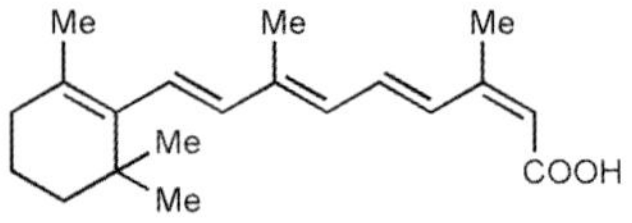

Isotretinoin
(13-*cis*-Vitamin A Säure)

Die Erhöhung der Bioverfügbarkeit kann auch darauf zurückgeführt werden, dass sich der Wirkstoff in der Nahrung löst oder die Löslichkeit durch die Nahrung verbessert wird. Die Einnahme von Milch kann die Bioverfügbarkeit erhöhen (bessere Löslichkeit von Dicumarol) oder erniedrigen (durch Ausbildung schlecht löslicher Ca^{2+}-Komplexe, z.B. mit Fluorchinolonen).

Viskosität des Darminhalts. Bei der Auflösung diffundiert die Substanz aus der Grenzschicht in Lösung. Deshalb geht auch der Diffusionskoeffizient in die Noyes-Whitney-Gleichung mit ein. Je höher der Koeffizient, desto schneller geht eine Substanz in Lösung. Der Diffusionskoeffizient *D* ist unter anderem umgekehrt proportional zur Viskosität des Mediums. Wenn also die Viskosität durch Nahrungsbestandteile wie Quellstoffe, Pektine, Agar usf. erhöht wird, kann sich die Lösungsgeschwindigkeit verlangsamen.

Transitzeit. Die Auflösung des Wirkstoffs und die Permeabilität sind schließlich auch abhängig von der Verweildauer im Magen und Darm. Die Verweildauer im Magen wird durch die Einnahme einer Reihe von Nahrungsmittel (insbesondere Lipiden) erhöht. Die Transitzeit kann durch die Einnahme von Medikamenten (z.B. Cisaprid) und bei Krankheiten (z.B. Diarrhoe) erniedrigt werden.

2.2.2 Fallbeispiele

Ketoconazol

Ketoconazol ist ein Azol-Antimykotikum, das peroral bei Pilzinfektionen angewendet wird. Der Wirkstoff ist lipophil (log $P = 4$) und hat ein Molekulargewicht von 531,4 g/mol. Ketoconazol ist eine schwache Base mit den zwei pK_a-Werten 2,94 (Piperazin) und 6,51 (Imidazol). Aufgrund der hohen Lipophilie ist die Substanz in Wasser bei neutralem pH beinahe unlöslich (s. Abb. 2.10).

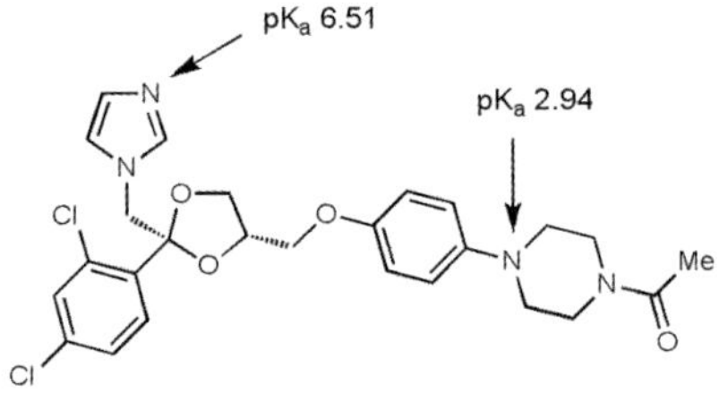

Ketoconazol

Hier liegt also der Fall einer schlecht löslichen Base vor, der oben besprochen wurde. Die Löslichkeit solcher Substanzen – und damit ihre Bioverfügbarkeit – wird durch einen sauren pH-Wert, wie er im nüchternen Magen vorliegt, begünstigt. Tatsächlich wurde im Experiment gefunden, dass sich der Wirkstoff bei pH<3 schnell auflöst (mehr als 85 % innerhalb von 5 Minuten), während bei einem pH-Wert von 6 nach einer Stunde nur 10 % gelöst sind (Charman *et al.*, 1997).

Gemäß Fachinformation wird die Bioverfügbarkeit durch die Nahrungsaufnahme nicht relevant beeinflusst. Hingegen kann der Lösungsvorgang bei der gleichzeitigen Einnahme säureneutralisierender Medikamente (H_2-Antagonisten, Protonenpumpen-Inhibitoren, Antazida) reduziert sein. Es wird deshalb empfohlen, solche Medikamente in einem zeitlichen Abstand von 2 Stunden oder zusammen mit einem sauren Getränk (z.B. Coca-Cola) einzunehmen.

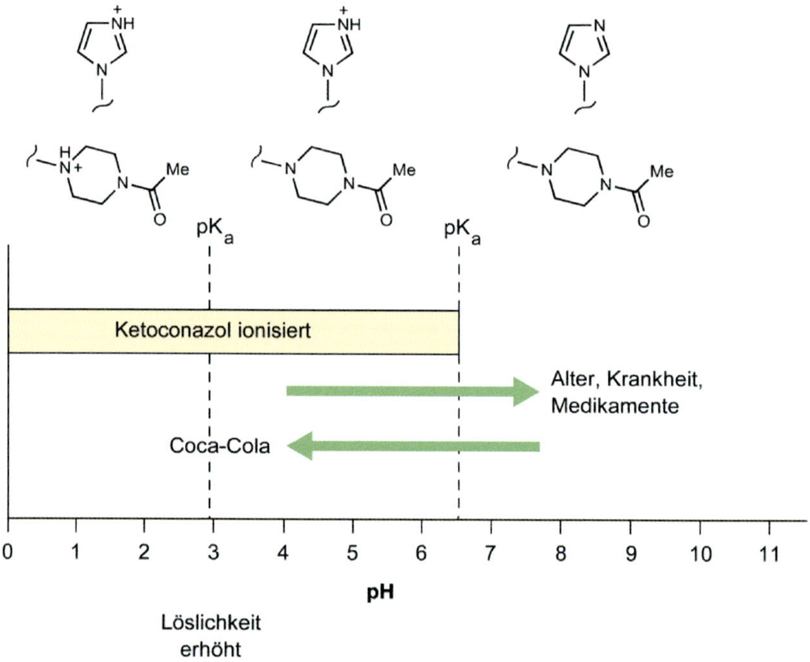

Abb. 2.10 Ionisation von Ketoconazol bei unterschiedlichen pH-Werten.

Ibuprofenlysinat und -arginat

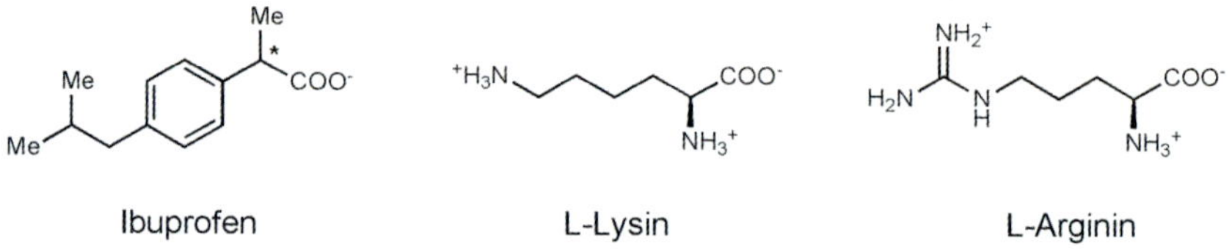

Ibuprofen ist ein nicht-steroidales Antirheumatikum (NSAR) und gehört zur Klasse der Arylpropionsäuren. Der Wirkstoff ist ein Inhibitor der Prostaglandinsynthese, hat analgetische, antipyretische und antiinflammatorische Effekte und wird gegen Schmerzen und Entzündungszustände eingesetzt. Ibuprofen hat ein chirales Zentrum und ist vor allem als *S*-(+)-Enantiomer pharmakologisch aktiv. Das Molekül ist eine schwache Säure mit einem pK_a von 4,4 (s. Indomethacin oben). In der protonierten Form (R–COOH) ist der Wirkstoff schlecht löslich (s. Abb. 2.11). In Abhängigkeit von der Formulierung wird die maximale Plasmakonzentration C_{max} innerhalb von 1 bis 3 Stunden erreicht (Review: Davies, 1998).

Durch die Verabreichung von Ibuprofen als Lysin- oder Arginin-Salz wird die Zeit bis zum Wirkungseintritt – also bis zum schmerzstillenden Effekt – signifikant verkürzt. Dies konnte beispielsweise in einer klinischen Studie zu postoperativem Zahnschmerz gezeigt werden. Während die Zeit bis zu einer spürbaren Schmerzerleichterung mit 400 mg Ibuprofen 48 Minuten beträgt, wird sie mit

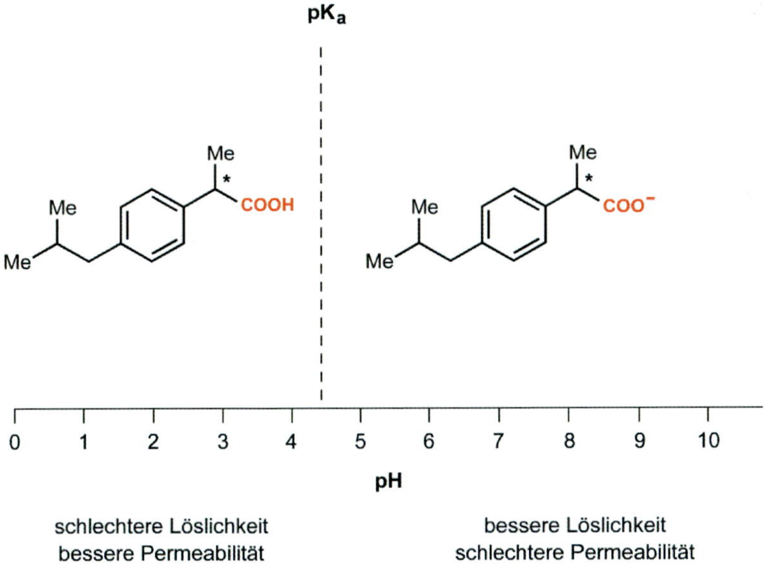

Abb. 2.11 Ionisation von Ibuprofen bei unterschiedlichen pH-Werten.

400 mg Ibuprofenarginat auf 24 Minuten und damit auf die Hälfte verkürzt (Desjardins *et al.*, 2002). Gleiches gilt auch für das Lysinsalz (Geisslinger *et al.*, 1989). Der schnelle Wirkungseintritt wird mit einer verbesserten Lösungsgeschwindigkeit der Aminosäuresalze begründet. Die Salze sind besser wasserlöslich als die freie Säure und werden deshalb schneller und zu einem größeren Anteil absorbiert.

Nimesulid

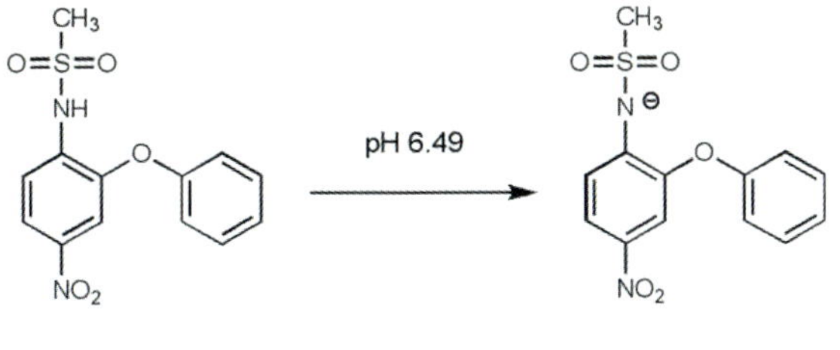

Nimesulid Nimesulid

Nimesulid ist wie Ibuprofen ein nicht-steroidales Antirheumatikum und inhibiert vorwiegend die Cyclooxygenase 2 (COX-2). Der Wirkstoff ist ein anschauliches Beispiel für die Beziehungen zwischen Ionisation, Lipophilie und Löslichkeit (s. Abb. 2.12).

Nimesulid ist eine schwache Säure mit einem pK_a von 6,49. Bei tiefem pH liegt die protonierte, neutrale Form vor, die sich durch eine hohe Lipophilie und eine schlechte Wasserlöslichkeit auszeichnet. Mit steigendem pH-Wert

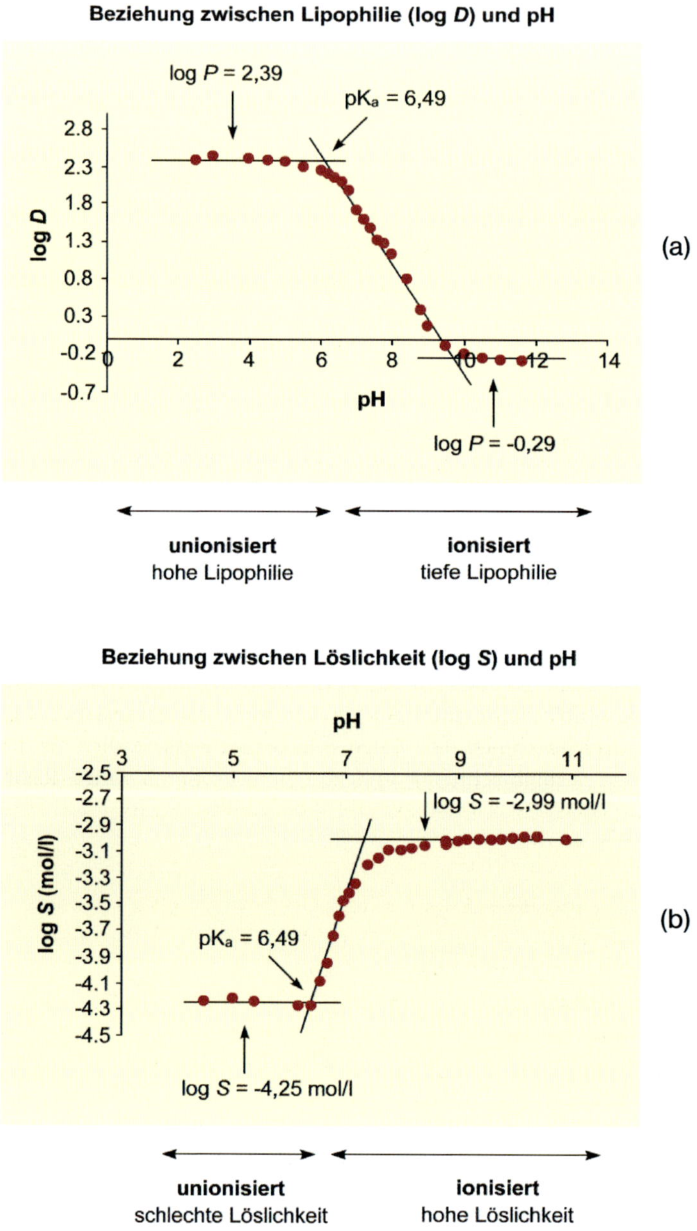

Abb. 2.12 Beziehung zwischen Lipophilie und pH (a) und zwischen Löslichkeit und pH (b) für Nimesulid (experimentelle Daten nach Dellis *et al.*, 2007).

wird Nimesulid zunehmend deprotoniert und damit sinkt seine Lipophilie und seine Löslichkeit steigt. Im Magen ist Nimesulid also schlecht löslich und gut permeabel, im Darm hingegen ist es gut löslich und schlechter permeabel (Dellis *et al.*, 2007).

Fluorchinolone: Ciprofloxacin und Norfloxacin

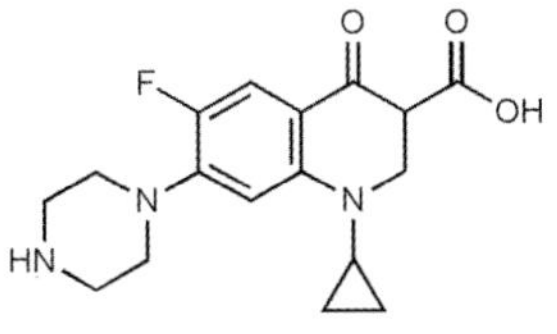

Ciprofloxacin

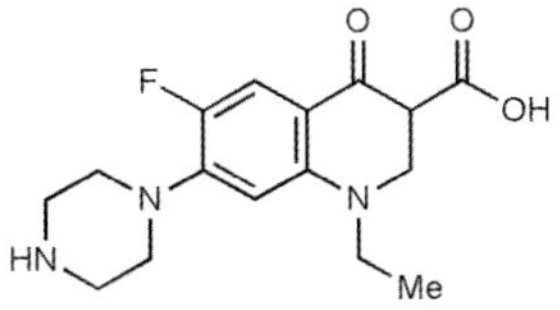

Norfloxacin

Ciprofloxacin (Ciproxin®) und Norfloxacin (Noroxin®) sind Fluorchinolon-Antibiotika, die zum Beispiel bei Harnwegsinfekten und Cystitis indiziert sind. Bei Untersuchungen zur Einnahme der Medikamente mit Milchprodukten (Vollmilch und Joghurt) wurde bei beiden Wirkstoffen eine signifikante Reduktion der Bioverfügbarkeit festgestellt. Bei Ciprofloxacin wurde die AUC um 30 bis 36 %, bei Norfloxacin sogar um 48 bis 58 % reduziert (Neuvonen, Kivistö & Lehto, 1991; Kivistö, Ojala-Karlsson & Neuvonen, 1992). Dieser Effekt wird auf die Bildung von Chelatkomplexen mit Calciumionen aus den Milchprodukten zurückgeführt, die schwer löslich und deshalb auch schwer absorbierbar sind und über den Darm ausgeschieden werden. Auch andere Ionen, wie zum Beispiel Eisen und Magnesium, können Komplexe mit den Wirkstoffen bilden. Deshalb sollen Fluorchinolone auch nicht zusammen mit Multivitaminpräparaten und Antazida eingenommen werden.

Merksatz ***Bei der peroralen Verabreichung vieler Arzneistoffe wird beobachtet, dass – im Gegensatz etwa zu einer intravenösen Verabreichung – nicht die ganze Dosis im systemischen Kreislauf erscheint.***
Eine erste Ursache für dieses Phänomen liegt in der Freisetzung des Wirkstoffs aus der Arzneiform. Damit der Wirkstoff absorbiert werden kann, muss er im Darm gelöst vorliegen. Die Lösungsgeschwindigkeit ist von einer Reihe von Faktoren abhängig. Entscheidend sind unter anderem:

- ***Die Formulierung (Partikelgröße, Arzneiform, Hilfstoffe)***
- ***Die physikochemischen Eigenschaften des Wirkstoffs (Löslichkeit, Lipophilie, kristalline Form, Ionisation)***
- ***Der Inhalt des Magen-Darmtrakts (mit/ohne Nahrung, pH, Galle, Volumen, Viskosität)***

Literatur

Allen P.V., Rahn, P.D., Sarapu A.C. & Vanderwielen A.J. Physical characterization of erythromycin: anhydrate, monohydrate, and dihydrate crystalline solids. *Journal of Pharmaceutical Sciences*, **1978**, *67(8)*, 1087–1093.

Atikinson R.M. Bedford C., Child K.J. & Tomich E.G. Effect of particle size on blood griseofulvin-levels in man. *Nature*, **1962**, *163*, 588–589.

Arzneimittel-Kompendium der Schweiz, www.kompendium.ch, **2006**.

Barone J.A.. Koh J.G., Bierman R.H., Colaizzi J.L., Swanson K.A., Gaffar M.C., Moskovitz B.L., Mechlinski W. & van de Velde V. Food interaction and steady-state pharmacokinetics of itraconazole capsules in healthy male volunteers. *Antimicrobial Agents and Chemotherapy*, **1993**, *37(4)*, 778–784.

Chasseaud L.F. & Taylor T. Bioavailability of drugs from formulations after oral administration. *Annual Reviews of Pharmacology*, **1974**, *14*, 35–46.

Davies N.M. Clinical pharmacokinetics of ibuprofen. The first 30 years. *Clinical Pharmacokinetics*, **1998**, *34(2)*, 101–154.

Dellis D., Giaginis C. & Tsantili-Kakoulidou A. Physicochemical profile of nimesulide. Exploring the interplay of lipophilicity, solubility and ionization. *Journal of Pharmaceutical and Biomedical Analysis*, **2007**, *44*, 57–62.

Desjardins P., Black P., Papageorge M., Norwood T., Shen D.D., Norris L.N. & Ardia A. Ibuprofen arginate provides effective relief from postoperative dental pain with a more rapid onset of action than ibuprofen. *European Journal of Clinical Pharmacology*, **2002**, *58*, 387–394.

Dost F.H. Der Blutspiegel. Leipzig: Thieme, **1953**.

Dost F.H. & Gladtke E. Ein Verfahren zur Ermittlung der Bilanz einverleibter Stoffe ohne Kenntnis der Ausscheidung. *Zeitschrift für klinische Chemie*, **1963**, *1(1)*, 14–18.

Dost F.H. Grundlagen der Pharmakokinetik. Stuttgart: Thieme, **1968**.

Dressman J.B., Berardi R.R., Dermentzoglou L.C., Russell T.L., Schmaltz S.P., Barnett J.L. & Jarvenpaa K.M. Upper gastrointestinal (GI) pH in young, healthy men and women. *Pharmaceutical Research*, **1990**, *7(7)*, 756–761.

Geisslinger G., Dietzel K., Bezler H., Nuernberg B. & Brune K. Therapeutically relevant differences in the pharmacokinetical and pharmaceutical behavior of ibuprofen lysinate as compared to ibuprofen acid. *International Journal of Clinical, Pharmacology and Toxicology*, **1989**, *27(7)*, 324–328.

Hörter D. & Dressman J.B. Influence of physicochemical properties on dissolution of drugs in the gastrointestinal tract. *Advances Drug Delivery Reviews*, **2001**, *46*, 75–87.

Kivistö K.T., Ojala-Karlsson P. & Neuvonen P.J. Inhibition of norfloxacin absorption by dairy products. *Antimicrobial Agents and Chemotherapy*, **1992**, *36(2)*, 489–491.

Langguth P., Fricker G. & Wunderli-Allenspach H. Biopharmazie. Weinheim: Wiley-VCH, **2004**.

Neuovonen P.J., Kivistö K.T. & Lehto P. Interference of dairy products with the absorption of ciprofloxacin. *Clincial Pharmacology and Therapeutics*, **1991**, *50*, 498–502.

Pfeifer S., Pflegel P. & Borchert H-H. Biopharmazie. Berlin, Wiesbaden: Ullstein Mosby, **1995**.

Raaflaub J. Pharmakokinetik. Ein Leitfaden für Autodidakten. Basel: Editiones Roche, **1999**.

Russell T.L., Beradi R.R., Barnett J.L., Dermentzoglou L.C., Jarvenpaa K.M., Schmaltz S.P. & Dressman J.B. Upper gastrointestinal pH in seventy-nine healthy, elderly, North American men and women. *Pharmaceutical Research*, **1993**, *10(2)*, 187–196.

Shargel L. & Yu A. Applied Biopharmaceutics & Pharmakokinetics. Stamford: Appleton & Lange, **1999**.

Valk P.E., Bailey D.L., Townsend D.W., Maisey M.N. (Hrsg.): Positron emission tomography: basic science and clinical practice. London: Springer, **2003**.

Voigt R. Pharmazeutische Technologie. Stuttgart: Deutscher Apotheker Verlag, **2000**.

3
Gastrointestinale Absorption

Die meisten Medikamente können nicht direkt dort, nämlich an ihrem Target, appliziert werden, wo sie ihre Wirkung entfalten sollen. Aus der Vielzahl der Möglichkeiten zur Verabreichung eines Wirkstoffes, z.B. *i.v.* (intravenös), *i.p.* (intraperitoneal) oder *p.o.* (peroral), spielt der orale Applikationsweg die wichtigste Rolle. Auf dem Weg zu seinem Target stellen sich ihm eine Vielzahl von physikalischen, physikochemischen und enzymatischen Barrieren entgegen. Damit ein Wirkstoff erfolgreich oral appliziert werden kann,

- sollte er durch Magensäure und Verdauungsenzyme nicht in relevantem Ausmaß abgebaut werden,
- muss er im Darmlumen gelöst vorliegen,
- muss er die lipophile Zellmembran der Dünndarmwand aktiv, d.h. mit Hilfe von Transportern, oder passiv überwinden können,
- darf er durch Enzyme im Darmepithel nicht metabolisiert werden und
- sollte er im Darm und in der Leber nicht dem First-Pass-Metabolismus zum Opfer fallen.

Damit wir die Barrieren, die sich einem oral verabreichten Wirkstoff in den Weg stellen, besser verstehen können, diskutieren wir kurz die Physiologie des humanen Gastrointestinaltrakts (GIT). Begleiten wir einen Wirkstoff von der oralen Aufnahme in den Magen. Hier kann er durch Verdauungsenzyme und die stark saure Umgebung abgebaut werden. Eine direkte Absorption aus dem Magen spielt nur in Ausnahmefällen eine Rolle. Die Absorption von Wirkstoffen findet erst im Dünndarm, bestehend aus *Duodenum*, *Jejunum* und *Ileum*, statt. Im humanen *Duodenum*, das etwa 30 cm lang ist, wird die Magensäure neutralisiert und im *Jejunum* und *Ileum*, zusammen etwa 3 m lang, findet dann die Absorption hauptsächlich statt. Dem anschließenden Dickdarm – seine Länge beträgt etwa 1 bis 2 m – kommt keine wichtige Rolle bei der Wirkstoffabsorption zu. Er ist vielmehr für die Reabsorption von Wasser, das für den Verdauungsprozess benötigt wurde, verantwortlich. Eine Ausnahme bilden Wirkstoffe, die in einer Formulierung für verzögerte Freigabe appliziert werden und Wirkstoffe, die rektal in Form von Suppositorien verabreicht werden. Die Besonderheit der rektalen Applikation ist die Umgehung des Verdauungstrakts und der ersten Leberpassage. Zäpfchen werden in der Praxis häufig bei Kindern angewendet, weil sie keine

Moderne Pharmakokinetik. Beat Ernst, Alexander Vögtli

ISBN: 978-3-527-32376-0

Tabletten schlucken können, und bei Übelkeit und Erbrechen, weil dabei die Absorption des Wirkstoffs nicht gewährleistet ist.

3.1 Darm: Übersicht – Transport über Membranen

Nach der Freisetzung eines Wirkstoffs im Verdauungssaft beginnt der Prozess der *intestinalen Absorption*. Dabei passiert der Wirkstoff die Darmepithelzellen und gelangt in die Kapillaren der Darmzotten und von dort in den Blutkreislauf. Der Wirkstoff begegnet dabei zunächst einem Monolayer aus Enterozyten. In diesem Kapitel werden die beteiligten histologischen Strukturen, die Struktur der Zellmembran und die Passage über diese Barriere mittels transzellulärer Diffusion diskutiert.

3.1.1 Histologische Grundlagen

Die Wand des Magen-Darmtrakts ist ausgehend vom Lumen aus den folgenden vier Schichten aufgebaut (Welsch, 2003; Spornitz, 1996, s. Abb. 3.1):

- Mukosa, Schleimhaut (*Tunica mucosa*)
- Submukosa (*Tela submucosa*)
- Muskelhaut (*Tunica muscularis*)
- Serosa (*Tunica serosa*)

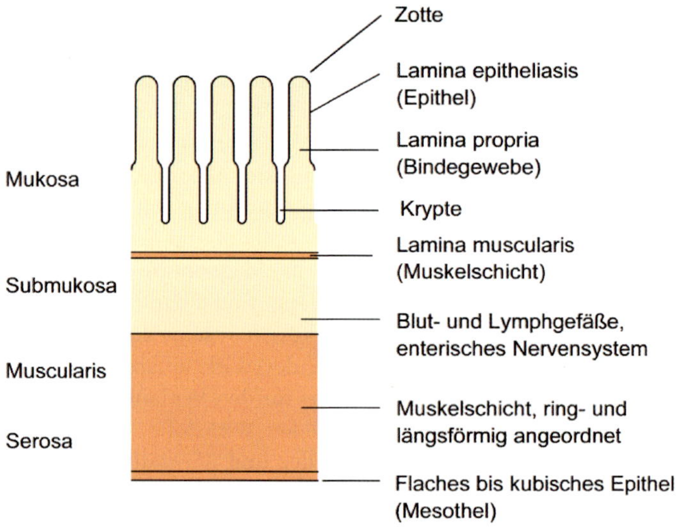

Abb. 3.1 Aufbau der Darmwand.

Mukosa. Die Mukosa besteht aus dem Epithel (*Lamina epithelialis*), dem darunter liegenden Bindegewebe (*Lamina propria*) und einer Muskelschicht (*Lamina muscularis mucosae*).

Submukosa. Die Submukosa liegt unterhalb der Mukosa und enthält zahlreiche kleine bis mittelgroße Blut- und Lymphgefäße. Der Meissner-Plexus (*Plexus submucosus*), bildet zusammen mit dem Auerbach-Plexus (*Plexus myentericus*) in der *Tunica muscularis* das enterische Nervensystem, welches vom vegetativen Nervensystem beeinflusst wird und u.a. die Darmbewegungen und die Sekretion kontrolliert.

Muscularis. Die *Tunica muscularis* besteht aus einer inneren Ring- und einer äußeren Längsmuskelschicht aus glatten Muskelzellen. Die Ringmuskelschicht umkreist den Darmkanal ringförmig, die Längsmuskelschicht verläuft entlang des Kanals. Zwischen den Muskelschichten ist der Auerbach-Plexus eingebettet. Die Muskelschicht ermöglicht die Bewegungen des Magen-Darms (Peristaltik).

Serosa. Die *Tunica serosa* ist die Außenschicht des Magen-Darmkanals und wird von einem flachen bis kubischen Plattenepithel (Mesothel) bedeckt, dem Epithel der Bauchhöhle (Peritoneum). Die Außenschicht kann – z.B. beim Oesophagus – auch in Bindegewebe übergehen.

Dünndarm (Intestinum tenue): Tunica mucosa

Der Dünndarm, bestehend aus den drei Abschitten *Duodenum, Jejunum* und *Illeum,* ist ein Kanal von ca. 3 bis 4 m Länge und hat primär die Funktion der Nahrungsmittelabsorption.

Die Schleimhaut des Dünndarms wird durch **Falten** (*Plicae circulares,* Kerckring-Falten) vergrößert. Die Falten sind bis zu 1 cm hoch und werden aus der Mukosa und Submukosa gebildet. Die Oberfläche der Falten wird durch **Zotten** (Villi) weiter vergrößert, die sich aus der Mukosa ausstülpen (s. Abb. 3.2). Die Schleimhaut wird gegen das Lumen von der *Lamina epithelialis* begrenzt, einer Epithelschicht aus einschichtigem, hochprismatischem Epithel (Enterozyten), das im Dünndarm einen dichten Bürstensaum aus Microvilli trägt. Neben den Enterozyten finden sich im Epithel weitere Zelltypen. Becherzellen sezernieren durch Exozytose Schleim, der auf der Glykokalyx eine Schicht bildet. Eine große Anzahl an endokrinen Zellen bildet Hormone, z.B. Cholecystokinin (CCK), Sekretin und Gastrin. Hinzu kommen Zellen des Immunsystems und weitere, seltener vorkommende Zellen. Unterhalb des Epithels im Inneren der Zotten liegt die *Lamina propria,* ein retikuläres Bindegewebe mit kleinen Blut- und Lymphgefäßen, das absorbierte Stoffe – zum Beispiel pharmazeutische Wirkstoffe – aufnimmt und über das venöse System Richtung Leber abtransportiert. Die *Lamina propria* enthält Zellen des Immunsystems und ferner glatte Muskelzellen, die eine gewisse Beweglichkeit der Zotten erlauben. Die Oberflächenvergrößerung durch Falten, Zotten und Microvilli führt zu einer Oberfläche des Dünndarms von ca. 200 m^2.

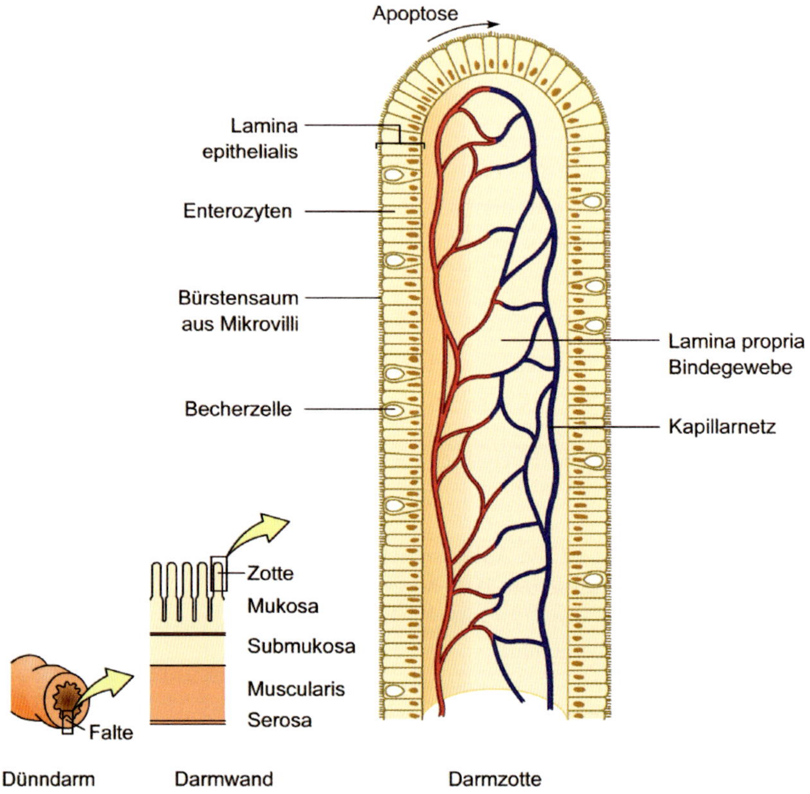

Abb. 3.2 Darmzotte (schematisch). Die Oberfläche der Darmfalten wird durch die Darmzotten weiter vergrößert. Zotten sind Ausstülpungen des Epithels. Die äußerste Schicht ist die *Lamina epithelialis*, die aus Enterozyten und weiteren Zelltypen (z.B. Becherzellen) besteht. Darunter liegt Bindegewebe (*Lamina propria*), das ein Kapillarnetz enthält, in welches Nahrungsbestandteile und Wirkstoffe absorbiert werden. Nicht dargestellt sind das lymphatische Gewebe, Zellen des Immunsystems und glatte Muskelzellen in der *Lamina propria*. Die Enterozyten werden durch eine zur Spitze der Darmzotte gerichtete Apoptose ständig erneuert.

Das Darmepithel befindet sich in einem permanenten Prozess der Regeneration, welcher aus den Krypten (*Glandulae intestinales*, Lieberkühn-Krypten) hervorgeht. Krypten sind Einsenkungen der Mukosa, welche in der oberen Hälfte differenzierte Zellen wie Enterozyten, Becherzellen und enterochromaffine Zellen enthalten. Unreife Zellen in der unteren Hälfte der Krypten sind in Teilung begriffen, proliferieren in Richtung Villusspitze und differenzieren aus. An der Villusspitze werden sterbende Zellen abgestoßen.

Darmepithel – Enterozyten

Die Enterozyten (auch Saumzellen genannt) bilden die zelluläre Grundlage der *Lamina epithelialis* (s. Abb. 3.3). Es handelt sich um hochprismatische Epithelzellen, die etwa dreimal so hoch wie breit sind. Sie sind durch ihren dichten apikalen, gegen das Lumen gerichteten Bürstensaum gekennzeichnet, der die letzte Stufe der Oberflächenvergrößerung des Dünndarms bildet. Enterozyten enthalten bis zu 3000 Microvilli pro Zelle, die durch parallel angeordnete Actinfilamente stabilisiert werden.

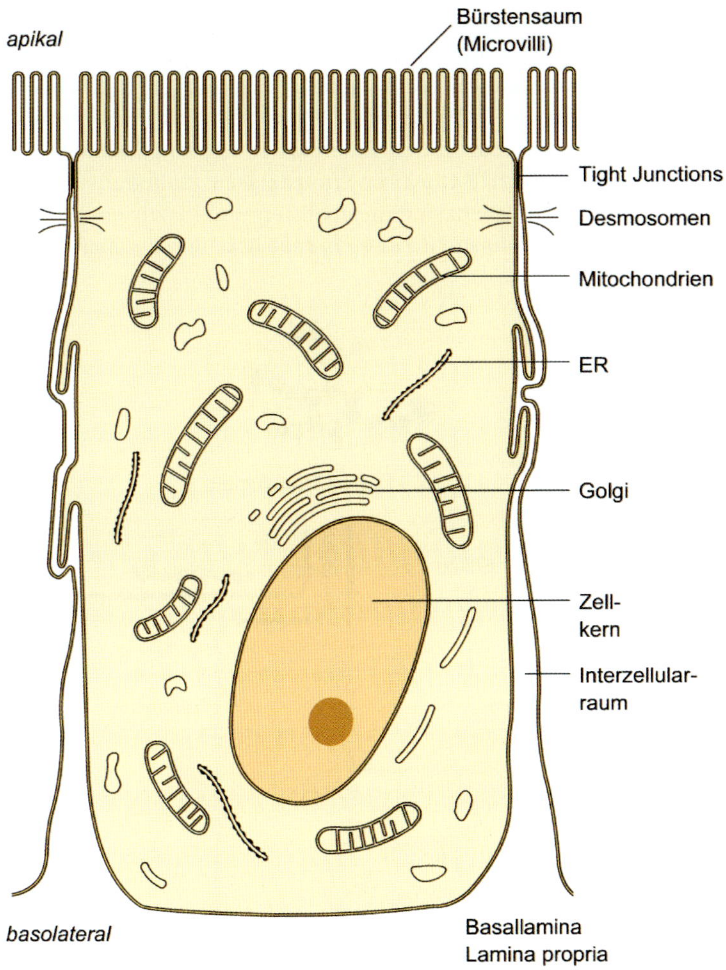

Abb. 3.3 Enterozyt (Saumzelle). Enterozyten bilden die zelluläre Grundlage der *Lamina epithelialis*. Es sind hochprismatische Epithelzellen mit einem Bürstensaum, der gegen das Darmlumen hin gerichtet ist. Er besteht aus mehreren Tausend Microvilli pro Zelle. Die Zellen des Epithels sind durch Zellkontakte miteinander verbunden. Tight Junctions regulieren den Transport von Substanzen zwischen den Zellen.

3.1.2 Transport von Wirkstoffen über die Enterozytenmembran

Abbildung 3.4 zeigt, über welche Transportwege ein pharmazeutischer Wirkstoff die Zellmembran eines Enterozyten im Darm passieren kann. Der wichtigste Transportweg für Wirkstoffe ist dabei die *transzelluläre passive Diffusion*. Die *parazelluläre passive Diffusion*, also die Diffusion zwischen den Zellen, ist aufgrund der Zell-Zell-Verbindungen (Tight Junctions) nur für kleine hydrophile Moleküle mit einem Molekulargewicht von < 200 Da möglich. Daneben können Moleküle, die Nahrungsbestandteile mimikrieren, über **Transporter** aktiv in die Zelle aufgenommen werden, z.B. über den Peptid-Transporter PEPT1. Dies wird auch als *erleichterte Diffusion* bezeichnet. Eine weitere Transportmöglichkeit ist die (rezeptorvermittelte) *Endo-*, resp. *Transzytose* (in der Abbildung nicht dargestellt). Schließlich können *Efflux-Transporter* wie P-Glykoprotein Wirkstoffe zurück ins Darmlumen (Efflux) transportieren. Einmal in den Enterozyten angelangt, können die Wirkstoffe durch Enzyme wie UDP-Glucuronyltransferasen, Sulfotransferasen, Esterasen oder Cytochrom-P450-Isoenzyme metabolisiert und inaktiviert werden. Im Abschnitt 4.3 „Biotransformation" wird diese *metabolische Barriere* ausführlich diskutiert.

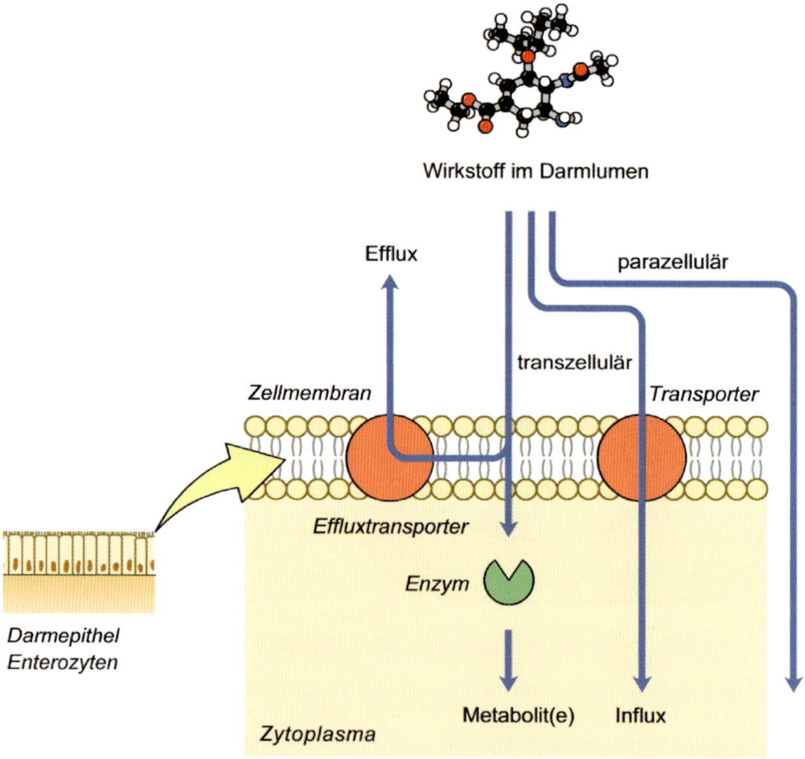

Abb. 3.4 Transport eines Wirkstoffs über die apikale Zellmembran eines Enterozyten.

Welcher Transportweg zum Zuge kommt, hängt von der Struktur des Wirkstoffs und seinen pharmakokinetischen Eigenschaften ab. In diesem Abschnitt wird zunächst die transzelluläre passive Diffusion besprochen. Dabei werden wir die beteiligten Barrieren kennen lernen und diskutieren, über welche Eigenschaften ein Wirkstoff verfügen muss, damit er passiv (Abschnitt 3.2 und 3.3) oder aktiv (Abschnitt 3.4 bis 3.7) transportiert wird. In Abschnitt 3.9 schließlich wird die Rolle von Efflux-Proteinen, die sich der Absorption des Wirkstoffs entgegenstellen, vorgestellt.

3.2
Transzelluläre passive Diffusion

Bei der passiven Diffusion wandern Moleküle aufgrund ihrer thermischen Bewegung entlang eines Konzentrationsgradienten. Beim transzellulären Transport, also der Diffusion durch eine Zelle wird zwischen *Permeation* (Diffusion über eine Zellmembran) und *Penetration* (Diffusion über die gesamte Zelle) unterschieden. Die Begriffe werden über die beteiligten Phasen definiert (Pfeifer, Pflegel & Borchert, 1995). Wir konzentrieren uns zunächst auf die Permeation.

Beim transzellulären Weg interagiert der Wirkstoff mit der Zellmembran der zu passierenden Zelle. Das Ausmaß und die Geschwindigkeit der passiven transzellulären Diffusion werden durch die physikochemischen Eigenschaften der Barriere – der Zellmembran – auf der einen Seite und des Wirkstoffs auf der anderen Seite bestimmt.

Wenden wir uns zunächst der Barriere, also der Zellmembran, zu. Die wichtigsten strukturellen Merkmale biologischer Membranen sollen hier kurz aufgezeigt werden, bevor auf die Anforderungen an Wirkstoffe für den transzellulären Transport eingegangen wird.

3.2.1
Biologische Membranen als Barrieren

Struktur biologischer Membranen – das aktuelle Membranmodell

Dass es sich bei Membranen um Bilayer handelt, konnte aus einer Fülle von Informationen abgeleitet werden. (Zur Geschichte der Membranmodelle siehe Edidin, 2003). Das aktuelle Membranmodell wurde allerdings erst 1972 in dem berühmten Artikel „The fluid model of the structure of cell membranes“ von Singer und Nicolson publiziert (Singer & Nicolson, 1972). Obwohl schon über 30 Jahre alt, ist es mit Anpassungen immer noch gültig. Es macht allgemeine Aussagen zur Struktur von biologischen Membranen. (Für eine ältere Review des Modells siehe Bretscher, 1973).

Lipide der Zellmembran

Die wichtigsten Lipid-Bestandteile der Zellmembran sind in Abbildung 3.5 zusammengefasst.

Phospholipid-Bilayer. Das Modell von Singer und Nicolson beschreibt Membranen als *Bilayer* (Doppelschicht) von Phospholipiden. Die Glycerophospholipide haben Glycerin (*engl.* Glycerol) als Grundkörper. Dessen Hydroxygruppen sind an der Position C_1 und C_2 mit Fettsäuren unterschiedlicher Länge und Sättigungsgrade verestert. Die Hydroxygruppe an der Position C_3 ist phosphoryliert und über einen Phosphatester mit einem polaren oder ionischen Kopfgruppenalkohol verknüpft. Dabei handelt es sich zum Beispiel um Cholin, Serin, Ethanolamin oder Inositol. Der Kopfgruppenalkohol (s. Tab. 3.1) gibt den Phopholipiden ihren Namen (Präfix Phosphatidyl-). Je nach Kopfgruppenalkohol spricht man also von Phosphatidylcholin, Phosphatidylserin, Phosphatidylethanolamin oder Phosphatidylinositol.

Phospholipide sind amphiphile Moleküle, die aus polaren/ionischen Kopfgruppen und hydrophoben Fettsäureketten bestehen. Gibt man Phosphatidylinositol in Wasser, bilden sich spontan die charakteristischen *Lipid-Bilayer* aus, ein Prozess, der als *Self-Assembly* bezeichnet wird. Die polaren/ionischen Kopfgruppen orientieren sich gegen die wässrige Phase, während die hydrophoben Fettsäureketten in das Innere des Bilayers gerichtet sind (s. Abb. 3.6). Die hydrophoben

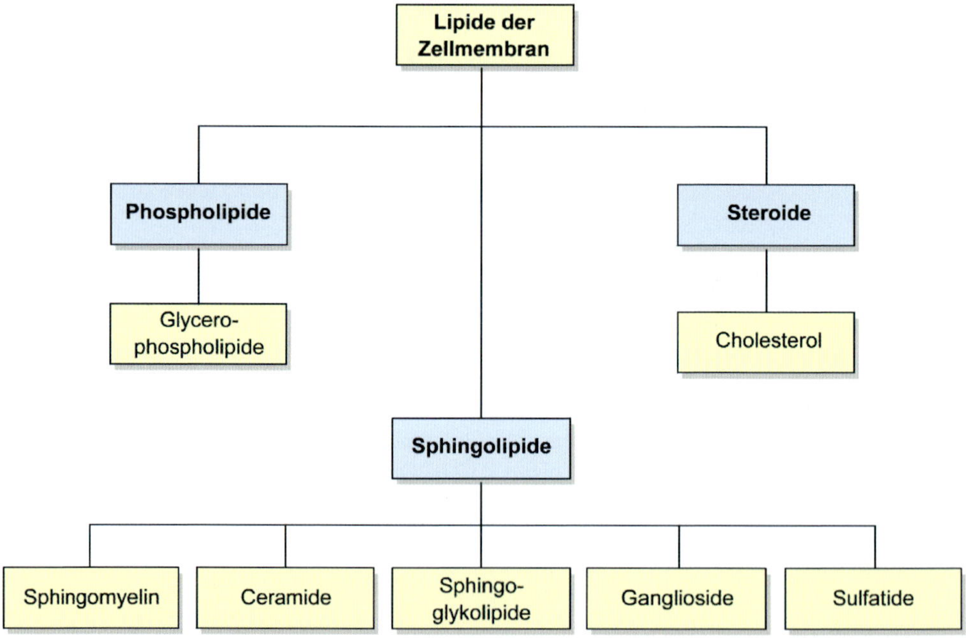

Abb. 3.5 . Übersicht über die Lipide der Zellmembran. Für die Strukturen der Lipide siehe Abbildungen 3.7 bis 3.9.

Tabelle 3.1 Kopfgruppenalkohole in Phospholipiden.

Kopfgruppenalkohol	**Phospholipid** (Abkürzung)
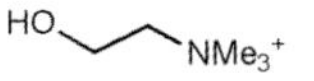 Cholin	Phosphatidylcholin (PC)
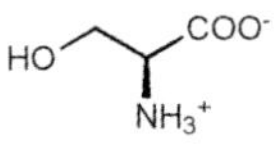 Serin	Phosphatidylserin (PS)
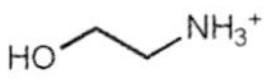 Ethanolamin	Phosphatidylethanolamin (PE)
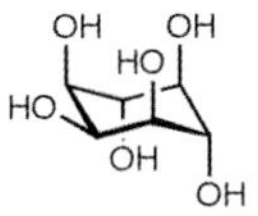 Inositol	Phosphatidylinositol (PI)

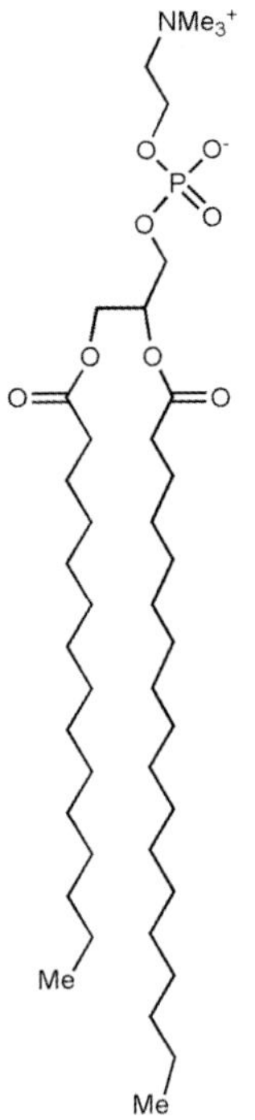

Phosphatidylcholin

Wechselwirkungen der Fettsäureketten sind die treibende Kraft für die Bildung des Bilayers, weil sie den Kontakt mit Wasser möglichst minimieren wollen. Zwischen den Kopfgruppen bilden sich zudem polare/ionische Wechselwirkungen aus. Die von nicht-kovalenten Bindungen gebildeten Bilayer sind zwischen 6 nm (60 Å) und 10 nm (100 Å) dick.

Sphingolipide. Sphingolipide sind Lipide, die Sphingosin, eine Fettsäure und eine variable Gruppe *R* enthalten (s. Abb. 3.7). Folgende Sphingolipide werden unterschieden:

- Ceramide (*R*: Wasserstoffatom H)
- Sphingoglykolipide (*R*: Mono- und Oligosaccharide). z.B. Cerebroside mit nur einem Zuckerrest (Glucose oder Galactose)
- Ganglioside (*R*: komplexere Oligosaccharide mit terminalen Sialinsäuren)

Sphingomyelin ist ein Sphingolipid. Es hat eine sehr ähnliche Struktur wie die Phospholipide, aber hier ist Glycerol und eine Fettsäure durch Sphingosin ersetzt. Es trägt als Rest *R* ein Phosphat und ein Cholin wie Phosphatidylcholin.

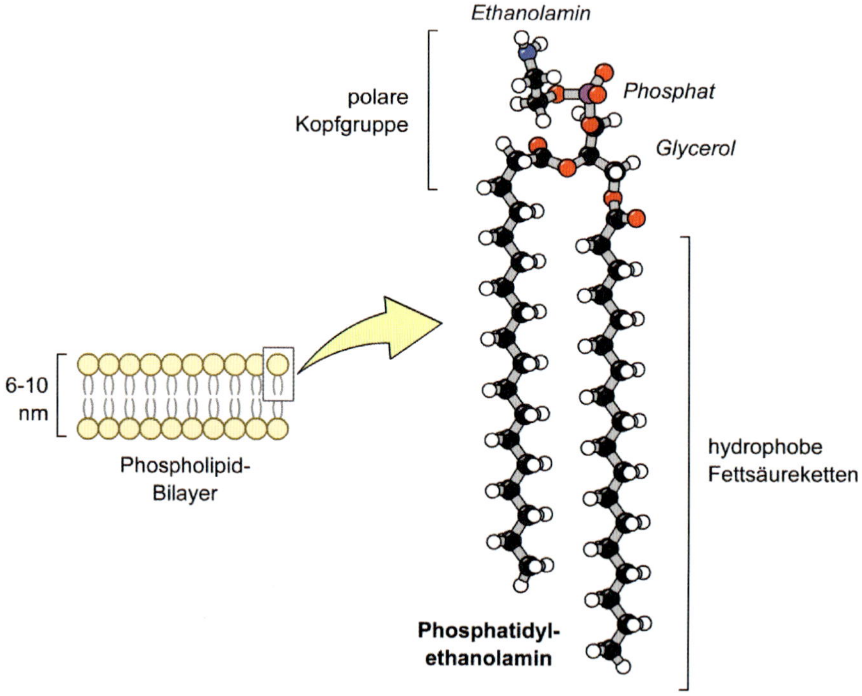

Abb. 3.6 Die Abbildung zeigt links einen Phospholipid-Bilayer. Rechts ist ein Phospholipid des Bilayers, Phosphatidylethanolamin, vergrößert dargestellt.

Steroide. Neben Phospholipiden enthalten biologische Membranen Cholesterin (s. Abb. 3.8), ein Steroid, das parallel zu den Fettsäureketten ausgerichtet ist und u.a. bei der Modulation der Fluidität eine Rolle spielt. Die Hydroxylgruppe von Cholesterol interagiert mit den polaren Kopfgruppen der Phospholipide.

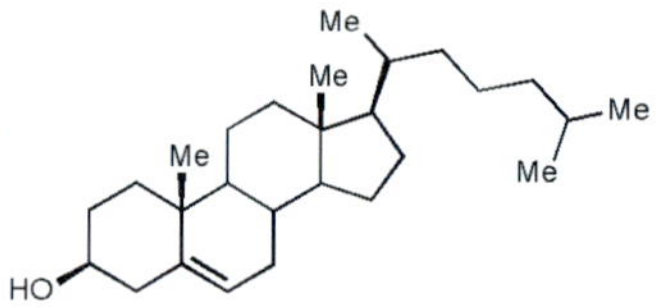

Cholesterol

Membranproteine

Neben der Lipidmatrix enthalten biologische Membranen Proteine. 1935 publizierten Danielli und Davson ein viel beachtetes Membranmodell, das die Membran als trilaminar bestehend aus einer kontinuierlichen Lipidschicht, die zwischen zwei Proteinschichten eingebettet ist, beschreibt (sog. „Sandwich“-Modell, Review: Davson & Danielli, 1952; s. Abb. 3.9).

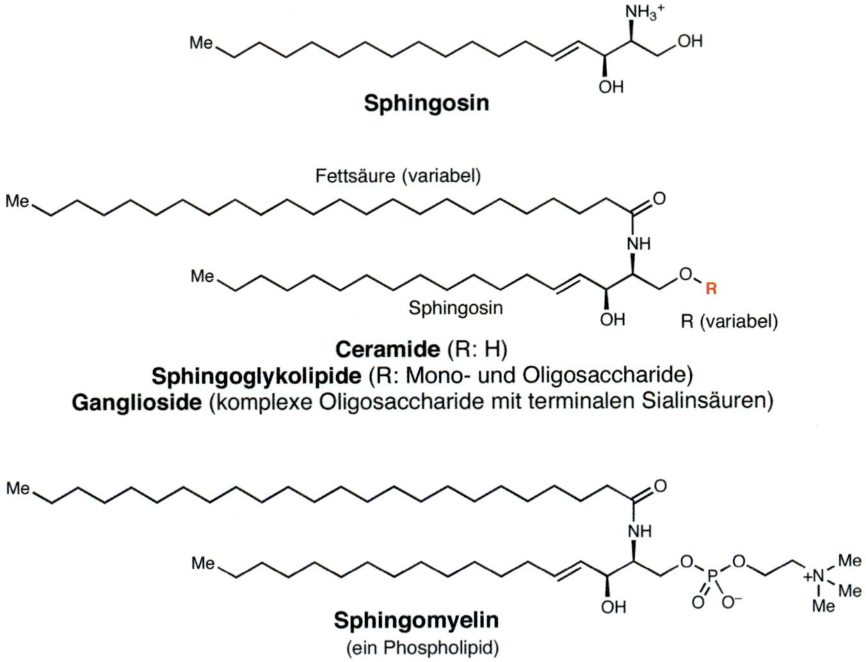

Abb. 3.7 Chemische Strukturen der Sphingolipide.

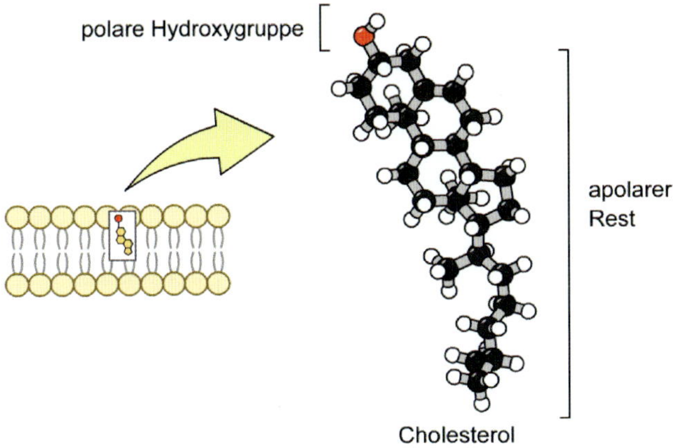

Abb. 3.8 Cholesterol ist in der Zellmembran parallel zu den Fettsäureketten ausgerichtet. Die polare Hydroxygruppe interagiert mit den polaren Phosopholipidkopfgruppen. Der apolare Rest des Moleküls interagiert mit den Fettsäureketten.

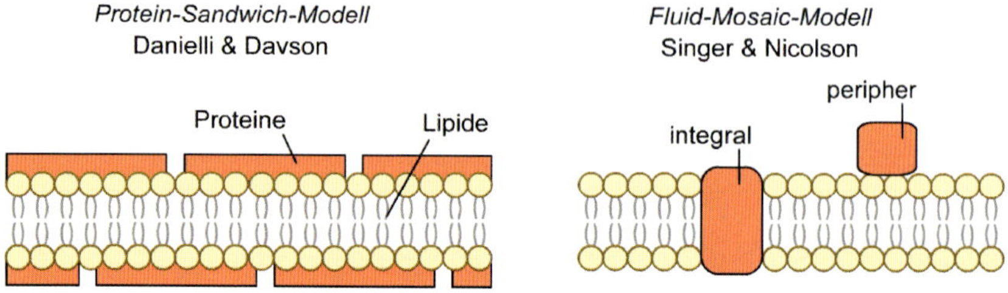

Abb. 3.9 Vergleich des Membranmodells von Danielli & Davson (links) und Singer & Nicolson (rechts).

Das Modell von Singer und Nicolson aus dem Jahr 1972 beschreibt die Membran dagegen als Mosaik einer Lipidmatrix mit *peripheren* oder *integralen Proteinen*. Periphere Proteine binden schwach an die Oberfläche des Bilayers und können leicht von ihm abgelöst werden. Integrale Membranproteine interagieren stärker mit den Lipiden. Sie sind in den Bilayer eingebettet und können ihn mit α-helikalen Strukturen durchdringen. Beispiele für integrale Membranproteine sind die Transporter, die Kanäle und die G-Protein-gekoppelten Rezeptoren (GPCR). Während Transporter und Kanäle die Passage von Substraten von der einen zur anderen Seite der Membran ermöglichen, vermitteln die GPCR extrazelluläre Signale an das Zellinnere. Ein Beispiel für ein integrales Membranproteine ist Aquaporin 1, das Wassermoleküle über die Zellmembran transportieren kann (s. Abb. 3.10). Es besteht ausschließlich aus α-Helices.

Es genügen etwa 20 Aminosäuren, um eine Membran zu durchdringen. Dies entspricht 6–7 Drehungen der Helix. Viele transmembranäre α-Helices sind län-

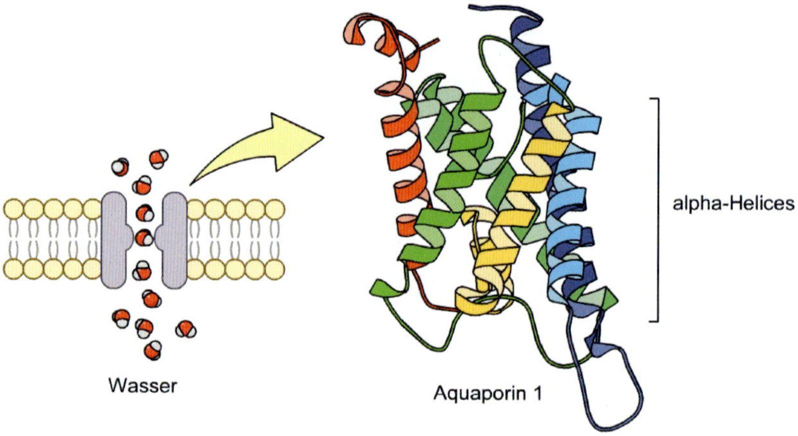

Abb. 3.10 Das Membranprotein Aquaporin 1 transportiert Wassermoleküle über Zellmembranen. Es handelt sich um ein integrales Membranprotein, das ausschließlich aus α-Helices besteht, welche die Membran durchdringen (Kristallstruktur: 1J4N; die Proteinstruktur wurde mit Molscript erstellt, Kraulis, 1991).

ger (im Mittel 26–27 Aminosäuren), da sie schräg in der Membran liegen. Generell kommen in den transmembranären Anteilen bevorzugt hydrophobe Aminosäuren vor. So machen Ala, Ile, Leu und Val etwa ein Drittel aller Aminosäuren in der Membran aus. Für β-Faltblätter konnte eine bevorzugte Ausrichtung großer hydrophober Aminosäuren (Phe, Leu, Ile, Val) gegen den lipophilen Kern der Membran gezeigt werden. Eine entsprechende Beziehung wurde bei α-helikalen Strukturen nicht festgestellt. Aromatische Aminosäuren kommen bevorzugt an der Lipid–Wasser-Grenzfläche vor. Geladene Aminosäuren (z.B. Lys, Arg) finden sich fast nie an der Proteinoberfläche, die an den hydrophoben Kern der Membran grenzt (Ulmschneider *et al.*, 2001).

Bei Bakterien, Plastiden (z.B. Chloroplasten) und Mitochondrien wurden auch Proteine gefunden, die nur aus β-Faltblättern bestehen (Saier, 2000). Die zylinderförmigen *Porine* bilden Poren in der bakteriellen Membran (s. Abb. 3.11). Die bakteriellen Porine sind nicht mit den Aquaporinen (Wasserkanälen) beim Men-

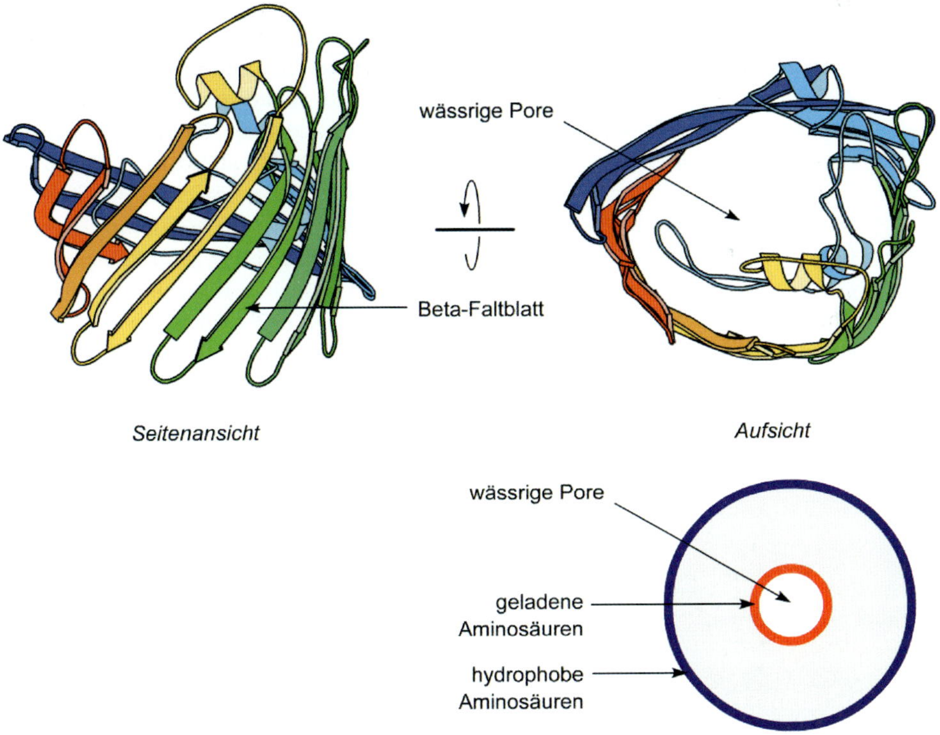

Abb. 3.11 Porine sind integrale Membranproteine von Bakterien (hier ein Beispiel von *Rhodobacter capsulatus*). Sie bestehen fast ausschließlich aus β-Faltblättern. Diese bilden im Zentrum eine wässrige Pore, welche den Substanztransport über Membranen ermöglicht. Die wässrige Pore besteht vorwiegend aus geladenen Aminosäuren, während sich an der Oberfläche, die mit dem hydrophoben Kern in Kontakt steht, hydrophobe Aminosäuren finden. Beim Menschen kommen Porine nicht vor (Kristallstruktur: 2POR; die Proteinstruktur wurde mit Molscript erstellt, Kraulis, 1991).

schen zu verwechseln, die eine α-helikale Struktur aufweisen (s. oben). Membranproteine können wie die Lipide gegen den extrazellulären Raum hin glykosyliert sein (Glykoproteine).

Fluidität. Das Modell von Singer und Nicolson beschreibt Membranen als zweidimensionale Lösungen von orientierten Lipiden und Proteinen. Die Fluidität der Membran ist ein wesentlicher Aspekt des Modells. Die Bestandteile der Membran (Lipide und Proteine) sind nicht statisch an einem Ort lokalisiert, sondern können lateral diffundieren und damit der Membran dynamische Anpassungsmöglichkeiten bieten, z.B. das Clustering von Membrankomponenten. Lipide diffundieren sehr schnell; sie vermögen innerhalb einer Sekunde eine Strecke von bis zu 1 μm zurückzulegen. Hingegen sind sogenannte *Flip-Flops*, d.h. die Umorientierung eines Lipids von der einen zur anderen Seite der Membran, energetisch ungünstig (Halbwertszeiten im Stundenbereich, s. Abb. 3.12). Dies gilt allerdings nicht für die ungeladenen Phospholipide wie Diphosphatidylglycerol. Hier liegen die Halbwertszeiten für einen Flip-Flop im Sekunden- und Minutenbereich.

Strukturelle Ordnung. Aufgrund der schnellen lateralen Diffusion könnte man davon ausgehen, dass Membranen zufällig durchmischte, zweidimensionale Lösungen sind. Diese Annahme ist aber nicht ganz richtig: Tatsächlich herrscht in den biologischen Membranen eine dreidimensionale strukturelle Ordnung. So besteht zum Ersten eine asymmetrische Verteilung zwischen der inneren und äußeren Seite des Bilayers (sogenannte *Asymmetrie* der Membran). Der äußere Anteil der Zellmembran von Erythrozyten enthält vorwiegend Phosphatidylcholin und Sphingolipide (z.B. Sphingomyelin), während der innere Anteil vor allem die Aminophospholipide Phosphatidylserin und Phosphatidylethanolamin enthält (Review: Zachowski, 1993). Die Asymmetrie wird u.a. durch *Flippasen* aufrechterhalten (Pomorski *et al.*, 2004). Flippasen sind Membranproteine, die den Flip-Flop von Lipiden unterstützen.

Die unterschiedliche Verteilung der Lipide ist u.a. auf ihre unterschiedlichen Funktionen zurückzuführen. So wird beispielsweise Phosphatidylinositol als Sub-

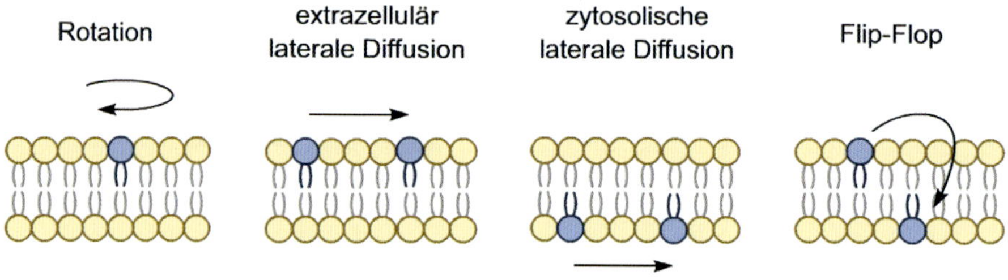

Abb. 3.12 Fluidität der Membran. Phospholipide können rotieren, lateral diffundieren oder von der einen zur anderen Seite der Membran wechseln. Spontane Flip-Flops sind für die meisten Phospholipide energetisch ungünstig. Sie können aber durch bestimmte Membranproteine, die Flippasen, erleichtert werden. Die Flippasen sind an der Aufrechterhaltung der Asymmetrie der Membran beteiligt.

strat für die Synthese von *Second Messengern* (Diacylglycerol DAG und Inositoltriphosphat IP3) benötigt, die ihren Effekt intrazellulär ausüben. Phosphatidylinositol ist deshalb vor allem an der inneren Seite der Membran konzentriert.

Zum Zweiten gibt es auch eine laterale Organisation innerhalb der inneren und äußeren Anteile der Membran. Substrukturen, wie die sogenannten *Lipid Rafts* (Lipidflöße) aus Sphingolipidien und Cholesterol bilden definierte Regionen, an die Proteine assoziieren können (Simons & Ikonen, 1997).

Trotz einer gemeinsamen Grundstruktur bestehen also signifikante Unterschiede zwischen der intra- und extrazellulären Seite der Membran, zwischen verschiedenen Regionen, Organellen und unterschiedlichen Zellen.

Diffusion über Membranen

Biologische Membranen sind die primären physikalischen Barrieren, auf die Wirkstoffe bei der transzellulären passiven Diffusion treffen. Ob die transzelluläre Passage möglich ist oder nicht, hängt von den physikochemischen Eigenschaften eines Wirkstoffes ab.

Die Membran ist im Wesentlichen eine *hydrophobe Barriere*. Das bedeutet, dass sie vor allem den Transport von hydrophilen Moleküle und Ionen über eine Zellmembran behindert. Die Barriere wird vor allem durch den hydrophoben Kern des Bilayers (Fettsäureketten, Cholesterol) ausgebildet.

Im Folgenden beschäftigen wir uns weiter mit den physikochemischen Eigenschaften, die Wirkstoffe aufweisen müssen, damit sie über den transzellulären Weg transportiert werden können und welche Eigenschaften sie an diesem Transport hindern.

3.2.2
Transzelluläre Diffusion: Anforderungen an den Wirkstoff

Bei der transzellulären Diffusion bieten sich dem Wirkstoff grundsätzlich zwei Mechanismen an, mit denen er eine Epitelzelle überwinden kann (Camenisch *et al.*, 1996). Der Wirkstoff kann erstens die apikale Membran passieren, ins Zytosol gelangen und via basolaterale Membran auf der anderen Seite der Zelle wieder freigesetzt werden (Weg a in Abb. 3.13). Es ist aber auch denkbar, dass der Wirkstoff lateral im Bilayer von der apikalen zu basolateralen Seite diffundiert (Weg b in Abb. 3.13). und somit gar nicht mit dem Zytosol in Kontakt kommt (Fluidität der Membran, vgl. oben). Wir konzentrieren uns bei unserer Diskussion der transzellulären Diffusion im Folgenden auf die Frage der *Permeation*, d.h. auf die Frage, wie Wirkstoffe eine einzelne Membran überqueren und welche Eigenschaften sie dafür benötigen.

Passive Diffusion: Mathematische Modelle

Die passive Diffusion kann mit einem mathematischen Modell, dem 1. Fickschen Gesetz beschrieben werden (Flynn & Yalkowsky, 1972):

$$\frac{\mathrm{d}m}{\mathrm{d}t} = -\overline{D}A\frac{\mathrm{d}C}{\mathrm{d}h}$$

Abb. 3.13 Permeation (a) und laterale Diffusion (b).

Das Gesetz beschreibt die Menge dm (Einheit mg) einer Substanz, die pro Zeiteinheit dt (s) mit einem Konzentrationsgradienten dC/dh (mg mol^{-1} cm^{-1}) über eine Fläche A (cm^2) diffundiert. D ist der Diffusionskoeffizient (cm^2 s^{-1}).

Bei runden Partikeln kann der Diffusionskoeffizient nach dem Stokeschen Gesetz berechnet werden. In die Gleichung geht die Gaskonstante R (Pa m^3/mol K), die Temperatur T (K), die Viskosität des Mediums η (Pa s), der Radius der Kugel r (cm) und die Avogadrokonstante N_A (mol^{-1}) ein (Camenisch *et al.*, 1996).

$$\overline{D} = \frac{RT}{6\eta r \mathrm{N_A}}$$

Ausgehend vom Fickschen Gesetz kann die passive Diffusion über eine einfache Membran beschrieben werden (s. Abb. 3.14). Dabei wird von zwei identischen Flüssigkeiten ausgegangen, die durch eine einfache Membran ohne Poren, Transporter oder Kanäle getrennt sind. Eine Substanz diffundiert aus einem Donorkompartiment (Konzentration C_D) in ein Akzeptorkompartiment (Konzentration C_A).

$$\frac{\mathrm{d}C_A}{\mathrm{d}t} = \frac{\overline{D}P}{h}\frac{A}{V_A}(C_D - C_A) = P_{erm}\frac{A}{V_A}(C_D - C_A)$$

Das Modell beschreibt die Zunahme der Konzentration (mg/ml) im Akzeptorkompartiment während einer bestimmten Zeitspanne. Neben der Fläche A (cm^2) und der Dicke der Membran h (cm), dem Diffusionskoeffizienten D (cm^2/s), dem Volumen des Akzeptormedium V_A (ml) und dem Konzentrationsgradienten $C_D - C_A$ (mg/ml) finden wir hier einen zusätzlichen Parameter, den *Verteilungskoeffizienten* (Partition Coefficient) P (ohne Einheit). Der Verteilungkoeffizient ist ein Maß für die Verteilung der Substanz zwischen der wässrigen

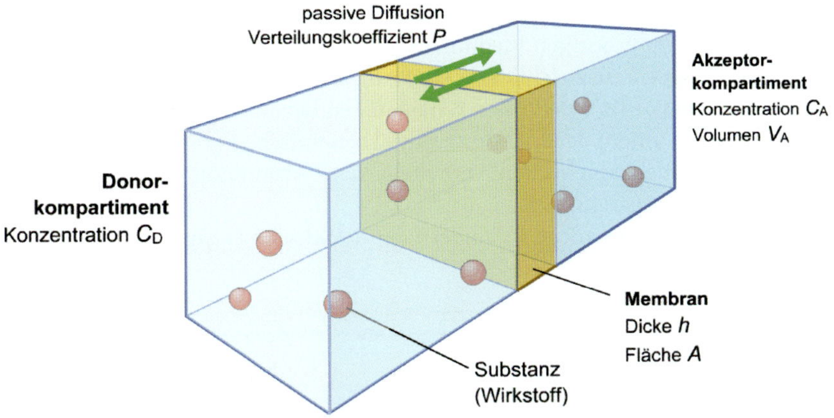

Abb. 3.14 Modellsystem aus zwei Kompartimenten, die durch eine Membran getrennt sind. Eine Substanz (ein Wirkstoff) diffundiert aus dem Donor- in das Akzeptorkompartiment. Die Konzentrationszunahme im Akzeptorkompartiment kann mathematisch beschrieben werden.

Phase und der Membran (organische Phase). P ist deshalb auch ein Maß für die Lipophilie einer Substanz (s. unten).

Für eine definierte Substanz in einem definierten System kann der *Permeabilitätskoeffizient* P_{erm} angegeben werden (DP/h in cm/s). Die Permeabilität des Wirkstoffs beschreibt die Fähigkeit eines Moleküls, die Membran zu passieren.

Aus diesem einfachen mathematischen Modell können folgende Einflussfaktoren abgeleitet werden:

Membran:

- Fläche A
- Dicke h

Wirkstoff:

- Konzentrationsgradient C_D - C_A
- Verteilungskoeffizient P
- Radius (als Maß für die Molekülgröße) r

Neben der Membran und dem Wirkstoff spielt die Umgebung, d.h. das Medium, in welchem sich Barriere und Wirkstoff befinden, eine Rolle, u.a. die Viskosität und die Temperatur.

Eigenschaften des Wirkstoffs (Properties)

Verteilungskoeffizient P (log P)

Der Verteilungskoeffizient (Partition Coefficient) P hat als Parameter zur Beschreibung der Permeation (passiven Diffusion) und als Maß für die intrinsische Lipophilie einer Substanz bei der Wirkstoffsuche (Drug Discovery) eine große Bedeutung. *Lipophilie* wird definiert als die Affinität eines Moleküls zu einer lipophilen Umgebung. *Hydrophobie* ist die Assoziation nicht-polarer Gruppen oder Molekülen in einem wässrigen Medium. Sie beruht auf der Tendenz von Wasser, nicht-polare Gruppen auszuschließen (IUPAC, 1997).

Der Verteilungskoeffizient *P* eines Wirkstoffs ist neben dem Distributionskoeffizienten *D* (siehe unten) der wichtigste physikochemische Parameter zur Vorhersage seines pharmakokinetischen Verhaltens (u.a. Absorption, Verteilung, Proteinbindung, Gehirngängigkeit).

In der Regel wird aber nicht *P*, sondern der dekadische Logarithmus log *P* verwendet:

$$P = \frac{[W]_{org}}{[W]_{aqu}}$$

$$\log P = \log \frac{[W]_{org}}{[W]_{aqu}}$$

Für einen Wirkstoff mit einer Konzentration $[W]_{\text{organische Phase}}$ (Membran) von 10 mg/ml und $[W]_{\text{wässrige Phase}}$ von 0,1 mg/ml beträgt $P = 100$ und der log $P = 2$. Die Substanz verteilt sich also 100-mal besser in der Membran als in der wässrigen Phase. Ein negativer log-*P*-Wert bedeutet, dass eine Substanz sich vorwiegend in der wässrigen Phase verteilt. Ein log *P*-Wert von 0 zeigt schließlich an, dass $[W]_{org}$ und $[W]_{aqu}$ identisch sind (s. Tab. 3.2).

Wir gehen von einer hydrophoben Membran und von Wasser als Lösungsmittel aus. Somit ist leicht einsehbar, dass *P* ein **Maß für die intrinsische Lipophilie** einer Substanz ist, also für die Affinität der Substanz zum hydrophoben Kern der Membran. Substanzen mit niedrigen log *P* Werten sind hydrophil und solche mit hohen Werten lipophil.

Die Permeabilität einer Substanz erhöht sich mit steigendem log *P*. Substanzen mit einem log $P < 0$ können die Membran im Allgemeinen nicht durchdringen. Allerdings gibt es für die hydrophilen Substanzen alternative Wege, die Zelle zu passieren, unter anderem den parazellulären Weg oder den Weg über Transporter.

Tabelle 3.2 Beziehungen zwischen log **P**, **P** und der Verteilung der Substanz zwischen wässriger und organischer Phase (Membran). Eine Erhöhung des log **P** um eine Einheit bedeutet eine Erhöhung von **P** um eine Zehnerpotenz.

Log *P*	*P*	Verteilung
–2	0,01	100-mal mehr in der wässrigen Phase
–1	0,1	10-mal mehr in der wässrigen Phase
0	1	gleiche Anteile in wässriger Phase und Membran
1	10	10-mal mehr in der Membran
2	100	100-mal mehr in der Membran
3	1000	1000-mal mehr in der Membran
6	1 000 000	1 000 000-mal mehr in der Membran

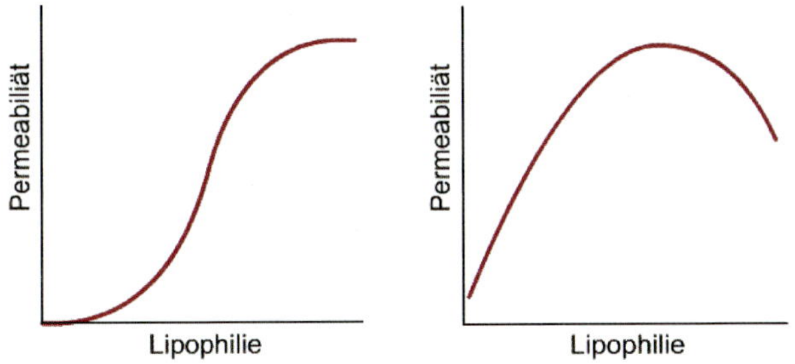

Abb. 3.15 Zusammenhang zwischen Lipophilie und Permeabilität. Zunächst steigt die Permeabilität mit der Lipophilie. Bei zunehmender Lipophilie steigt die Permeabilität aber nicht mehr weiter an oder sie sinkt ab.

Bei steigendem log *P* erreicht die Permeabilität ein Maximum und sinkt dann wieder ab. Das führt zu einer sigmoiden oder parabolen Abhängigkeit zwischen Lipophilie und Permeabilität (s. Abb. 3.15, Camenisch *et al.*, 1996). Ein zu hoher log *P* ist also für eine gute Permeabilität nicht erwünscht. Diese Tatsache wird in der **Rule of Five** von Lipinski berücksichtigt. Die Regel besagt, dass der log *P* für eine gute Permeation nicht größer als 5 sein soll.

Bestimmung des log P: Experimentelle Bestimmung

Zur experimentellen Bestimmung des log *P* werden meist keine intakten biologischen Membranen verwendet, sondern Modellsysteme, welche die Eigenschaften der Membran, insbesondere die des hydrophoben Kerns, mimikrieren sollen. Das am weitesten verbreitete System zur Bestimmung des log *P* ist das Octanol–Wasser System (log P_{oct}). Wasser dient als Modell für die extrazelluläre Flüssigkeit und 1-Octanol für den Phospholipid-Bilayer (s. Abb. 3.16). In diesem zweiphasigen System kann die Verteilung einer Substanz zwischen wässriger und organischer Phase im Gleichgewicht leicht bestimmt werden.

1-Octanol repräsentiert allerdings den stark hydrophoben Kern der Membran nicht optimal, da die Hydroxygruppe H-Brücken eingehen kann und Octanol im Gleichgewicht 4 % (V/V) Wasser enthält (Smith *et al.*, 2006). Für Substanzen mit H-Brücken-Akzeptoren wird deshalb eine zu hohe Permeabilität vorausgesagt.

Um H-Brücken auszuschließen, können andere Lösungsmittel verwendet werden, z.B. Cyclohexan, das weder H-Brücken-Donoren noch H-Brücken-Akzeptoren enthält. Die Differenz Δlog *P* zwischen log P_{oct} und log P_{chex} ist dann ein

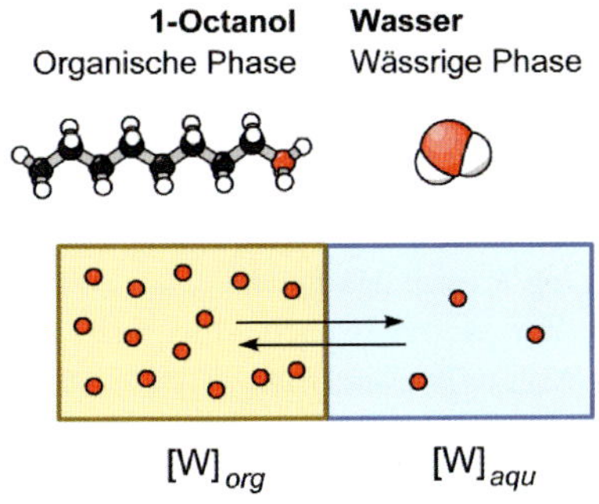

Abb. 3.16 Experimentelle Bestimmung des log *P* durch Verteilung des Wirkstoffs in einem zweiphasigen System aus 1-Octanol und Wasser. Der vorliegende Wirkstoff weist einen positiven log *P* auf und verteilt sich vorwiegend im Octanol.

Maß für die Bereitschaft der Substanz, H-Brücken auszubilden (Seiler, 1974; siehe unten). Ein Nachteil von Cyclohexan ist allerdings die schlechte Löslichkeit vieler Substanzen in diesem Lösungsmittel.

Cyclohexan

Neben 1-Octanol und Cyclohexan wurden eine Reihe weiterer organischer Lösungsmittel und Lösungsmittelgemische als Ersatz oder Ergänzung vorgeschlagen, z.B. Chloroform, Butan-1-ol, Diethylether, n-Heptan oder Oleylalkohol. Anstelle organischer Lösungsmittel werden u.a. Phospholipide, Phospholipidanaloga und Liposomen verwendet.

Rechnerische Bestimmung des log P

Der log *P* einer Substanz in einem bestimmten Lösungsmittelsystem kann auch rechnerisch direkt aus der chemischen Struktur eines Moleküls bestimmt werden. Dies ist für die rasche Beurteilung der Lipophile einer Substanz in der Medizinalchemie hilfreich. Die rechnerische Methode ist kostengünstig, braucht wenig Zeit und eignet sich für das *High-Throughput-Screening* und das *In-silico-(virtual)-Screening* von Substanzbibliotheken.

Es stehen eine Reihe rechnerischer Methoden zur Bestimmung des log *P* zur Verfügung (Review: Mannhold & van de Waterbeemd, 2001). Diese können in zwei Klassen eingeteilt werden können. Bei der ersten Klasse handelt es sich um sogenannte Substruktur-Methoden. Dabei werden Moleküle in Fragmente (oder Atome) zerlegt und deren Beiträge zum log *P* mit Korrekturfaktoren addiert. Bei der zweiten Klasse von Methoden wird das ganze Molekül beurteilt.

Zwei Methoden, die häufig zum Einsatz kommen, sind die CLOGP-Methode (Substruktur-Methode) und die MLOGP-Methode (Beurteilung des ganzen Moleküls).

CLOGP. Die CLOGP-Methode ist weit verbreitet, weil sie die erste Methode war, die in Software implementiert wurde (Chou & Jurs, 1979). Sie beruht auf der Fragment-Additionsmethode von Leo und Hansch, bei der zum log *P* des Grundgerüstes die Fragment-Werte addiert und mit Korrekturfaktoren angepasst werden. Diese Methode liefert insbesondere für kleinere Moleküle ($<$40 Atome) recht gute Resultate (Ghose *et al.*, 1998). Der empfindlichste Nachteil dieser Methode war ursprünglich die mangelhafte Verfügbarkeit von Fragment-Werten. Mittlerweile können aber die fehlenden Werte mittels kommerziell erhältlicher Software berechnet werden (Mannhold & van de Waterbeemd, 2001).

Anwendungsbeispiel: MLOGP – Berechnung des log P nach Moriguchi

Im Gegensatz zur CLOGP-Methode kann mit der Methode nach Moriguchi für alle Moleküle ein log *P* berechnet werden (MLOGP, Moriguchi, 1992; 1994; siehe auch Lipinski *et al.*, 1997), weil die Methode nicht von spezifischen Fragmentwerten abhängt. Die MLOGP-Methode ist jedoch weniger genau als die

CLOGP-Methode. Abweichungen von den experimentell bestimmten log-*P*-Werten von bis zu einer Einheit sind möglich. Trotzdem bietet Berechnung von log *P* nach Moriguchi ein ausgezeichnetes Werkzeug für eine erste Beurteilung von Verteilungskoeffizienten und insbesondere für den Vergleich innerhalb einer Substanzfamilie (siehe Beispiele am Ende des Abschnitts).

Zur Berechnung werden von jedem Molekül 13 Parameter bestimmt (z.B. der Parameter NO für die Anzahl der Stickstoff- und Sauerstoffatome, s. Abb. 3.17) und in eine einfache Gleichung eingesetzt. Es wird zwischen zwei Typen von

$$\mathbf{Mlog\ P} = 1.244 \cdot (\mathbf{CX})^{0.6} - 1.017 \cdot (\mathbf{NO})^{0.9} + 0.406 \cdot \mathbf{PRX}$$
$$- 0.145 \cdot (\mathbf{UB})^{0.8} + 0.268 \cdot \mathbf{POL} + 0.511 \cdot \mathbf{HB} - 2.215 \cdot \mathbf{AMP}$$
$$+ 0.912 \cdot \mathbf{ALK} - 0.392 \cdot \mathbf{RNG} - 3.684 \cdot \mathbf{QN} + 0.474 \cdot \mathbf{NO2}$$
$$+ 1.582 \cdot \mathbf{NCS} + 0.773 \cdot \mathbf{BLM} - 1.041$$

● erhöhen Lipophilie

● erniedrigen Lipophilie

Berechnung des Mlog P nach Moriguchi

Tragen Sie bitte die entsprechenden Parameter in die Felder ein und klicken Sie auf "berechnen".

CX		*Anzahl Kohlenstoff, Halogenatome mit Gewichtung*
NO		*Anzahl N und O Atome*
PRX		*Anzahl, Nachbarschaftseffekt von N und O*
UB		*Anzahl ungesättigte Bindungen (ausser Nitrogruppen)*
POL		*Anzahl aromatische polare Substituenten*
HB		*Korrekturfaktor für H-Brücken (0 oder 1)*
AMP		*Anzahl amphothere Gruppen*
ALK		*Korrekturefaktor für (Cyclo-) Alkane, Alkene (0 oder 1)*
RNG		*Korrekturfaktor für Ringe (0 oder 1)*
QN		*Anzahl quartäre Stickstoffatome*
NO2		*Anzahl Nitrogruppen*
NCS		*Anzahl Thiocyanat- und Isothiocyanat-Gruppen*
BLM		*Korrekturfaktor für Beta-Lactame (0 oder 1)*

● *erhöhen Lipophilie*

● *erniedrigen Lipophilie*

berechnen! reset

Mlog P =

Abb. 3.17 Bei der MLOGP-Methode werden von einem Molekül 13 Parameter bestimmt und zur Berechnung des log *P* in die angegebene Gleichung eingesetzt. Tipp: Unter http://www.p2.unibas.ch/PharmaTools.php findet sich ein Online-Werkzeug, mit dem der MlogP einfach berechnet werden kann.

Parametern unterschieden: (1) zwischen Korrekturfaktoren, die für das Vorkommen eines Strukturelements den Wert 1 oder 0 erhalten und (2) zwischen Parametern, bei denen die Anzahl gezählt und allenfalls unterschiedlich gewichtet wird. Im Allgemeinen sind nur die ersten 5 Parameter (CX, NO, PRX, UB, POL) relevant. Sie eignen sich hervorragend, um die log-*P*-Werte ähnlicher Verbindungen zu vergleichen. Die verbleibenden 8 Parameter sollten zwar immer auf ihre Relevanz hin überprüft werden, betreffen aber Spezialfälle.

Erklärung der Parameter

- **CX:** Anzahl der Kohlenstoff- und Halogenatome, wird wie folgt gewichtet:

C	1,0
F	0,5
Cl	1,0
Br	1,5
I	2,0

Qualitativ: Eine Zunahme der Anzahl der Kohlenstoff- und Halogenatome führt zu einer Erhöhung der Lipophilie.

Beispiel:

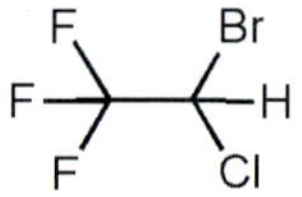

CX = 6,5

2 Kohlenstoffe, 3 Fluor, 1 Chlor, 1 Brom: CX = $2 \cdot 1 + 3 \cdot 0{,}5 + 1 \cdot 1 + 1 \cdot 1{,}5 = 6{,}5$

- **NO:** Die Anzahl der Stickstoff- und Sauerstoffatome wird durch Zählen ermittelt.

Beispiel:

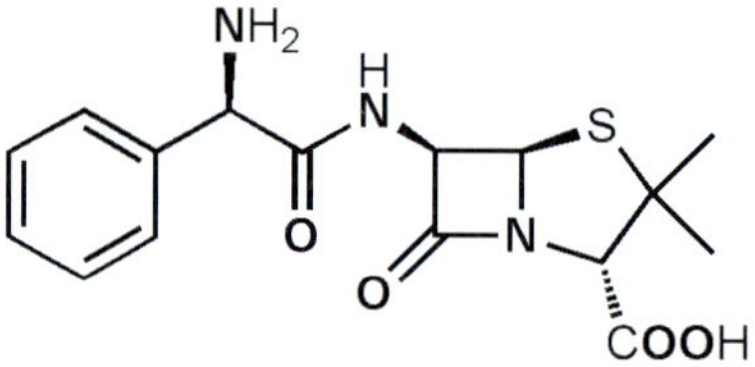

NO = 7

Anzahl N-Atome: 3, Anzahl O-Atome: 4, also NO=7; andere Heteroatome, z.B. S werden nicht berücksichtigt.

Qualitativ: Stickstoff- und Sauerstoffatome erniedrigen die Lipophilie. Daneben können aber Parameter wie PRX, POL, NO2 oder NCS diesen Einfluss für bestimmte Anordnungen der Heteroatome in Richtung einer Erhöhung der Lipophilie korrigieren.

- **PRX:** Anzahl N- und O-Atome, die sich in direkter oder indirekter Nachbarschaft befinden.

Wenn zwei O- oder N-Heteroatome direkt aneinander gebunden sind, wird das im PRX-Parameter (Proximity-Parameter) mit dem Wert 2 berücksichtigt. In der Nitrogruppe gibt es diese Anordnung 2-mal, das heißt, der Wert für den PRX-Parameter beträgt 4. Wenn N und O über C, S oder P miteinander verknüpft vorkommen, wird lediglich 1 addiert. Eine Ausnahme bilden Carbonsäuren und Carbonsäureester. Hier beträgt der PRX-Parameter 2.

Beispiele:

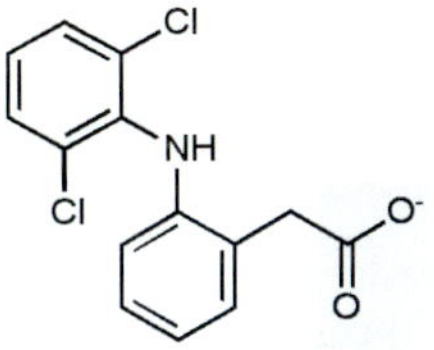

PRX = 2
(2 für Carboxylat)

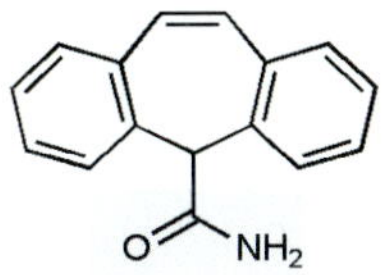

PRX = 1
(1 für Carboxamid)

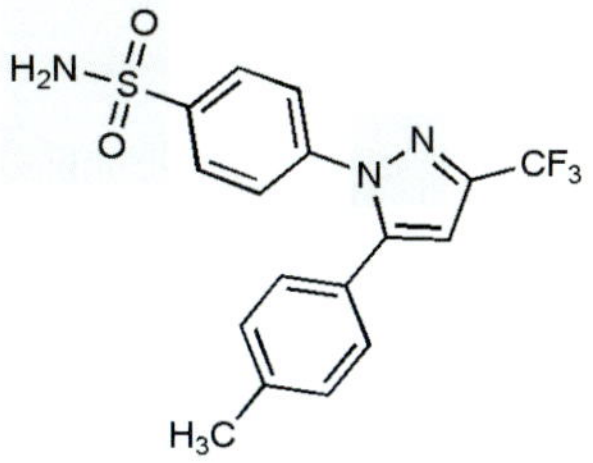

PRX = 4
(2 für Sulfonamid, 2 für N-N)

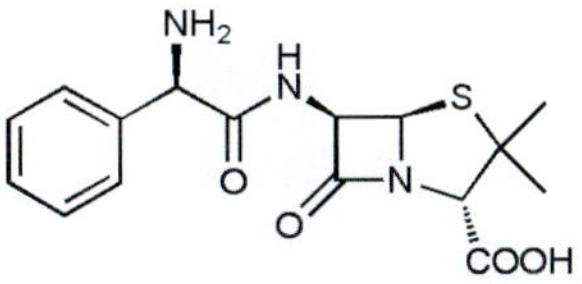

PRX = 4
(2 x 1 für Carboxamid, 2 für Carbonsäure)

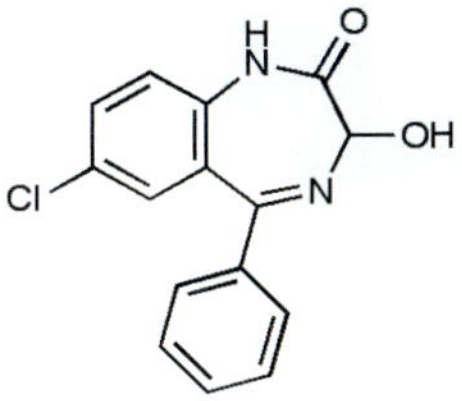

PRX = 2
(1 für Carboxamid, 1 für =N-C-OH)

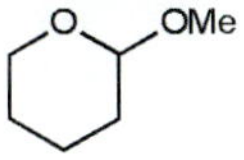

PRX = 1
(für Acetal)

Qualitativ: Für die Heteroatome O und N gibt es einen Proximity-Effekt, d.h. wenn sie direkt miteinander verknüpft oder lediglich durch ein Atom (C, S oder P) voneinander getrennt sind, wird ihr Beitrag zur Polarität vermindert.

- **UB:** Der UB-Parameter zählt die Anzahl ungesättigter Bindungen, außer derjenigen in Nitrogruppen. Aromaten werden so gezählt, als hätten sie alternierende Doppelbindungen. Für Benzol ist also UB = 3, für Naphthalin UB = 5. Dreifachbindungen zählen gleich wie Doppelbindungen.

Beispiel:

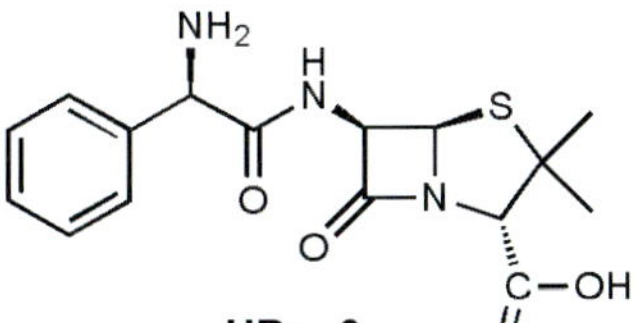

UB = 6

Qualitativ: Ungesättigte Bindungen erniedrigen die Lipophilie (sie ermöglichen polare mesomere Grenzstrukturen).

- **POL:** Die Anzahl Heteroatome (N, O, Hal, S, P), die an aromatischen Ringen gebunden sind, gehen in den POL-Parameter ein. Ein Spezialfall bilden Heteroatome, die einerseits direkt an einen Aromaten gebunden sind und andererseits über ein Kohlenstoffatom miteinander verbunden sind. Für diese Konstellation beträgt der POL-Parameter 1.

Beispiele:

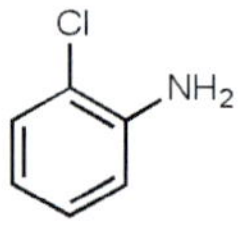

POL = 2

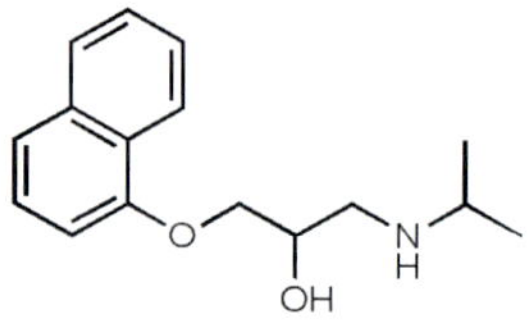

POL = 1

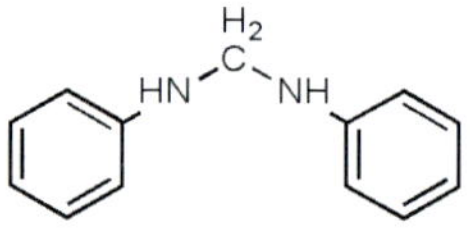

POL = 1

Qualitativ: Wenn Heteroatomen an Aromaten gebunden sind, dann tragen sie weniger zur Polarität bei als Heteroatome in gesättigten Systemen. Der aus NO berechnete, hydrophile Beitrag verringert sich also.

- **HB:** Der HB-Parameter ist ein Korrekturfaktor (1 oder 0) für das Vorkommen der folgenden intramolekularen H-Brücken:
  - ortho-OH und -CO–R
  - ortho-OH und $-NH_2$
  - ortho-NH_2 und -COOH
  - 8-OH und NH_2 in Chinolinen
  - 5- oder 8-OH/NH_2 in Chinoxalinen

Beispiele:

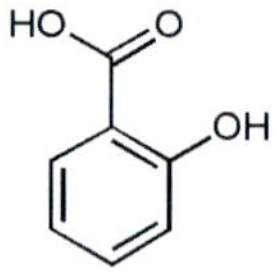

HB = 1

HB = 1

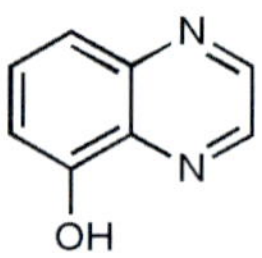

HB = 1

Qualitativ: Intramolekulare H-Brücken erhöhen die Lipophilie.

- **AMP:** Amphotere Eigenschaften für ausgewählte Säuren werden mit dem AMP-Parameter berücksichtigt.
  - α-Aminosäure: 1,0
  - Aminobenzoesäure: 0,5
  - Pyridincarbonsäure: 0,5

Beispiele:

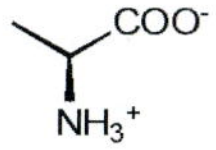

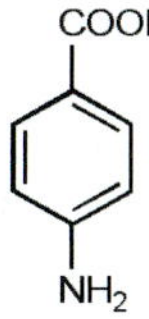

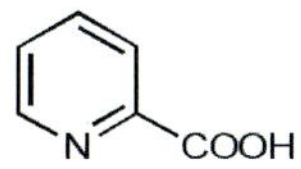

AMP = 1 **AMP = 0,5** **AMP = 0,5**

Qualitativ: Solche amphoteren Gruppen erniedrigen die Lipophilie.

- **ALK:** Der ALK-Parameter ist ein Korrekturfaktor (0 oder 1). Er beträgt 1, wenn das Molekül nur C- und H-Atome und maximal 1 Doppelbindung enthält. Das gilt z.B. für Alkane, Alkene und Cycloalkane.

Beispiele:

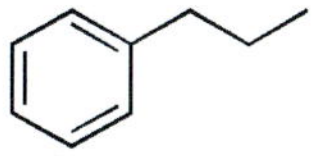
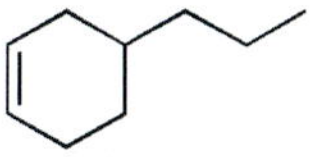
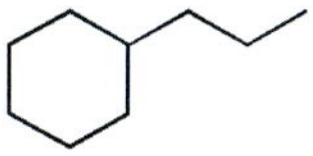

ALK = 0 **ALK = 1** **ALK = 1**

Qualitativ: Alkane und Alkene erhöhen die Lipophilie.

- **RNG:** Der RNG-Parameter ist ein Korrekturfaktor (0 oder 1) für das Vorkommen von Ringstrukturen. Ausnahmen sind:
  - Benzol
  - Benzol kondensiert mit aromatischen Ringen oder heteroaromatischen Ringen
  - Benzol kondensiert mit gesättigten Ringen

Beispiele:

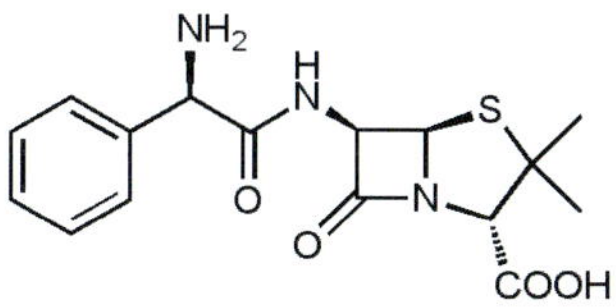

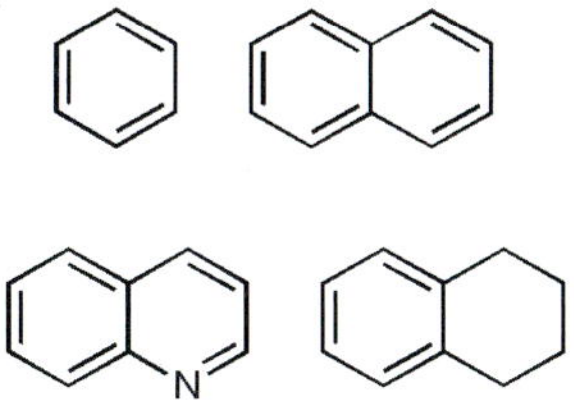

RNG = 1
(Benzolring alleine würde nicht zählen)

RNG = 0

Qualitativ: Solche Ringe erniedrigen die Lipophilie.

• **QN:** Die Anzahl quartärer Stickstoffatome wird mit dem QN-Parameter berücksichtigt. Es wird die folgende Gewichtung verwendet:

Quartäres Amin: 1,0
N-Oxid: 0,5

Beispiele:

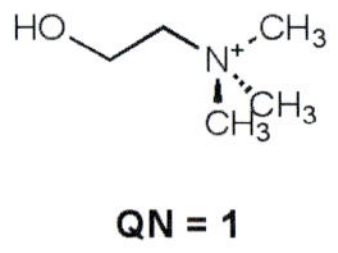

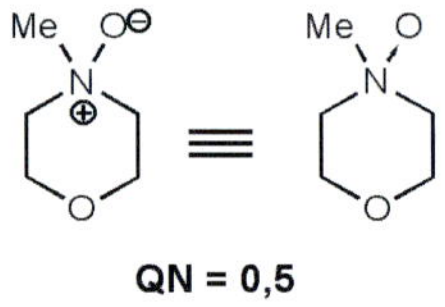

Qualitativ: Quartäre Amine erniedrigen aufgrund der positiven Ladung die Lipophilie.

• **NO2:** Da der Beitrag einer Nitrogruppe viel geringer ist als aufgrund der Anzahl Heteroatome erwartet werden müsste, wird der Beitrag der Nitrogruppen mit dem NO2-Parameter korrigiert.

Beispiel:

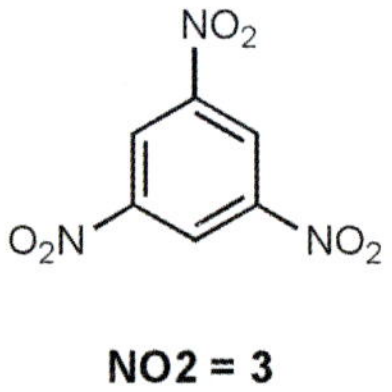

Qualitativ: Nitrogruppen an sich erhöhen die Lipophilie. Es ist aber auf die anderen Parameter zu achten, die zusätzlich beeinflusst werden (NO, PRX, POL).

• **NCS:** Mit dem NCS-Parameter (eigentlich ein weiterer Proximity-Effekt) wird der Einfluss von Isothiocyanat (–N=C=S ist 1) und Thiocyanat (–S–C≡N ist 0,5) berücksichtigt.

Qualitativ: Thio- und Isothiocyanate werden mit dem PRX-Parameter nicht erfasst. Der NCS-Parameter berücksichtigt die Erhöhung der Lipophilie durch den S und korrigiert die Polaritätszunahme, die aufgrund des N-Atoms allein erwartet wird.

• **BLM:** Der BLM-Parameter ist ein Korrekturfaktor (0 oder 1) für das Vorkommen eines Beta-Lactams.

Beispiel:

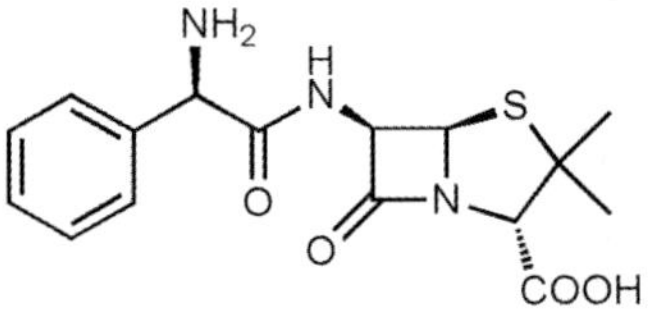

BLM = 1

Qualitativ: Beta-Lactame erhöhen die Lipophile. Es ist aber auf die anderen Parameter zu achten, die beeinflusst werden (NO).

Rechenbeispiele:

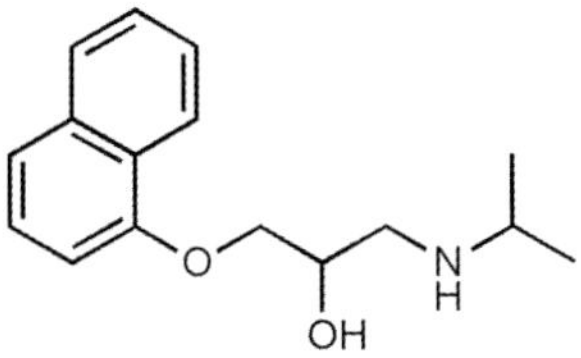

Propranolol
Mlog *P* = 2,53
log P_{exp} = 3,48

CX:	16
NO:	3
PRX:	0
UB:	5
POL:	1
HB:	0
AMP:	0
ALK:	0
RNG:	0
QN:	0
NO2:	0
NCS:	0
BLM:	0

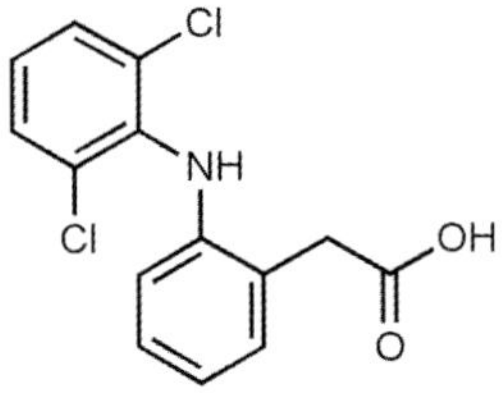

Diclofenac
Mlog *P* = 3,99
log P_{exp} = 4,51

CX:	16
NO:	3
PRX:	2
UB:	7
POL:	4
HB:	0
AMP:	0
ALK:	0
RNG:	0
QN:	0
NO2:	0
NCS:	0
BLM:	0

Übungen zum log P

Ordnen Sie die folgenden Wirkstoffe nach steigendem log *P*.

1. NSAID

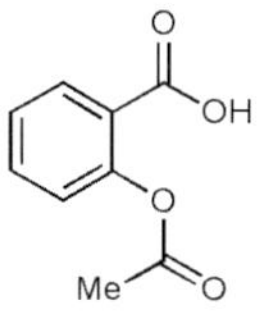

Acetylsalicylsäure

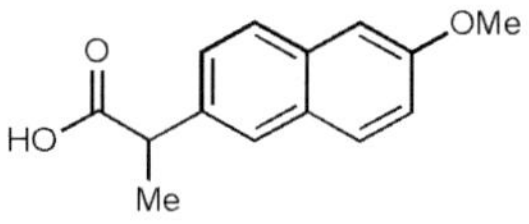

Naproxen

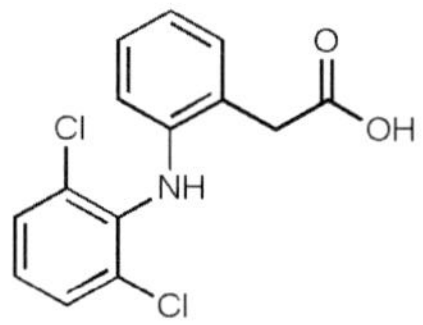

Diclofenac

Lösung: Über den Vergleich der Moriguchi-Parameter können die Werte von log *P* leicht eingeordnet werden.

Die Analyse zeigt deutlich, dass die Acetylsalicylsäure den tiefsten log-*P*-Wert aufweisen sollte (kleinster Wert für CX, die Werte für NO, PRX und UB liegen bei allen drei Verbindungen nahe beieinander). Unterschiedlich sind aber die POL-Werte, die zur Erhöhung der Lipophilie beitragen. Acetylsalicylsäure und Naproxen (POL = 1) unterscheiden sich von Diclofenac (POL = 4).

Damit ergibt sich also folgende Reihenfolge für die log-*P*-Werte: Acetylsalicylsäure < Naproxen < Diclofenac. Diese Analyse wird durch die experimentellen log-*P*-Werte bestätigt: Acetylsalicylsäure: 0,90; Naproxen: 2,81; Diclofenac: 4,51. In diesem Beispiel liegt auch eine sehr gute quantitative Übereinstimmung zwischen den MLOGP- und den experimentellen Werten vor.

2. Opioide

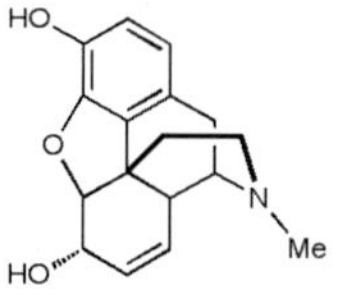

Morphin

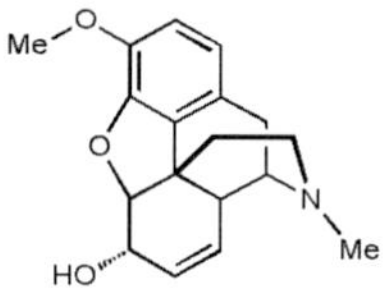

Codein

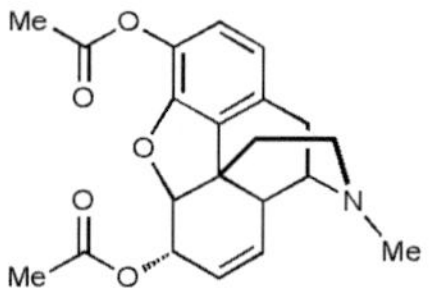

Heroin
(Diacetylmorphin)

Lösung: Wiederum kann durch eine einfache Analyse der Moriguchi-Parameter leicht eine Reihenfolge eruiert werden.

Morphin:	CX=17; NO=4; UB=4; POL=2; RNG=1; Mlog *P*=1,93
Codein:	CX=18; NO=4; UB=4; POL=2; RNG=1; Mlog *P*=2,17
Heroin:	CX=21; NO=6; PRX=4; UB=6; POL=2; RNG=1; Mlog *P*=2,75

Morphin und Codein unterscheiden sich nur in CX, d.h. wir erwarten, dass Codein lipophiler ist als Morphin. Beim Heroin nimmt CX nochmals zu. Die Zunahme von NO wird durch den Proximity-Parameter PRX und POL-Parameter (beide führen zu einer Erniedrigung des log *P*) mehr als kompensiert.

Damit ergibt sich folgende Reihenfolge für die log-*P*-Werte: Morphin < Codein < Heroin. Diese Analyse wird durch die experimentellen log-*P*-Werte nur qualitativ bestätigt: Morphin: 0,90; Codein: 1,19; Heroin: 1,59. Die experimentellen log-*P*-Werte liegen etwa um eine Einheit tiefer. Für polyzyklische Verbindungen werden mit dem neuen Ansatz von Moriguchi allgemein etwas höhere Werte als die experimentell ermittelten, gefunden.

3. Betablocker

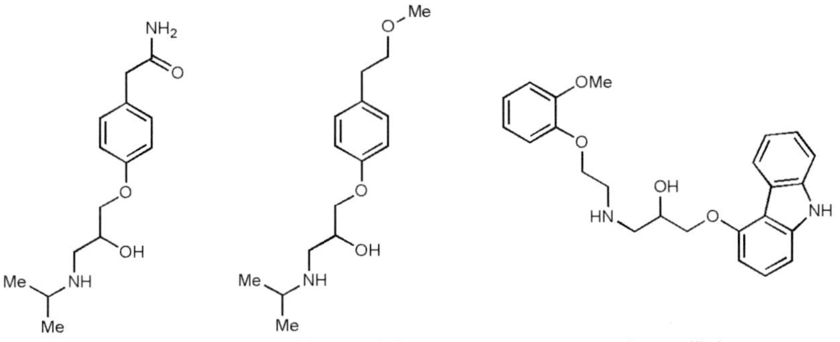

Lösung: Ein Vergleich der Moriguchi-Parameter erlaubt es, die log-*P*-Werte der Betablocker einzuordnen.

Atenolol: CX=14; NO=5; PRX=1; UB=4; POL=1; MLOGP=0,92 (log P_{exp}=0,22)
Metoprolol: CX=13; NO=4; PRX=0; UB=3; POL=1; MLOGP=1,65 (log P_{exp}=1,95)
Carvedilol: CX=24; NO=6; PRX=0; UB=9; POL=5; MLOGP=2,73 (log P_{exp}=4,14)

Damit ergibt sich also folgende Reihenfolge für die log-*P*-Werte: Atenolol < Metoprolol < Carvedilol. Dass Atenolol lipophiler als Metoprolol ist, lässt sich leicht aufgrund der Zunahme der Lipophilie-erhöhenden bzw. der Abnahme der Lipophilie-erniedrigenden Parameter abschätzen. Diese Reihenfolge wird durch die log-P_{exp}-Werte bestätigt, allerdings weicht der experimentelle Wert für Atenolol recht stark vom MLOGP ab. Carvedilol schließlich ist der lipophilste der drei Betablocker, was aufgrund der hohen Werte für CX und POL zu erwarten ist.

Die drei Beispiele sollen zeigen, dass mit dem Ansatz von Moriguchi die Lipophilie von Verbindungen relativ leicht verglichen werden kann. Vor allem bei Verbindungen aus der gleichen Substanzfamilie ist der Ansatz – mindestens qualitativ – sehr erfolgreich. Er erlaubt es dem Medizinalchemiker, rasch und ohne Zuhilfenahme von spezieller Software die log-*P*-Werte innerhalb einer Substanzbibliothek zu vergleichen oder die Auswirkung von strukturellen Veränderungen abzuschätzen.

H-Brücken

Die Kapazität eines Wirkstoffs, H-Brücken einzugehen, ist ein weiterer Parameter, der seine Permeabilität beeinflusst. Je größer die Anzahl der H-Brücken, an denen der Wirkstoff sich beteiligen kann (als H-Brücken-Donor und H-Brücken-Akzeptor), desto geringer ist die zu erwartende Permeation. Ein Maß für diese H-Brücken-Kapazität ist die Differenz der Verteilungskoeffizienten in Octanol–Wasser ($\log P_{oct}$) und Cyclohexan–Wasser ($\log P_{chex}$) (Seiler, 1974).

$$\Delta \log P = \log P_{oct} - \log P_{chex}$$

Der Δlog-*P*-Wert konnte beispielsweise mit der Fähigkeit von Antihistaminika, die Blut-Hirn-Schranke zu überwinden, korreliert werden (Young *et al.* 1988). Kleine Δlog-*P*-Werte führen zu einer erhöhten Hirngängigkeit der Substanzen, während große Werte auf eine schlechte Permeabilität hinweisen (s. Abb. 3.18).

Wenn Moleküle intramolekulare Wechselwirkungen eingehen, kann das zu einer scheinbaren Reduktion der H-Brücken-Kapazität führen. Ein Beispiel ist Sildenafil (Viagra®), welches im ungeladenen Zustand eine intramolekulare Wasserstoffbrücke ausbildet (Gobry *et al.*, 2000). Dadurch reduziert sich die Zahl der H-Brücken-Akzeptoren und der H-Brücken-Donoren um 1; das Molekül wird als Ganzes lipophiler.

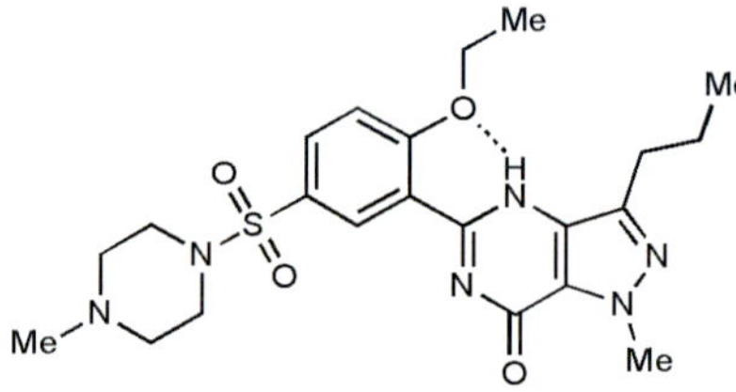

Sildenafil

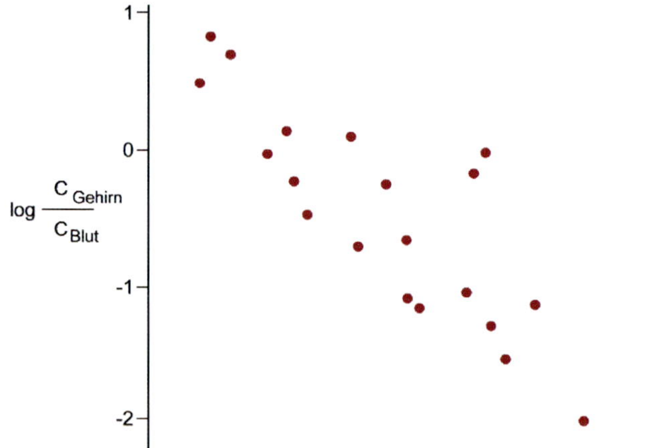

Abb. 3.18 Der Δlog-*P*-Wert einer Reihe von H_2-Rezeptor-Antagonisten korreliert negativ mit der Gehirngängigkeit (Verteilung zwischen Gehirn und Blut). Dies lässt darauf schließen, dass die erhöhte Kapazität eines Wirkstoffs, H-Brücken einzugehen zu einer schlechteren Gehirngängigkeit führt (modifiziert nach Young *et al.* 1988, Experiment an Ratten).

PSA – Polar Surface Area

Die Anzahl der H-Brücken-Donoren und -Akzeptoren kann mit einem weiteren Parameter, der *Polar Surface Area PSA* korreliert werden. Die PSA ist definiert als die Summe der Van-der-Waals-Oberflächen polarer Atome in einem Molekül. Sie wird in $Å^2$ gemessen. PSA können entweder anhand eines dreidimensionalen Modells eines Moleküls und dem Oberflächenanteil der polaren Atome berechnet oder aus den PSA einzelner Molekülfragmente nach der Methode von Ertl, Rohde & Selzer (Ertl, Rohde & Selzer, 2000) bestimmt werden (s. Abb. 3.19).

Die Korrelation zwischen PSA und H-Brücken-Donoren/-Akzeptoren überrascht nicht, denn diese haben einen wichtigen Anteil bei der Berechnung der PSA (zur PSA siehe u.a. van de Waterbeemd & Kansy, 1992; Palm *et al.*, 1997; Clark, 1999; Veber *et al.*, 2002).

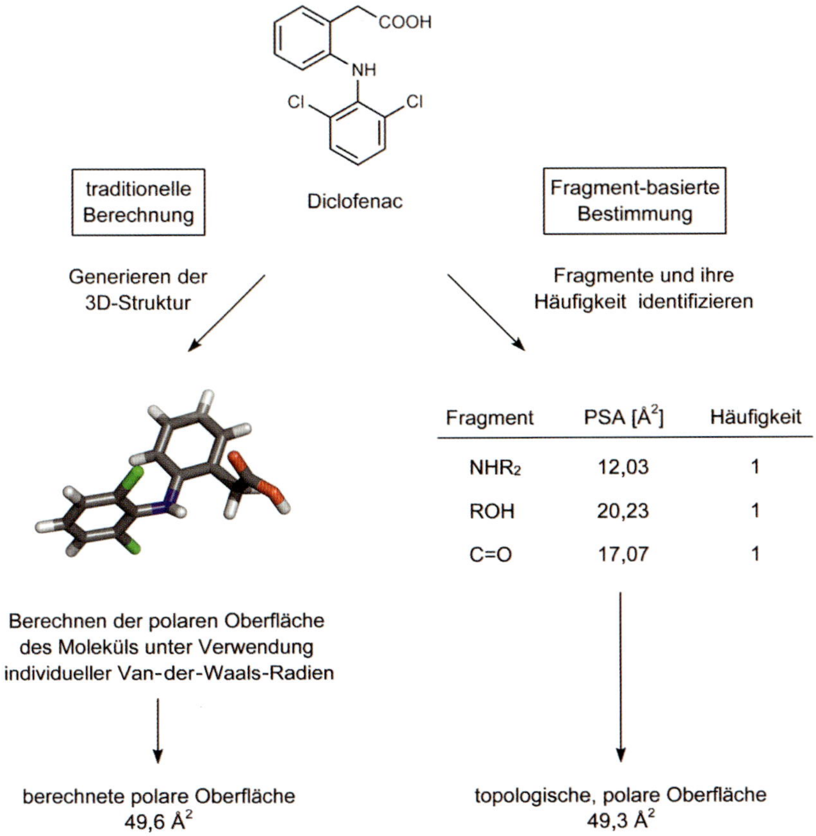

Abb. 3.19 Berechnung der PSA. Bei der traditionellen Berechnung wird ausgehend von der Strukturformel die dreidimensionale Struktur und deren Oberfläche berechnet. Dies benötigt Zeit und Rechenkapazität. Beim Fragment-basierten Ansatz können tabellarisch vorhandene PSA-Werte der einzelnen Molekülfragmente addiert werden. Diese Methode ist einfacher und schneller (Bild nach Ertl, Rohde & Selzer, 2000)

Da die PSA auch von der Konformation einer Substanz abhängig ist, wird alternativ auch die *dynamische PSA* (PSA_d) verwendet, die einen gewichteten Durchschnittswert von verschiedenen Konformeren darstellt (Palm *et al.*, 1997). Deren Berechnung ist allerdings viel aufwändiger und deshalb für das Screening großer Substanzbibliotheken nicht geeignet.

Die PSA ist ein wertvoller Parameter, der im Drug Discovery Verwendung findet (s. Abb. 3.20). Untersuchungen haben gezeigt, dass die Absorption von Wirkstoffen mit einer PSA von über 140 $Å^2$ stark abnimmt. Im Allgemeinen sollte deshalb die PSA eines Wirkstoffkandidaten $\leq$ 140 $Å^2$ sein. Die Korrelation von Absorption und PSA ist sigmoidal. Es gibt einen unteren Bereich ($<$ 60 $Å^2$), in welchem Wirkstoffe mit einer generell guten Absorption liegen. Im Zwischenbereich, der 60–140 $Å^2$ abdeckt, liegen Wirkstoffe mit einer akzeptablen Absorption,

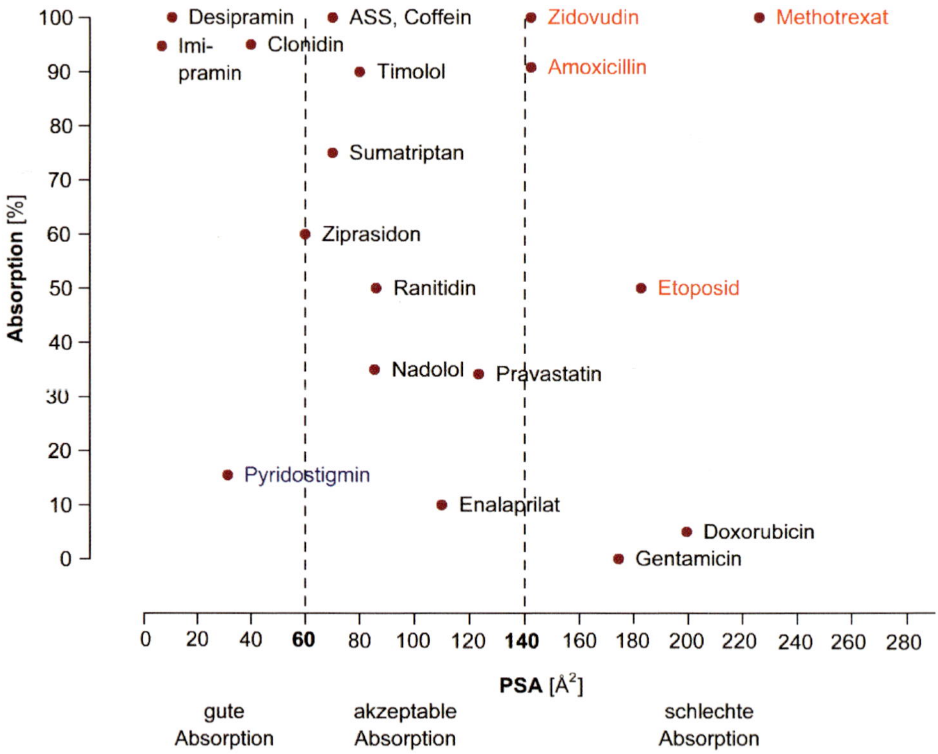

Abb. 3.20 Korrelation der PSA mit der Absorption. Wirkstoffe mit einer PSA $<$ 140 $Å^2$ haben in der Regel eine gute bis akzeptable intestinale Absorption. Rot markiert sind vier Substanzen, die nach dieser Regel falsch vorhergesagt werden. Der Grund für deren gute Absorption, trotz hoher PSA, liegt in aktiven Transportmechanismen. Im Gegensatz dazu wird Pyridostigmin (blau) nur schlecht absorbiert, obwohl aufgrund der PSA eine gute Absorption erwartet werden könnte. Der Grund ist eine positive Ladung auf dem Pyridin-Stickstoff, die den passiven Transport erschwert (nach Clark, 1999; basierend auf Daten von Wessel *et al.*, 1998; Auswahl aus 74 Datenpunkten).

im oberen Bereich schließlich (> 140 Å^2) die Wirkstoffe mit einer schlechten Absorption.

Diese grobe Einteilung liefert natürlich nicht immer richtige Vorhersagen. Der Grund liegt bei Parametern, die in der Regel nicht berücksichtigt werden. Beispiele für falsch negative Vorhersagen betreffen Wirkstoffe, die zwar eine hohe PSA aufweisen, aber aktiv transportiert werden. So weist Methotrexat eine PSA von ca. 225 Å^2 auf und wird trotzdem gut absorbiert (Clark, 1999). Die Ursache liegt hier in einer aktiven Aufnahme durch den Folat-Transporter (Yuasa *et al.* 2009). Dasselbe gilt auch für AZT und diverse Antibiotika (z.B. Amoxicillin), die mit Hilfe des Peptid-Transporters PEPT1 die Enterozyten-Barriere überwinden können.

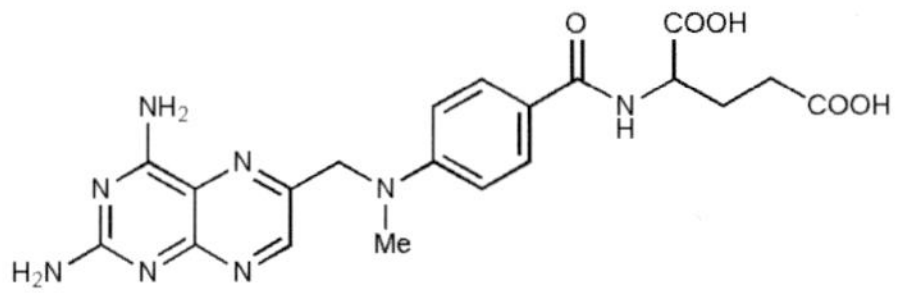

Methotrexat
PSA ca. 225 Å^2

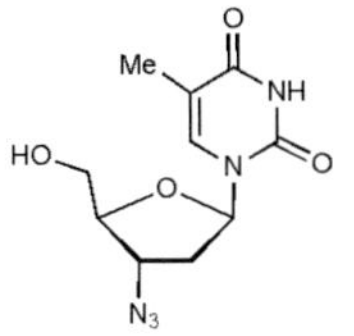

AZT (Zidovudin)
PSA ca. 143 Å^2

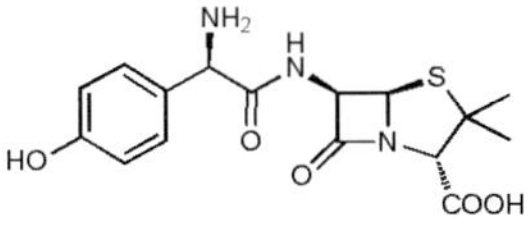

Amoxicillin
PSA ca. 143 Å^2

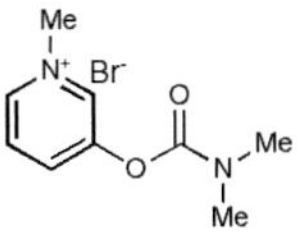

Pyridostigmin
PSA ca. 31 Å^2

Auch falsch positive Resultate sind möglich. Pyridostigmin hat eine tiefe PSA und sollte deshalb gut absorbiert werden. Tatsächlich ist die Absorption schlecht – der Grund liegt in einer positiven Ladung des Moleküls, die den transzellulären Transport erschwert.

Ionisation: pH-Verteilungshypothese

Der log-*P*-Wert beschreibt die Verteilung einer ungeladenen Substanz zwischen einem hydrophilen und einem hydrophoben Medium. Viele Wirkstoffe sind aber Säuren und Basen und liegen in Lösung ionisiert[1)] vor. Ihr Ionisationgrad hat einen wichtigen Einfluss auf die Verteilung. Gemäß der pH-Verteilungshypothese von Brodie *et al.* (Shore, Brodie & Hogben, 1957; Hogben *et al.*, 1959, Brodie, Kurz & Schanker, 1960) kann sich nämlich nur die ungeladene Form einer Substanz in der organischen Phase (Membran) verteilen, nicht jedoch die geladene.

1) Ionisation (Ionisierung): Allgemeine Bezeichnung für die Bildung von Ionen, also z.B. bei Basen die Bildung von NH3+ und bei Säuren die Bildung von COO$^-$

Distributionskoeffizient log D

Im mathematischen Modell tritt deshalb bei ionisierbaren Wirkstoffen der Distributionskoeffizient (Distribution Coefficient) *D* an die Stelle des Verteilungskoeffizienten *P* (Partition Coefficient, s. Abbildung 3.21). Analog zu *P* wird auch hier der dekadische Logarithmus log *D* als Maß für die Verteilung verwendet. Bei der Berechnung oder experimentellen Bestimmung sind also die Gleichgewichte zwischen den ionisierten und unionisierten Spezies der Substanzen wichtig. Zwei neue Parameter spielen dabei eine Rolle: der/die pK_a-Wert(e) der am Gleichgewicht beteiligten Verbindung und der pH-Wert der wässrigen Phase, bei welchem der log *D* gemessen wird. Mit diesen Parametern können die prozentualen Anteile der ionisierten und nicht-ionisierten Spezies berechnet werden.

Während log *P* einer nicht-ionisierten Substanz über den ganzen pH-Bereich konstant bleibt, ändert log *D* seinen Wert in Abhängigkeit vom pH-Wert. Der log *D* einer ionisierbaren Substanz ist höchstens ebenso groß wie der log *P* der

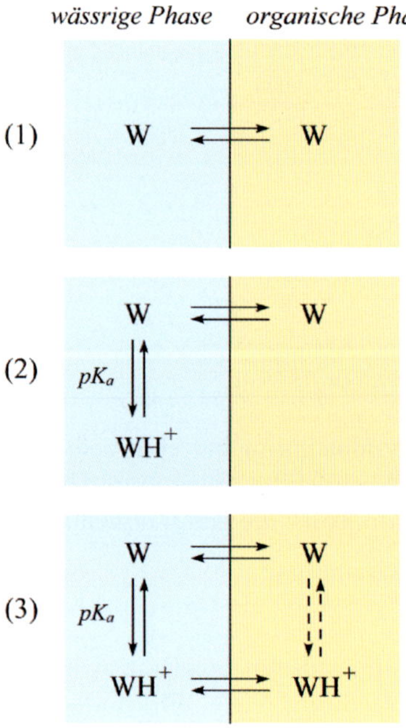

$$P = \frac{[W]_{org}}{[W]_{aqu}}$$

$$D = \frac{[W]_{org}}{[W]_{aqu} + [WH^+]_{aqu}}$$

$$D = \frac{[W]_{org} + [WH^+]_{org}}{[W]_{aqu} + [WH^+]_{aqu}}$$

Abb. 3.21 Die Abbildung zeigt verschiedene Modelle der Verteilung eines Wirkstoffs W (hier eine Base) zwischen einer wässrigen und einer organischen Phase. Die organische Phase ist ein Modell für eine Membran. **(1) Ohne Ionisierung**: Der Verteilungskoeffizient *P*, beschreibt die Verteilung des unionisierten Wirkstoffs zwischen wässriger und organischer Phase. **(2) Ionisierung, pH-Verteilungshypothese**: Der Distributionskoeffizient *D* beschreibt die Verteilung von ionisiertem und unionisiertem Wirkstoff. Gemäß der pH-Verteilungshypothese kann sich nur der unionisierte Anteil des Wirkstoffs in der organischen Phase verteilen. **(3) Modifizierte Hypothese**: Verschiedene Experimente deuten darauf hin, dass sich zumindest ein Teil des ionisierten Wirkstoffs in der organischen Phase verteilen kann. Entsprechend ändert sich die Definition von *D* (Bild modifiziert nach Camenisch *et al.*, 1996, S. 315).

entsprechenden ungeladenen Verbindung. Als Faustregel gilt aber, dass log *P* der neutralen Spezies 2 bis 5 Einheiten höher ist als log *D* der geladenen Spezies. Wird der pH-Wert gegen log *D* graphisch aufgetragen, erhält man sogenannte log-*D*–pH-Profile oder *pH-abhängige Lipophilie-Profile* (s. Abb. 3.22). Aus diesen Profilen kann der Einfluss des pH auf die Verteilung und die Permeation abgelesen werden (Review: Pagliara *et al.*, 1997). So ist die Permeabilität der Säure tendenziell bei niedrigen pH-Werten höher, während bei der Base die Permeabilität bei steigendem pH-Werten zunimmt.

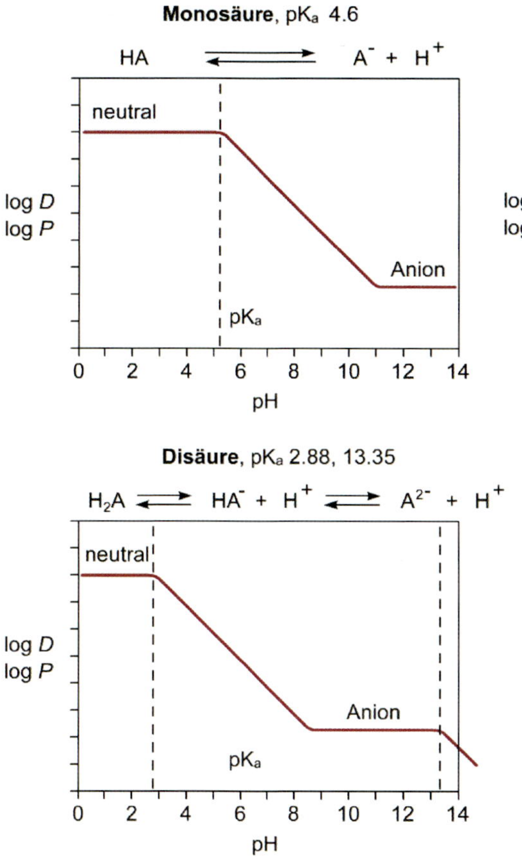

Abb. 3.22 log-*D*–pH-Profile für organische Säuren und Basen. Der log *D* ist abhängig vom pH der wässrigen Lösung. **Säure:** Bei niedrigem pH ist die Säure protoniert (log *P*, ungeladene Substanz). Bei steigendem pH dissoziiert abhängig vom pK_a ein Proton und das Molekül liegt ionisiert vor. Durch die Ionisation sinkt log *D*, d.h. die Konzentration in der organischen Phase nimmt ab. **Base:** Die Base liegt bei niedrigem pH ionisiert, d.h. positiv geladen vor. Der log *D* steigt bei steigendem pH-Wert an, d.h. bei steigendem pH dissoziiert das Proton und die Base liegt schließlich neutral vor (= log *P*). (nach Pagliara *et al.*, 1997). **Disäure:** In einem ersten Schritt wird ein Anion gebildet, das beim zweiten pK_a ins Dianion übergeht. Das log-*D*–pH-Profil erhält eine Treppenform.

Berechnung am Beispiel Diclofenac. Diclofenac ist eine Monosäure mit einem pK_a von 4. Der log P für die ungeladene Substanz beträgt log $P = 4{,}5$, bei pH 10 ist der log $D = 0{,}68$ (wir ignorieren für dieses Beispiel das Anilin, das einen pK_a von 1–2 aufweist). Mit diesen Angaben kann die Kurve gezeichnet und mit folgenden Formeln berechnet werden (s. Abb. 3.23):

$$\textit{für Säure: } \log D_{\text{pH}} = \log P - \log[1 + 10^{(\text{pH}-\text{p}K_a)}]$$

$$\textit{für Base: } \log D_{\text{pH}} = \log P - \log[1 + 10^{(\text{p}K_a-\text{pH})}]$$

Die manuelle Erstellung der Lipophilie-Profile ist also einfach, wenn die pK_a-Werte und die log-P/log-D-Werte bekannt sind. Die Kurve steigt bzw. sinkt ausgehend vom pK_a-Wert pro pH-Einheit um eine log-P/log-D-Einheit.

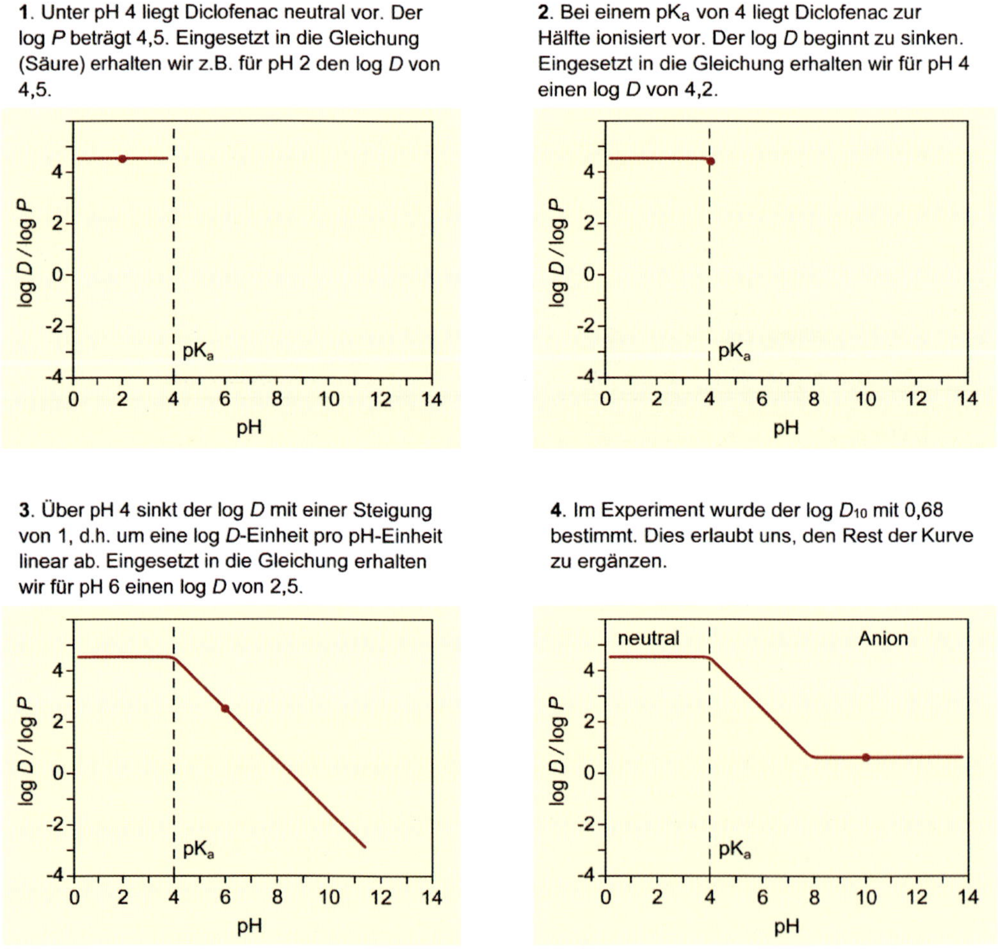

Abb. 3.23 log-D–pH-Profil von Diclofenac (vgl. Text).

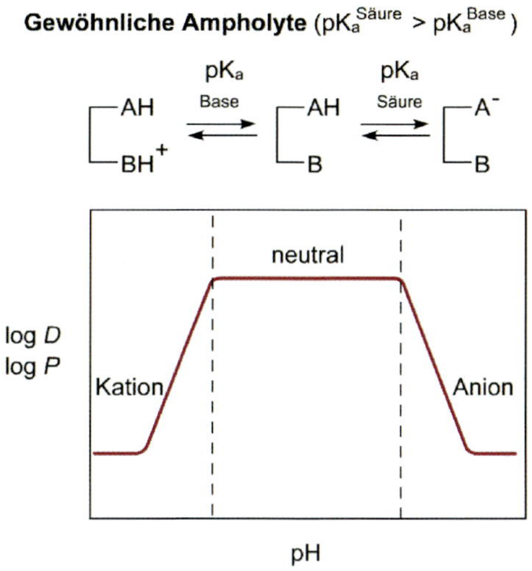

Abb. 3.24 pH-abhängiges Lipophilie-Profil für einen gewöhnlichen Ampholyten ($pK_a^{Säure} > pK_a^{Base}$): Ein Ampholyt enthält eine saure und eine basische Funktion. Bei steigendem pH dissoziiert zunächst die Base und anschließend die Säure. Zwischen den beiden pK_a-Werten liegt das Molekül in seiner neutralen Form vor (nach Pagliara *et al.*, 1997).

Das pH-abhängige Lipophilie-Profil für einen gewöhnlichen Ampholyten ($pK_a^{Säure} > pK_a^{Base}$, s. Abb. 3.24) enthält zwei getrennte Deprotonierungschritte. Es hat eine Glockenform (bell-shaped curve), weil zwischen den beiden pK_a-Werten hauptsächlich die neutrale Form des Moleküls vorliegt. Die pK_a-Werte liegen zu weit auseinander, als dass eine Überlagerung der beiden Deprotonierungsschritte eine messbare Rolle spielen würde. Mit *m*-Aminophenol finden Sie in Tabelle 3.3 ein konkretes Beispiel.

Komplexer wird die Situation bei zwitterionischen Ampholyten (s. Abb. 3.25), d.h. wenn der $pK_a^{Säure} < pK_a^{Base}$ ist. Die Form des Lipophilie-Profils ist jetzt abhängig vom Unterschied der beiden beteiligten pK_a-Werte. Wenn $\Delta pK_a < 3$, dann können beide Zwischenstufen, die doppelt geladene und die neutrale, vorliegen. Ihr Verhältnis wird mit K_{ZW} beschrieben und ist in diesem Fall klein (10 bis 10^3). Das Lipophilie-Profil hat wiederum eine Glockenform. Ein Beispiel ist der *β*-Blocker Labetalol (s. Tabelle 3.3). Er liegt im physiologischen Bereich mehrheitlich neutral vor und wird deshalb hervorragend absorbiert (die Bioverfügbarkeit beträgt allerdings nur ca. 25 % aufgrund eines hohen First-Pass-Metabolismus).

Wenn der ΔpK_a mehr als 5 beträgt, dann spielt nur noch der obere Weg über das Zwitterion eine Rolle. K_{ZW} ist in diesem Fall groß, d.h. ca. 10^4. Als Konsequenz davon spielt die neutrale Form keine Rolle mehr und das Lipophilie-Profil ist U-förmig (u-shaped curve). Das gilt beispielsweise für alle Aminosäuren. Das Profil für L-Phenylalanin ist in Tabelle 3.3 dargestellt.

Falls es die räumliche Anordnung der Ladungen erlaubt, können sie sich gegenseitig kompensieren. Das ist beispielsweise beim Propranolol-Metaboliten **1** möglich (s. unten). Als Konsequenz hat sein Lipophilie-Profil einen glockenförmigen Verlauf. Falls die Ladungskompensation aus räumlichen Gründen (Propranolol-Metabolit **2**) nicht möglich ist, kommt der zwitterionische Charakter zum Tragen, d.h. das Lipophilie-Profil ist U-förmig.

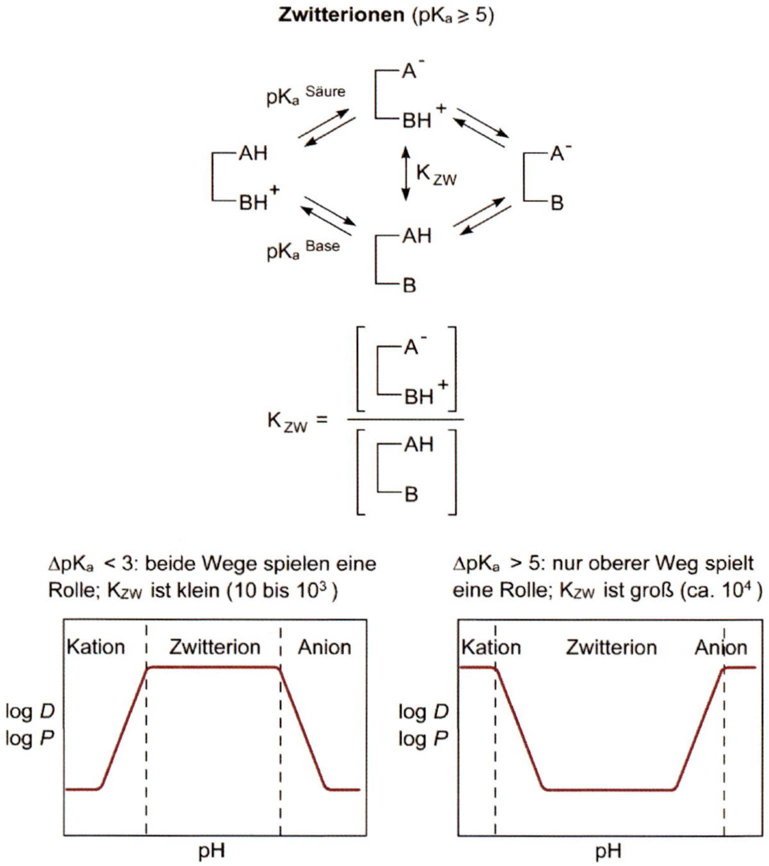

Abb. 3.25 Zwitterionen: Bei mittlerem pH-Wert kann sich abhängig von der Differenz der pK_a-Werte der Säure- und Basefunktion ein Zwitterion bilden, welches eine positive und eine negative Ladung trägt und deshalb einen tiefen log *D* aufweist. Das Konzentrationsverhältnis von Zwitterion und neutraler Form wird mit K_{ZW} beschrieben. Der K_{ZW}-Wert hängt von der Differenz der pK_a-Werte ab. Je größer die Differenz, desto größer ist der K_{ZW} und desto höher der Anteil des Zwitterions (nach Pagliara *et al.*, 1997).

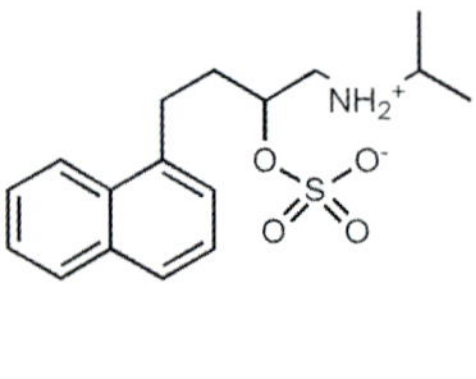

Propranolol-Metabolit **1**

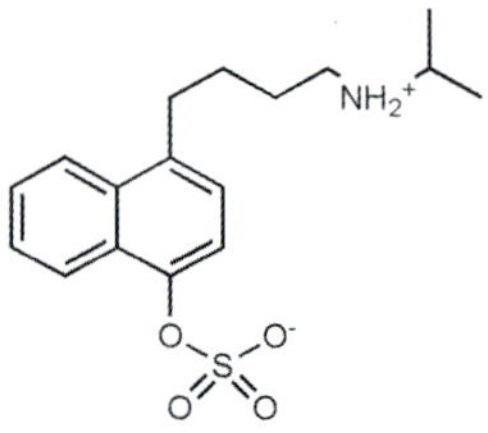

Propranolol-Metabolit **2**

Tabelle 3.3 Beispiele für pH-abhängige Lipophilie-Profil dreier Zwitterionen (nach Pagliara *et al.*, 1997).

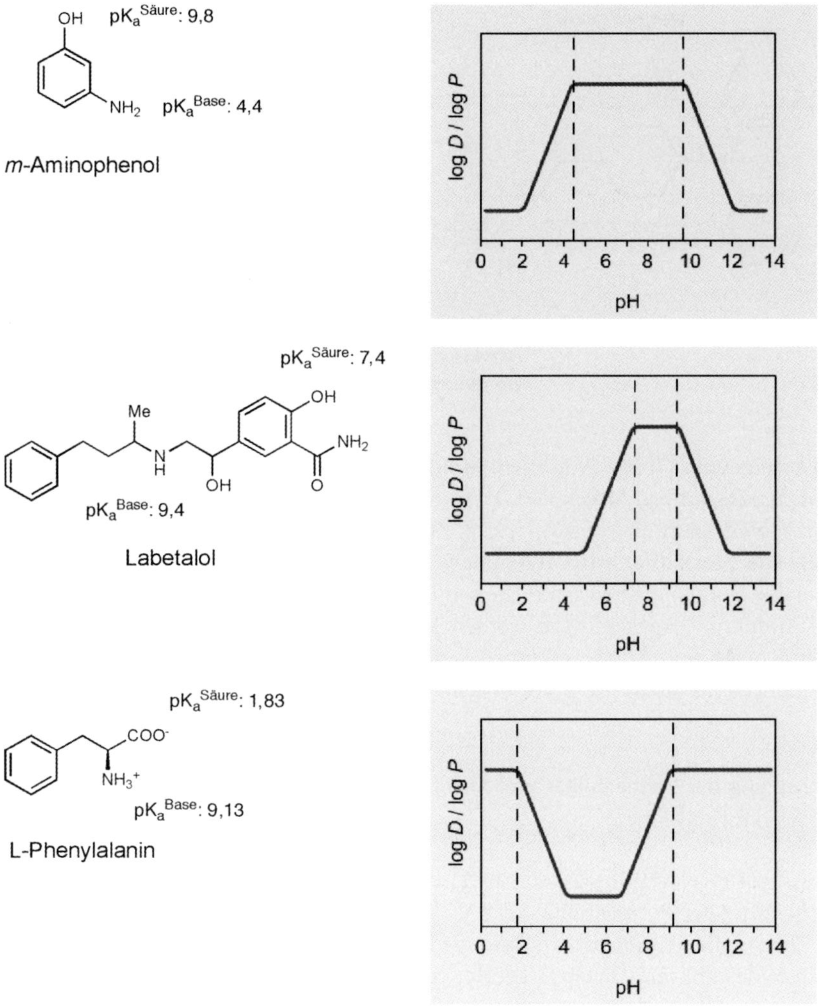

Größe – Molekulargewicht – Flexibilität

Die Größe (z.B. Van-der-Waals-Volumen) und damit das Molekulargewicht eines Wirkstoffs ist einer der Parameter, der in das mathematische Modell der passiven Diffusion eingeht (Stokesches Gesetz, siehe oben). Der Diffusionskoeffizient *D* hängt umgekehrt proportional mit dem Radius der Substanz zusammen. Je größer also der Radius, desto ineffizienter die passive Diffusion. Zwischen dem van-der-Waals-Volumen (Å^3) und dem Molekulargewicht von Molekülen gibt es eine gute Korrelation (Sietsema, 1989).

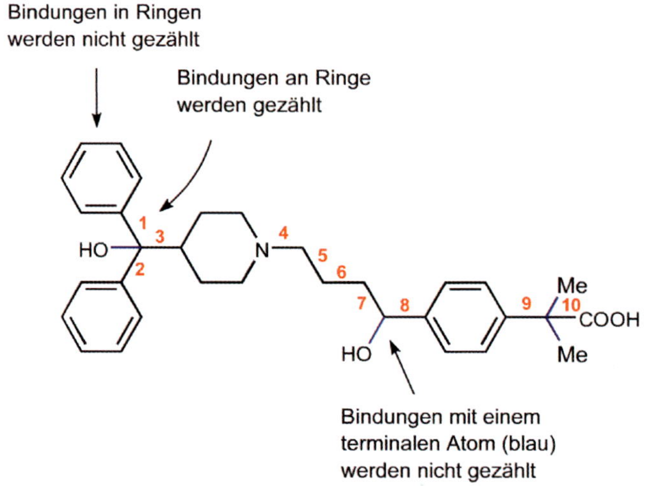

Abb. 3.26 Rotatable Bonds am Beispiel Fexofenadin. Fexofenadin hat insgesamt 10 Rotatable Bonds und erfüllt damit knapp die Bedingung für gute Bioverfügbarkeit. Das Molekulargewicht korreliert relativ gut mit der Flexibilität. Es beträgt 500 Da und liegt damit nach Lipinski (s. unten) ebenfalls an der Grenze für gute Permeation.

Mit steigender Größe (Volumen, Molekulargewicht) erhöht sich auch die *molekulare Flexibilität* von Molekülen. Deshalb wird auch eine erhöhte Flexibilität mit einer erniedrigten Permeation (resp. Bioverfügbarkeit) korreliert (Veber *et al.*, 2002). Die Flexibilität wird vereinfacht über die Anzahl rotierbarer Bindungen (Rotatable Bonds) ausgedrückt. Gemeint damit sind Einfachbindungen zwischen zwei Atomen. Ausgeschlossen werden H-Atome, terminale Atome und Bindungen in Ringen und Amidbindungen (s. Abb. 3.26). Für eine gute Bioverfügbarkeit soll ein Molekül nicht mehr als 10 *Rotatable Bonds* aufweisen (Veber *et al.*, 2002).

3.2.3
Abschätzung der Permeabilität und Absorption von Pharmaka: Lipinskis „Rule of Five"

Die Rule of Five[2)] (Lipinski *et al.*, 1997) ist eine einfache Methode zur qualitativen Abschätzung der Permeabilität und Absorption von Wirkstoffen. Die Regel wurde von Christopher Lipinski bei Pfizer im Jahr 1997 publiziert und wird seither im Wirkstoffdesign, zum Beispiel bei der computerunterstützten Entwicklung kombinatorischer Bibliotheken verwendet. Sie eignet sich aber auch sehr gut zu einer einfachen „manuellen" Abschätzung der Permeabilität einer Substanz (siehe auch Lipinski, 2000; Owens, 2003).

Aus dem World Drug Index, einer Datenbank mit ca. 50 000 Molekülen wurde eine Untermenge von 2245 Wirkstoffen ausgewählt. Das Selektionskriterium war im Wesentlichen die Frage, ob eine Substanz die klinische Phase II erreicht hatte und in der Datenbank eine Indikation/Anwendung aufgeführt war. Peptide wur-

2) Der Name „Rule of Five" rührt daher, dass alle Zahlenwerte gleich 5 oder ein ganzzahliges Vielfaches von 5 sind.

den ausgeschlossen. Lipinski ging davon aus, dass die meisten Verbindungen mit schlechter Absorption vor der klinischen Phase II bereits eliminiert worden waren. Die so erhaltene Untermenge wurde in Bezug auf die folgenden vier Parameter analysiert und mit allen Molekülen aus dem World Drug Index verglichen. Dabei konnten Grenzwerte für diese vier Parameter bestimmt werden, welche Wirkstoffe mit guter Absorption charakterisieren.

Molekulargewicht. Für das Molekulargewicht wurde ein Grenzwert von 500 g/mol festgelegt. Nur 11 % der Moleküle in der von Lipinski definierten Untermenge hatten ein Molekulargewicht > 500 g/mol, verglichen mit 22 % aller Moleküle des World Drug Index. Ein steigendes Molekulargewicht hat einen wichtigen negativen Einfluss auf die Absorption. Bei Wirkstoffen wird deshalb angestrebt, das Molekulargewicht unter diesem Grenzwert zu halten.

Lipophilie. Als zweiter Parameter wurde die Lipophilie gewählt. Als Maß für die Lipophilie wird wie allgemein üblich log *P*, der dekadische Logarithmus des Verteilungskoeffizienten der Substanz in Octanol–Wasser verwendet. Nur etwa 10 % der Moleküle in der Untermenge hatten einen log *P* über 5 (CLOGP-Methode; 4,15 mit der MLOGP-Methode). Der log *P* von 5 wurde deshalb als Obergrenze für die Lipophilie eines oral verfügbaren Wirkstoffs definiert (siehe oben). Eine Untergrenze (Wirkstoff zu hydrophil) wurde von Lipinski nicht festgelegt, obwohl auch eine zu hohe Hydrophilie die Permeation verringert. Ein Grund für die fehlende Untergrenze von log *P* liegt darin, dass der Hydrophilie mit der Anzahl H-Brücken-Donoren und -Akzeptoren Rechnung getragen wird (siehe unten). Des Weiteren stellen in der Medizinalchemie eher die zu lipophilen Verbindungen ein Problem dar. Abbildung 3.27 zeigt den Bereich von log *P*, in dem die meisten Medikamente liegen.

Bevor die Rule of Five im Wirkstoff-Design Eingang fanden, wurden Affinitätssteigerungen im Drug Design häufig über zusätzliche lipophile Wechselwirkungen erreicht (Böhm, Klebe & Kubinyi, 1996). Ein eindrückliches Beispiel dafür stellen Thrombin-Inhibitoren von Merck (Tucker *et al.* 1997) dar. Im Zuge einer Lead-Optimierung wurde zwar der Inhibitor L-372,236 mit picomolarer Affinitäten gefunden, allerdings ausschließlich durch Zufügen von lipophilen

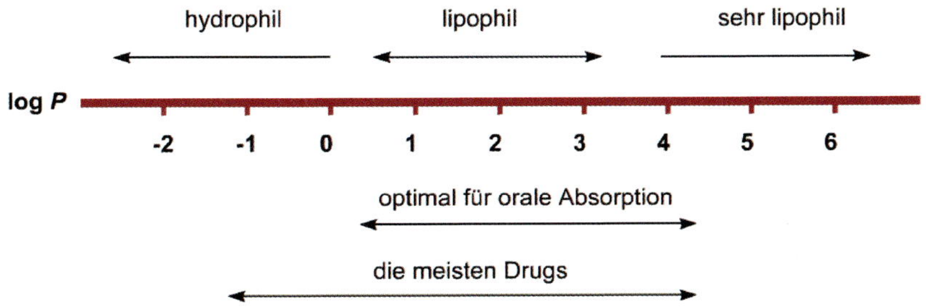

Abb. 3.27 Verteilung der log-*P*-Werte für Medikamente. Die meisten Medikamente haben einen log P < 5 und > -1.

Substituenten. So wurden zwar hoch affine, aber auch hoch lipophile Verbindungen erhalten, die sich als schwer löslich erwiesen.

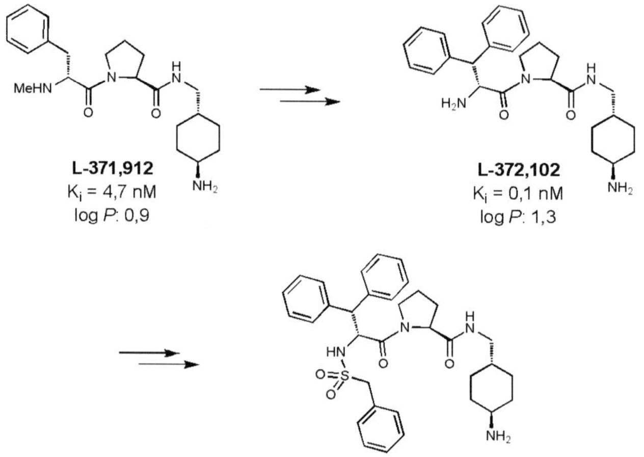

L-371,912
K_i = 4,7 nM
log *P*: 0,9

L-372,102
K_i = 0,1 nM
log *P*: 1,3

L-372,236
K_i = 0,002 nM
log *P*: 3,2

H-Brücken-Donoren. Der dritte Parameter ist die Anzahl der Wasserstoffbrückendonoren im Molekül. Eine zu große Anzahl Donoren hemmt den Transport über Membranen. Als Abschätzung genügt es, die Anzahl NH und OH im Molekül zu zählen. Nur 8 % der Moleküle in der Untermenge hatten mehr als 5 H-Brücken-Donoren.

H-Brücken-Akzeptoren. Als vierter Parameter ist die Anzahl der H-Brücken-Akzeptoren definiert. Als grobe Abschätzung für die Akzeptoren werden die Anzahlen von N und O im Molekül gezählt. Nur 12 % der Verbindungen in der Untermenge aus dem World Drug Index hatten mehr als 10 N und O.

Basierend auf der Analyse stellten Lipinski *et. al* zusammenfassend folgende Regel auf, die „Rule of Five".

Merksatz ***Lipinskis „Rule of Five"***

Mit einer schlechten Absorption/Permeabilität ist bei Molekülen mit den folgenden Eigenschaften zu rechnen:

- ***H-Brücken-Donoren** > 5*
- ***H-Brücken-Akzeptoren** > 10*
- *$M_r > 500$ **g/mol***
- ***log P** > 5 **(CLOGP-Methode)***

Ausnahmen von der Regel: Substanzen, die aktiv transportiert werden (z.B. Antibiotika, Antimykotika, Vitamine oder Herzglykoside), Substrate von P-gp (siehe Kapitel 3.9).

Beurteilung: Mit einer schlechten Absorption ist dann zu rechnen, wenn ein Molekül zwei oder mehr Parameter der Regel verletzt.

Bestimmung der Parameter

Zur „manuellen“ Bestimmung der Parameter wird zunächst die Strukturformel aufgezeichnet. Dabei ist zu beachten, dass die Regel immer auf die ungeladene Form des Moleküls angewendet wird. Das bedeutet, dass Säuren und Basen unionisiert (z.B. –COOH und $–NH_2$) dargestellt werden. Es ist hilfreich, die Summenformel zu berechnen, damit das Molekulargewicht und die Anzahl der Akzeptoren zuverlässig bestimmt werden können.

H-Brücken-Donoren

Die H-Brücken-Donoren werden als die Summe aller –OH und –NH Gruppen gezählt. Primäre Amine ($–NH_2$) werden als zwei Donoren gezählt, Carboxylgruppen (–COOH) haben einen H-Brücken-Donor. Die Sulfhydrylgruppe (–SH) wird nicht als Donor gezählt.

Beispiel Atenolol: Die Anzahl der H-Brücken-Donoren beträgt 4:

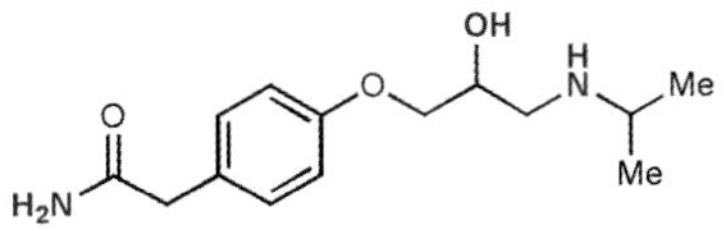

Atenolol

H-Brücken-Akzeptoren

Die H-Brücken-Akzeptoren werden als die Summe aller N und O im Molekül gezählt. Die Anzahl der Akzeptoren kann also auch sehr einfach aus der Summenformel abgelesen werden. Halogenatome (F, Cl, Br, I), Schwefel- und Phosphoratome werden nicht als Akzeptoren gezählt.

Beispiel Atenolol: Gemäß Summenformel ($C_{14}H_{22}N_2O_3$) beträgt die Anzahl der H-Brücken Akzeptoren 5:

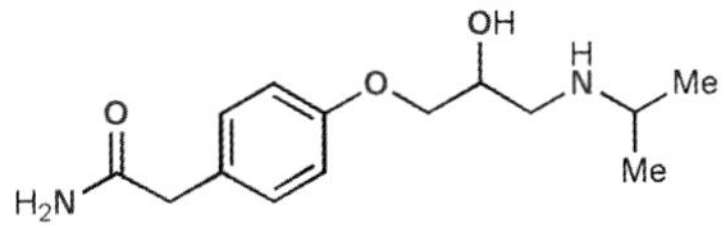

Atenolol

Molekulargewicht Mr

Das Molekulargewicht wird aus der Summenformel berechnet oder einer Datenbank entnommen (z.B. Pubchem, http://pubchem.ncbi.nlm.nih.gov/). Für eine rechnerische Abschätzung können die Stellen hinter dem Komma der Atommassen weggelassen werden, also: Kohlenstoff: 12 g/mol, Sauerstoff: 16 g/mol, Wasserstoff: 1 g/mol, Stickstoff 14 g/mol.

Beispiel Atenolol: Die Summenformel von Atenolol ist $C_{14}H_{22}N_2O_3$. Das Molekulargewicht beträgt also $14 \cdot 12 + 22 \cdot 1 + 2 \cdot 14 + 3 \cdot 16 = 266$ g/mol.

log *P*

Der log *P* ist in der Rule of Five der Parameter, der manuell am schwierigsten zu bestimmen ist. Der log *P* kann wie erwähnt experimentell oder rechnerisch bestimmt werden (siehe oben).

Beispiel Atenolol:

Methode	log *P*	Quelle
MLOGP	0,92	Berechnung (s. oben)
CLOGP	-0,11	Daylight
experimentell	-0,16	Star List

Beurteilung von Substanzen mit der Regel

Nachdem alle Parameter einer Substanz bestimmt sind, wird überprüft, welche außerhalb der definierten Grenzen liegen. Beim Beispiel Atenolol sind demnach alle vier Kriterien für eine gute Absorption erfüllt:

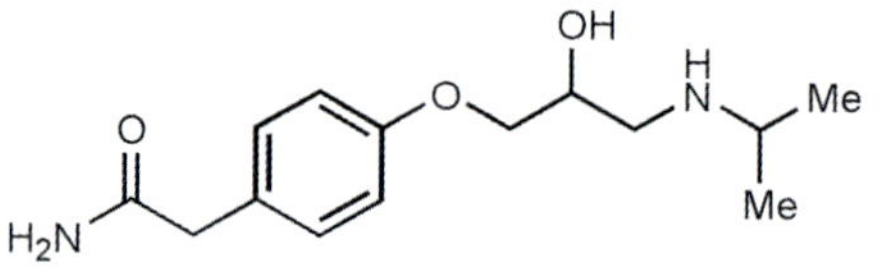

Donoren	**4**	<5	✓
Akzeptoren	**5**	<10	✓
M_r (g/mol)	**266**	<500	✓
log *P* (CLOGP)	**-0,11**	<5	✓

Gemäß der Fachinformation des Herstellers wird Atenolol nicht komplett, sondern nur zu etwa 55 % absorbiert. Der Grund dürfte in der hohen Hydrophilie (CLOGP -0,11) liegen. Wie bereits erwähnt, wurde in der Rule of Five keine untere Grenze für log *P* definiert. Bei der Beurteilung von Substanzen mit der Rule of Five sollte die Möglichkeit einer zu großen Hydrophilie separat abgeschätzt werden.

Als untere Grenzen für log *P* kann -2 gewählt werden (z.B. Muegge, 2003), weil Substanzen mit so hoher Hydrophilie schlecht oder gar nicht absorbiert werden. Optimal für eine orale Absorption ist der log-*P*-Bereich zwischen 0 und 4 (s. Abb. 3.27). Als problematisch in Bezug auf die Absorption gelten Substanzen, bei denen **zwei Parameter außerhalb der Grenzwerte liegen.** Bei der Beurteilung müssen die Einschränkungen der Regel und weitere Parameter, z.B. Ladungen, Influx- oder Efflux-Transport, welche die Absorption beeinflussen, mitberücksichtigt werden.

Limitationen der Regel

Transporter. Lipinski nennt Wirkstoffgruppen, deren Absorption mit der Rule of Five nicht vorhergesagt werden kann: Antibiotika, Antimykotika, Vitamine und Herzglykoside (Lipinski 1997). Diese Wirkstoffe können mehrere Parameter der Regel verletzen und werden trotzdem gut absorbiert. Der Grund liegt darin, dass sie Substrate von Transportern im Darm sind. Da die Regel von Lipinski nur den passiven Transport beurteilt, kann sie nicht angewendet werden, sobald eine Substanz mit Hilfe eines Transporters aktiv über die Enterozyten transportiert wird. Das Herzglykosid Digoxin beispielsweise verletzt drei von vier Parametern der Regel und wird trotzdem gut absorbiert, weil es über Transporter die Enterozyten-Barriere überwinden kann (Bioverfügbarkeit 70–80 % nach Angaben des Herstellers; Dollery, 1999).

Auch der Efflux eines Wirkstoffs durch Efflux-Transporter zurück ins Darmlumen kann mit der Rule of Five nicht beurteilt werden. Ein Wirkstoff kann zwar alle Parameter der Regel erfüllen, aber trotzdem schlecht absorbiert werden, weil er ein Substrat von Efflux-Transportern ist. So ist beispielsweise Digoxin ein Substrat des Efflux-Transporters P-Glykoproein (P-gp) und seine Pharmakokinetik kann durch Inhibitoren oder Induktoren von P-gp entsprechend beeinflusst werden (z.B. Greiner *et al.*, 1999).

Säuren und Basen (Ionisation). Da die Mehrzahl der Wirkstoffe ionisierbar sind, liegen sie abhängig vom pH-Wert der Umgebung geladen oder neutral vor. Die Permeabilität einer Substanz durch eine Zellmembran ist von der Ladung abhängig (pH-Verteilungshypothese, siehe oben). Mit den Rule of Five wird jedoch die Ladung nicht berücksichtigt, da ja explizit nur die ungeladene Spezies beurteilt wird.

Aus dem World Drug Index geht hervor, dass die Mehrzahl, nämlich 63 % der Verbindungen, ionisierbar ist (s. Abb. 3.28). Es handelt sich dabei mehrheitlich um Basen. Reine Säuren und Ampholyte machen je ca. einen Sechstel der ionisierbaren Verbindungen aus.

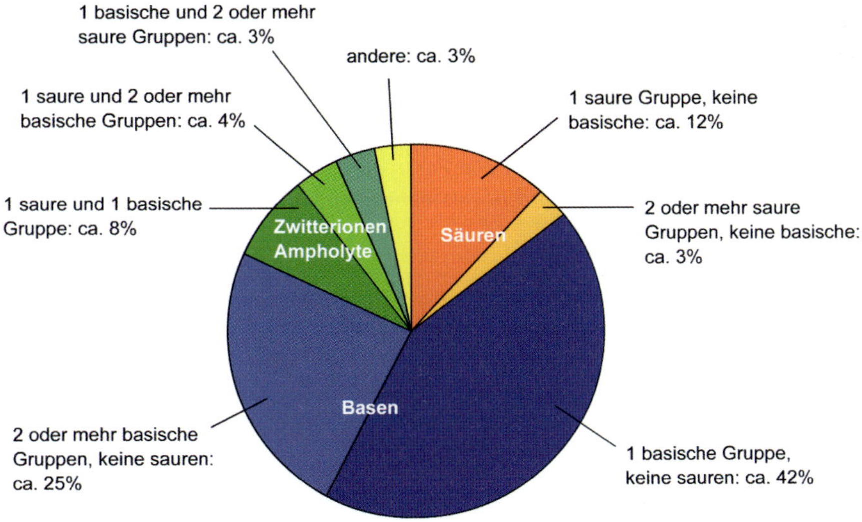

Abb. 3.28 Bei einer Auswertung der Wirkstoffe im World Drug Index waren 32 437 Substanzen ionisierbar (63 % aller Wirkstoffe). Die Abbildung zeigt die Anteile von Säuren und Basen der ionisierbaren Wirkstoffe (Quelle: K. Box, Sirius, nach T. Mitchell und R. Koblecki, Millennium Pharmaceuticals).

Donoren und Akzeptoren. Die Bestimmung der Akzeptoren und Donoren nach Lipinski stellt nur eine Abschätzung dar und widerspiegelt nicht die tatsächlichen Verhältnisse. Dies lässt sich am Beispiel der Estergruppe gut illustrieren (Kubinyi, 2003, S. 667). Eine Estergruppe hat zwei Sauerstoffatome und folglich nach Lipinski zwei Akzeptoren. Die Anzahl der Akzeptoren ist zwar richtig, nicht aber aufgrund der Anzahl der Sauerstoffatome. Durch die Analyse von Kristallstrukturen organischer Moleküle konnte nämlich gezeigt werden, dass der Carbonyl-Sauerstoff mit seinen beiden Lone Pairs zwei Wasserstoff-Brücken ausbilden kann. Der sp^3-Sauerstoff (Einfachbindung) hingegen spielt nicht die Rolle eines H-Brücken-Akzeptors (Lommerse *et al.*, 1996).

Übungsbeispiele

Beurteilen Sie die folgenden Beispiele anhand der Rule of Five. Werden die Substanzen gemäß der Regel gut oder schlecht absorbiert? Achten Sie dabei auf die Limitierungen der Regel.

Paracetamol ($C_8H_9NO_2$)

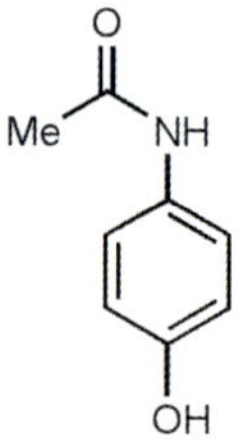

Donoren	2	✓
Akzeptoren	3	✓
M_r (g/mol)	151	✓
log *P* (CLOGP)	0,5	✓

Absorption gemäß Rule of Five: gut
Absorption gemäß Fachinformation: >90–95 %

Kommentar: Paracetamol erfüllt alle Parameter der Rule of Five für eine gute Absorption. Der Wirkstoff wird *in vivo* nahezu vollständig absorbiert.

Diclofenac ($C_{14}H_{10}NO_2Cl_2$)

Donoren	3	✓
Akzeptoren	2	✓
M_r (g/mol)	296	✓
log *P* (CLOGP)	4,73	✓

Absorption gemäß Rule of Five: gut
Absorption gemäß Fachinformation: >90 %

Kommentar: Diclofenac wird gemäß der Rule of Five gut absorbiert. Auch *in vivo* wird der Wirkstoff nahezu vollständig absorbiert. Diclofenac ist ein Beispiel für einen ionisierbaren Wirkstoff. Zu beachten ist, dass bei der Anzahl der Akzeptoren die Chloratome nicht mitgezählt werden (s. oben).

Methotrexat ($C_{20}H_{22}N_8O_5$)

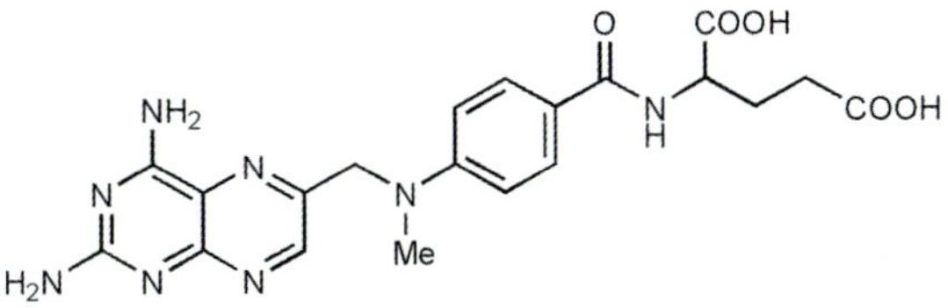

Donoren	7	⊗
Akzeptoren	13	⊗
M_r (g/mol)	454	✓
log *P* (CLOGP)	–0,53	✓

Absorption gemäß Rule of Five:	schlecht
Absorption gemäß Fachinformation:	Die Absorption von Methotrexat ist sättigbar (Michaelis-Menten-Kinetik, aktiver Transport) und wird bei höherer Dosierung signifikant geringer (Chungi, Bourne & Dittert, 1978).

Kommentar: Methotrexat ist gemäß der Regel schlecht absorbierbar. Methotrexat wird aber *in vivo* bis zur Sättigungskonzentration relativ gut absorbiert, weil es über Folat-Transporter (Yuasa *et al.* 2009) aufgenommen wird.

Digoxin ($C_{41}H_{64}O_{14}$)

Donoren	6	⊗
Akzeptoren	14	⊗
M_r (g/mol)	780	⊗
log *P* (CLOGP)	1,42	✓

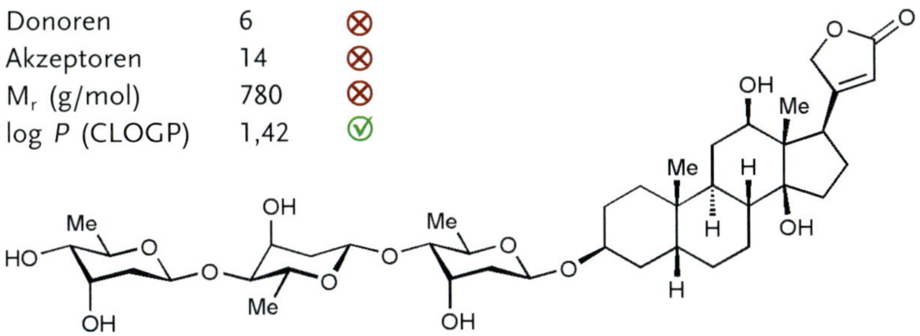

Absorption gemäß Rule of Five:	schlecht
Absorption gemäß Fachinformation:	gut

Kommentar: Herzglykoside wie Digoxin sind Ausnahmen von der Rule of Five. Sie können mehrere Parameter verletzen und trotzdem gut absorbiert werden. Der Grund dafür liegt darin, dass sie Substrate von Transportern im Darm sind. (OATP, Organic Anion Transporting Polypeptides, Reichel *et al.* 1999)

Amoxicillin ($C_{16}H_{19}N_3O_5S$)

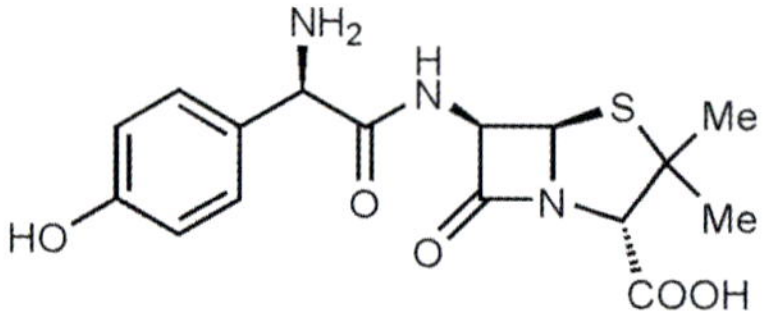

Donoren	5	✓
Akzeptoren	8	✓
M_r (g/mol)	365	✓
log *P* (CLOGP)	–1,87	✓

Absorption gemäß Rule of Five:	gut
Absorption gemäß Fachinformation:	gut

Kommentar: Der log *P* von Amoxicillin ist tief, die Substanz ist also hydrophil. Dies könnte einen negativen Einfluss auf die Absorption ausüben. Amoxicillin gehört als Vertreter der Penicillin-Antibiotika, die ihre orale Verfügbarkeit häufig dem aktiven Transport über den Peptid-Transporter PEPT1 verdanken, ebenfalls zu den Ausnahmen der Regel.

Itraconazol ($C_{35}H_{38}Cl_2N_8O_4$)

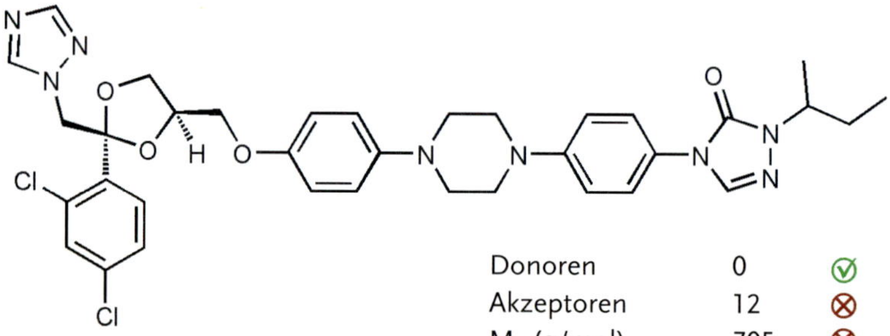

Donoren	0	✓
Akzeptoren	12	⊗
M_r (g/mol)	705	⊗
log *P* (CLOGP)	6	⊗

Absorption gemäß Rule of Five:	schlecht
Absorption gemäß Fachinformation:	gute Absorption (>85 %), soll nach einer vollen Mahlzeit eingenommen werden

Kommentar: Itraconazol gehört gemäß Lipinski ebenfalls zu den Ausnahmen (Antimykotika), deren Absorption mit der Regel nicht vorhergesagt werden können. Drei Parameter werden verletzt, trotzdem ist die Absorption gemäß Fachinformationen gut. Der Grund liegt wahrscheinlich in der Solubilisierung durch Gallensalze. Deshalb soll Itraconazol nach einer Mahlzeit eingenommen werden. Der Einfluss der Ionisierung spielt eine geringere Rolle.

3.2.4 Experimentelle Bestimmung der Permeabilität

Wie oben deutlich wurde, handelt es sich bei der Rule of Five um eine einfache Faustregel, mit der die Permeabilität/Absorption einer Substanz grob abgeschätzt werden kann. Mit *In-vitro*-Experimenten an Zelllinen oder künstlichen Membranen können genauere Resultate erzielt werden, da diese die tatsächlichen Verhältnisse besser modellieren. Hier sollen im Folgenden zwei Möglichkeiten vorgestellt werden.

Caco-2

Caco-2-Zellen sind humane Adenokarzinomzellen (human **Ca**ucasian **co**lon adenocarcinoma), die aus einem colorectalen Karzinom gewonnen wurden. Die Zelllinie zeichnet sich dadurch aus, dass sie in Kultur zu einem polarisierten Monolayer aus Enterozyten ausdifferenziert. Die Zellschicht gleicht dem intestinalen Epithel strukturell und funktionell. Sie bildet Microvilli und Zell–Zellverbindungen aus und exprimiert eine Reihe metabolischer Enzyme und Transporter (Hidalgo & Li, 1996).

Zu Beginn der 90er Jahre des letzten Jahrhunderts wurden Caco-2-Zellen als experimentelles Werkzeug für mechanistische Untersuchungen des intestinalen Wirkstoff-Transports eingeführt (Hidalgo *et al.*, 1989; Artursson, 1990; Hilgers, 1990). Gleichzeitig wurde vorgeschlagen, das Caco-2-Modell für das Screening der intestinalen Permeabilität und damit zur Vorhersage der oralen Absorption zu verwenden (Artursson & Karlsson, 1991).

Eine typische Versuchsanordnung ist in Abbildung 3.29 dargestellt. In einer apikalen Kammer, die einen Monolayer von Caco-2-Zellen enthält, wird Wirkstoff zugegeben und die Konzentration in der basolateralen Kammer über die Zeit bestimmt.

Aus den Messungen kann der apparente Permeabilitätskoeffizient P_{app} (cm/s) bestimmt werden. Dieser korreliert relativ gut mit der intestinalen Absorption.

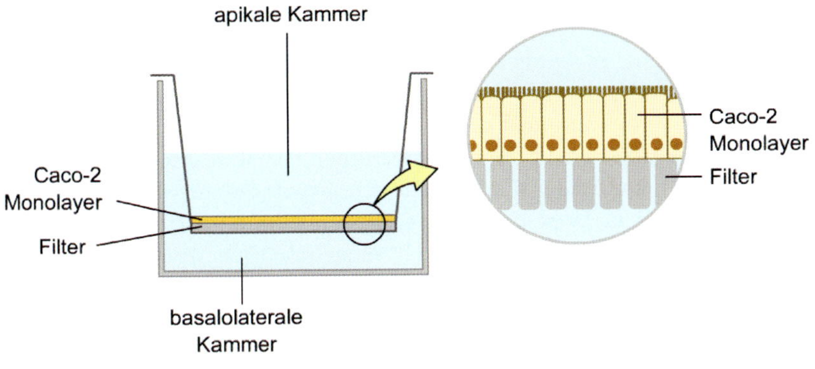

Abb. 3.29 Versuchsanordnung zur Bestimmung des Permeabilitätkoeffizienten mit einem Caco-2-Monolayer.

Nach anfänglicher Skepsis hat sich das Caco-2-Modell aus folgenden Gründen durchgesetzt.

- Zu Beginn der 90er Jahre des letzten Jahrhunderts reifte die Erkenntnis, dass unzureichende pharmakokinetische Eigenschaften, z.B. ungenügende orale Absorption, einen wichtigen Grund für das Versagen von Wirkstoff-Kandidaten in der klinischen Erprobung darstellen (Prentis *et al.*, 1988).
- Es wurde erkannt, dass der Absorptionsprozess von Wirkstoffen über biologische Barrieren ein komplexer Vorgang ist, der u.a. wegen Speziesunterschieden mit experimentellen Tiermodellen nicht hinreichend beschrieben werden kann (Artursson & Borchardt, 1997).
- Schließlich nahm mit der Einführung der kombinatorischen Chemie die Zahl der zu prüfenden Verbindungen ungeahnte Ausmaße an, die mit den konventionellen Absorptionsmodellen, die auf Tiermodellen beruhten, nicht mehr bewältigt werden konnten.

PAMPA

PAMPA (**P**arallel **A**rtificial **M**embrane **P**ermeation **A**ssay) ist ein Assay zur Abschätzung der Permeabilität von chemischen Verbindungen bzw. hauptsächlich von pharmazeutischen Wirkstoffen. Er wurde 1998 von Kansy zur High-Throughput-Anwendung entwickelt und wird mit 96-Well-Platten durchgeführt (Kansy & Senner *et al.*, 1998).

PAMPA beruht auf der Simulation von Membranen durch eine Mischung aus Lipiden, welche in organischen Lösungsmitteln suspendiert werden. Das ursprüngliche PAMPA-Membranmodell besteht aus Ei-Lecithin in 10 % m/V Dodecan und 0,5 % m/V Cholesterol. Verschiedene weitere Mischungen wurden im Verlauf der Zeit etabliert (Sugano & Hamada *et al.* 2001; Avdeef 2003).

Die Durchführung ist in Abbildung 3.30 dargestellt. Als Donor dient eine 96-Well-Platte, die mit einer Wirkstoff-Puffer-Lösung befüllt wird. Eine 96-Well-Microfilterplatte, deren Filter mit der Lipid-Lösungsmittelmischung benetzt wurde, wird mit Puffer befüllt und als Akzeptor auf die Donorplatte gesetzt. Nach 18 Stunden werden die Puffer-Lösungen analysiert und die Permeabilität berechnet.

Durch diverse Modifikationen (vgl. Avdeef 2003) gelang es, die Qualität der Vorhersage zu verbessern. So wurde ein pH-Gradient eingeführt (6,5 im Donor- und 7,4 im Akzeptorkompartiment), der den physiologischen Verhältnissen bei der Aufnahme einer Verbindung aus dem Gastrointestinaltrakt (GIT) ins Blut entspricht. Zudem wurde dem Akzeptorkompartiment ein Emulgator zugegeben, welcher Mizellen bildet und auf diese Weise Transportproteine des Blutes, wie z.B. Albumin, simuliert. Diese beiden Maßnahmen führen v.a. für basische Moleküle annähernd zu Sink Conditions, d.h. einer praktisch vernachlässigbaren Konzentration von freien Molekülen im Akzeptorkompartiment. Des Weiteren wurde ein Rührmechanismus entwickelt, der in den 96 Wells zu einer Verringerung des sogenannten Unstirred Water Layers (UWL) führt. Der UWL ist in der Versuchsanordnung ohne Rührmechanismus ca. 36-mal dicker als im GIT, was bei eher lipophilen Substanzen zu einer Unterschätzung der Permeabilität führen

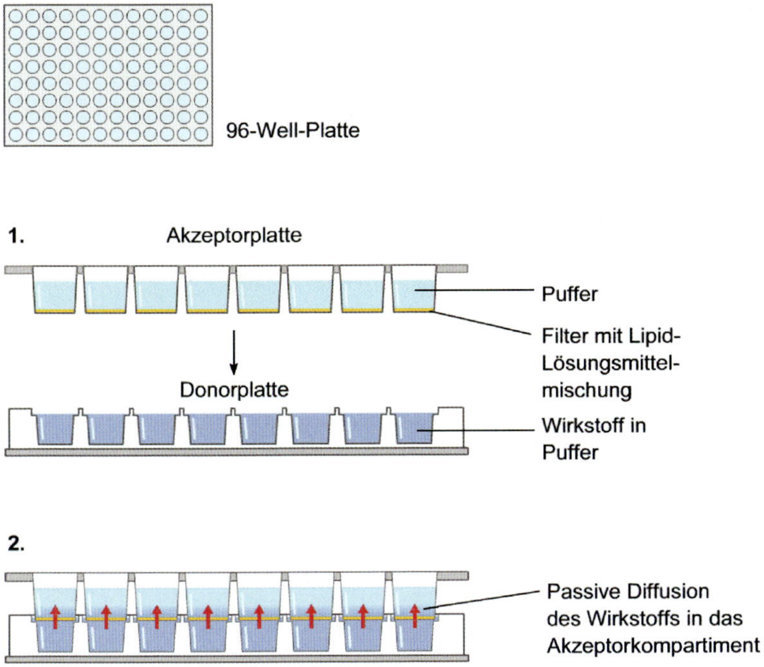

Abb. 3.30 Durchführung des PAMPA-Assays (modifiziert nach Avdeef, 2003, S. 128).

kann. Schließlich gelang es mit diesen Maßnahmen, die Assay-Zeit drastisch auf ca. 30 Minuten zu reduzieren.

In letzter Zeit wurden weitere PAMPA-Modelle zur Simulation der Blut-Hirnschranken-Permeabilität (z.B. Di, Kerns *et al.* 2003) und zur Simulation der Haut-Permeabilität (Ottaviani, Martel *et al.* 2006) entwickelt. Zudem wurde ein PAMPA-Modell zur Vorhersage des Hilfstoff-Einflusses auf die Permeabilität geschaffen (Bendels, Tsinman *et al.* 2006).

Fazit

In diesem Kapitel haben wir die physikochemischen Eigenschaften (engl.: physiochemical properties) diskutiert, die ein Wirkstoff für eine gute passive transzelluläre Diffusion benötigt. Wir haben den transzellulären Transportweg zunächst auf die Permeation reduziert, d.h. auf die Überwindung einer einzelnen Membran, ohne alternative Transportwege und ohne die Biotransformation zu berücksichtigen.

Membranen stellen durch die Fettsäureketten und Cholesterol im Innern des Bilayers eine hydrophobe Barriere dar. Als erste Eigenschaft ist deshalb die **Lipophilie** einer Substanz von großer Bedeutung. Ein Parameter zur Beschreibung der Lipophilie ist log *P*, der dekadische Logarithmus des Verteilungskoeffizienten *P* einer Substanz zwischen einer wässrigen und einer organischen Phase.

Für eine gute Permeation soll eine Substanz nur eine beschränkte Zahl H-Brücken-Donoren und H-Brücken-Akzeptoren aufweisen. Ein Maß hierfür ist Δlog *P*, die Differenz von log $P_{\text{Octanol/Wasser}}$ und log $P_{\text{Cyclohexan/Wasser}}$.

Die Anzahl der H-Brücken-Donoren und der H-Brücken-Akzeptoren ist eng verknüpft mit der **Polar Surface Area**, der Summe aller polaren Oberflächenanteile eines Moleküls. Diese sollte folglich für eine gute Permeation einen bestimmten Wert (kleiner oder gleich 140 $Å^2$) nicht überschreiten.

Eine weitere Eigenschaft, die den Transport von Molekülen über Membranen behindern kann, ist ihre **Ionisation**. Gemäß der pH-Verteilungshypothese werden nur nicht-ionisierte Substanzen über Membranen transportiert. Bei der Berechnung des Distribution Coefficient log *D* wird die pH-abhängige Verteilung berücksichtigt.

Die Permeation sinkt mit steigender Größe des Moleküls. Die Größe wird über das Volumen ($Å^3$) und das Molekulargewicht ausgedrückt. Die **molekulare Flexibilität** ist eng mit der Größe eines Moleküls korreliert. Ein Deskriptor der molekularen Flexibilität und damit der Größe ist die Anzahl der rotierbaren Bindungen (Rotatable Bonds). Für Moleküle mit mehr als 10 **Rotatable Bonds** wird eine schlechte Permeation (Bioverfügbarkeit) erwartet.

Die diskutierten Parameter sind voneinander abhängig. Wird ein Parameter geändert, z.B. die Anzahl der H-Brücken-Donoren durch Weglassen einer polaren Gruppe, ändern sich auch die anderen, z.B. log *P*.

Die Regel von Lipinski ermöglicht eine einfache qualitative Abschätzung der Absorption (Permeation) von Substanzen. Sie eignet sich insbesondere zu einer raschen „manuellen" Beurteilung einer Struktur, zum Beispiel für Medizinalchemiker, im Molecular Modeling oder bei der Komposition von virtuellen Substanzbibliotheken für die Hit-Identifizierung oder Lead-Optimierung.

Bei der **Rule of Five**, die für den passiven Transport gilt, also Transporter und Efflux-Proteine nicht berücksichtigt, handelt es sich nicht um ein absolutes Gesetz. Lipinski selbst hat seine Regel nur als „sehr groben Filter" bezeichnet, der verbessert werden kann (Lipinski in Owens, 2003, S.14). Eine wichtige Frage ist, wie die Transporter im Gastrointestinaltrakt mit in die Voraussage gastrointestinaler Absorption einbezogen werden können (aktive Aufnahme und Efflux). Dieser Frage wenden wir uns im nächsten Abschnitt zu. Schließlich sind in der Rule of Five auch die Biotransformationen nicht berücksichtigt. Ihre Rolle wird im Abschnitt 4.3 „Biotransformation" behandelt.

3.3 Parazelluläre passive Diffusion

In den vorhergehenden Kapiteln wurde der transzelluläre Transport über Membranen diskutiert. Wir haben gesehen, dass Wirkstoffe mit geeigneten physikochemischen Eigenschaften entlang des Gradienten direkt über die Membranen diffundieren können.

Ein zweiter Weg über die Membran ist die *parazelluläre Route*, also der Transport zwischen den Zellen entlang der Zwischenräume. An den Epithelien bestehen parazelluläre Barrieren, die so genannten Tight Junctions, wo Zellen in engem Kontakt untereinander stehen und Zellverbände bilden. In diesem Kapitel untersuchen wir die Kriterien, die ein Wirkstoff erfüllen muss, um parazellulär transportiert zu werden.

Oberflächenepithelien

Epithelgewebe lässt sich in Oberflächen-, Drüsen- und Sinnesepithelien unterteilen. Bei den Oberflächenepithelien handelt es sich um dicht gelagerte Verbände von Zellen, die innere oder äußere Oberflächen von Organen bilden (Welsch, 2003; Spornitz, 1996). Oberflächenepithelien werden nach ihrer Gestalt, der Anzahl der Zelllagen und der Verhornung der oberen Zelllagen eingeteilt (Auswahl s. Abb. 3.31).

Zwischen Epithelzellen befinden sich Zwischenräume, die ungefähr 20 nm breit sind. Die Zellen stehen aber über verschiedene Zellkontakte untereinander in Verbindung. Dazu gehören die *Gap Junctions* (Nexus), Ansammlungen von

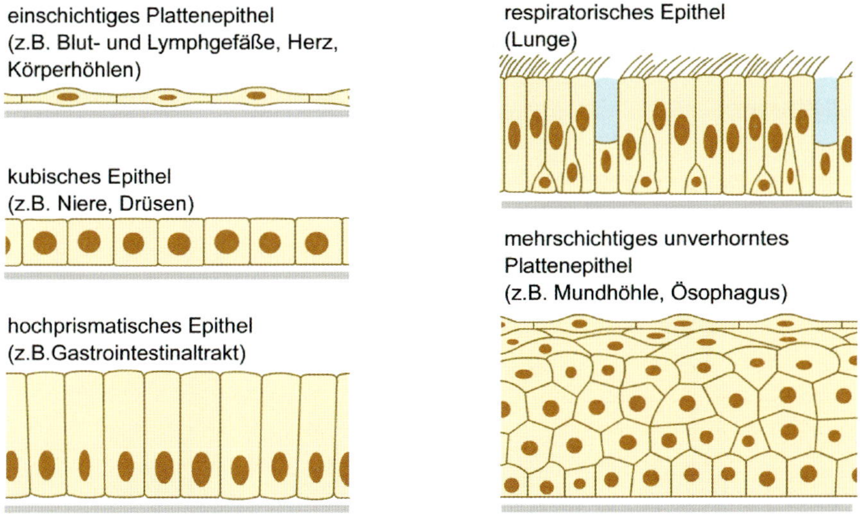

Abb. 3.31 Oberflächenepithelien (Auswahl). Grau dargestellt ist die Basallamina. Beim respiratorischen Epithel sind Becherzellen erkennbar, die Schleim produzieren (nach Welsch, 2006).

Kanälen, die über die Membranen beider Zellen reichen und die Kommunikation zwischen Zellen ermöglichen. Für die mechanische Stabilisierung der Epithelien sorgen die *Desmosomen* (*Macula adherens*). Die Barrierefunktion der Epithelien wird schließlich von den *Tight Junctions* vermittelt. Durch die Abdichtung der Zellzwischenräume kann der Substanztransport reguliert werden. Dies ermöglicht die Aufrechterhaltung unterschiedlicher Stoffverteilungen in verschiedenen Geweben.

3.3.1
Tight Junctions

In Epithelien wird der Transport von Substanzen über den parazellulären Weg durch Tight Junctions reguliert. Diese Zell-Zell-Verbindungen umschließen das apikale Ende der Zellen gürtelförmig und bilden ein Netzwerk, welches den Zellzwischenraum effektiv abdichtet (*Zonula occludens*, Verschlusskontakt, s. Abb. 3.32). Sie bilden die Barriere gegen den freien Stofftransport zwischen den Zellen und ermöglichen den selektiven Transport bestimmter Substanzen. Hier interessieren uns vor allem die physikochemischen Eigenschaften pharmazeutischer Wirkstoffe, welche den Transport ermöglichen. Dabei stellt sich auch die Frage nach der quantitativen Relevanz dieses Transportwegs im Vergleich zum transzellulären Transport.

Struktur. Die Netzwerke der Tight Junctions werden von Proteinsträngen gebildet, welche mit entsprechenden Strängen der Nachbarzelle in Kontakt stehen (s. Abb. 3.33). In älteren Untersuchungen wird die Dichtheit des Epithels mit der Zahl dieser Stränge und der Komplexität dieses Netzwerks korreliert. Epithelien unterscheiden sich stark in ihrer Durchlässigkeit. Ein gut durchlässiges Epithel findet

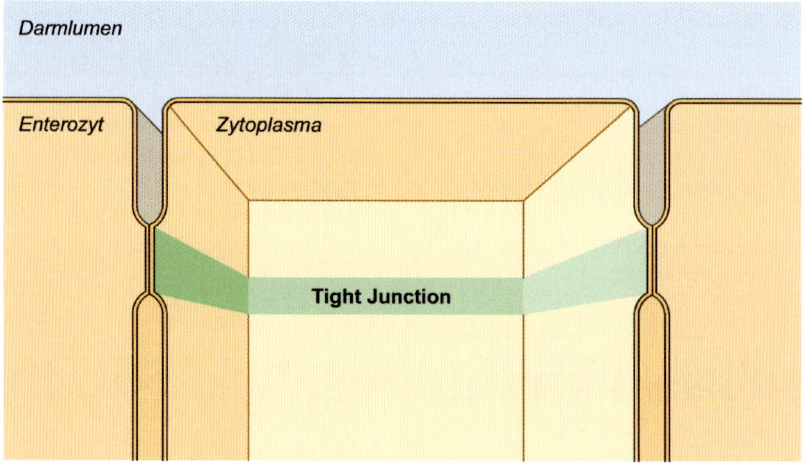

Abb. 3.32 Tight Junctions sind Zellkontakte zwischen Epithelzellen, die Zellen am apikalen Ende gürtelförmig umschließen und eine Barriere gegen den freien Stofftransport ausbilden.

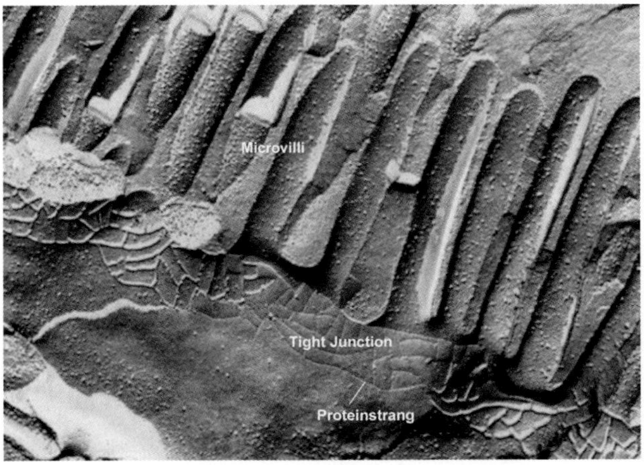

Abb. 3.33 In diesem Epithelpräparat aus dem Darm einer Maus sind unterhalb der Microvilli die Netzwerke der Tight Junctions aus Proteinsträngen erkennbar (*Zonula occludens*; Bild aus van Itallie & Anderson, 2006).

sich im Gastrointestinaltrakt und im proximalen Tubulus des Nephrons. Hingegen sind beispielsweise die Tight Junctions im distalen Nephron, in der Gallenblase und an der Blut-Hirn-Schranke sehr dicht. Sie verhindern den Substanztransport und ermöglichen den Aufbau von Konzentrationsunterschieden.

Der Aufbau der Tight Junctions ist komplex, variabel und reguliert. Beteiligt sind zahlreiche Proteine, darunter drei transmembranäre Proteine, die Proteinfamilie der Claudine, Occludin und die Junctional Adhesion Molecules (JAM). Für die Regulation der Tight Junctions sorgen die Zona-occludens-Proteine (ZO). Die Claudine sind für die parazelluläre Barriere zwischen den Zellen verantwortlich (Review: van Itallie & Anderson, 2006).

Claudine. Claudine sind kleine Proteine (20–27 kDa) mit vier transmembranären Helices (s. Abb. 3.34). Der N-Terminus liegt intrazellulär und ist kurz. Der erste Loop zwischen der ersten und zweiten Helix enthält konservierte Aminosäuren (W–GLW–C–C) und beeinflusst die parazelluläre Ladungsselektivität. Der zweite extrazelluläre Loop ist u.a. der Rezeptor für ein bakterielles Toxin. Der C-Terminus liegt intrazellulär und bindet zytoplasmatische Proteine.

Ausbildung von Poren. Die Untersuchung der Permeabilität einer Reihe ungeladener Substanzen über die parazelluläre Route zeigt eine Abhängigkeit der Permeabilität von der Größe des Substrats. Die Permeabilität ist umgekehrt proportional zur Größe. Je größer also das Substrat, desto schlechter gelangt es auf dem parazellulären Weg über die Zellbarriere. Dies gilt allerdings nur bis zu einem bestimmten Grenzwert. Nach diesem Wert sinkt die Durchlässigkeit praktisch auf Null ab (s. Abb. 3.35). Ein solches Verhalten könnte mit der Existenz von Poren erklärt werden, die wie ein molekulares Sieb funktionieren.

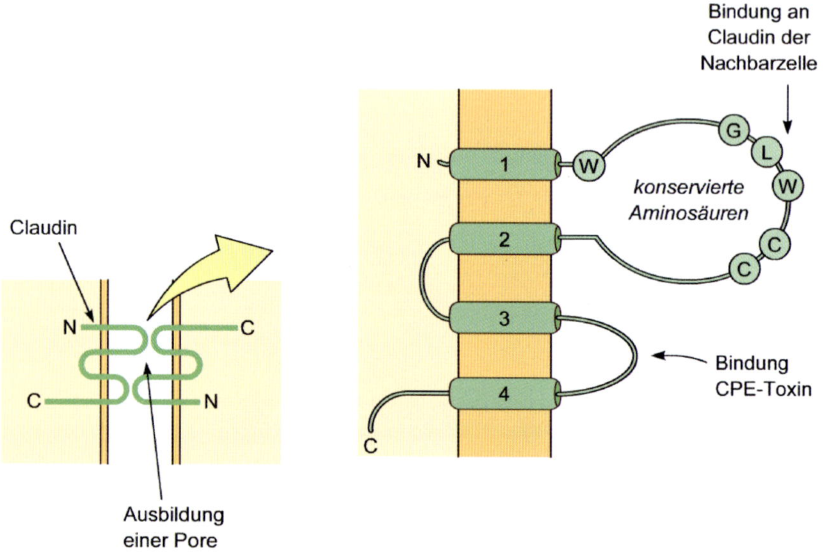

Abb. 3.34 Modell der Struktur der Claudin-Proteinfamilie. Claudine bestehen aus vier transmembranären α-Helices. Links: Schematische Darstellung des Kontakts der Claudine in Tight Junctions zwischen zwei Zellen. Rechts: Ein Claudin ist vergrößert schematisch dargestellt. Der N-Terminus ist kurz und intrazellulär lokalisiert. Der erste, größere Loop enthält eine konservierte Sequenz und bindet an ein Claudin der Nachbarzelle. Mehrere Claudine bilden zusammen eine Pore für den Stoffaustausch über die Tight Junctions (s. auch unten). Der erste Loop scheint die Selektivität der Pore zu definieren. Der dritte Loop ist die Bindungsstelle für ein bakterielles Toxin. Der C-Terminus bindet intrazelluläre Proteine (Bild nach van Itallie & Anderson, 2006).

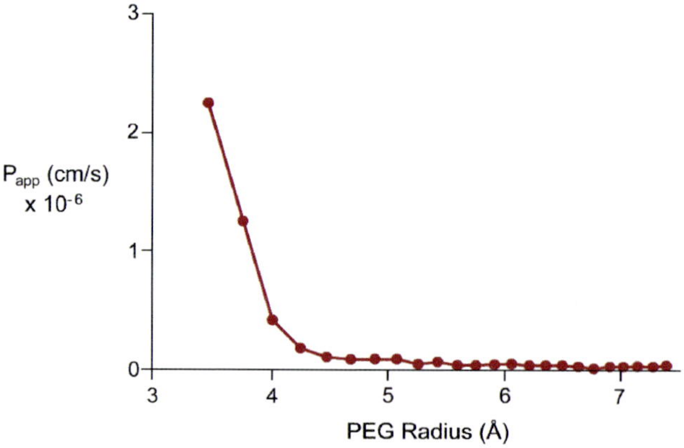

Abb. 3.35 Die apparente Permeabilität von PEG verschiedener Größe durch Caco-2-Monolayer. Die Untersuchung zeigt, dass die Moleküle unter einem Radius von 4,5 Å parazellulär transportiert werden. Je größer das Molekül, desto schlechter der Transport. Größere Moleküle werden nicht mehr über den parazellulären Weg transportiert (Bild nach Watson, Rowland & Warhurst, 2001).

Ungeladene Substanzen. In einer neueren Untersuchung mit 24 PEG (Polyethylenglycol-Molekülen) von unterschiedlichem Polymerisationsgrad mit einem hydrodynamischen Radius zwischen 3,5 und 7,4 Å wurde der Radius der Poren zwischen Caco-2-Zellen auf 4,5 Å bestimmt (Watson, Rowland & Warhurst, 2001, s. Abb. 3.36). Der Durchmesser der Pore beträgt bei diesen Zellen also ungefähr 9 Å. In anderen Untersuchungen wurden Werte zwischen 4 und 40 Å bestimmt. Im Gegensatz zu den Ionenkanälen verhalten sich diese Poren für **ungeladene** Substrate wie ein Sieb: Bis zu einem bestimmten Radius ist die Passage aller Moleküle möglich. Hingegen können Moleküle, die größer sind als der Durchmesser der Pore, nicht passieren.

Ionen. Dies gilt hingegen nicht für Ionen. Tight Junctions in verschiedenen Geweben können für bestimmte Ionen oder für Anionen und Kationen selektiv sein. Im Allgemeinen werden Kationen etwas besser transportiert (Schneeberger & Lynch, 2004). Es gibt zahlreiche Hinweise darauf, dass sich mehrere Claudine mit ihrem ersten extrazellulären Loop an der Porenbildung beteiligen. Diese Poren sind dann für die Selektivität der Tight Junctions gegenüber Ionen und geladenen Substanzen verantwortlich. Colegio *et al.* (2002) haben gezeigt, dass sich die Selektivität der Tight Junctions verändert, wenn geladene Aminosäuren in diesem Loops mutiert werden. Demnach läge die molekulare Basis für die

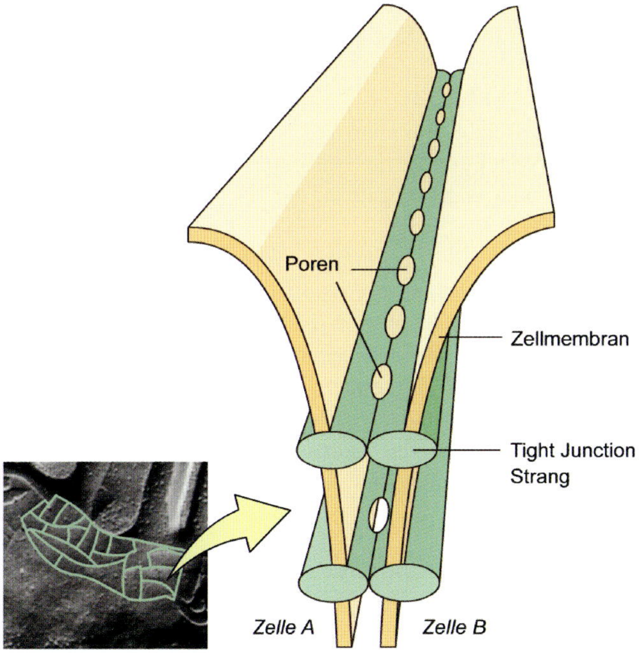

Abb. 3.36 Die Proteinstränge der Tight Junctions bilden vermutlich Poren aus, die den Transport von Ionen ermöglichen. Die Poren werden von der Proteinfamilie der Claudine mit ihrem ersten extrazellulären Loop gebildet (vgl. Abb. 3.34; nach Tsukita & Furuse, 2000).

Selektivität in der unterschiedlichen Ladungsverteilung der Loops und dem Expressionsmuster der Claudine in den verschiedenen Geweben.

Es wird spekuliert, dass zwei verschiedene Typen von Poren einerseits für den Transport von geladenen Substanzen und Ionen und andererseits von ungeladenen Substanzen verantwortlich sind (z.B. van Itallie & Anderson, 2004). Bei den letzteren, welche ungeladene Substanzen wie die PEG passieren lassen, könnte es sich auch um Strangbrüche handeln (Anderson, van Itallie & Fanning, 2004). Eine definitive molekulare Charakterisierung der Poren steht noch aus.

3.3.2
Transport von Wirkstoffen über den parazellulären Weg

In Bezug auf pharmazeutische Wirkstoffe stellen sich zwei grundsätzliche Frage:

1. Welche physikochemischen Eigenschaften benötigt ein Wirkstoff, um über die parazelluläre Route transportiert zu werden?
2. Wie groß ist die quantitative Bedeutung des parazellulären Transports im Vergleich zum transzellulären Transport?

Frage 1: Physiokochemische Eigenschaften

Die Antwort auf die erste Frage lässt sich nicht unabhängig vom Gewebe geben, weil sich der Aufbau der Tight Junctions zwischen verschiedenen Epithelien stark unterscheidet. Wir betrachten in diesem Kapitel das Epithel im Dünndarm, das relativ durchlässig ist.

Hydrophilie – log P. Der parazelluläre Transportweg ist vor allem für hydrophile Substanzen mit einer hohen Verteilung in die wässrige Phase relevant, also für Substanzen mit einem tiefen oder sogar negativen log *P*.

Größe und Molekulargewicht. Es werden bevorzugt hydrophile Substanzen kleiner Größe transportiert, wie zum Beispiel Harnstoff oder Creatinin. Basierend auf Experimenten haben Lennernäs und Kollegen die Schwelle für den effektiven parazellulären Transport auf 180 bis 200 Da bestimmt (z.B. Fagerholm *et al.*, 1999). Ein Molekulargewicht von 200 Da entspricht etwa einem Radius von 4 Å. Mit sogenannten *Tight Junction Enhancers/Modulators* wird in der pharmazeutischen Technologie versucht, auch die parazelluläre Absorption größerer Wirkstoffe zu ermöglichen (z.B. Salamat-Miller & Johnston, 2005).

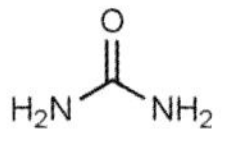

Harnstoff

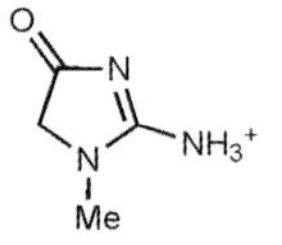

Creatinin

Ionisierung. Gemäß der pH-Verteilungshypothese wird nur die unionisierte Fraktion des Wirkstoffs passiv transzellulär über die Membran transportiert. In Experimenten mit Zell-Monolayern wurde aber zum Teil eine höhere Permeabilität organischer Kationen gefunden, als dies aufgrund der Verteilungshypothese zu erwarten wäre (s. oben). Eine mögliche Erklärung für diese Abweichung ist die Diffusion der hydrophilen organischen Kationen über den parazellulären Weg. Ein Beispiel ist Cimetidin, mit einem pK_a von 6,8, einem log *P* von 0,40 und einem Molekulargewicht von 252 Da (Nagahara *et al.*, 2004).

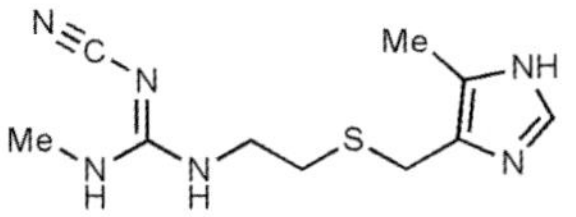

Cimetidin

Kationen werden tendenziell besser parazellulär transportiert als ungeladene Substanzen und Anionen (Karlsson *et al.*, 1999). In der Untersuchung von Karlsson *et al.* war die apparente Permeabilität (cm/s) von Creatinin (positiv geladen) höher als diejenige von Erythritol (ungeladen) und Foscarnet (negativ geladen). Alle drei Substanzen haben ein Molekulargewicht <130 Da und werden hauptsächlich parazellulär transportiert.

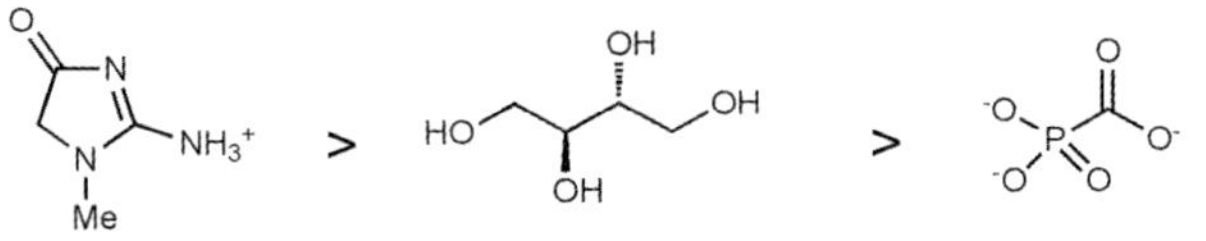

Creatinin meso-Erythritol Foscarnet

Mannitol. Mannitol ist eine Referenzsubstanz für den parazellulären Transport. Die Substanz ist hydrophil (log *P*: -3), ungeladen und hat ein Molekulargewicht von 182,2 Da. Mannitol wird nur in sehr geringem Maß absorbiert und vor allem über die Niere ausgeschieden. Die absorbierte Fraktion gelangt parazellulär in den Organismus.

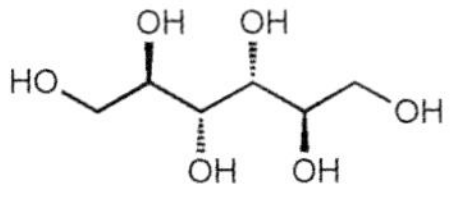

D-Mannitol

Frage 2: Quantitative Bedeutung des parazellulären Wegs

Wie zu erwarten, ist die quantitative Rolle des parazellulären Wegs stark wirkstoffabhängig. Die Mehrzahl der oral verfügbaren Wirkstoffe wird wahrscheinlich vor allem transzellulär passiv absorbiert. Hier spielt die parazelluläre Route eine untergeordnete Rolle, zumal die Oberfläche des Epithels im Darm über 1000-mal größer ist als die für den parazellulären Transport zur Verfügung stehende Oberfläche (Artursson *et al.*, 2001).

Wird hingegen ein Wirkstoff aufgrund seiner physikochemischen Eigenschaften (hydrophil, polar, geladen) schlecht passiv absorbiert und hat er zudem ein relativ geringes Molekulargewicht, gewinnt der parazelluläre Weg an Bedeutung. Die absorbierte Fraktion kann in diesen Fällen sogar vor allem parazellulär aufgenommen werden. Beispiele für solche Wirkstoffe sind die Bisphosphonate (Indikation Osteoporose, z.B. Alendronat und Tiludronat), bei denen es sich um kleine, geladene Wirkstoffe mit einer sehr schlechten Absorption im Bereich von wenigen Prozent handelt. Hier wird vermutet, dass der kleine absorbierte Anteil parazellulär aufgenommen wird (Porras *et al.*, 1999; Boulenc *et al.*, 1993).

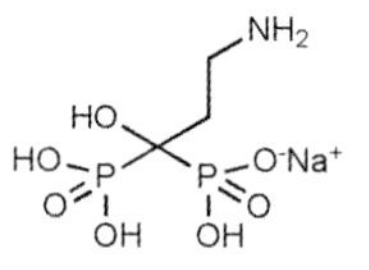

Natriumalendronat

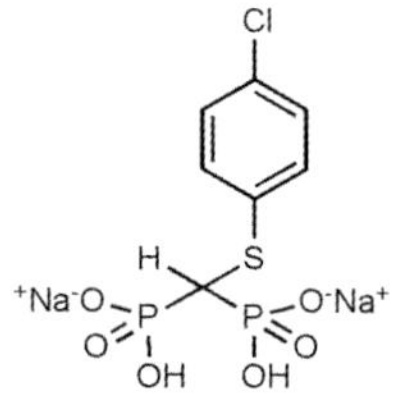

Dinatriumtiludronat

Ranitidin. Ein Beispiel für das Wechselspiel verschiedener Transportwege ist der Transport von Ranitidin. Bourdet und Kollegen (2006) haben anhand eines kinetischen Modells den Transport des H_2-Rezeptorantagonisten über Caco-2-Zellen untersucht. Ranitidin ist eher hydrophil, ein Kation und hat ein Molekulargewicht von 314 Da (log P = 1–2). Es wird zu ca. 60 % parazellulär und zu ca. 40 % transzellulär über die Caco-2-Zellschicht transportiert. Am transzellulären Transport ist ein organischer Kationentransporter mitbeteiligt. Zudem ist Ranitidin ein Substrat von P-Glykoprotein (P-gp), welches den Transport limitiert.

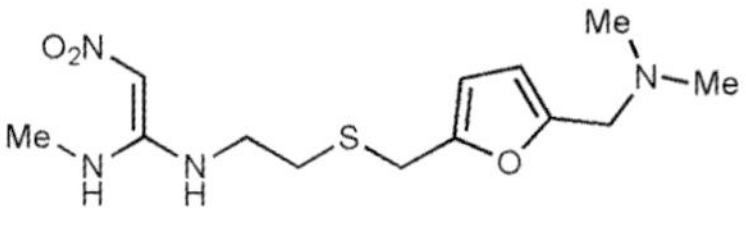

Ranitidin

In der Untersuchung wurde der transzelluläre Transport durch Inhibition von P-gp bzw. durch Inhibition von P-gp und dem organischen Kationentransporter beeinflusst. Wurde P-gp mit einem Inhibitor gehemmt, erhöhte sich die totale (apparente) Permeabilität durch eine schwache Zunahme des parazellulären und eine starke Zunahme des transzellulären Transportes. Wurde hingegen sowohl P-gp als auch der organische Kationentransporter mit Chinidin inhibiert, verringerte sich sowohl die totale Permeabilität, als auch der transzelluläre Anteil an der Permeabilität. Der parazelluläre Anteil an der Permeabilität nahm auf 70 % zu.

Diese Untersuchungen erlauben eine interessante Schlussfolgerung: Der parazelluläre Weg ermöglicht eine gewisse Kompensation wenn anderer Transportwege für Ranitidin inhibiert sind. Dies trifft sowohl für eine Erhöhung der Permeabilität durch einen P-gp-Inhibitor als auch für die Erniedrigung durch die Inhibition des organischen Kationentransporters zu. Bei der Absorption eines Wirkstoffs können also verschiedene Transportwege je nach ihrer Verfügbarkeit ganz unterschiedliche Beiträge liefern.

Merksatz ***Kriterien für parazellulären Transport von Wirkstoffen im Darm:***

- ***Geringer transzellulärer Transport***
- ***Hydrophile Substanz (z.B. Mannitol, log P: -3,0)***
- ***Positive Ladung (organische Kationen wie Ranitidin, Cimetidin, Metformin, Creatinin, Foscarnet etc.)***
- ***Kleiner Radius (<4 Å), resp. Molekulargewicht <180–200 Da.***

Fazit

Tight Junctions bilden zwischen den Zellen von Oberflächenepithelien die Barrieren gegen den freien Substanztransport von der apikalen zur basolateralen Seite und umgekehrt.

Die Proteinfamilie der Claudine ist wesentlich am strukturellen Aufbau dieser Barrieren beteiligt.

Tight Junctions weisen Poren auf, die den Transport von Ionen und organischen Substanzen und Wirkstoffen über die Barriere ermöglichen.

Bevorzugt transportiert werden kleine Moleküle (Molekulargewicht kleiner als 180–200 Da), die hydrophil sind. Kationen werden tendenziell besser transportiert.

Es bestehen starke Unterschiede zwischen den einzelnen Geweben in Bezug auf die Durchlässigkeit und Selektivität des parazellulären Transportwegs.

Die parazelluläre Route wird vor allem dann quantitativ wichtig, wenn ein Wirkstoff aufgrund hoher Hydrophilie (log $P<0$) oder einer Ladung schlecht absorbiert wird. Die Mehrheit der Wirkstoffe wird aber transzellulär absorbiert.

Der parazelluläre Transportweg ist rein passiv entlang eines Gradienten und nicht gerichtet.

3.4
Transporter

Bei der Abschätzung der Absorption von Wirkstoffen stehen die passive Diffusion und die Lipophilie im Vordergrund. Dies äußert sich zum Beispiel bei der Rule of Five, welche alternative Transportwege (Transporter, Efflux, parazelluläre Diffusion, Endozytose) nicht berücksichtigt. Wird Permeation nur auf die passive Diffusion reduziert, wäre es vielen hydrophilen und polaren Molekülen, wie den Zuckern, Aminosäuren, organischen Säuren, Basen oder Ionen gar nicht möglich, Membranen zu passieren.

Transportproteine (Transporter und Kanäle) ermöglichen es jedoch diesen Stoffen, die Membran selektiv zu überwinden. Sie katalysieren den gerichteten Transport von hydrophilen Substanzen über Membranen, indem sie einen Mechanismus bereitstellen, welcher die Passage vorbei am lipophilen Kern der Membran zulässt.

3.4.1
Begriffsbestimmung

Im Diskurs über Transporter herrscht häufig eine Begriffsverwirrung. Begriffe wie Pumpe, Kanal, Pore, Transporter, Permease, Carrier, Facilitator, Porter oder Porin werden unsorgfältig verwendet. Die Begriffe sollen deshalb, gestützt auf Empfehlungen der IUBMB (International Union of Biochemistry and Molecular Biology) und Fachliteratur (u.a. Saier, 2000) zunächst klar definiert werden.

Bei der Einteilung von Transportproteinen kann zunächst zwischen *Transportern* und *Kanälen* unterschieden werden (s. Abb. 3.37).

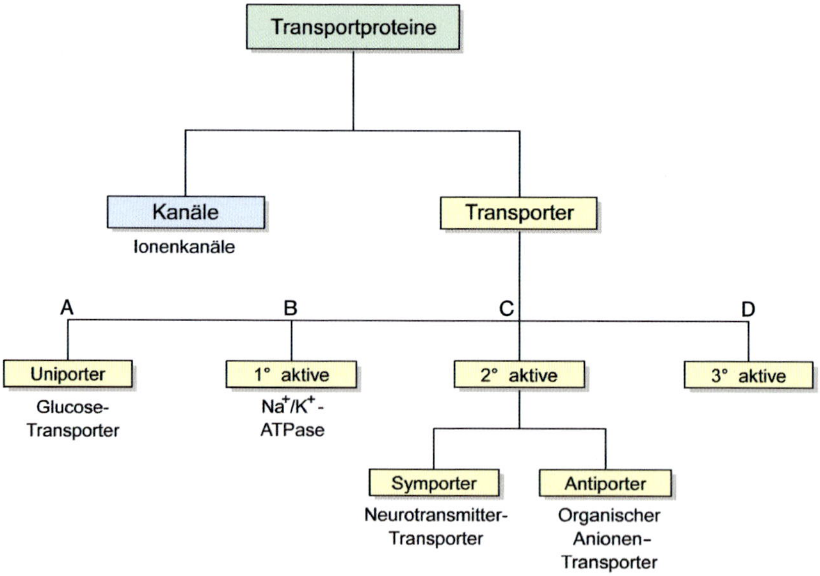

Abb. 3.37 Übersicht über die zwei wichtigsten Kategorien von Transportproteinen: Transporter und Kanäle mit Beispielen.

Transporter

Transporter sind integrale Membranproteine, welche den spezifischen, gerichteten Transport von Substraten über Membranen katalysieren (Definition gemäß IUBMB, s. Abb. 3.38). Der Transportmechanismus wird in der Regel nach dem *Alternating-Binding-Modell* beschrieben (Widdas, 1952; Jardetzky, 1966). Das bedeutet, dass sich die Binding Sites, an welche die Substrate binden, alternierend gegen die eine und die andere Seite der Membran öffnen.

Der Transportprozess wird als *erleichterte Diffusion* bezeichnet. Im Gegensatz zur einfachen oder passiven Diffusion ist die erleichterte Diffusion über Transporter sättigbar.

Porter ist ein Überbegriff für *Uniporter, Symporter* und *Antiporter*. Der Begriff bezieht sich auf die Anzahl der Substrate, die Richtung des Transports und die Energiekopplung.

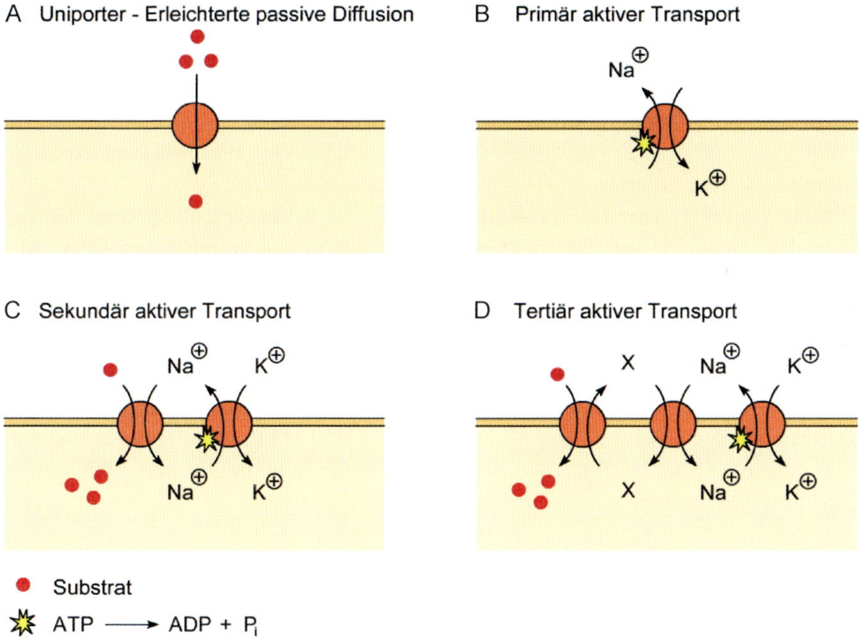

Abb. 3.38 Energiekopplung von Transportern. **A**. Erleichterte passive Diffusion. Beim Uniport wird das Substrat entlang eines Konzentrationsgradienten transportiert. **B** bis **D**: Aktiver Transport. **B**. Beim primär aktiven Transport wird ATP verbraucht, um Substrate **gegen** Gradienten zu transportieren. **C**. Sekundär aktive Transporter brauchen eine sekundäre Energiequelle als treibende Kraft für den Transport einer Substanz gegen den Gradienten. Hier wird der Na^+-Gradient verwendet, der durch die Na^+/K^+-ATPase aufrecht erhalten wird. **D**. Der tertiär aktive Transport funktioniert im Prinzip gleich wie der sekundäre. Allerdings ist der Transporter über einen weiteren Transporter an die primäre Energiequelle gekoppelt.

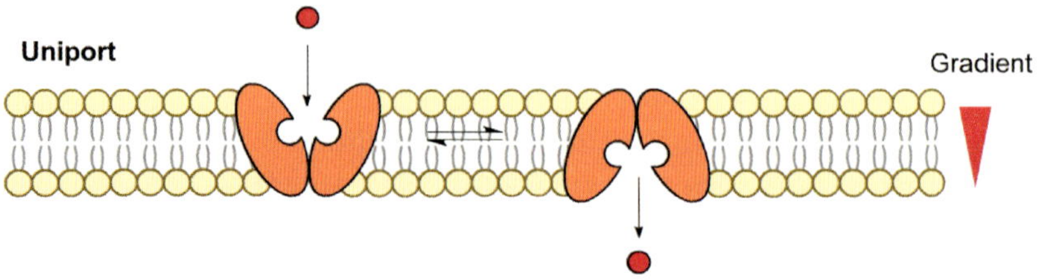

Abb. 3.39 Uniport.

Uniporter transportieren eine Substanz über die Membran in eine Richtung entlang des Konzentrationsgradienten und sind deshalb nicht auf eine Energiequelle angewiesen. Sie transportieren nur so lange, bis die Konzentrationen auf beiden Seiten der Membran ausgeglichen sind (s. Abb. 3.39). Ein Beispiel für einen Uniporter ist der Glucose-Transporter GLUT1. Glucose ist polar und hat deshalb eine schlechte Permeabilität. GLUT1 ist beispielsweise in hoher Konzentration an der Membran der Erythrozyten lokalisiert und transportiert Glucose entlang des Gradienten in das Innere der Zellen. Da Glucose intrazellulär rasch metabolisiert wird, bleibt der Gradient aufrecht erhalten (Brown, 2000).

Primär aktive Transporter

Primär aktive Transporter verwenden eine primäre Energiequelle. Dies ermöglicht den Transport von Substanzen gegen einen Konzentrationsgradienten. Mit einer primären Energiequelle ist z.B. die Energie aus einer chemischen Reaktion, der Absorption von Licht oder aus einem Elektronenfluss gemeint. Das bekannteste Beispiel eines primär aktiven Transporters ist die *Na^+/K^+-ATPase*. Dieser primär aktive Transporter hält in den meisten tierischen Zellen intrazellulär eine hohe K^+- und eine niedrige Na^+-Konzentration aufrecht. Die primäre Energie stammt aus der Hydrolyse von Adenosintriphosphat (ATP) zu Adenosidiphosphat (ADP). Pro ATP-Molekül werden 2 K^+-Ionen in die Zelle hinein- und 3 Na^+-Ionen aus der Zelle heraustransportiert. Weitere Beispiele sind die Protonenpumpe der Magens, welche Protonen gegen einen Gradienten in den Magen transportiert oder der Efflux-Transporter P-Glykoprotein. Solche primär aktiven Transporter werden häufig als *Pumpen* bezeichnet (vgl. Dean, 1941).

Sekundär aktive Transporter

Sekundär aktive Transporter verwenden eine sekundäre Energiequelle als treibende Kraft für den Transport einer Substanz mit oder gegen den Gradienten. Sie koppeln den Transport an den Transport einer anderen Substanz, welche sich entlang eines Gradienten bewegt. Dabei handelt es sich häufig um Natriumionen. Der Natriumgradient wird durch die Na^+/K^+-ATPase aufrecht erhalten. Möglich ist zudem ein *tertiär aktiver* Transport, bei welchem der Transporter über einen weiteren Transporter mit der ATPase gekoppelt ist. Die Substrate können in einer Richtung (*Symport*) oder in Gegenrichtung (*Antiport*, vgl. unten) transportiert werden.

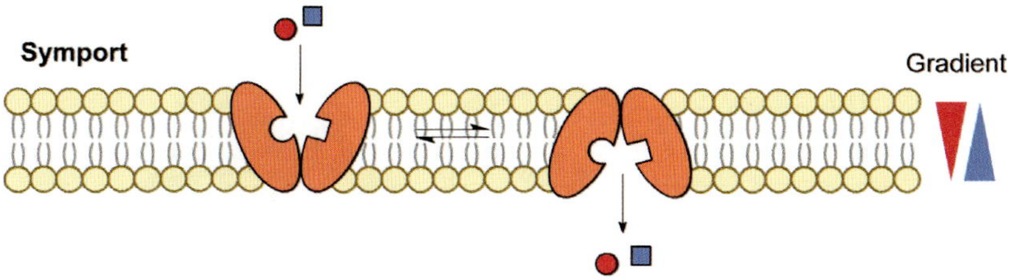

Abb. 3.40 Symport.

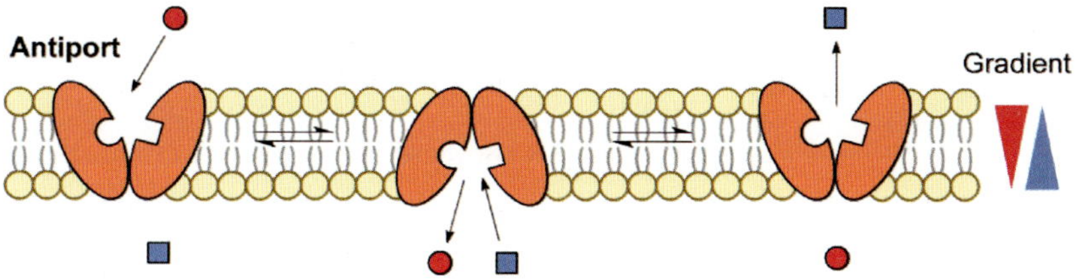

Abb. 3.41 Antiport.

Symporter (*Cotransporter*) transportieren zwei oder mehrere Substrate in dieselbe Richtung (s. Abb. 3.40). Der Cotransport der einen Substanz liefert in der Regel die Energie für den Transport der anderen (sekundär und tertiär aktiver Transport). Beispiele sind die Neurotransmitter-Transporter, welche Neurotransmitter, Natrium und Chlorid in das Zellinnere transportieren. SGLT (Natrium-abhängiger Glucose-Transporter, siehe unten) ist neben GLUT ein zweiter Typ von Glucose-Transportern und im Gegensatz zu GLUT sekundär aktiv. SGLT1 ist an der apikalen Membran der Enterozyten im Darm lokalisiert und koppelt den Transport von Glucose an den Transport von Na^+ in die Zelle entlang des Gradienten.

Antiporter (auch *Exchanger*, Austauscher) transportieren zwei Substrate in entgegengesetzte Richtungen (s. Abb. 3.41). Auch dieser Prozess ist sekundär oder tertiär aktiv. Ein Beispiel für einen tertiär aktiven Transporter ist der Organische Anionen-Transporter OAT1, der an der basolateralen Membran proximaler Tubuluszellen lokalisiert ist und ein organisches Anion gegen ein Dicarboxylat (α-Ketoglutarat) austauscht.

Carrier

Für Transporter werden eine Reihe von teilweise synonymen, älteren Begriffen verwendet, insbesondere der Begriff *Carrier* („Träger"). Der Begriff ist äquivalent zu Transporter. *Carrier-vermittelte Diffusion* (carrier-mediated diffusion) wird häufig anstelle von erleichterter Diffusion gebraucht.

Unter einem Carrier hat man sich früher eine molekulare Fähre vorgestellt, die sich zwischen den beiden Seiten der Membran hin- und herbewegt und so ihre Substrate transportiert (Hille, 1984, S. 2). Heute ist klar, dass die meisten Trans-

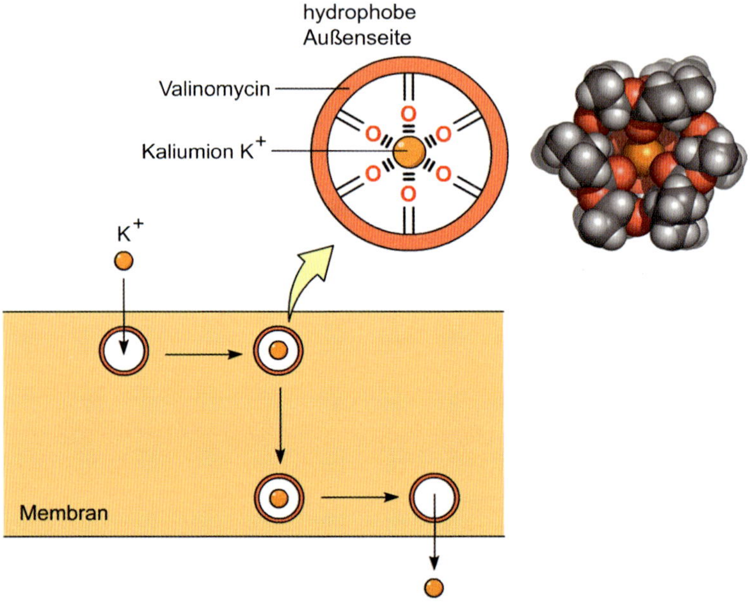

Abb. 3.42 Schematisches Modell für den Transport von Kaliumionen mit dem Ionophor Valinomycin über eine Membran. Valinomycin, (rechts oben) ist ein Cyclodeka-Depsipeptid und komplexiert Kaliumionen über Sauerstoff mit einer hohen Affinität.

porter nicht nach diesem Prinzip, sondern über Konformationsänderungen oder Gating funktionieren. Es gibt allerdings Transportsysteme, bei denen es sich um tatsächliche Carrier im Sinn einer Fähre handelt. Ein Beispiel ist das Ionophor Valinomycin, das Kaliumionen in einem hydrophoben Käfig komplexiert und dann mittels passiver Diffusion über die Membran transportiert (s. Abb. 3.42, Neupert-Laves & Dobler, 1975).

Transporter als Überbegriff

Als Überbegriff für Kanäle und Transporter kann laut IUBMB im allgemeinen Sinn auch der Begriff Transporter verwendet werden. Um Missverständnisse zu vermeiden, verwenden wir den Begriff *Transportprotein*. Transportproteine sind gemäß dem Fluid-Mosaic-Modell integrale Membranproteine.

Laut Empfehlungen der IUBMB sollen die Begriffe Facilitator, Permease und Translocase für Transporter nicht mehr verwendet werden. Diese Begriffe finden sich zum Teil noch in den Namen der Transporter (z.B. Lactose-Permease) und in der Literatur.

Kanäle

Kanäle – der Begriff stammt von Hodgkin & Keynes (1955, S. 84) – sind wie die Transporter Membranproteine, unterscheiden sich aber in einer Reihe von Eigenschaften von ihnen. Kanäle sind nicht alternierend geöffnet, sondern verfügen

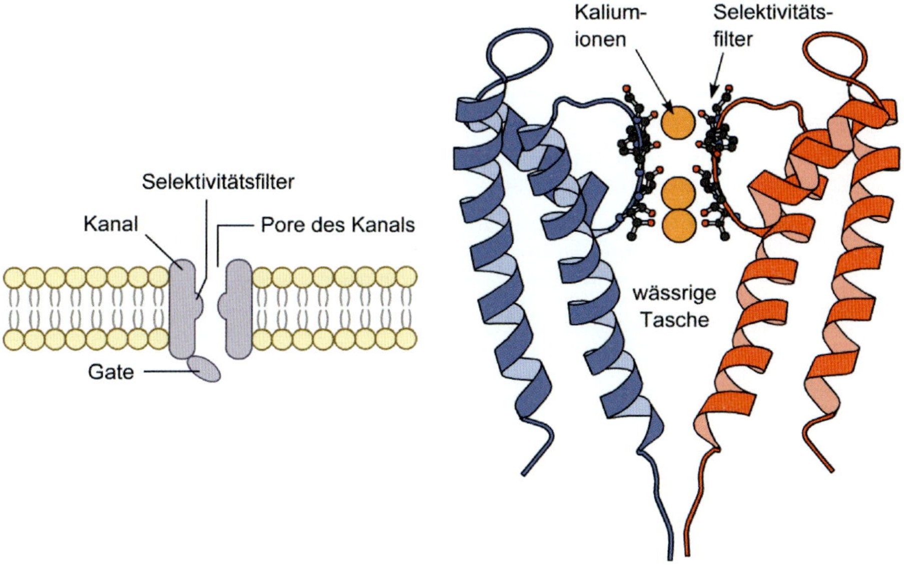

Abb. 3.43 Links: allgemeines Schema eines Ionenkanals, der durch Bindung eines Liganden (ligand-gated), ein elektrisches Feld (voltage-gated) oder durch mechanischen Einfluss (mechanically-gated) geöffnet und geschlossen werden kann. Rechts: Kristallstruktur des geschlossenen KcsA-Kaliumkanals (2 von 4 Untereinheiten).

über eine *Pore* im Protein, welche durch ein *Gate* geöffnet oder geschlossen werden kann. Verschiedene Stimuli führen zum Öffnen und Schließen von Kanälen (Gating), u.a. ein elektrisches Feld (*voltage-gated*), die Bindung eines Liganden (*ligand-gated*) oder durch mechanischen Einfluss (*mechanically-gated*, s. Abb. 3.43). Im Gegensatz zu aktiven Transportern transportieren sie entlang eines Konzentrationsgradienten. Beim Transportprozess handelt es sich wie bei den Transportern um eine erleichterte Diffusion, die aber meist schneller als bei den Transportern verläuft.

Obwohl Transporter und Kanäle in zwei Kategorien eingeteilt werden, sind sie sich manchmal in einzelnen Charakteristika sehr ähnlich, was eine Unterscheidung schwierig machen kann (DeFelice, 2004). Im Allgemeinen bestehen aber signifikante Unterschiede, die eine Trennung in zwei Kategorien berechtigt erscheinen lassen (s. Tab. 3.4).

Poren. Der Begriff Pore wird für verschiedene Transportmechanismen verwendet. Einerseits ist die Pore eines Kanals oder Transporters diejenige Struktur, welche den Weg bildet, durch welchen die Substrate die Membran überwinden kann. Poren bezeichnen aber auch, neben den Transportern und Kanälen, eine dritte Klasse von Transportproteinen, welche den relativ unspezifischen Transport von Substanzen ermöglicht. Schließlich wurden früher Kanäle, Transporter und andere Öffnungen in der Membran als Poren bezeichnet.

Tabelle 3.4 Vergleich Kanal – Transporter.

	Transporter	Kanal
Spezifität	spezifisch	spezifisch
Gating	alternierend geöffnet/ Modell mit zwei Gates	offen/geschlossen (Gate)
treibende Kraft	• Uniporter: Konzentrationsgradient • 1° aktive Transporter: ATP • 2°/3° aktive Transporter: Konzentrationsgradient	Konzentrations-gradient
Mechanismus	• erleichterte Diffusion • aktiver Transport	erleichterte Diffusion
Kinetik	sättigbar	sättigbar

Beispiel: Transport von Glucose

Glucose wird als wichtigster Energielieferant des Körpers im Darm absorbiert und in alle Organe verteilt. Der Zucker muss dazu Zellmembranen überwinden. Aufgrund seiner hohen Hydrophilie (log *P*: -3) benötigt er Transporter. Es werden zwei strukturell und funktionell unterschiedliche Transporter, die Glucose-Transporter GLUT und die Natrium-abhängiger Glucose-Transporter (SGLT) unterschieden (s. Abb. 3.44, Reviews: Wood *et al.*, 2003; Joost et al., 2001; Brown, 2000)

GLUT. Der Glucose-Transporter, ermöglicht den erleichterten Transport von Glucose entlang eines Konzentrationsgradienten. Bislang wurden 12 Isoformen identifiziert, die sich im Gewebevorkommen, im kinetischen Verhalten und in ihrer Spezifität unterscheiden (s. Tab. 3.5). Die Glucose-Transporter GLUT1 bis GLUT5 sind gut charakterisiert. GLUT1 kommt vor allem im Gehirn und in Enterozyten vor. GLUT2 scheint eine Rolle bei der Glucoseregulation zu spielen, katalysiert aber auch den Transport von Glucose. GLUT3 kommt wie GLUT1 vor

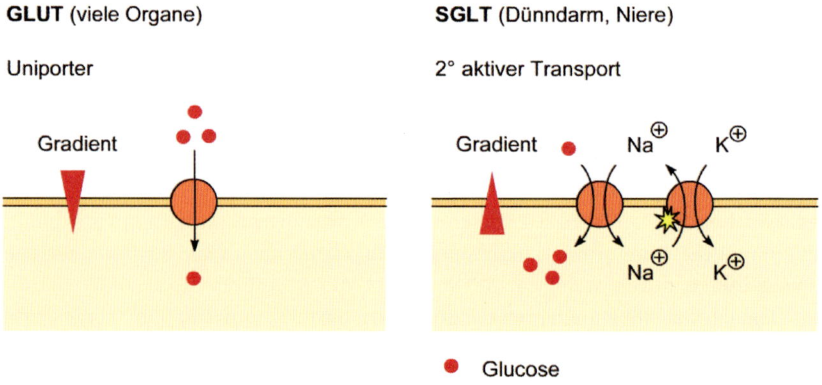

Abb. 3.44 Vergleich der Transportmechanismen von GLUT und SGLT.

Tabelle 3.5 Vorkommen und Transportverhalten der Glucose-Transporter GLUT (Wood *et al.*, 2003),:-Substrat/Vorkommen unbekannt.

Transporter	Vorkommen	Substrat
GLUT1	Erythrozyten, Gehirn, Blut-Hirn-Schranke, Placenta, Fettgewebe, Muskel, Leber	Glucose
GLUT2	Leber, Pankreas, Darm, Niere	Glucose, Fructose
GLUT3	Gehirn	Glucose
GLUT4	Herz, Muskel, weißes und braunes Fettgewebe, Gehirn (GLUT4 ist Insulinabhängig)	Glucose
GLUT5	Darm, Hoden, Niere	Fructose, Glucose
GLUT6	Gehirn, Milz, Leukozyten	
GLUT7	–	–
GLUT8	Hoden, Gehirn, weitere	Glucose
GLUT9	Leber, Niere	–
GLUT10	Leber, Pankreas	Glucose
GLUT11	Herz, Muskel	Glucose, Fructose
GLUT12	Herz, Prostata, Muskel, Dünndarm, weißes Fettgewebe	–

allem im Gehirn vor. GLUT4 befindet sich vor allem im Herzen, sowie im Muskel- und Fettgewebe. Der Transporter ist für die Reduktion der erhöhten Blutzuckerkonzentration nach dem Essen verantwortlich. Die Regulation ist abhängig von Insulin. Das Hormon stimuliert die Translokation von Vesikeln, die GLUT4 enthalten, an die Zellmembran und fördert so die Glucoseaufnahme. GLUT5 transportiert Fructose mit hoher Affinität.

SGLT. Der Natrium-abhängige Glucose-Transporter (**S**odium **Gl**ucose **T**ransporter) ist ein sekundär aktiver Cotransporter, der von der Na^+/K^+-ATPase angetrieben wird und so Glucose gegen den Gradienten in die Zelle transportieren kann. SGLT1 befindet sich an der apikalen Membran der Enterozyten im Darm und am proximalen Tubulus der Niere. SGLT2 wird vorwiegend am proximalen Tubulus der Niere exprimiert. Die Funktion des Transporters ist die Absorption von Glucose im Darm und die Reabsorption des Zuckers an der Niere. Weitere Isoformen von SGLT werden derzeit untersucht.

3.4.2
Kinetische Aspekte

Wir betrachten als einfaches Beispiel den Transport eines einzelnen Substrats über einen Uniporter entlang eines Konzentrationsgradienten. Dabei handelt es sich um eine erleichterte Diffusion.

Sättigung

In einem einfachen Experiment kann die Geschwindigkeit (auch Transportrate) V der Aufnahme eines Substrats durch einen Transporter in eine Zelle bestimmt werden. V kann gegen die Konzentration des Substrats $[S]$ auftragen werden (s. Abb. 3.45, rote Kurve). Zunächst nimmt die Geschwindigkeit linear mit der Konzentration zu. Mit zunehmender Konzentration erreicht die Geschwindigkeit ein Maximum V_{max} und das System ist **gesättigt**. Dies ist ein charakteristisches Verhalten bei der erleichterten Diffusion durch Transporter. Bei der passiven Diffusion wird keine Sättigung beobachtet. Deren Geschwindigkeit würde weiter linear zunehmen (s. Abb. 3.45, grüne Kurve).

Die Kinetik einer erleichterten Diffusion lässt sich mit der Enzym-Kinetik (Michaelis-Menten, 1913) vergleichen. Bei der enzymatischen Reaktion müssen die Substrate an die Enzyme binden. Da das Enzym nur begrenzt zur Verfügung steht und die Reaktion eine bestimmte Zeit benötigt, ist das System bei einer bestimmten Konzentration gesättigt:

$$V = \frac{V_{max}\,[S]}{K_m + [S]}$$

V ist die Transportgeschwindigkeit des Substrats in die Zelle. K_m ist die Michaelis-Konstante für das Transporter-Substrat-System. Sie entspricht der Konzentration des Substrats, bei der die halbmaximale Geschwindigkeit ($V_{max}/2$) des Transports erreicht ist. Synonym wird auch die Bezeichnung K_t verwendet. K_m kann – allerdings nur unter bestimmten Voraussetzungen – auch als Maß zur Abschätzung der Affinität des Substrats zum Transporter interpretiert werden (siehe Lehninger *et al.*, 1998, S. 246ff.).

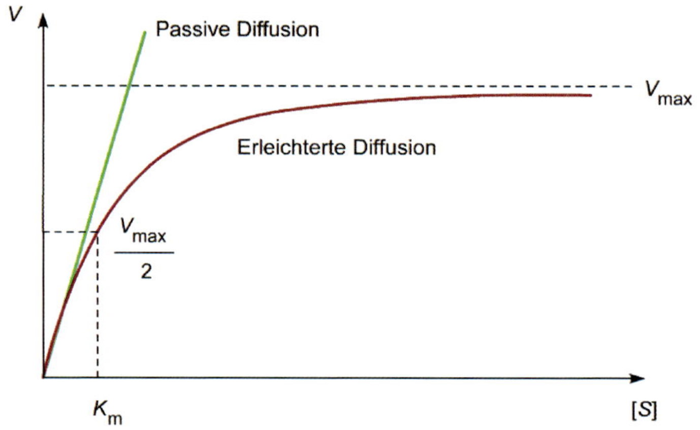

Abb. 3.45 Michaelis-Menten-Kinetik der erleichterten Diffusion eines Substrats durch Transporter in eine Zelle. Die Transportgeschwindigkeit steigt mit erhöhter Substratkonzentration zunächst nahezu linear an. Bei höheren Konzentrationen wird ein Geschwindigkeitsmaximum erreicht (V_{max}). Bei der passiven Diffusion (grüne Kurve) steigt die Transportgeschwindigkeit mit der Substratkonzentration linear an.

Auch bei der Inhibition des Transports mittels einer erleichterten Diffusion kann die kinetische Beschreibung wie bei den Enzymen erfolgen.

3.4.3 Transportmechanismus

Alternating-Binding-Modell

Ein Modell zur Beschreibung des Mechanismus von Transportern ist das *Alternating-Binding-Modell* (oder *Alternating-Access-Modell*) (Widdas, 1952; Jardetzky, 1966). Es beschreibt den Transport eines Substrats (S) über die Membran als einen Zyklus unterschiedlicher Zustände. Der Transporter (T) ist zunächst gegen die eine Seite der Membran geöffnet und bindet dort das Substrat (oder alternativ mehrere Substrate, z.B. bei einem Cotransport) an *Binding Sites*. Es folgt eine Konformationsänderung, welche dazu führt, dass die Bindungsstelle zur anderen Seite der Membran geöffnet ist. Dort werden die Substrate entlassen. Durch eine erneute Konformationsänderung gelangt der Transporter wieder in seinen Ausgangszustand (s. Abb. 3.46). Das Alternating-Binding-Modell beschreibt den Transport mit dem Konzentrationsgradienten, das heißt von der hohen zur geringen Substrat-Konzentration.

Beispiel Lactose-Permease

Im Jahr 2003 wurde die Kristallstruktur der Lactose-Permease von *Escherichia coli* aufgeklärt (Abramson *et al.*, 2003). Die Lactose-Permease gehört zur Superfamilie der *Major Facilitators* (MFS), einer großen Familie von Transportproteinen. Es handelt sich um einen Symporter, welcher durch den Cotransport eines Protons Lactose gegen den Gradienten in die Bakterienzelle transportiert. *E. coli* gehört zu den gramnegativen Bakterien und hat eine innere und äußere Membran, die durch den periplasmatische Raum getrennt sind. Die Lactose-Permease ist an der inneren Membran des Bakteriums lokalisiert und transportiert die Substrate Lactose und H^+ aus dem Periplasma in das Zytoplasma des Bakteriums (s. Abb. 3.47).

$$T + S \underset{k_{-1}}{\overset{k_1}{\rightleftharpoons}} TS \underset{k_{-2}}{\overset{k_2}{\rightleftharpoons}} TS \underset{k_{-3}}{\overset{k_3}{\rightleftharpoons}} T + S$$

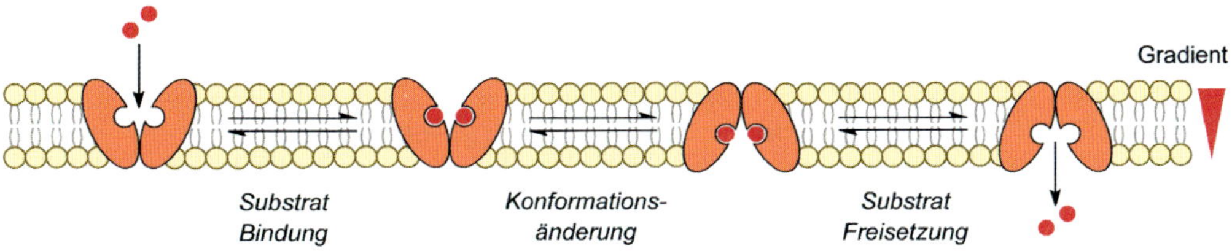

Abb. 3.46 Transportreaktion: Alternating-Binding-Modell. Bei diesem Beispiel werden zwei identische Substrate pro Transportzyklus transportiert.

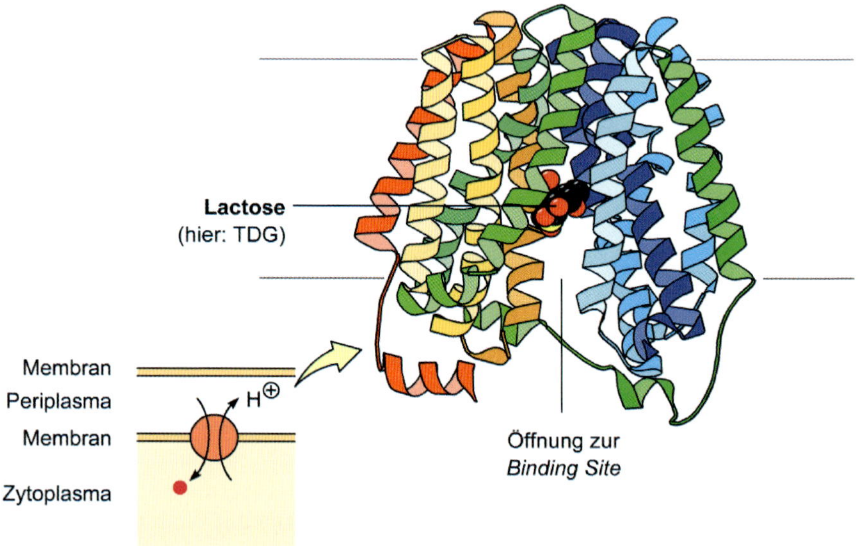

Abb. 3.47 Struktur der Lactose-Permease. Die Kristallstruktur zeigt die gegen das Zytoplasma geöffnete Konformation des Transporters. Lactose (im Kristall das Lactose-Analogon TDG) ist an seine Bindungstasche in der Mitte des Proteins gebunden. Die Öffnung gegen das Periplasma ist geschlossen. Nicht dargestellt ist das Proton, das in der Nähe der Lactose bindet. Die Transportrichtung verläuft von oben nach unten (Kristallstruktur: 1PV7; Abramson *et al.*, 2003. Die Proteinstruktur wurde mit Molscript erstellt und modifiziert; Kraulis, 1991).

Die Kristallstruktur von Abramson und Kollegen zeigt den Transport mit dem gebundenen Lactose-Analogon Thiodigalactosid (TDG). Das Protein ist herzförmig und hat eine große, hydrophile Öffnung, welche gegen das Zytoplasma geöffnet ist. Die Bindungsstelle für TDG (resp. Lactose) ist etwa in der Mitte der Membran im Protein lokalisiert. Gegen das Periplasma ist der Weg verschlossen. Vieles deutet darauf hin, dass die Lactose-Permease nach dem Alternating-Access-Modell funktioniert. Demnach handelt es sich bei der kristallisierten Struktur um die nach innen geöffnete Konformation des Transporters.

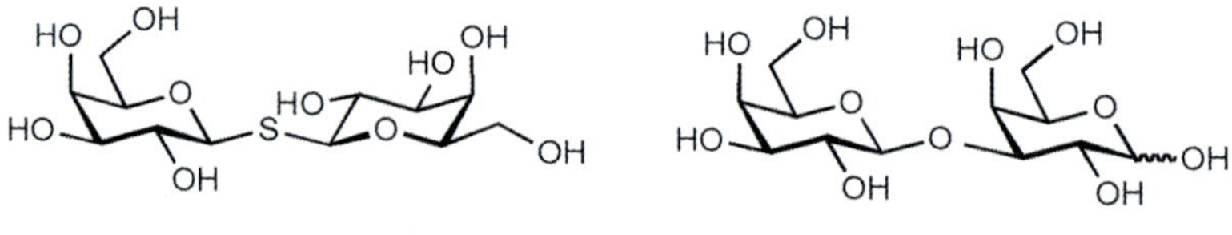

Thiodigalactosid   Lactose

Der hypothetische Transportmechanismus könnte wie folgt funktionieren (s. Abb. 3.48, Smirnova *et al.*) Die Lactose-Permease ist gegen das Periplasma geöffnet und die Bindungsstellen sind unbesetzt. Zuerst bindet das Proton, wahrscheinlich an Glu^{269}, möglicherweise auch an His^{322}. Dadurch wird die Affinität

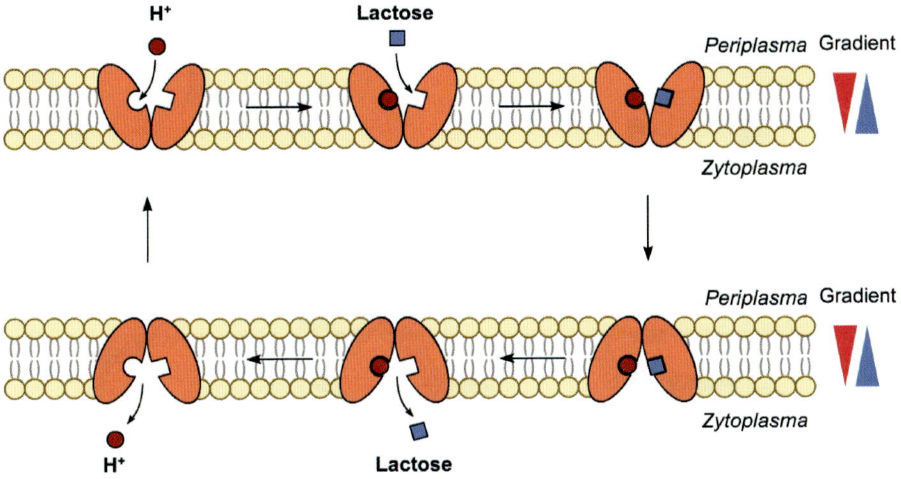

Abb. 3.48 Hypothetischer Transportmechanismus der Lactose-Permease (schematisch). Der Symporter transportiert ein Proton und ein Lactosemolekül aus dem Periplasma in das Zytoplasma. Der Transporter ist zu Beginn des Zyklus gegen das Periplasma geöffnet (links oben). Zunächst bindet das Proton, anschließend die Lactose. Dies führt zu einer Konformationsänderung und Reorientierung der Binding Site für Lactose gegen das Zytoplasma. Hier wird zuerst die Lactose, anschließend das Proton entlassen. Durch eine erneute Konformationsänderung gelangt der Transporter zurück zur Anfangsposition (nach Abramson *et al.*, 2003).

der Bindungsstelle für die Lactose erhöht. Für die Bindung der Lactose sind folgende Aminosäuren wichtig: Arg^{144}, Glu^{269}, Glu^{126}, Cys^{148} und Lys^{358} (s. Abb. 3.49). Die Bindung des Substrats induziert eine Konformationsänderung. Dadurch wird der Transporter gegen das Zytoplasma hin geöffnet (Kristallstruktur von Abramson *et al.*). Hier wird zuerst das Substrat und anschließend das Proton freigesetzt. Dies führt zu einer erneuten Konformationsänderung und zurück zum Ausgangszustand.

Die Kristallstruktur der Lactose-Permease gibt Hinweise darauf, dass Transporter tatsächlich nach dem Alternating-Access-Modell funktionieren. In der gleichen Ausgabe von Science publizierten Huang *et al.* (2003) die Kristallstruktur eines weiteren Transporters, des Glycerol-3-Phosphat-Transporters, der ebenfalls nach diesem Modell zu funktionieren scheint (Kommentar: Locher, Bass & Rees, 2003). Die Kristallstrukturen eines Glutamat-Transporters (Yernool *et al.*, 2004) und eines Na^+/H^+-Antiporters (Hunte *et al.*, 2005) geben ebenfalls Hinweise darauf, dass Transporter nach dem Alternating-Access-Modell funktionieren.

Abgrenzung Transporter – Kanäle

Das Alternating-Access-Modell, das die Funktion von Transportern beschreibt, ermöglicht eine klare Unterscheidung von den Kanälen. Das Modell für die Kanäle beschreibt den Kanal als Pore mit einem *Gate*, das geöffnet und geschlossen wer-

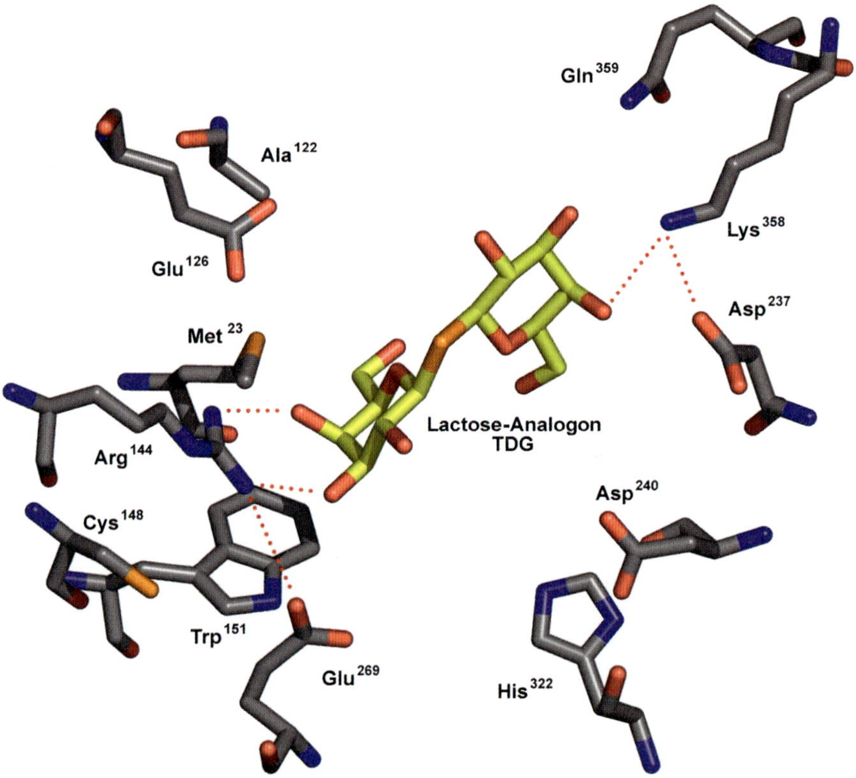

Abb. 3.49 Das Lactose Analogon TDG in der Binding Site der Lactose-Permease. Für die Bindung der Lactose sind die folgenden Aminosäuren wichtig Arg^{144}, Glu^{269}, Glu^{126}, Cys^{148} und Lys^{358} (Abramson *et al.*, 2003).

den kann. Im Gegensatz zum Transporter muss also der Kanal nicht eine Reihe von Konformationsänderungen durchlaufen, sondern nur die Pore öffnen, um den Durchfluss der Substrate (meist Ionen) zu ermöglichen. Die beiden unterschiedlichen Modelle erklären auch, weshalb die Transportgeschwindigkeiten von Kanälen im Allgemeinen größer sind als diejenigen von Transportern.

3.4.4
Bindung des Substrats

Es wurde gezeigt, dass die Lactose an einer bestimmte Stelle der Lactose-Permease binden muss, um transportiert zu werden. Aminosäureseitenketten wie Arg^{144} und Glu^{126} bilden eine Bindungstasche, welche die selektive Erkennung und den Transport des Substrats ermöglicht (s. Abb. 3.49). Auf diese Weise erklärt sich auch die Selektivität vieler anderer Transporter. Der Peptid-Transporter PEPT1 etwa transportiert Di- und Tripeptide, aber weder Aminosäuren noch

Tetrapeptide (Brandsch, Knütter & Leibach, 2004) und der Glucose-Transporter GLUT1 hat praktisch keine Affinität für andere Mono- oder Oligosaccharide (Stein, 1990).

Das Thema der Substratbindung lässt sich in zwei Fragestellungen gliedern.

- **Bindungsaffinität:** Wie stark bindet ein Substrat an einen Transporter? Welche Strukturen sind beteiligt? Was sind die Anforderungen an den Transport?
- **Selektivität.** Wie gelingt es dem Transporter, verschiedene Verbindungen zu unterscheiden und das Substrat selektiv zu erkennen?

Bindungsaffinität

Eine Voraussetzung für den Transport eines Substrats ist seine Wechselwirkung mit der Bindungsstelle seines Transporters. Für die nach außen geöffnete Konformation des Transporters kann dies analog zur Bindung eines Liganden an einen Rezeptor beschrieben werden:

$$\mathrm{T} + \mathrm{S} \underset{k_{-1}}{\overset{k_1}{\rightleftharpoons}} \mathrm{TS}$$

Die Stärke der intermolekularen Wechselwirkung wird mit der Dissoziationskonstante K_D beschrieben:

$$\mathrm{K_D} = \frac{[\mathrm{S}][\mathrm{T}]}{[\mathrm{TS}]} = \frac{k_{-1}}{k_1}$$

[S] ist die Konzentration des Substrats (mol/l oder M), [T] ist die Konzentration des Transporters und [ST] die Konzentration des Transporter-Substrat-Komplexes. Die Dissoziationskonstante K_D hat ebenfalls die Einheit mol/l. Je kleiner ihr Wert ist, desto stärker ist die Bindung des Substrats an den Transporter.

Wenn die Konzentration des Substrats weit unter dem K_D liegt, bindet nur sehr wenig Substrat an das Protein und ein effizienter Transport ist nicht zu erwarten. Entspricht die Konzentration der Dissoziationskonstante K_D, bindet die Hälfte der Substratmoleküle an den Transporter (Böhm, Klebe & Kubinyi, 1996).

Als Maß für die Bindungsaffinität wird häufig die Michaelis-Konstante K_m (synonym: K_t) aus kinetischen Experimenten verwendet. K_m ist die Konzentration, bei der die Hälfte der Transporter mit Substrat belegt sind. Bei K_m handelt es sich um eine sogenannte *apparente Affinität*. K_m entspricht nicht K_D und kann nur unter bestimmten Voraussetzungen als Maß für die Affinität interpretiert werden (s. oben).

Ein Beispiel für die Verwendung kinetischer Daten sind die bereits erwähnten sekundären Glucose-Transporter SGLT. SGLT1 ist im Dünndarm lokalisiert (Enterozyten) und transportiert Glucose und Na^+ in die Enterozyten. SGLT1 hat eine relativ hohe Affinität für Glucose ($K_m \sim 0{,}2$ mmol/l), deshalb wird die Sättigungskonzentration schnell erreicht ($V_{max} \sim 0{,}2$ nmol/min pro mg Protein). Man spricht von einem Transporter mit einer hohen Affinität und einer niedrigen Kapazität (engl.: high affinity, low capacity). SGLT2, eine Isoform von SGLT, ist an den Nierentubuli lokalisiert und reabsorbiert Glucose. Im Gegensatz zum Transporter im Darm hat SGLT2 eine niedrigere Affinität ($K_m \sim 10$ mmol/l) und deshalb eine höhere Kapazität ($V_{max} \sim 10$ nmol/min pro mg Protein). Man spricht deshalb von einem low affinity, high capacity transport (kinetische Daten aus Brown, 2000).

Welche Konzentrationsbereiche als hoch, mittel oder niedrig bezeichnet werden, wird für jeden einzelnen Transporter definiert. Für den Di-/Tripeptid-Transporter PEPT1 wurden beispielsweise folgende Werte festgelegt (Brandsch, Knütter & Leibach, 2004):

$< 0{,}5$ mM	hohe Affinität
0,5–5,0 mM	mittlere Affinität
> 5 mM	niedrige Affinität
> 15 mM	wahrscheinlich geringe Affinität

Hier wird bereits bei einem K_m von 500 μM von einer hohen Affinität gesprochen, weil die meisten Dipeptide, die physiologischen Substrate von PEPT1, mit einer apparenten Affinität zwischen 70 und 700 μM an den Transporter binden (Brandsch, Knütter & Leibach, 2004).

Affinität – Transport

Die Affinität eines Substrats für einen Transporter bedeutet nicht, dass das Substrat tatsächlich transportiert wird. Es muss also unterschieden werden zwischen *Affinität* und (Transport-) *Aktivität*. Ein Beispiel ist der Transport von Cholinderivaten über den Cholin-Transporter (Stein, 1990; Devés & Krupka, 1979; s. Abb. 3.50). Derivate von Cholin mit längeren Alkylresten haben eine hohe Affinität für den Transporter. Offenbar können hydrophobe Wechselwirkungen zur Bindungsstelle ausgebildet werden, die über einen entropischen Effekt zu einer erhöhten Affinität führen. Diese Substrate werden aber nicht oder mit einer geringen Rate transportiert, obwohl sie eine höhere Affinität zum Transportprotein

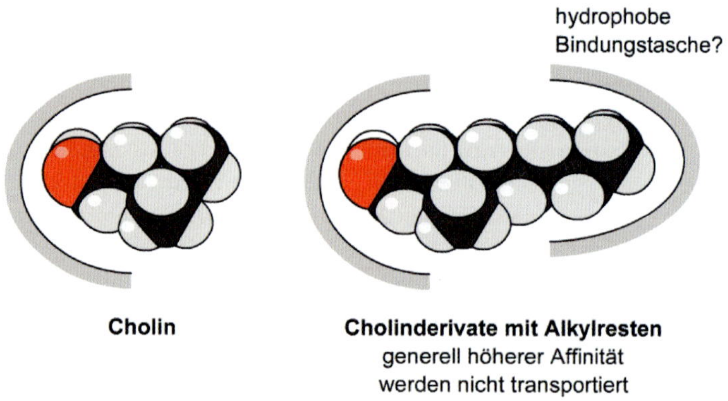

Abb. 3.50 Derivate von Cholin, bei denen eine Methylgruppe durch längere Alkylreste, z.B. n-Butyl, ersetzt ist, binden besser an den Cholin-Transporter (wahrscheinlich an eine hydrophobe Bindungstasche) und werden deshalb schlechter oder gar nicht mehr transportiert.

aufweisen als Cholin. Häufig wird bei der Beurteilung der Bindungsaffinität einer Substanz deshalb davon gesprochen, dass ein Substrat mit dem Transporter *interagiert*. Damit kann der Transport gemeint sein, aber auch dessen Inhibition.

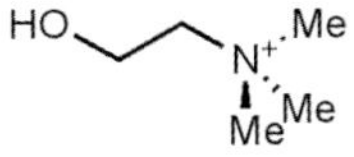

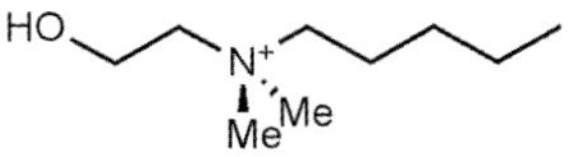

Andererseits ist natürlich die Bindung eine notwendige Voraussetzung für den Transport. Substanzen, die nicht binden, können als Substrate ausgeschlossen werden. Die Bindungsaffinität kann in diesem Sinn also durchaus zur Beurteilung eines möglichen Transportverhaltens herangezogen werden.

Strukturelle Beziehungen. Die Affinität und die Transportaktivität eines Substrats bezüglich eines spezifischen Transporters liegt in seiner chemischen Struktur begründet: Es bestehen Beziehungen zwischen der Struktur und der Affinität (Struktur-Affinitäts-Beziehungen, *structure-affinity relationships*, SAR) und zwischen der Struktur und der Transportaktivität (Struktur-Transport-Beziehungen, *structure-transport relationships*, STR).

Spezifität. Die Bindungsstelle der Transporter macht die Transporter spezifisch für bestimmte Substrate oder Klassen von Substraten. Dies drückt sich in der Benennung der Transporter aus, zum Beispiel beim Peptid-Transporter (Substrate sind Peptide) und beim Glucose-Transporter (Substrate sind Zucker).

Die *Substratspezifität* eines Transporters kann unterschiedlich breit sein. Der Efflux-Transporter P-Glykoprotein (P-gp) und der Organische Anionen-Transporter OAT1 haben eine breite Substratspezifität (Multispezifität), sie transportieren eine große Anzahl von Substraten. P-gp beispielsweise transportiert viele unterschiedliche hydrophobe Substrate mit bestimmten Mustern von H-Brücken-Akzeptoren (siehe Abschnitt 3.9). Die Anforderung von OAT1 an die Substrate ist vor allem Hydrophobie und das Vorkommen einer negativen Ladung (siehe Abschnitt 4.12 und 6.2).

Merksatz

- ***Transporter sind integrale Membranproteine, welche den spezifischen, gerichteten Transport von Substraten über Membranen katalysieren. Der Transportmechanismus wird in der Regel nach dem Alternating-Binding-Modell beschrieben.***
- ***Aktive Transporter transportieren unter der Verwendung einer 1°, 2° oder 3° Energiequellen auch gegen den Konzentrationsgradienten.***
- ***Transporter sind sättigbar und können inhibiert werden. Ihre Kinetik kann häufig analog zu den Enzymen mit der Michaelis-Menten-Gleichung beschrieben werden.***
- ***Transporter haben Bindungstaschen, welche die spezifische Erkennung ihrer Substrate ermöglichen.***

Fazit

Der menschliche Organismus verfügt mit den Transportproteinen über die Möglichkeit, spezifisch Substanzen vorbei am lipophilen Kern über Membranen zu transportieren. Transporter sind integrale Membranproteine, die den gerichteten Transport ihrer Substrate katalysieren. Die Grundlage für den selektiven Transport ist die Bindung der Substrate an Bindungstaschen des Transporters. Der Translokationsmechanismus wird als alternierende Öffnung der Bindungstaschen auf der einen und der anderen Seite der Membran beschrieben. Dieser Mechanismus erfordert Zeit und ist sättigbar. Im Gegensatz zur passiven Diffusion, welche nur bis zum Ausgleich eines Konzentrationsgradienten verläuft, können aktive Transporter auch gegen den Gradienten transportieren. Sie verwenden dazu primäre, sekundäre oder tertiäre Energiequellen.

3.5 Peptid-Transporter (PEPT)

Bis zum Ende des 19. Jahrhunderts wurde angenommen, Proteine würden im Magen nur teilweise verdaut und in Form einer Mischung aus Polypeptiden, den sogenannten „Peptonen“, ins Blut aufgenommen (Matthews, 1975). Diese Ansicht änderte sich zu Beginn des 20. Jahrhunderts, als Otto Cohnheim eine Substanz identifizierte, die Peptide an der Darmschleimhaut in Aminosäuren zu spalten vermag (Cohnheim, 1901). „Erepsin“ wurde später als eine Mischung bestehend aus membranständigen und zytosolischen Peptidasen der Enterozyten charakterisiert.

Diese Entdeckung führte zur klassischen Hypothese der Proteinabsorption, die bis etwa 1960 Gültigkeit besaß und besagte, dass die Proteine im Darmlumen vollständig zu Aminosäuren verdaut und als solche ins Blut aufgenommen werden. Erst in den 60er und in frühen 70er Jahren des letzten Jahrhunderts wurde diese Vorstellung präzisiert. Es konnte gezeigt werden, dass neben Aminosäuren auch Di- und Tripeptide absorbiert werden. Die Aufnahmekapazität für eine Mischung aus Di- und Tripeptiden ist in einigen Fällen sogar größer als für die entsprechende Aminosäurelösung (Matthews, 1975).

Verantwortlich für die Absorption von Di- und Tripeptiden am Bürstensaum der Enterozyten ist der Peptid-Transporter PEPT1 (peptide transporter; wird auch als PepT, die humane Form auch als hPepT bezeichnet).

3.5.1 Charakterisierung der Isoformen des Peptid-Transporters PEPT

PEPT kommt in zwei Isoformen, PEPT1 und PEPT2, mit einer Sequenzhomologie von ca. 50 vor. Zwei wichtige Funktionen der beiden PEPT sind die Absorption von Peptiden im Darm (PEPT1) und die Reabsorption in der Niere (PEPT1 und PEPT2). Daneben sind weitere Lokalisationen der Transporter z.B. in Leber, Pankreas, ZNS und PNS bekannt. Dieses Kapitel konzentriert sich auf PEPT1 und seinen Einfluss auf die intestinale Absorption.

PEPT1 (Gensymbol: *SLC15A1*) ist der Transporter an der apikalen Membran der Enterozyten im Darm. Er ist für die Absorption von Di- und Tripeptiden verantwortlich. PEPT1 kommt aber auch an der apikalen Membran des Segments S1 des proximalen Tubulus in der Niere und an anderen Organen vor.

PEPT2 (Gensymbol: *SLC15A2*) kommt wie PEPT1 an der apikalen Membran der Niere vor, nämlich am Segment S2 und S3 des proximalen Tubulus und spielt dort eine Rolle bei der Reabsorption von Di- und Tripeptiden. PEPT2 fehlt hingegen auf den Enterozyten im Darm.

Die Transporter unterscheiden sich in ihrer Affinität und Spezifität für Substrate und in ihrer Transportkapazität. PEPT1 hat eine niedrige Affinität zu seinen Substraten (K_m) und eine hohe Transportkapazität (V_{max}) (low affinity, high capacity). PEPT2 hat dagegen eine hohe Affinität und eine niedrige Kapazität (high affinity, low capacity; Rubio-Aliga & Daniel, 2002). Dasselbe Substrat, z.B. ein β-Lactam-Antibiotikum, hat also häufig eine vielfach höhere Affinität für PEPT2 als für PEPT1 (Luckner & Brandsch, 2004).

Substrate der PEPT1-Isoformen

Die physiologischen Substrate von PEPT1 sind viele unterschiedliche Di- und Tripeptide. Mit 20 L-α-Aminosäuren (AS) beträgt die Anzahl aller möglichen Dipeptidsubstrate 400 (20 · 20 AS = 400 Dipeptide). Die Anzahl der möglichen Tripeptidsubstrate beträgt 8000 (20 · 20 · 20 AS). Neben den physiologischen Substraten transportieren die PEPT auch eine Reihe von Arzneimitteln (zu den detaillierten SAR siehe Brandsch, Küttner & Leibach, 2004; Vig *et al.*, 2006).

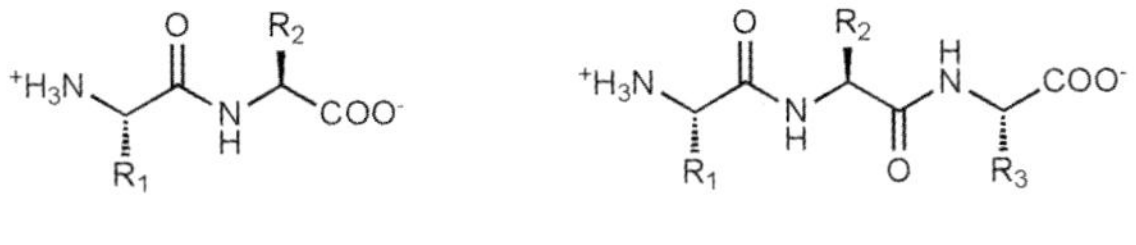

L,L-Dipeptid   L,L,L-Tripeptid

Essentielle Strukturelemente für Substrate von PEPT1

Peptidgröße. Es werden nur Di- und Tripeptide, jedoch keine Aminosäuren oder Tetrapeptide (oder größere Peptide) transportiert.

L-Aminosäuren. L,L-Dipeptide und L,L,L-Tripeptide zeigen generell eine höhere Affinität für PEPT1 als Peptide aus den entsprechenden D-Enantiomeren. Gemischte Peptide, d.h. Peptide aus L- und D-Aminosäuren haben generell eine geringere Affinität zum Transport.

Peptidbindung. Eine Peptidbindung (–CO–NH–) ist kein notwendiges Kriterium für den Transport über PEPT1. Es werden zum Beispiel auch Strukturen mit einer Ketomethylenbindung (–CO–CH_2–) transportiert. Im Falle einer Peptidbindung wird die *trans*-Konformation bevorzugt.

C-Terminus. Am C-Terminus erhöhen eine Carboxylatgruppe und eine hydrophobe Aminosäureseitenkette die Affinität zum Transporter.

N-Terminus. Am N-Terminus wird eine schwache basische Funktion in α-Position zur Carbonylgruppe benötigt.

(Brandsch, Küttner & Leibach, 2004; siehe auch Vig *et al.*, 2006)

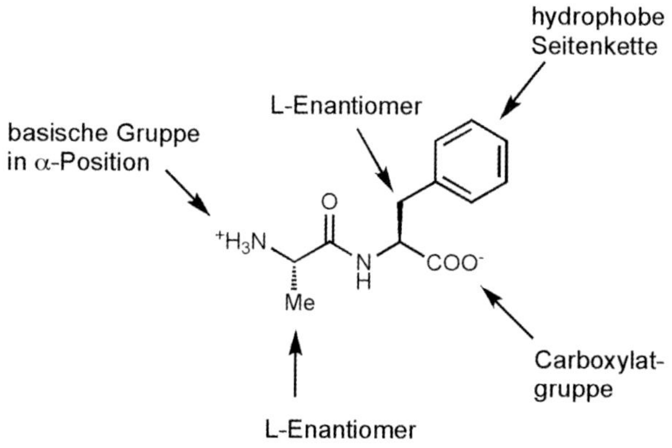

Strukturelemente von Alanylphenylalanin (Ala-Phe), welche die Affinität zum Peptid-Transporter erhöhen.

Tabelle 3.6 Beispiele für Peptidasen und Proteasen, die für die Verdauung von Peptiden und Proteinen in Magen, Darm und im Zytoplasma der Enterozyten verantwortlich sind (nach Erickson & Kim, 1990).

Name	Lokalisation	Mechanismus
Pepsin	Magen	Aspartylproteasen
Trypsin	Pankreassaft	Serinprotease
Chymotrypsin	Pankreassaft	Serinprotease
Elastase	Pankreassaft	Serinprotease
Carboxypeptidase A und B	Pankreassaft	Zink-Metallopeptidase
Aminopeptidase N	Apikale Enterozytenmembran	Zink-Metallopeptidase
Dipeptidylaminopeptidase IV	Apikale Enterozytenmembran	Serinpeptidase

Transportmechanismus von PEPT1 im Darm

Die mit der Nahrung aufgenommenen Proteine werden im Darm von luminalen Proteasen zu Oligopeptiden hydrolysiert (s. Abb. 3.51). Zusätzlich zu den luminalen peptidspaltenden Enzymen sind auf dem Bürstensaum der Enterozyten membranständige Peptidasen lokalisiert, welche ebenfalls an der Proteinverdauung beteiligt sind. Je nach Zerkleinerungsgrad der Peptide sind Aminosäure- oder der Peptid Transporter PEPT1 an der Absorption beteiligt (s. Tab. 3.6, Daniel, 2004).

PEPT1 transportiert Di- und Tripeptide gegen den Gradienten unter dem Cotransport eines Protons über die apikale Membran der Enterozyten. Der Protonengradient wird vor allem von NHE3 (Na^+/H^+ Exchanger 3) aufrecht erhalten, der die Protonen unter Austausch von Natriumionen ins Darmlumen zurücktran-

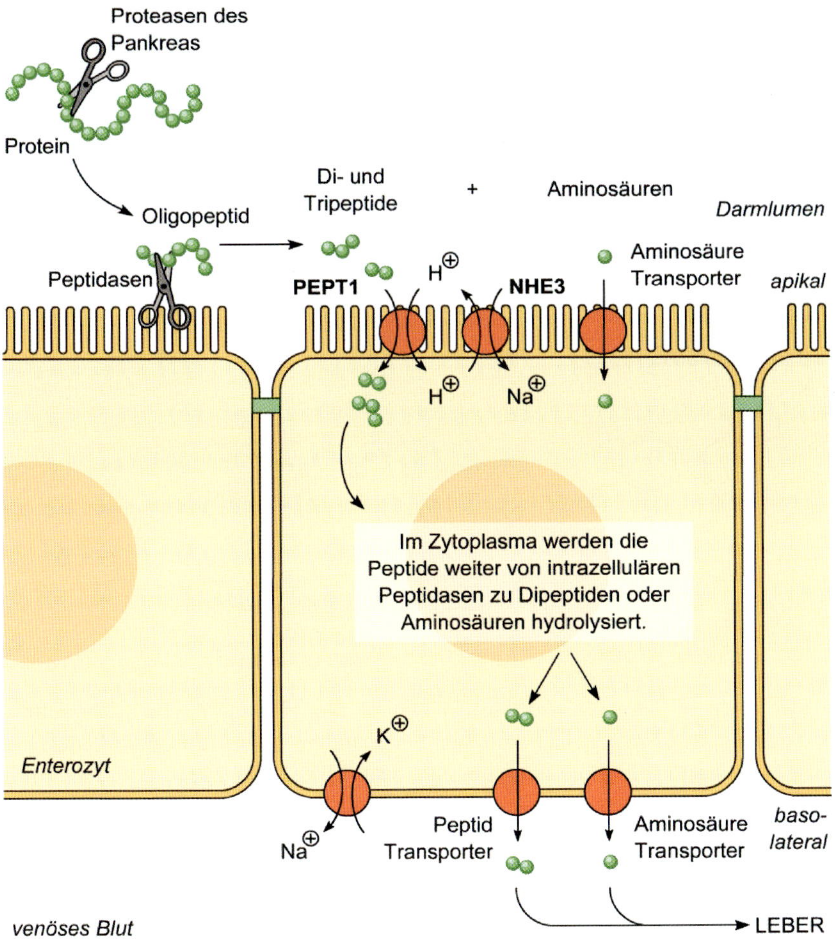

Abb. 3.51 Modell des Transportmechanismus des Peptid-Transporters PEPT1 an den Enterozyten im Darm (modifiziert nach Daniel, 2004; Rubio-Aliga & Daniel, 2002).

sportiert. Die Natriumionen, welche dabei in die Zelle gelangen, werden von einer basolateralen Na^+/K^+-ATPase ins Blut befördert. Es handelt sich also um eine tertiäre Energiekopplung.

Im Zytoplasma des Enterozyten werden die Di- und Tripeptide von intrazellulären Peptidasen weiter zu Dipeptiden oder zu Aminosäuren abgebaut. Peptide werden schließlich über einen basolateralen Peptid-Transporter und Aminosäuren über Aminosäure-Transporter ins Blut transportiert.

3.5.2 Pharmakologische Relevanz von PEPT1 für die Absorption

Die Relevanz von PEPT1 in der Pharmakotherapie liegt vor allem in einer Erhöhung der Absorption und Bioverfügbarkeit von Arzneimitteln durch die tertiär aktive Aufnahme. Das erklärt, wieso einige Arzneimittel absorbiert werden können, obwohl ihre physikochemischen Eigenschaften eine passive Diffusion nicht zulassen.

Wegen ihrer peptidähnlichen Struktur werden einige Wirkstoffe, wie etwa β-Lactam-Antibiotika oder ACE-Hemmer, von PEPT1 als Substrate akzeptiert und auf diesem Weg aktiv absorbiert. Zudem sind auch Wirkstoffe ohne Peptidstruktur Substrate von PEPT1, wenn sie durch Konjugation mit Aminosäuren zu Prodrugs modifiziert werden und damit die strukturellen Anforderungen des Transporters an seine Substrate erfüllen können. Beispiele dafür sind Derivate von L-Dopa und Nucleoside.

β-Lactam-Antibiotika

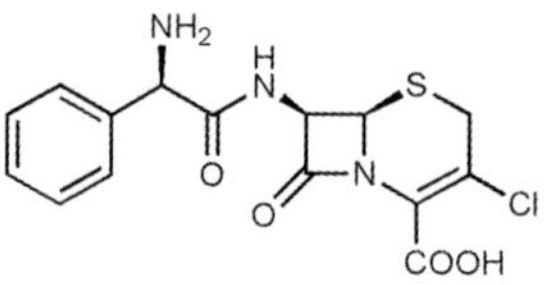

Cefaclor
hohe Affinität für PEPT1
K_i = 11 mM
orale Bioverfügbarkeit 90-95%

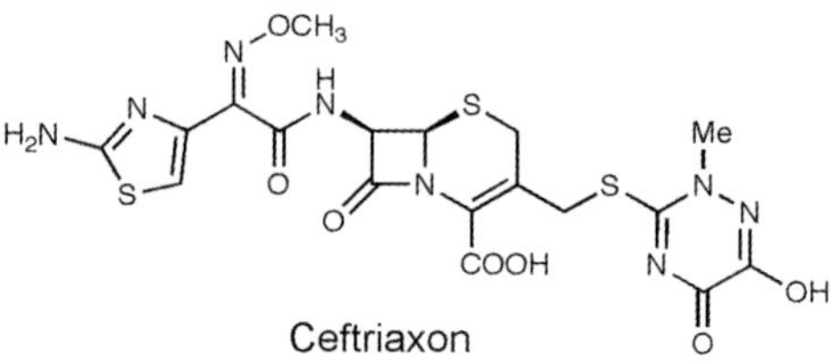

Ceftriaxon
niedrige Affinität für PEPT1
K_i = 40 mM
nicht oral verfügbar

Die Struktur der β-Lactam-Antibiotika gleicht dem Rückgrat eines Tripeptids, allerdings nicht ausschließlich mit der bevorzugten L-Konfiguration. Trotzdem sind viele β-Lactam-Antibiotika Substrate von PEPT1. In einer Untersuchung mit 23 Cephalosporinen und Penicillinen wurde gezeigt, dass eine Korrelation zwischen der Affinität der Wirkstoffe für PEPT1 und ihrer *In-vivo*-Bioverfügbarkeit besteht (Bretschneider, Brandsch & Neubert, 1999; siehe auch Luckner & Brandsch, 2005). Die Affinität wurde in einem kompetitiven Assay mit Caco-2-Zellen bestimmt. Daraus wurde abgeleitet, dass PEPT1 der Hauptabsorptionsweg für orale β-Lactam-Antibiotika ist. Das Cephalosporin Cefaclor hat zum Beispiel eine hohe Affinität für PEPT1 (K_i = 11 mM) und ist zu 100 % bioverfügbar.

Ceftriaxon hingegen hat eine viel niedrigere Affinität für PEPT1 (K_i = 40 mM) und muss parenteral verabreicht werden, weil es oral nicht bioverfügbar ist.

Ceftibuten und Cyclacillin werden von PEPT1 mit einer hohen Affinität wie natürliche Dipeptide erkannt (K_i: 0,3 und 0,5 mM) und sind deshalb gut oral verfügbar:

Ceftibuten
hohe Affinität für PEPT1
K_i = 0,3 mM
orale Bioverfügbarkeit 84%

Cyclacillin
hohe Affinität für PEPT1
K_i = 0,5 mM
orale Bioverfügbarkeit 70%

ACE-Inhibitoren

ACE-Inhibitoren hemmen das *Angiotensin Converting Enzyme*, eine Zinkprotease, welches das Decapeptid Angiotensin I durch Abspaltung des carboxyterminalen Dipeptids His-Leu in das Octapeptid Angiotensin II überführt. Angiotensin II vermittelt unter anderem eine Vasokonstriktion der Gefäße und führt dadurch zu einer Erhöhung des Blutdrucks. Die Inhibition von ACE durch ACE-Inhibitoren ist unter anderem bei Hypertonie und Herzinsuffizienz indiziert.

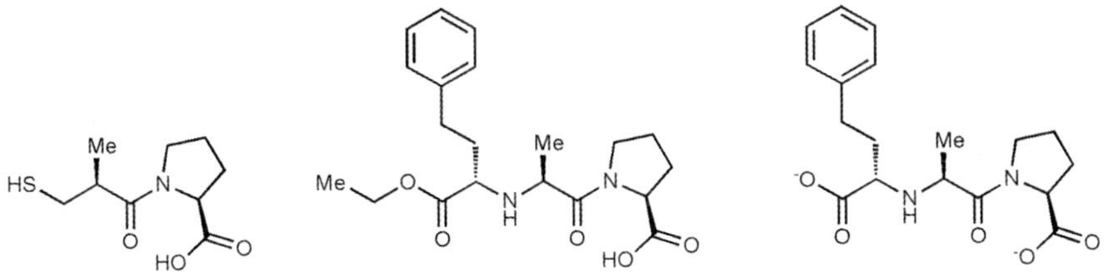

Captopril

Enalapril
(Prodrug)

Enalaprilat
(aktiver Wirkstoff)

ACE-Inhibitoren wurden als Peptidomimetika entwickelt und zeigen eine gewisse strukturelle Ähnlichkeiten zu Di- und Tripeptiden. Captopril mimikriert das Dipeptid Ala-Pro und Enalapril das Tripeptid Phe-Ala-Pro. Mit Ausnahme von Captopril und Lisinopril sind alle auf dem Markt erhältlichen ACE-Hemmer Prodrugs, bei denen eine Carboxylatgruppe verestert ist. Man unterscheidet in der Nomenklatur zwischen Enalapril (Prodrug) und Enalaprilat (aktive Form mit zwei Carboxylatgruppen).

Die Entwicklung der ersten ACE-Inhibitoren Captopril und Enalapril wird häufig als eines der ersten Beispiele für rationales *Drug Design* angeführt (zur Entwicklung siehe Cushman & Ondetti, 1999). In der Schweiz sind derzeit 11 ACE-Hemmer mit sehr ähnlicher Struktur auf dem Markt, in Deutschland gibt es 14 zugelassene Arzneistoffe, die als ACE-Hemmer wirken.

Aufgrund ihrer Ähnlichkeit zu Di- und Tripeptiden ist es verständlich, dass viele ACE-Hemmer eine Affinität für PEPT1 haben (Moore *et al.*, 2000). Interessanterweise scheinen die Prodrugs (u.a. Enalapril, Quinapril, Benazepril, Fosinopril) Substrate von PEPT1 zu sein, während die entsprechenden aktiven Wirkstoffe (also z.B. Enalaprilat, Quinaprilat, Benazeprilat, Fosinoprilat) mit zwei Carboxylatgruppen zwar an den Transporter binden und ihn hemmen, aber nicht transportiert werden. Das ist wahrscheinlich auf die negative Ladung zurückzuführen, welche dort lokalisiert ist, wo sich bei Peptiden der positiv geladene N-Terminus befindet (Swaan & Tukker, 1997).

Die Tatsache, dass ACE-Hemmer *in vitro* über eine Affinität zu PEPT1 verfügen oder sogar transportiert werden, bedeutet jedoch nicht, dass dies auch für die *In-vivo*-Absorption von Bedeutung sein muss. Für einige ACE-Hemmer wurde gezeigt, dass der passive, nicht-sättigbare Transport bei der Absorption dominiert (z.B. Enalapril, Fosinopril, Quinapril). Die Substanzen sind als Prodrugs nicht nur Substrate von PEPT1, sondern werden aufgrund der verbesserten physikochemischen Eigenschaften auch passiv besser absorbiert (Morrison *et al.*, 1996; Moore *et al.*, 2000; Brodin *et al.*, 2002).

L-Dopa

Die Möglichkeit, den Peptid-Transporter PEPT1 zur Verbesserung der oralen Verfügbarkeit von Wirkstoffen auszunützen, haben auch Tamai und Kollegen **in vitro** aufgezeigt. An Caco-2-Zellen und **Xenopus-**Oozyten zeigten sie, dass die Absorption und Bioverfügbarkeit von L-Dopa durch Derivatisierung zu einem Dipeptid möglicherweise erhöht werden kann (Tamai **et al.**, 1998). Durch die Modifikation von L-Dopa mit der Aminosäure L-Phenylalanin entsteht das Prodrug L-Dopa-L-Phe, das über PEPT1 transportiert und intrazellulär wieder zu L-Dopa hydrolysiert wird. L-Dopa wird oral zur Substitution von Dopamin bei Morbus Parkinson verwendet. Es hat eine niedrige Bioverfügbarkeit, vor allem wegen metabolischer Instabilität durch Decarboxylierung.

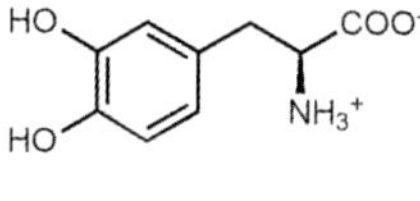

L-Dopa

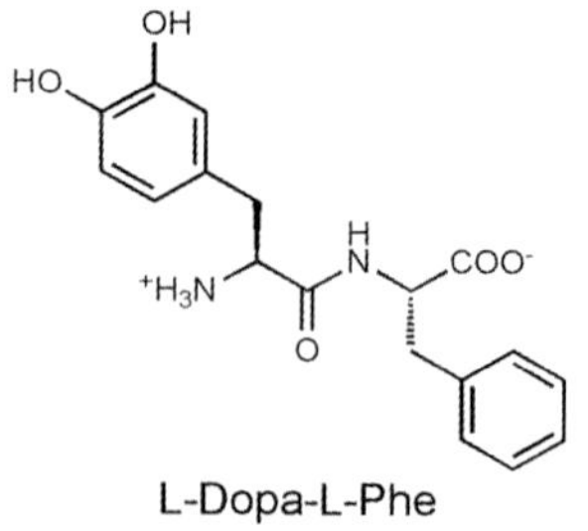

L-Dopa-L-Phe

Dieses Beispiel eröffnete *in vitro* die interessante Möglichkeit, PEPT1 als Transporter für das Drug Design zu verwenden und so die Absorption von Wirkstoffen zu erhöhen. Für die Parkinsontherapie blieb das Experiment hingegen bisher ohne praktische Relevanz, da bereits Methoden existieren, mit denen die komplexe Pharmakokinetik von L-Dopa kontrolliert werden kann (siehe Nyholm, 2006).

Aciclovir – Valaciclovir

Aciclovir ist ein antivirales Medikament, das bei Infektionen mit Herpesviren (z.B. *Herpes simplex, Herpes zoster*) verwendet wird. Aciclovir hat einen interessanten Wirkmechanismus, der seine relativ hohe Selektivität für die mit Herpesviren infizierten Zellen erklärt (s. Abb. 3.52). Der Wirkstoff ist ein Prodrug und wird in infizierten Zellen von der viralen Thymidinkinase der Herpesviren zu Aciclovir-Monophosphat phosphoryliert. Anschließend setzen zelluläre Kinasen das Monophosphat über das Di- zum aktiven Triphosphat um. In nicht-infizierten Zellen wird hingegen wegen des Fehlens der viralen Thymidinkinase nur sehr wenig Aciclovirmonophosphat und deshalb auch wenig aktives Aciclovirtriphosphat gebildet.

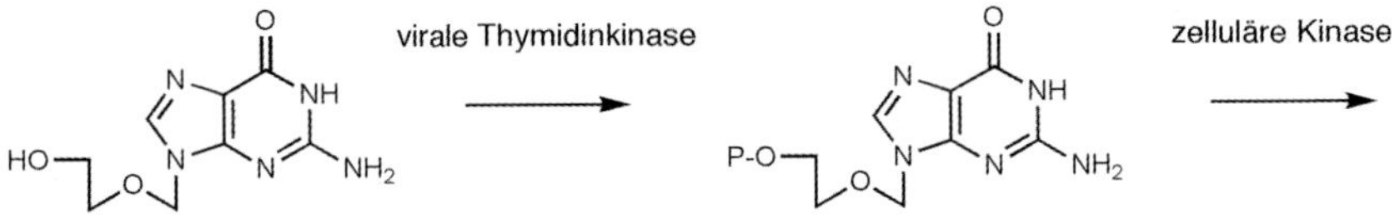

Aciclovir   Aciclovirmonophosphat

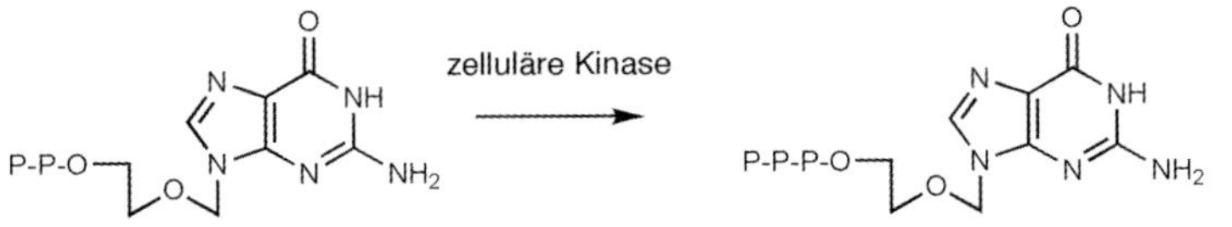

Aciclovirdiphosphat   Aciclovirtriphosphat

Aciclovirtriphosphat wird anschließend von der viralen DNA-Polymerase bei der DNA-Synthese als Substrat verwendet. Aciclovir mimikriert 2'-Deoxyguanosin. Allerdings fehlt dem Wirkstoff die 3'-Hydroxygruppe, weshalb nach seinem Einbau in die wachsende Nucleinsäurekette das weitere Wachstum der Nucleinsäurekette nicht mehr möglich ist. Da die zelluläre Polymerase eine niedrigere Affinität zum Triphosphat des Wirkstoffes aufweist, wird der Antimetabolit nicht in das genomische Material der infizierten Zelle eingebaut (Elion, 1989; Balfour, 1999).

Aciclovir hat eine niedrige Bioverfügbarkeit von 15–30 %. Es muss je nach Infektion bis zu 5-mal täglich eingenommen werden (alle 4 Stunden), was ein offensichtliches Problem für die Compliance (Einhaltung der verordneten Therapie) darstellt. Konstant niedrige Aciclovirspiegel können zudem die Bildung resistenter Viren begünstigen (MacDougall & Guglielmo, 2004).

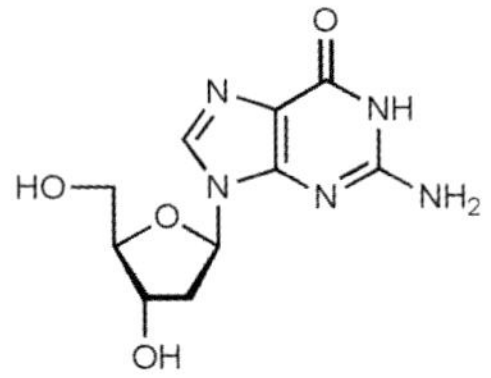

2'-Deoxyguanosin

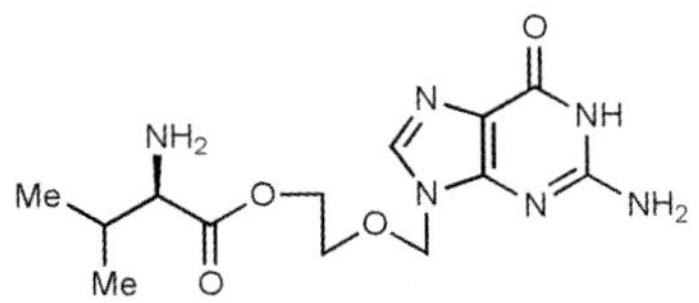

Valaciclovir

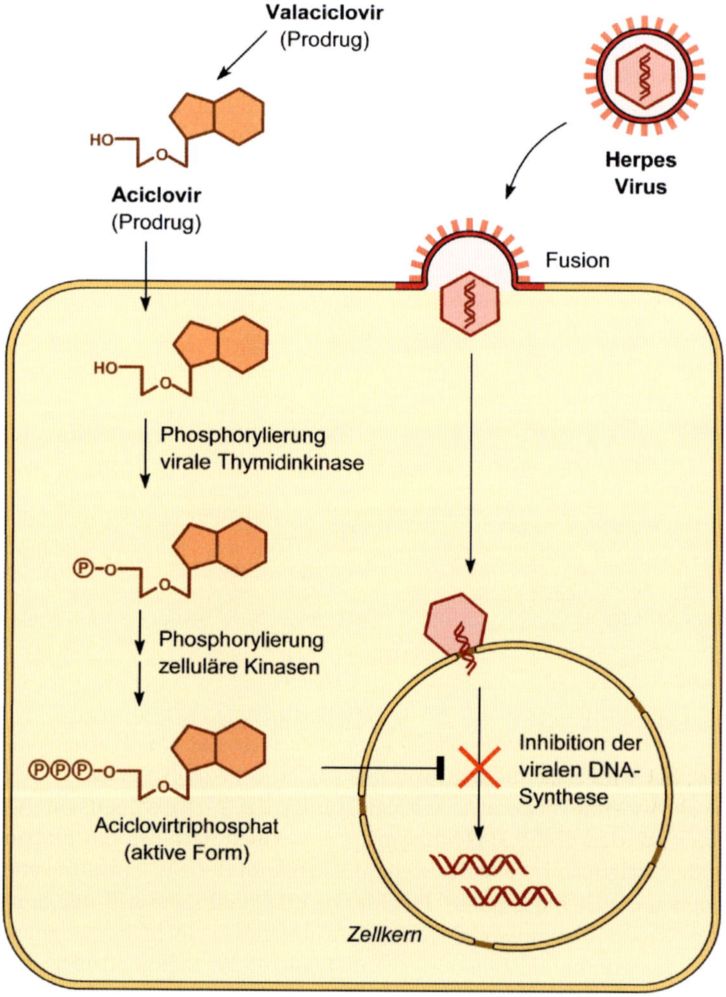

Abb. 3.52 Wirkmechanismus von Aciclovir (Bild modifiziert nach Balfour, 1999).

Valaciclovir wurde mit dem Ziel entwickelt, die Bioverfügbarkeit von Aciclovir durch die Verwendung des Peptid-Transporters PEPT1 zu verbessern. Valaciclovir ist der Ester von Aciclovir und der Aminosäure Valin. Der Wirkstoff wird im Darmlumen, in der Darmmukosa und in der Leber zu Aciclovir hydrolysiert. Es handelt sich um ein Prodrug von Aciclovir, welches selbst ein Prodrug des aktiven Aciclovirtriphosphats ist. Valaciclovir hat eine höhere Bioverfügbarkeit (54 %) und muss deshalb je nach Indikation nur 1 bis 3 mal täglich eingenommen werden, damit die therapeutische Konzentration im Plasma aufrecht erhalten werden kann. Distribution, Metabolismus und Exkretion von Valaciclovir sind identisch mit Aciclovir.

Experimente mit humanen gastrointestinalen Zelllinien haben gezeigt, dass Valaciclovir im Gegensatz zu Aciclovir tatsächlich ein Substrat von PEPT1 ist. Das würde die verbesserte Bioverfügbarkeit von Aciclovir erklären. Allerdings konnte dieser Transportweg *in vivo* bislang nicht bestätigt werden (MacDougall & Guglielmo, 2004).

Ganciclovir – Valganciclovir

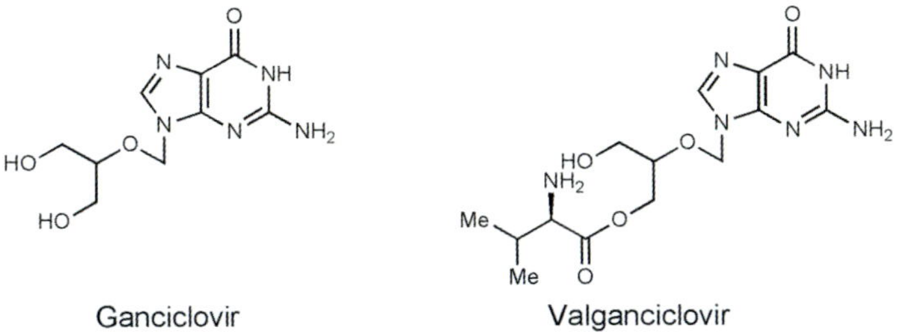

Dasselbe Prodrug-Konzept (Veresterung mit L-Valin) wurde auch auf Ganciclovir (Cymevene®) angewendet (s. Abb. 3.53). Ganciclovir ist schlecht bioverfügbar und ist deshalb in der Schweiz nur zur parenteralen Verwendung auf dem Markt. Durch Veresterung mit L-Valin entsteht Valganciclovir (Valcyte®), welches 10-mal besser bioverfügbar ist als das oral verabreichte Ganciclovir. Das Medikament wird bei der CMV (Cytomegalievirus)-Retinitis eingesetzt, einer Krankheit der Retina, die bei stark immunsupprimierten Patienten, z.B. bei AIDS auftritt.

Experimente *in vitro* haben gezeigt, dass Valganciclovir, nicht aber Ganciclovir, ein Substrat von PEPT1 im Darm ist (Sugawara *et al.*, 2000), was die bessere Bioverfügbarkeit des Prodrugs erklären würde. Wie bei Valaciclovir konnte die Relevanz dieser Experimente *in vivo* noch nicht bestätigt werden.

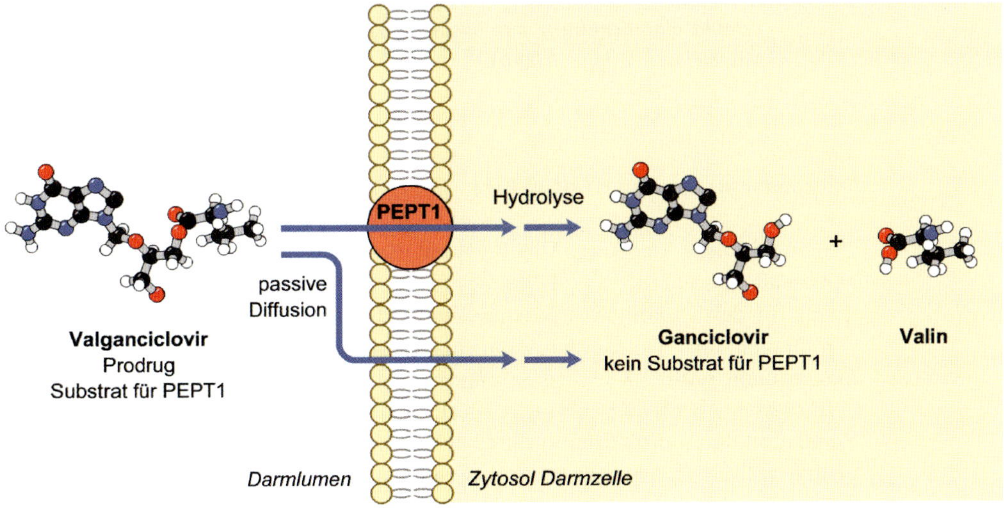

Abb. 3.53 Prodrug-Prinzip bei der Absorption von Valganciclovir.

Fazit

PEPT1 im Darm ist der Transporter, welcher für die Aufnahme von Di- und Tripeptiden an der apikalen Membran der Enterozyten verantwortlich ist. Neben einer großen Zahl natürlicher Substrate werden auch eine Reihe von Arzneimitteln über PEPT1 transportiert.

PEPT1 ist ein interessanter Transporter für das Drug Design: Schlecht absorbierbare Wirkstoffe können in Prodrugs überführt, d.h. durch Derivatisierung zu Substraten von PEPT1 werden. Mit dieser Strategie kann die Absorption und Bioverfügbarkeit der Wirkstoffe verbessert werden.

Für zahlreiche Arzneimittel wurde gezeigt, dass sie eine Affinität zu PEPT1 haben, die für ihren Transport über die Enterozyten-Barriere verantwortlich sein könnte. Die Relevanz dieser Untersuchungen *in vivo* ist aber nicht immer bekannt oder von Bedeutung.

Merksatz

- ***PEPT: Peptid Transporter***
- ***PEPT1: intestinal, apikale Membran der Enterozyten, proximaler Tubulus***
- ***PEPT2: renal, apikale Membran der proximalen Tubuluszellen***
- ***Physiologische Substrate der PEPT sind Di- und Tripeptide, vor allem aus Aminosäuren mit L-Konfiguration***
- ***Einige Arzneimittel haben eine Affinität zu PEPT1 oder werden von PEPT1 transportiert. Dazu gehören z.B. antivirale Medikamente, β-Lactam-Antibiotika und ACE-Hemmer.***
- ***Schlecht absorbierbare Arzneistoffe können durch Derivatisierung zu Prodrugs und Substraten von PEPT1 modifiziert werden. Diese Strategie erlaubt eine Erhöhung der Absorption/Bioverfügbarkeit (Beispiele: Valaciclovir, Valganciclovir).***

3.6 Transporter als Targets: H^+/K^+-ATPase

Der menschliche Magen (s. Abb. 3.54) hat die erstaunliche Fähigkeit, große Mengen an ätzender Salzsäure (HCl) zu produzieren. Die energieaufwändige Bildung dieser für den Organismus potentiell gefährlichen Verbindung wirft eine Reihe von Fragen auf. Welche Funktion hat die Säure? Weshalb verdaut sich der Magen nicht selbst? Wie wird Salzsäure produziert?

In diesem Abschnitt gehen wir vor allem der Frage des **Mechanismus** und der **Regulation** der Säuresekretion durch die Protonenpumpe (H^+/K^+-ATPase), einen primär aktiven Transporter, nach. Im zweiten Abschnitt betrachten wir die Möglichkeit, die Sekretion der Magensäure durch Hemmung der Protonenpumpe zu inhibieren.

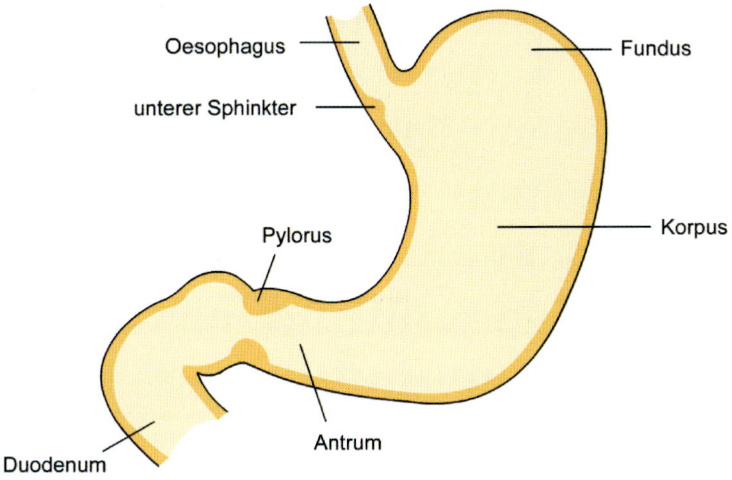

Abb. 3.54 Schema des Magens beim Menschen.

3.6.1
Funktion und Bildung der Säure im Magen

Die Salzsäure ist ein Bestandteil des Magensafts, der neben der Säure auch proteolytische Enzyme (Pepsin), Ionen, Schleim und weitere Bestandteile enthält. Dem Magensaft kommt eine wichtige Rolle bei der Verdauung der aufgenommenen Nahrung zu. Die Säure im Magen denaturiert Proteine, aktiviert Pepsinogen zu Pepsin und erhöht die intestinale Absorption von Calcium und Eisen. Eine weitere wichtige Funktion der Säure liegt darin, als „bakterizide Barriere“ das Eindringen von Mikroorganismen in den Darm und Körper zu verhindern. Ein chronisch erhöhter pH-Wert > 4 (Hypochlorhydrie) oder gar > 7 (Achlorhydrie) im Magen erhöht auch die Wahrscheinlichkeit einer bakteriellen oder parasitären Infektion (Martinsen, Bergh & Waldum, 2005).

Der Magensaft wird von der Magenschleimhaut (*Tunica mucosa*) gebildet. Das Oberflächenepithel des Magens ist ein einschichtiges, hochprismatisches Zylinderepithel, welches mit einer Schleimschicht (*Mucus*) überzogen ist. Es ist unter anderem diese Schleimschicht, welche den Magen vor der Selbstverdauung schützt.

Bei mikroskopischer Betrachtung des Magens zeigen sich im Corpus- und Fundusbereich der Schleimhaut Epitheleinsenkungen, die *Foveolae gastricae*, welche sich weiter in die Magendrüsen (*Glandulae gastricae*) verzweigen (s. Abb. 3.55). Die Magendrüsen sind lange, verzweigte Schläuche, die aus fünf Zelltypen bestehen: Am Hals der Drüsen befinden sich die *Nebenzellen*, welche Schleim bilden. Die *Hauptzellen* sekretieren die proteolytischen Enzyme des Magensafts (Pepsinogen). *Endokrine Zellen* bilden die Säureproduktion regulierende Hormone. Die *Stammzellen* erneuern das Drüsen- und Oberflächenepithel.

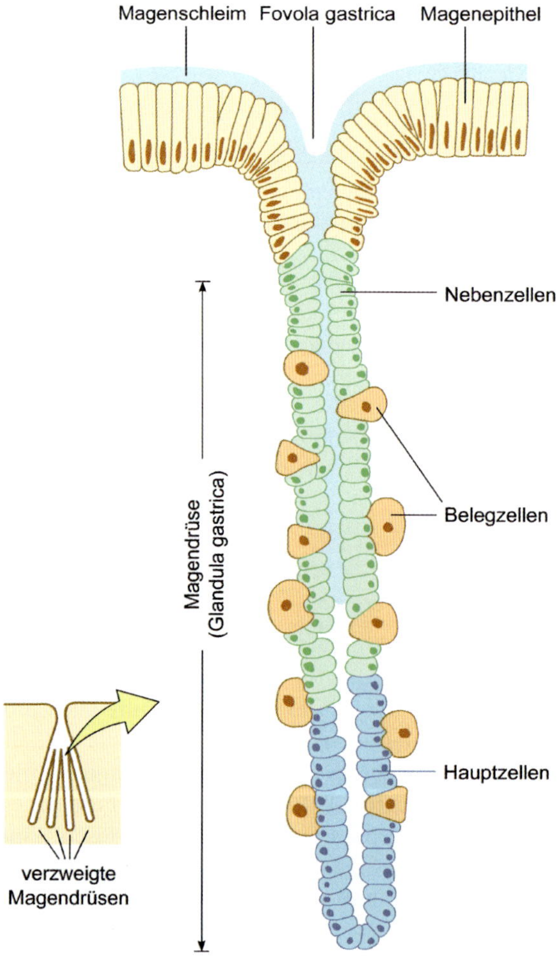

Abb. 3.55 Magendrüse des Fundus, schematisch. In der Magenschleimhaut finden sich Epitheleinsenkungen, die *Foveolae gastricae*. An der Basis jeder Foveola (Pfeil) zweigen bis zu 7 Magendrüsen ab (links dargestellt). Die Belegzellen bilden die Säure (nach Elias & Pauly, 1966).

Eingezwängt zwischen den Hauptzellen und häufig peripher, etwas abseits vom Lumen der Magendrüsen liegen die salzsäurebildenden *Belegzellen* (Parietalzellen). Die sekretierte HCl der peripheren Belegzellen erreicht das Lumen über interzelluläre Canaliculi zwischen den Hauptzellen (Welsch, 2003; Elias & Pauly, 1966).

Belegzelle. Belegzellen sind kegelförmig (im Schnitt etwa dreieckig, vgl. Abb. 3.56). Sie verfügen im aktiven Zustand über sekretorische *Canaliculi* (Kanälchen), welche aus der apikalen Membran in die Zelle eingestülpt sind. Die Sekretkanälchen münden apikal in einer kleinen Öffnung, aus der die Salzsäure (H^+ und Cl^-) freigesetzt wird. Die Oberfläche der Canaliculi wird durch zahlreiche Microvilli vergrößert, auf denen die Protonenpumpe lokalisiert sind. Die primär aktive H^+/K^+-ATPase transportiert unter ATP-Verbrauch Protonen in das Canaliculuslumen und Kaliumionen in das Zellinnere und erzeugt so den enormen Proto-

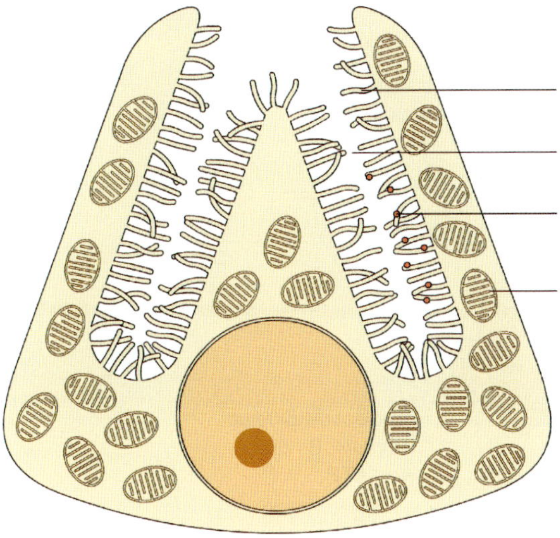

Abb. 3.56 Schematische Darstellung der Belegzelle. Belegzellen sind kegelförmig. Die apikale Membran ist eingestülpt und bildet die Sekretkanälchen (Canaliculi), an deren Oberfläche zahlreiche Microvilli lokalisiert sind. Die Protonenpumpen befinden sich auf den Microvilli und transportierten Protonen ins Lumen. Die Energie für die Sekretion wird durch zahlreiche, große Mitochondrien bereitgestellt.

nengradienten zwischen der Belegzelle (physiologischer pH) und dem Canaliculuslumen (pH 1). Die zahlreichen und großen Mitochondrien in den Belegzellen spiegeln den Energieverbrauch für die Säuresekretion wider.

3.6.2
Protonenpumpe (H^+/K^+-ATPase)

Familie der ATPasen vom P-Typ. Die Protonenpumpe (H^+/K^+-ATPase) der Belegzelle im Magen gehört zur Familie der membranständigen ATPasen vom P-Typ (siehe unten, Review: Kühlbrandt, 2004). Zu dieser Familie gehören auch die Na^+/K^+-ATPase, welche das Membranpotential aufrecht erhält, und SERCA, die **S**arco(**e**ndo)plasmatic-**R**eticulum **C**a^{2+}-**A**TPase. SERCA ist an der Membran des sarkoplasmatischen Retikulums (SR) lokalisiert und transportiert Calcium bei der Muskelkontraktion zurück ins SR. Dadurch wird die Calciumkonzentration im Zytoplasma gesenkt, was zur Entspannung des Muskels führt. SERCA ist die strukturell am besten untersuchte ATPase vom P-Typ, von der auch Kristallstrukturen vorliegen (z.B. Toyoshima *et al.*, 2000; Toyoshima & Mizutani, 2004).

Struktur und Transportzyklus. Die H^+/K^+-ATPase ist ein Heterodimer, das aus einer α- und einer β-Untereinheit besteht. Die β-Untereinheit ist wahrscheinlich vor allem für die Translokation in die Membran relevant, spielt aber eine gerin-

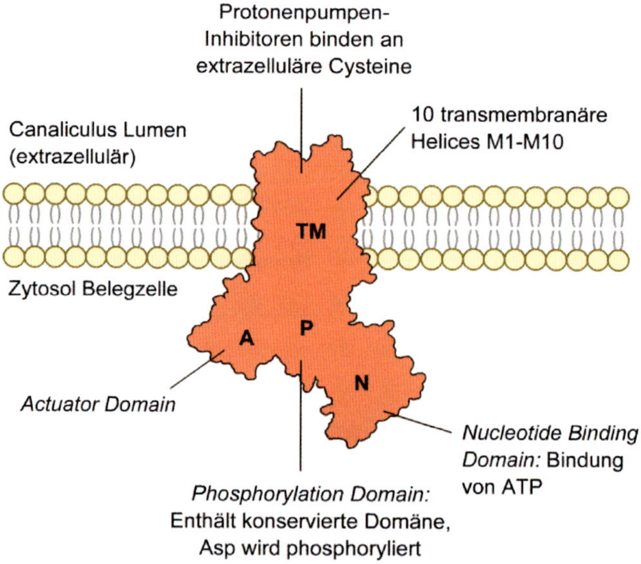

Abb. 3.57 Struktur der α-Untereinheit der H^+/K^+-ATPase.

gere Rolle bei der Katalyse und beim Transport. Die α-Untereinheit ist aus 10 hydrophoben transmembranären Helices (M1–M10) aufgebaut (s. Abb. 3.57). Daneben hat das Protein einen großen intrazellulären Anteil, der aus den drei Domänen N, P und A aufgebaut ist. Die N-Domäne (**N**ucleotide Binding Domain) bindet ATP. Die P-Domäne (**P**hosphorylation Domain) enthält die konservierte Sequenz DKTGTLT mit dem Aspartat (D), welches während des Transportzyklus phosphoryliert und wieder dephosphoryliert wird. Das phosphorylierte Zwischenprodukt ist auch für den Namen der Familie (P-Typ) verantwortlich. Für die A-Domäne (**A**ctuator Domain) wird eine Rolle bei der Übertragung von Konformationsänderungen vermutet. Extrazellulär befinden sich Loops, welche die transmembranären Segmente verbinden (Kühlbrandt, 2004; Asano *et al.*, 2004).

Die H^+/K^+-ATPase transportiert 2 Protonen in Form von H_3O^+ nach außen in die Canaliculi und 2 Kaliumionen in das Zytoplasma. Weil die beiden Protonen von der niedrigen zur hohen Protonenkonzentration transportiert werden, benötigt die Pumpe Energie in Form eines Moleküls ATP.

Mechanismus der Säurebildung

Die Protonen, welche durch die Belegzelle ins Canaliculuslumen transportiert werden, stammen aus der Dissoziation von Kohlensäure in der Belegzelle, welche unter Katalyse durch die Carboanhydrase in ein Bicarbonat (HCO_3^-) und ein Proton H^+ dissoziiert (s. Abb. **3.58**). Das Bicarbonat verlässt basolateral die Zelle, im Antiport mit einem Chlorid (Cl^-), das im Gegenzug in die Zelle aufgenommen wird. Das Chlorid wird über einen Chloridkanal in die Sekretkanälchen (Canaliculi) hinaustransportiert. Zusammen mit dem Proton bildet es ein Molekül Salzsäure. An der apikalen Membran ist ein Kaliumkanal lokalisiert, welcher die wäh-

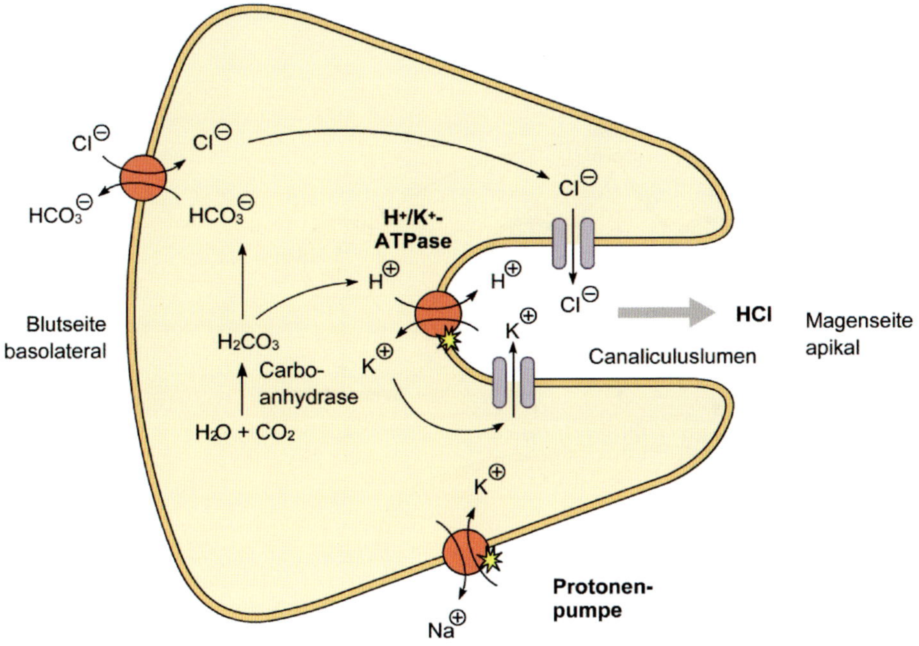

Abb. 3.58 Mechanismus der Säurebildung.

rend der Protonensekretion aufgenommenen K^+-Ionen wieder nach außen transportiert. Die H^+/K^+-ATPase an der basolateralen Membran transportiert Kaliumionen ins Innere der Zelle.

Regulation der Säuresekretion

Die Magensäure wird nicht konstant ausgeschüttet, sondern unterliegt komplexen neuronalen, endo-, auto- und parakrinen Regulationsmechanismen (Reviews: Hersey & Sachs, 1995; Yao & Forte, 2003). Die wichtigsten Stimuli, welche direkt die Säuresekretion der Belegzelle fördern, sind die drei Liganden Histamin, Gastrin und Acetylcholin. Die Ausschüttung der drei Substanzen steht in wechselseitiger Abhängigkeit (s. Abb. 3.59).

Parakrine Stimulation: Histamin. Histamin ist wahrscheinlich der wichtigste der drei Stimuli. Das biogene Amin wird im Magen von subepithelialen ECL-Zellen (enterochromaffin-like cells) ausgeschüttet, also nicht wie im Immunsystem und bei Inflammation – und wie früher vermutet – von Mastzellen. Es gelangt zu den Belegzellen und bindet an den Histamin-H_2-Rezeptor auf der Oberfläche der Belegzelle. H_2-Rezeptoren sind G-Protein-gekoppelten Rezeptoren (GPCR).

Endokrine Stimulation: Gastrin. Das Peptidhormon Gastrin wird von den G-Zellen (Gastrin-Zellen) des Antrums im Magen und im Duodenum gebildet. Die G-Zellen im Antrum sind mit ihrer apikalen Membran mit dem Mageninhalt in Kon-

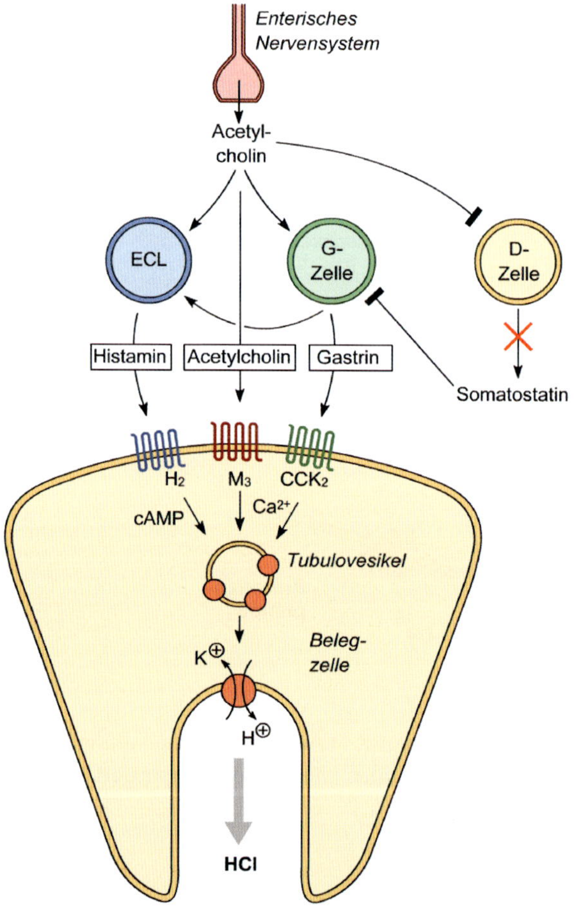

Abb. 3.59 Regulation der Säuresekretion. Beschreibung vgl. Text (Bild nach Hersey & Sachs, 1995; Yao & Forte, 2003).

takt und können so die Gastrinsekretion in Abhängigkeit des Mageninhalts regulieren. Ein pH < 3 des Mageninhalts im Antrum inhibiert etwa die Gastrinausschüttung und hemmt so die Säureproduktion über eine Feedback-Inhibition.

Nach der Ausschüttung aus den G-Zellen diffundiert Gastrin über die extrazelluläre Flüssigkeit ins Blut und gelangt so zur Belegzelle, wo es an den CCK_2-Rezeptor, ebenfalls ein GPCR, bindet. Es handelt sich also um eine endokrine Stimulation. Gastrin bindet zudem über den CCK_2-Rezeptor an die ECL-Zelle und fördert so die Ausschüttung von Histmain.

Neuronale Stimulation: Acetylcholin. Der Neurotransmitter Acetylcholin gelangt aus Fasern des enterischen Nervensystems zur Belegzelle. Die efferenten Fasern des Vagus stimulieren die Belegzelle nicht direkt, sondern modulieren das enterische Nervensystem. Acetylcholin bindet an den muskarinischen M_3-Rezeptor (ebenfalls ein GPCR). Zusätzlich zur direkten Stimulation fördert Acetylcholin die Ausschüttung von Histamin aus ECL-Zellen und Gastrin aus G-Zellen. Somatostatin, das durch D-Zellen gebildet wird, kann die Sekretion von Gastrin in G-Zellen inhibieren. Wenn Acetylcholin nun aber die Bildung von Somatostatin in D-Zellen inhibiert, entfällt dieser die Säuresekretion unterdrückende Effekt.

Im Ruhezustand befindet sich die H^+/K^+-ATPase in der Membran sogenannter *Tubulovesikel* im Zytoplasma der Belegzellen. In diesem Zustand werden keine Protonen transportiert. Indem die drei Botenstoffe an ihre entsprechenden Rezeptoren binden, werden intrazelluläre Signalkaskaden ausgelöst (u.a. Erhöhung der cAMP- und Ca^{2+}-Konzentration), die zur Fusion der Tubulovesikel mit der Zellmembran und zur Aktivierung der Protonenpumpe führen (Yao & Forte, 2003). Eine solche „Rekrutierung" von Transportern aus Vesikeln ist beispielsweise auch beim Glucose-Transporter GLUT4 (Bryant *et al.*, 2002) und bei den Aquaporinen (Wasserkanälen, Borgnia *et al.*, 1999) gezeigt worden.

3.6.3 Inhibition der Säuresekretion in den Belegzellen

Aus der komplexen Bildung und Regulation der Magensäure ergeben sich viele mögliche Angriffspunkte für eine Hemmung der Sekretion. Ein erster Erfolg gelang dem späteren Nobelpreisträger Sir James W. Black in den 70er Jahren, als er Antagonisten des Histamin-H_2-Rezeptors synthetisierte (Black *et al.*, 1972). Diese Substanzen (u.a. Cimetidin, später Ranitidin u.a.) sind Antagonisten der stimulierenden Wirkung von Histamin auf die Belegzelle und hemmen so die Säuresekretion. Chemisch handelt es sich um Modifikationen von Histamin, die hier nicht im Detail diskutiert werden.

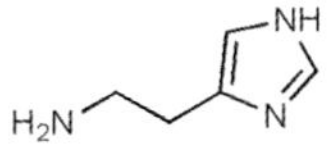

Histamin

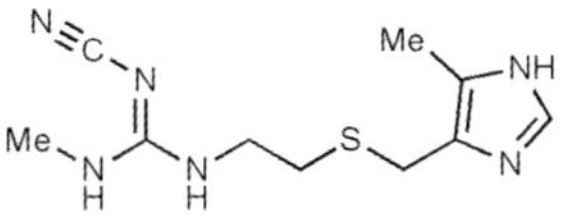

Cimetidin

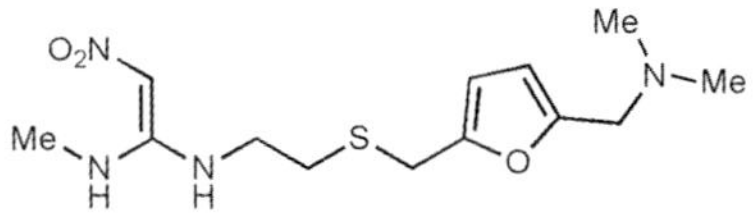

Ranitidin

Anstatt auf der Ebene der Regulation anzugreifen, ist auch eine direkte Inhibition der Protonenpumpe mit Protonenpumpen-Inhibitioren (PPI) möglich.

3.6.4 Protonenpumpen-Inhibitoren (PPI)

Die Inhibitoren der Protonenpumpe gehören zu den umsatzstärksten und meistverkauften Medikamenten weltweit. Esomeprazol, das *S*-Enantiomer und Nachfolgepräparat des ersten Protonenpumpen-Inhibitors Omeprazol war im Jahr

2005 mit 5,7 Milliarden Dollar auf Platz 3 der meistverkauften Medikamente. Die Klasse aller säurehemmenden Medikamente setzte weltweit fast 27 Milliarden Dollar um (IMS Health, 2006).

Indikationen. Protonenpumpen-Inhibitoren werden verwendet, wenn eine starke Reduktion der Säureproduktion im Magen erwünscht ist. Sie sind indiziert bei der Eradikation von *Helicobacter pylori* zur Therapie von Magen- und Darmulzera. Die Therapie erfolgt in Kombination mit zwei Antibiotika (in der Regel Clarithromycin und Amoxicillin), deren Effektivität durch Hemmung der Säureproduktion erhöht wird (Suerbaum & Michetti, 2002). Eine neuere Indikation ist die Therapie von Ulzera, die durch nichtsteroidale Antiinflammatorika (NSAID) verursacht worden sind.

Zur Säurehemmung bei gelegentlichem Sodbrennen werden meist Antazida oder H_2-Rezeptorblocker (Cimetidin, Ranitidin) verwendet. Häufiges Sodbrennen und saures Aufstoßen sind zwei wichtige Symptome der gastroösophagalen Refluxkrankheit GERD (**G**astro**e**sophageal **R**eflux **D**isease, auch abgekürzt als GORD, **G**astro**o**esophageal **R**eflux **D**isease). Dabei handelt es sich um eine chronische Erkrankung, bei welcher der saure Mageninhalt zurück in die Speiseröhre gelangt. Der andauernde Kontakt der Ösophagusmukosa mit dem sauren Mageninhalt kann zu erosiver Refluxösophagitis, einer Veränderung des Ösophagusepithels (Barrett's Ösophagus) und zum Adenokarzinom führen (de Caestecker, 2001; Cohen & Parkman, 1999). Zur Therapie von GERD (z.B. Refluxösophagitis, chronisches Sodbrennen) werden Protonenpumpen-Inhibitoren eingesetzt.

Entwicklung der Protonenpumpen-Inhibitoren (PPI)

In den späten 60er Jahren startete die Firma Hässle, ein Tochterunternehmen von AstraZeneca in Schweden, ein Projekt mit dem Ziel, einen potenten Hemmer der Säureproduktion im Magen zu finden (zur Entwicklung der PPI siehe Olbe, Carlsson & Lindberg, 2003; Sjöstrand, Olbe & Fellenius, 1999; Lindberg *et al.*, 1990). Durch Modifikationen einer bekannten säurehemmenden Substanz gelangte die Forschungsgruppe 1973 zum substituierten Benzimidazol (H 124/26). Dieses war allerdings bereits durch ein Patent einer ungarischen Firma geschützt. Der Sulfoxid-Metabolit dieser Substanz, Timoprazol, war ebenfalls aktiv und nicht im entsprechenden Patent enthalten. Durch Optimierung von Timoprazol erhielt man Picoprazol (1976) und schließlich Omeprazol (1979).

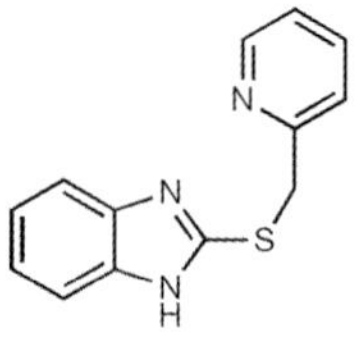

H 124/26

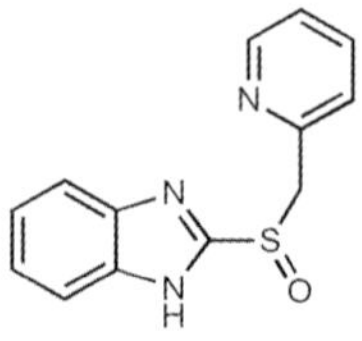

Timoprazol

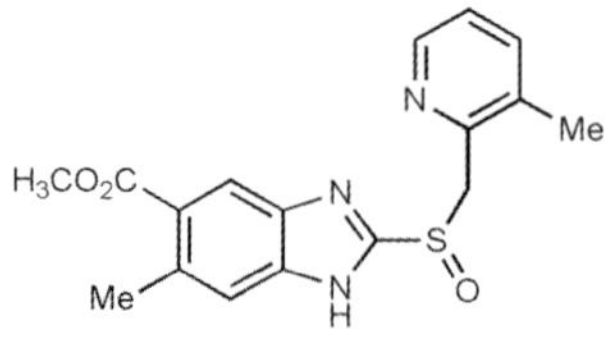

Picoprazol

Alle diese Wirkstoffe sind potente Inhibitoren der H^+/K^+-ATPase und hemmen effektiv den terminalen Schritt der Säureproduktion in der Belegzelle. Sie wurden jedoch zunächst ohne Kenntnis ihrer zellulären und molekularen Zielstruktur entwickelt. Erst zu Beginn der 80er Jahre wurde gezeigt, dass es sich bei substituierten Benzimidazolen um Inhibitoren der Protonenpumpe handelt (Fellenius *et al.*, 1981). Im Laufe der 80er Jahre wurde der genaue Wirkmechanismus der Substanzen aufgeklärt. So wurde etwa gezeigt, dass es sich bei der aktiven Form des Prodrug Omeprazol um ein Sulfenamid handelt (Lindberg *et al.*, 1986).

Omeprazol erwies sich in klinischen Studien als gut wirksam zur Säurereduktion bei Patienten mit der Refluxkrankheit und Magen- und Darmulzera. Es kam 1988 in Europa unter dem Markennamen Losec® als erster Protonenpumpen-Inhibitor auf den Markt (heute: Antramups®). 1990 erfolgte die Zulassung auf dem amerikanischen Markt unter dem Namen Prilosec®.

Weitere Wirkstoffe. Omeprazol ist ein Racemat, weil das Schwefelatom der Sulfoxidgruppe chiral ist. Seit dem Jahr 2000 wird das *S*-Enantiomer Esomeprazol unter dem Markennamen Nexium® vertrieben. Neben Omeprazol und Esomeprazol sind weitere strukturell ähnliche, substituierte Benzimidazole als Protonenpumpen-Inhibitoren auf dem Markt: Lansoprazol, Pantoprazol und Rabeprazol.

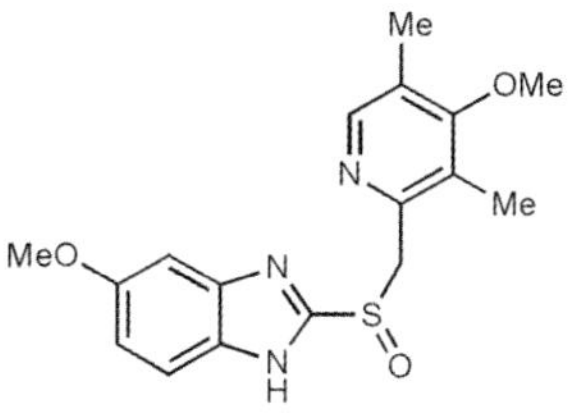

Omeprazol

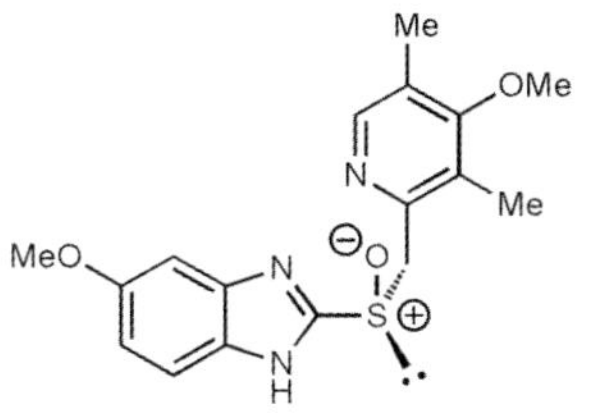

Esomeprazol

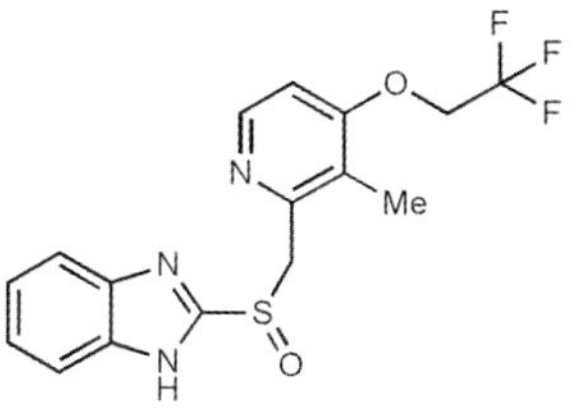

Lansoprazol

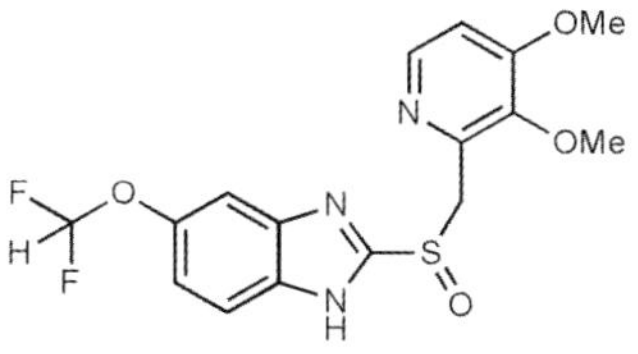

Pantoprazol

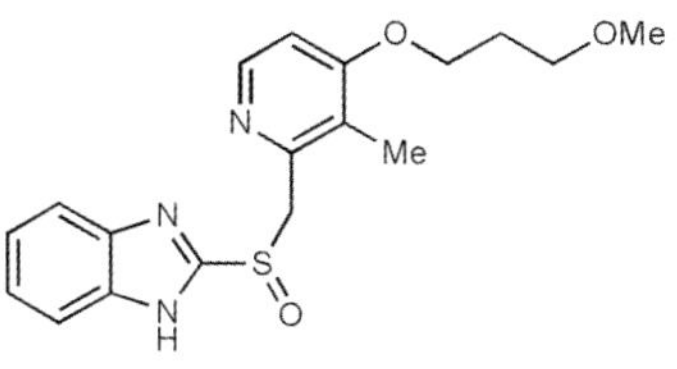

Rabeprazol

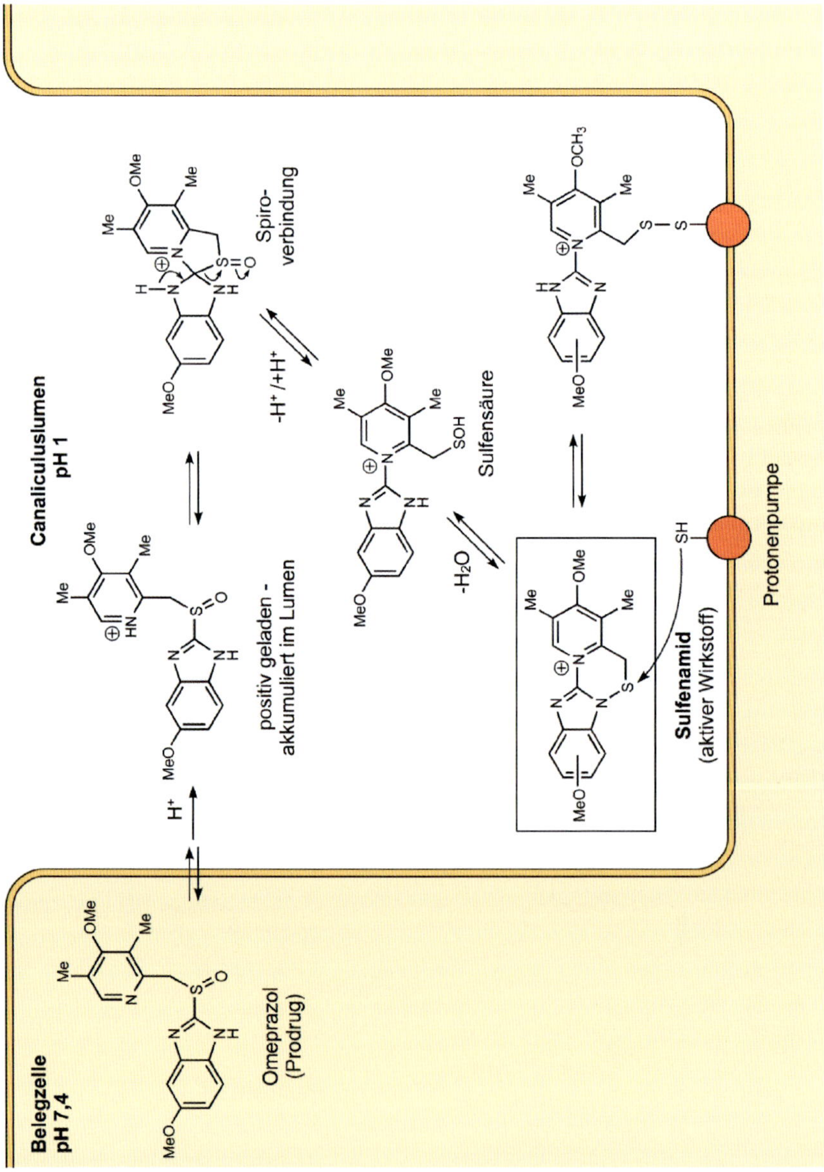

Abb. 3.60 Wirkmechanismus von Omeprazol. Omeprazol erreicht die Belegzelle über das Blut. Es diffundiert in die sauren Canaliculi (Sekretkanälchen) der Belegzelle und akkumuliert dort aufgrund der Protonierung des Pyridin-Stickstoffs. Die Umlagerung über die Sulfensäure führt zum aktiven Wirkstoff, dem kationischen Sulfenamid. Dieses bindet kovalent an Cysteine (–SH) am extrazellulären Anteil der Protonenpumpe und inhibiert so den Transporter (nach Lindberg *et al.*, 1986; siehe dazu auch Shin, Cho & Sachs, 2004).

Wirkmechanismus

Obwohl der Wirkort von Omeprazol im Magen liegt, gelangt die Substanz nicht direkt im Magen zur Belegzelle. Omeprazol ist säureinstabil und wird oral in der Form magensaftresistenter Zubereitungen verabreicht. Im Originalpräparat Antramups® etwa in Form magensaftresistenter Micropellets in Tabletten (MUPS: **M**ultiple **U**nit **P**ellet **S**ystem). Die Tabletten zerfallen zwar bereits im Magen, die säureresistenten Pellets lösen sich jedoch erst im Darm auf: Omeprazol wird also nicht im Magen, sondern erst im Darm freigesetzt, im Dünndarm absorbiert und über das Blut via Zellmembran in die Belegzelle transportiert (s. Abb. 3.60).

Die Akkumulation im sauren Lumen der Canaliculi ist eine Folge der Protonierung des Pyridin-Stickstoffs, der schwach basisch ist (pK_a ca. 4). Dadurch entsteht eine positive Ladung, welche die Rückdiffusion in die Belegzelle verhindert. Die Protonierung ist gleichzeitig der erste Schritt bei der Umlagerung zum aktiven Wirkstoff. Omeprazol ist ein Prodrug und wird erst durch Säure in seine aktive Form, ein kationisches Sulfenamid, überführt (Lindberg *et al.*, 1986). Es ist dieses Sulfenamid, welches Disulfidbrücken mit Cystein-Thiolgruppen (–SH, z.B. Cys_{813}) des extrazellulären Anteils der Protonenpumpe bildet und somit den Transporter inhibiert (Olbe, Carlsson & Lindberg, 2003).

Aufgrund der langen Wirkdauer wird die Halbwertszeit des Transporter-Inhibitor-Komplexes auf ungefähr 24 Stunden geschätzt. Die Plasma-Eliminationshalbwertszeit beträgt hingegen weniger als 1 Stunde. Die lange Wirkdauer ermöglicht eine einmalige Dosierung am Morgen. Die Dissoziation des Komplexes kann möglicherweise durch eine kompetitive Reaktion mit endogenem Glutathion erklärt werden. Zudem wird die H^+/K^+-ATPase neu synthetisiert.

Struktur – Wirkung. Die Voraussetzungen für diesen außerordentlichen Wirkmechanismus liegen in den strukturellen Charakteristika des Prodrug Omeprazol (Olbe, Carlsson & Lindberg, 2003): Der Wirkstoff ist erstens lipophil und kann deshalb gut Membranen passieren, um zu seinem Wirkort zu gelangen. Zweitens ist er eine schwache Base und reichert sich durch Protonierung in den sauren Canaliculi der Belegzelle (pH 1) an. Drittens wird die Bildung des aktiven Sulfenamids in saurer, nicht aber in neutraler Lösung begünstigt, wodurch erst am Wirkort die aktive Form entsteht.

Bei der Optimierung von Timoprazol und Picoprazol zu Omeprazol (pK_a: 3,97) wurde der pK_a-Wert des Pyridinrings durch Substitution um etwa eine Einheit erhöht. Durch diese Erhöhung des pK_a-Werts und damit der Basizität des Pyridin-Stickstoffs liegt er bei niedrigen pH-Werten vorwiegend in der protonierten Form (NH^+) vor. Dadurch wird die Akkumulation der Substanz in den sauren Canaliculi gefördert. Gleichzeitig fördert die erhöhte Nucleophilie des Pyridinstickstoffs die Bildung des aktiven Sulfenamids.

Stabilität der PPI bei unterschiedlichen pH-Werten. Die weiteren PPI Lansoprazol, Pantoprazol und Rabeprazol haben dasselbe chemische Grundgerüst wie Omeprazol und unterscheiden sich strukturell nur in der Substitution des Pyridin-

Tabelle 3.7 Halbwertszeiten der chemischen Aktivierung verschiedener PPI (aus: Kromer *et al.*, 1998, S. 61; p*Ka*-Werte aus Schubert-Zsilavecz & Stark, 2005).

	Pantoprazol pK_a 3,96	Omeprazol pK_a 3,97	Lansoprazol pK_a 4,01	Rabeprazol pK_a 4,9
pH 7,0	73 h	39 h	35 h	-
pH 5,1	4,7 h	1,4 h	1,5 h	0,12 h
pH 1,2	4,6 min	2,8 min	2,0 min	1,3 min

und Benzimidazolrings. Diese Modifikationen haben Auswirkungen auf die Stabilität der Substanzen bei unterschiedlichen pH-Werten (s. Tab. 3.7).

Aus der Tabelle geht hervor, dass die Zeit, die für die Umlagerung der PPI zum aktiven Sulfenamid benötigt wird, bei sinkendem pH stark abnimmt. Während bei neutralem pH (7,0) die Halbwertszeit bei 35 bis 73 Stunden liegt, beträgt sie bei pH 1,2 – was ungefähr dem pH in den Canaliculi der Belegzelle entspricht – nur wenige Minuten. Die einzelnen PPI unterscheiden sich in ihrer Stabilität und damit in der Geschwindigkeit der Ausbildung des aktiven Prinzips. Pantoprazol ist am stabilsten, gefolgt von Omeprazol und Lansoprazol. Rabeprazol wird am schnellsten aktiviert.

Die Unterschiede in der Stabilität werden strukturell u.a. mit der unterschiedlichen Nucleophilie des Pyridin-Stickstoffs begründet. Neben dem pK_a steigt durch die unterschiedliche Substituierung der PPI auch die Nucleophilie des Stickstoffs, was die Reaktion zum Sulfenamid begünstigt.

In einer neueren Untersuchung wurde gezeigt, dass für die unterschiedliche Stabilität der Moleküle neben dem Pyridinring auch die Substituierung des Benzimidazols von Bedeutung ist (Shin, Cho & Sachs, 2004). Ein weiterer Unterschied zwischen den PPI liegt in ihrer unterschiedlichen Bindung an extrazelluläre Cysteine der Protonenpumpe (Sachs *et al.*, 2006, s. Tab. 3.8).

Die unterschiedliche Stabilität ist ein Faktor, der die Gewebeselektivität der PPI beeinflusst. Es wurde argumentiert, dass weniger stabile PPI auch in leicht sauren Geweben (pH 3–5) gut aktiviert werden könnten und dort unerwünscht kovalent an Proteine binden (z.B. Endosomen, Lysosomen, Makrophagen, Osteoklasten). Diese unerwünschte Bindung wäre bei den stabileren PPI (Pantoprazol) geringer (Kromer *et al.*, 1998).

Tabelle 3.8 Bindung der PPI an unterschiedliche Cysteine der Protonenpumpe (Sachs *et al.*, 2006).

Omeprazol Esomeprazol	Cys813, Cys892
Lansoprazol	Cys813, Cys321
Pantoprazol Tenatoprazol	Cys813, Cys822
Rabeprazol	Cys813

Fazit

Die Magensäure (HCl) wird von den Belegzellen (Parietalzellen) des Magens gebildet, ein Bestandteil der Magendrüsen, welche den Magensaft produzieren. An der apikalen, in die Belegzelle eingestülpten Membran ist die Protonenpumpe (H^+/K^+-ATPase) lokalisiert, eine primäre aktive ATPase vom P-Typ. Sie erzeugt den enormen Gradienten zwischen dem Zytoplasma der Zelle (pH 7,4) und dem Canaliculuslumen (pH 1). Sie transportiert pro ATP-Molekül zwei Protonen nach außen und zwei K^+-Ion in die Zelle hinein.

Bei einer Reihe gastrointestinaler Erkrankungen (Ulzera, Sodbrennen, GERD, Refluxösophagitis) ist eine Reduktion der Säuresekretion erwünscht. Die H^+/K^+-ATPase und damit die Säuresekretion kann mit den Protonenpumpen-Inhibitoren (PPI) effizient blockiert werden. Die PPI, d.h. Omeprazol, Esomeprazol, Lansoprazol, Pantoprazol und Rabeprazol, sind Prodrugs, deren aktive Form in den sauren Canaliculi (pH 1) der Belegzelle kovalent an Cysteine des extrazellulären Anteils der Protonenpumpe binden und sie so effektiv hemmen. Das Targeting und der Wirkmechanismus der PPI sind raffiniert: PPI sind schwache Basen und reichern sich selektiv in den sauren Canaliculi an. Erst durch die Säure wird das Prodrug zum aktiven Sulfenamid aktiviert, welches an die Cysteine der H^+/K^+-ATPase binden kann.

Merksatz

- ***Die Salzsäure des Magensafts wird von den Belegzellen (Parietalzellen) gebildet. Die Protonenpumpe (H^+/K^+-ATPase) an der apikalen Membran der Belegzelle sekretiert Protonen ins Canaliculuslumen.***
- ***Die Protonenpumpe ist eine primär aktive ATPase, welche zur Familie der ATPasen vom P-Typ gehört. Sie transportiert 2 Protonen nach außen und 2 K^+-Ionen ins Zytoplasma der Belegzelle. Dazu wird ein ATP-Molekül als Energiequelle benötigt.***
- ***Die Sekretion der Magensäure ist einer komplexen Regulation unterworfen, die neuronale, para-, auto- und endokrine Elemente umfasst. Der wichtigste Stimulus ist die parakrine Stimulation der Belegzelle durch Histamin, welches an H_2-Rezeptoren an der basolateralen Seite der Zelle bindet. Dies führt zur Translokation von Vesikeln mit der Protonenpumpe an die apikale Membran.***
- ***Die Säuresekretion der Belegzellen wird pharmakologisch mit zwei Wirkstoffgruppen inhibiert: (1) Mit Histamin-H_2-Rezeptor-Antagonisten (z.B. Cimetidin, Ranitidin) und (2) mit Protonenpumpen-Inhibitoren (PPI).***
- ***Die Protonenpumpen-Inhibitoren (Omeprazol, Esomeprazol, Lansoprazol, Pantoprazol und Rabeprazol) binden kovalent an den extrazellulären Anteil der Protonenpumpe und hemmen den Transport.***
- ***Unterschiede in der Substituierung der PPI am Pyridin- und Benzimidazolring verändern deren Basizität und Nucleophilie und dadurch die Stabilität der Substanzen bei unterschiedlichen pH-Werten.***

3.7 Ionenkanäle

3.7.1 Geschichtliche Aspekte

Beginn der Elektrophysiologie

Die Erforschung der Ionenkanäle beginnt mit den Froschexperimenten von Luigi Galvani (1737–1798), Arzt und Professor für Anatomie in Bologna, in den 80er Jahren des 18. Jahrhunderts. Er entdeckte in zahlreichen Experimenten die sogenannte tierische Elektrizität, d.h. die Fähigkeit des Organismus, Elektrizität zu bilden, über die Nerven zu leiten und dadurch Muskelkontraktionen auszulösen (Galvani, 1791; Pera, 1992). Galvanis Experimente ebneten den Weg zur modernen Elektrophysiologie, ein Teilgebiet der Physiologie, die im 19. Jahrhundert ihren Anfang nahm (Junker, 2004). Das Verständnis der molekularen und zellulären Ursachen dieser Phänomene blieb aber lange Zeit im Dunkeln.

1886, also hundert Jahre nach Galvani, publizierte Camillo Golgi in Pavia (Italien) eine revolutionäre Methode zur Anfärbung von Nervenzellen mit Kaliumbichromat und Silbernitrat und damit ihrer Visualisierung unter dem Mikroskop. Basierend auf dieser Methode zeigte Santiago Ramón y Cajal in Barcelona, dass Nervengewebe aus **einzelnen, individuellen Zellen** besteht und mit anderen Nervenzellen über Zellverbindungen, von Sherrington 1897 als *Synapsen* bezeichnet, in Kontakt tritt.

Zur Erklärung der elektrischen Reizleitung über Nerven auf den Muskel stellte Julius Bernstein (1839–1917) bereits um 1900 eine erste *Ionentheorie* auf: Muskel- und Nervenfasern sind von semipermeablen Grenzschichten umgeben, die nur von bestimmten Ionen passiert werden können. Kaliumionen strömen nach außen und erzeugen ein Potential, den „Ruhestrom“, der mit den damaligen Methoden messbar war. Die Änderung des Potentials, die negative Schwankung, die als „Aktionsstrom“ bezeichnet wird, kommt durch Veränderungen der Permeabilität zustande (Bernstein, 1902).

Ionentheorie: Ruhemembranpotential und Aktionspotentiale

Die moderne Erforschung der Ionenkanäle beginnt in den 30er Jahren des 20. Jahrhunderts. Kenneth Cole und Howard Curtis führten 1938 Experimente am Riesenaxon des Tintenfischs (giant squid axon) durch, in denen sie zeigen konnten, dass die Ionenleitfähigkeit der Zellmembran während eines Aktionspotentials stark zunimmt (s. Abb. 3.63). Dies deutete darauf hin, dass das Aktionspotential durch einen Fluss von Ionen durch die Membran entsteht. Damit wurde die Grundlage für die molekulare Erklärung der tierischen Elektrizität gelegt: Die Fähigkeit der Neuronen, elektrische Signale zu erzeugen und zu leiten, beruht auf dem Transport von Alkaliionen durch Membranen und wird durch *Ionenkanäle* kontrolliert (s. Abb. 3.61). Ionenkanäle sind Membranproteine, welche den selektiven Fluss von Ionen über eine Membran ermöglichen, indem sie ihnen eine hydrophile Pore zur Verfügung stellen, durch die sie diffundieren können.

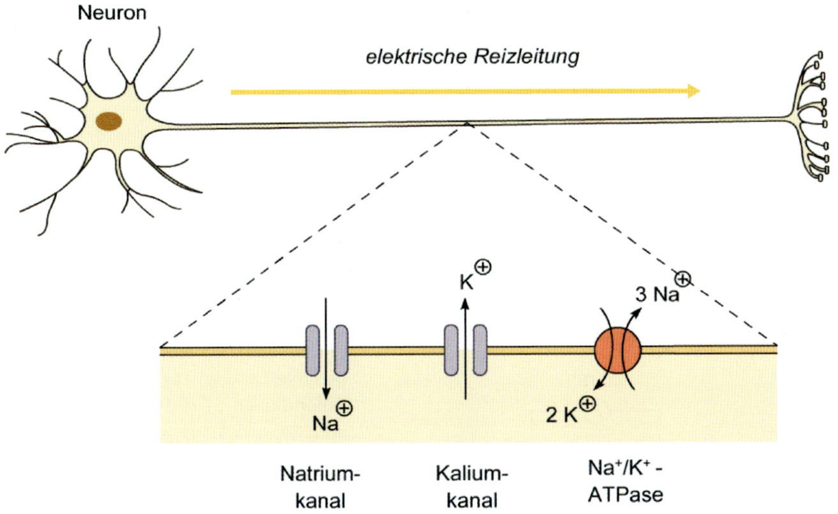

Abb. 3.61 Die molekulare Basis für die elektrische Reizleitung bilden die Ionenkanäle in der Zellmembran des Neurons.

Ruhemembranpotential

Wird mit einer Mikroelektrode die Spannung zwischen dem Zytoplasma einer Zelle und dem extrazellulären Raum gemessen, erhält man einen Wert von etwa -70 mV. Diese Spannung (Synonym: Potentialdifferenz) wird als *Ruhemembranpotential* bezeichnet. Die Zellmembran ist innen negativ und außen positiv geladen (z.B. Purves *et al.*, 1997, Mutschler *et al.*, 2007).

Ein kurzes Experiment soll die Entstehung der Potentialdifferenz an der Zellmembran verdeutlichen (s. Abb. 3.62). Zwei Kammern, die mit destilliertem Wasser gefüllt sind, werden durch eine Membran getrennt. Die Membran sei nur für positiv geladene Ionen durchlässig. Mit einer Elektrode wird die Spannung zwischen den beiden Kammern gemessen.

Das Gleichgewichtspotential E_x lässt sich mit der Nernst-Gleichung berechnen (Walther Nernst, 1864–1941). Das Potential hängt bei konstanter Temperatur nur von der Wertigkeit des Ions und den Ionenkonzentrationen in den zwei Kompartimenten ab.

$$E_X = \frac{RT}{zF} \ln \frac{[X]_{aussen}}{[X]_{innen}} \qquad (1)$$

E_x	Gleichgewichtspotential	variabel (V)
R	allgemeine Gaskonstante	= 8,31 J mol^{-1} K^{-1}
T	Temperatur	= 293 K (= 20 °C)
F	Faraday Konstante	= 96485 J V^{-1} mol^{-1}
z	Wertigkeit des Ions	variabel (+1 für Kalium)
X	Ionenkonzentrationen	variabel (mM)

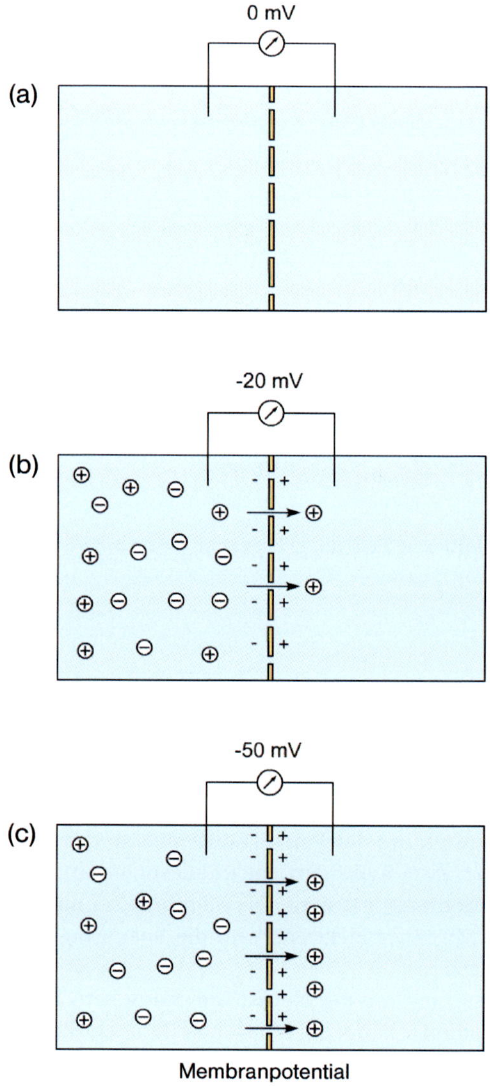

A Es besteht keine Spannung, weil beide Kammern neutral (ungeladen) sind.
B In die linke Kammer wird Kaliumchlorid (K^+Cl^-) gegeben. Da die Membran für Kaliumionen (+) durchlässig ist, beginnen die Kaliumionen aufgrund der Brownschen Molekularbewegung und des Konzentrationsgradienten in die rechte Kammer zu diffundieren. Da jedes Kaliumion eine positive Ladung trägt und die Chloridionen (-) nicht diffundieren können, bildet sich in der rechten Kammer ein Überschuss an positiver Ladung aus, während die Ladung der linke Kammer (Membranseite) negativer wird. Mit der Elektrode kann jetzt eine negative Spannung in Millivolt gemessen werden. Diese Spannung oder Potentialdifferenz ist das Membranpotential.
C Die Membran lädt sich auf der rechten Seite zunehmend positiv auf. Dies vermindert das Bestreben der ebenfalls positiv geladenen Kaliumionen, in die rechte Kammer zu diffundieren, da sie von der Ladung abgestoßen werden. Es konkurrieren also zwei Kräfte, der Konzentrationsgradient und das entstehende Potential. Wenn diese zwei Kräfte im Gleichgewicht stehen, stellt sich das konstante *Gleichgewichtspotential* ein.

Abb. 3.62 Entstehung der Potentialdifferenz an einer Membran.

Betrachten wir nun die physiologische Situation einer Zelle. Die intra- und extrazellulären Konzentrationen von Na^+ und K^+ sind in Tabelle 3.9 aufgeführt.

Die Erzeugung dieser unterschiedlichen Ionenkonzentrationen erfordert Energie. Die Na^+/K^+-ATPase, ein primär aktiver Transporter, erzeugt unterschiedliche intra- und extrazelluläre Ionenkonzentrationen (s. Abschnitt „Transporter“).

Betrachten wir zunächst die Kaliumionen. Sie liegen innerhalb der Zelle in einer höheren Konzentration vor und diffundieren durch Kaliumkanäle (Ionenkanäle) nach außen. Intrazellulär befinden sich negativ geladene Proteine. Wie im

Tabelle 3.9 Typische intra- und extrazelluläre Ionenkonzentrationen erregbarer Zellen (Mutschler *et al.*, 2007).

Ion	[intrazellulär]	[extrazellulär]	Gleichgewichtspotential E_x
K^+	120 mmol/l	4 mmol/l	–90 mV
Na^+	15 mmol/l	145 mmol/l	+61 mV

oben betrachteten Experiment entsteht demnach ein negatives Gleichgewichtspotential, das sich mit der Nernst-Gleichung durch Einsetzen der Kaliumkonzentrationen mit -90 mV berechnen lässt.

Im Unterschied zum Experiment in Abbildung 3.62 besteht bei der Zelle auch ein Natriumgradient, der umgekehrt von außen nach innen gerichtet ist. Natriumionen strömen durch Natriumkanäle in die Zelle ein und erzeugen ein positives Gleichgewichtspotential, dass sich mit der Nernst-Gleichung auf +61 mV berechnen lässt.

Das Ruhemembranpotential der Zelle (–70 mV) ergibt sich aus der Kombination der Gleichgewichtspotentiale aller beteiligten Ionen. Es wird vor allem durch das Gleichgewichtspotential der Kaliumionen bestimmt, aber durch das entgegengesetzte Potential der Natriumionen vermindert. Der Grund, weshalb in Ruhe die Natriumionen keine größere Rolle spielen, liegt bei der unterschiedlichen Permeabilität der Membran für die Ionen. In Ruhe beträgt die Permeabilität für Natriumionen nur etwa 5 % der Permeabilität für Kaliumionen.

Das Ruhemembranpotential entsteht also:

- aufgrund der unterschiedlichen Ionenverteilung auf den beiden Seiten der Membran
- aufgrund der Permeabilität der Membran für bestimmte Ionen durch Ionenkanäle (Natrium- und Kaliumkanäle).

Aktionspotential

Das Aktionspotential ist eine Veränderung des Membranpotentials erregbarer Zellen, wobei das Potential vorübergehend positiv wird (+30 mV). Aktionspotentiale sind zentral für die Informationsübertragung zwischen Neuronen und von Neuronen auf Muskeln und Drüsen. Die Grundlage für das Positivwerden des Membranpotentials bildet der Einstrom von Natriumionen in die Zelle. Durch die Öffnung von spannungsabhängigen Natriumkanälen wird die Permeabilität der Membran für Natriumionen erhöht und das Potential in den positiven Bereich verschoben. Durch das Öffnen von spannungsabhängigen Kaliumkanälen wird das Membranpotential wieder in den negativen Bereich zurückverschoben.

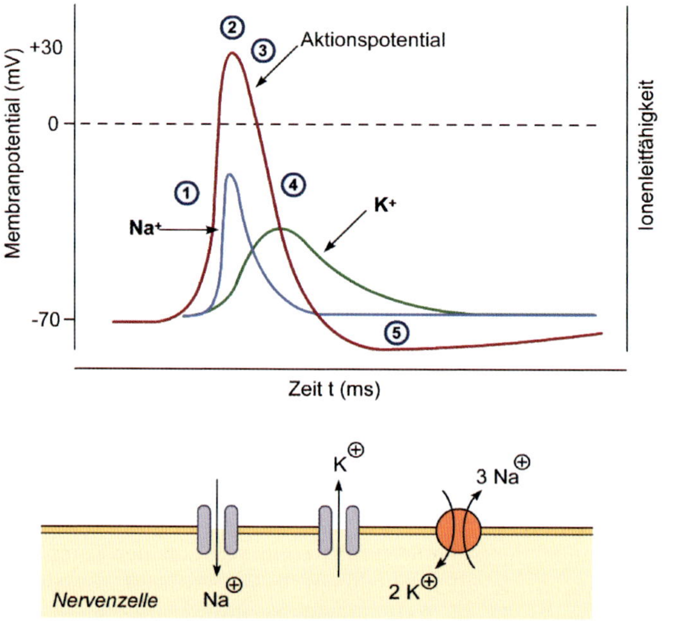

Abb. 3.63 Dem Aktionspotential liegt eine Permeabilitätsveränderung der Zellmembran für Ionen zugrunde. Durch die erhöhte Permeabilität für Natriumionen wird das zunächst negative Ruhemembranpotential (-70 mV) während des Aktionspotentials positiv (+30 mV). Die Permeabilitäten werden durch das Öffnen und Schließen spannungsabhängiger Ionenkanäle verändert. Die ATP-abhängige Na+/K+-ATPase sorgt für den Ausgleich der Konzentrationen zwischen dem intra- und extrazellulären Raum (Bild modif. nach Kandel *et al.*, 1996).

Das Aktionspotential verläuft wie folgt (s. Abb. 3.63):

1. Öffnung der Natriumkanäle als Folge einer Veränderung des Membranpotentials, Einstrom von Natriumionen in die Zelle.
2. Depolarisation: Das Potential steigt von -70 mV auf bis zu +30 mV.
3. Schließen der Natriumkanäle (Inaktivierung), Öffnen der Kaliumkanäle.
4. Repolarisation: Das Potential sinkt wieder.
5. Hyperpolarisierendes Nachpotential durch verzögertes Schließen der Kaliumkanäle.

Der Kanal als Idee

Die Ionentheorie des Aktionspotentials wurde ab 1939 von Alan Hodgkin, Andrew Huxley und Bernard Katz entwickelt (Hodgkin, 1963). Sie ist im weitesten Sinne eine Erweiterung von Julius Bernsteins Ionentheorie (Bernstein, 1902). In den 50er Jahren publizierten Hodgkin und Huxley Arbeiten über das Aktionspotential, in denen als Ursache für die Potentialveränderungen eine Permeabilitätsänderung der Zellmembran für Natrium- und Kaliumionen vorgeschlagen wurde. Aufgrund ihrer Untersuchung der Permeabilität der Zellmembran für Kaliumionen prägten Hodgkin und Keynes 1959 den Begriff *Kanal.* Ihre Experimente führten zur Vorstellung, dass offenbar mehrere Ionen gleichzeitig in einer Art langen Pore den Kanal passieren (Hodgkin & Keynes, 1955; Aidley & Stanfield, 1996; MacKinnon, 2003):

> „A different way of explaining the anomalous flux rations is to imagine that K^+ ions cross the membrane through narrow tubes or channels." (Hodgkin & Keynes, 1955, S. 84–85)

In den nächsten zwei Jahrzehnten zeigten Bertil Hille und Clay Armstrong, dass Natrium- und Kaliumionen durch *selektive* Natrium- und Kaliumkanäle transportiert werden, bei denen es sich um integrale Membranproteine handelt. Sie entwickelten u.a. das Konzept des *Selektivitätsfilters* und des *Gatings.* Langsam formte sich aus der Idee eines abstrakten Kanals ein konkretes Objekt (Hille, Armstrong & MacKinnon, 1999). So studierte Bertil Hille beispielsweise die Struktur der Kalium- und Natriumkanäle, indem er die Permeabilität für verschiedene organische und anorganische Ionen maß. Aus diesen Messungen ergaben sich Vorstellungen über die Größe der Pore in den Kanälen und Modelle über den Selektivitätsfilter konnten aufgestellt werden.

Bertil Hille: Ist die Zellmembran ein molekulares Sieb?

Recht früh wurde die Zellmembran als molekulares Sieb mit Poren beschrieben, etwa bei Bayliss (1918), der sich dabei auf Chemiker und Physiologen des 19. Jahrhunderts bezog:

> „Membranes may also be looked from the point of view of their structure. This may be one of the nature of a sieve, so that different membranes have different sizes of holes." (Bayliss, 1918, zitiert aus Hille, 1992, S. 184)

Die Modellvorstellung eines molekularen Siebs, das die Kanäle und Poren in der Zellmembran beschreiben soll, hat funktionelle Konsequenzen. Bei einem Sieb können Ionen, deren Durchmesser kleiner ist als der Durchmesser der Löcher des Siebs, die Membran passieren. Die größeren Ionen hingegen werden zurückgehalten (s. Abb. 3.64 links).

Hille testete dieses Modell mit einfachen Mitteln. Er untersuchte die Permeabilität verschiedener Ionen durch den Natrium- (Hille, 1971; 1972) und den Kaliumkanal (Hille, 1973). Dabei stellte sich heraus, dass das Modell des Siebs zwar für die größeren Ionen eine adäquate Beschreibung ist, nicht aber für die kleinen!

Während Ionen ab einem bestimmten Durchmesser nicht transportiert werden, trifft dies auch für Ionen zu, die kleiner sind als der Durchmesser der Poren des „Siebs" (s. Abb. 3.63 rechts). Obwohl zum Beispiel das Natriumion (Durchmesser: 1,90 Å) kleiner ist als Kalium (Durchmesser: 2,66 Å), kann es den Kaliumkanal praktisch nicht überwinden. Die Voraussetzung für den Transport ist also eine optimale Größe, d.h. das Ion darf weder zu groß, noch zu klein sein. Dies steht in direktem Widerspruch zum Modell eines molekularen Siebs, das deshalb nur teilweise valide ist:

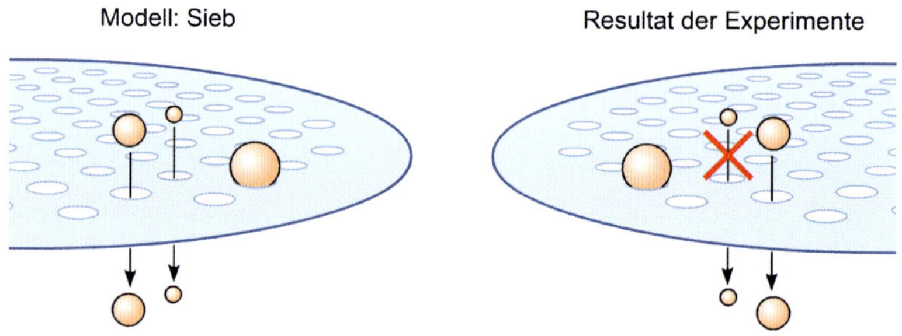

Abb. 3.64 Hilles Experiment zum Test der Hypothese, ob eine Membran sich wie ein molekulares Sieb verhält. Links: Modell eines Siebs. Alle Kugeln mit einem Durchmesser kleiner als der Porendurchmesser können das Sieb passieren. Rechts: Hille fand heraus, dass sich die Zellmembran nicht wie ein Sieb verhält. Nur Ionen einer bestimmten Größe können die Membran passieren. Zu kleine oder zu große Ionen werden zurückgehalten.

> „In conclusion, the old idea that ionic channels act as molecular sieves explains one striking feature of ionic selectivity: The permeability cuts off at a definite ionic size." (Hille, 1984, S. 246)

Hille konnte mit seinen Experimenten das Modell verfeinern. Er entwickelte ein Modell der Kanäle, bei dem eine engste Stelle für die Auswahl der Ionen verantwortlich war. Dieser sogenannte *Selektivitätsfilter* schloss die zu kleinen und zu großen Ionen mechanisch aus (Hille, 1971).

Permeabilität durch den Natriumkanal

Obwohl die folgenden Ionen scheinbar sehr ähnlich sind, ist ihre Permeabilität durch den Natriumkanal unterschiedlich. Methylamin wird durch den Natriumkanal schlecht, Hydroxylamin und Hydrazin jedoch gut transportiert.

Methylamin	$CH_3–NH_3^+$	schlechte Permeabilität
Hydroxylamin	$OH–NH_3^+$	gute Permeabilität
Hydrazin	$NH_2–NH_3^+$	gute Permeabilität

Hille schloss daraus, dass der Selektivitätsfilter des Natriumkanals über eine Reihe von Sauerstoffatomen verfügen muss, welche Wasserstoffbrücken mit der Hydroxylgruppe (–OH) von Hydroxylamin und der Aminogruppe ($–NH_2$) von Hydrazin eingehen konnten, nicht jedoch mit der Methylgruppe ($–CH_3$) von Methylamin. Diese Experimente zeigten also, dass sich Ionenkanäle nicht rein mechanisch charakterisieren lassen.

70er Jahre: Patch-Clamp-Technik

Die *Patch-Clamp-Technik* (s. Abb. 3.65) von Erwin Neher und Bert Sakmann (Neher & Sakmann, 1976; 1992) führte zu einem entscheidenden Durchbruch bei der Erforschung der Kanäle – und zum Nobelpreis in Physiologie/Medizin 1991. Mit einer sehr feinen Pipette wurde es möglich, die Ströme einzelner Kanäle zu messen. Wenn Ionen durch Kanäle strömen, dann fließt ein elektrischer

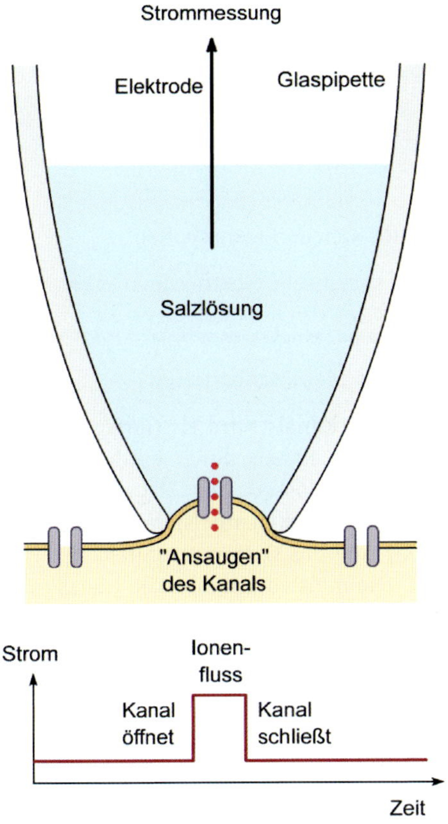

Abb. 3.65 Patch-Clamp-Technik (nach Aidley & Stanfield, 1996). Der Kurvenverlauf des Stroms ist schematisch dargestellt.

Strom. Indirekt konnten so die Kanäle beim Öffnen und Schließen beobachtet werden.

Ab 1980: Molekularbiologie

Ein weiterer großer technischer Fortschritt wurde mit den Methoden der Molekularbiologie ab 1980 möglich: Nun konnten Gene kloniert und in Expressionssystemen wie *E. coli* exprimiert werden. Da die Aminosäuresequenz zahlreicher Kanäle bestimmt worden war, wurde es möglich, durch Punktmutationen funktionelle Studien durchzuführen (gain of function/loss of function)

Roderick MacKinnon erforschte mit seiner Gruppe an der Rockefeller University in New York die Struktur und Funktion des Kaliumkanals. Als wertvolles Werkzeug bei den Untersuchungen erwies sich dabei ein Skorpiongift, mit welchem der Kaliumkanal durch Blockade der Pore inhibiert werden konnte.

1998 konnte die Kristallstruktur des bakteriellen Kaliumkanals KcsA aufgeklärt werden (Doyle *et al.*, 1998, s. Abb. 3.65). Dies gilt als großer Durchbruch, denn wie alle Membranproteine sind auch die Kanäle schwierig zu kristallisieren. 2003 erhielt MacKinnon für die strukturelle und mechanistische Aufklärung des

Kaliumkanals den Nobelpreis in Chemie (MacKinnon, 2003; http://nobelprize.org). Die Erforschung der Kanäle ist damit aber noch lange nicht abgeschlossen, weil viele Fragen zur Struktur und Funktion immer noch unbeantwortet sind.

3.7.2
Eigenschaften von Ionenkanälen

Ionenkanäle (s. Abb. 3.66) haben drei grundsätzliche Eigenschaften:

- Sie öffnen und schließen als Reaktion auf spezifische elektrische, mechanische oder chemische Signale.
- Sie erkennen selektiv bestimmte Ionen.
- Sie leiten diese Ionen durch den Kanal über Membranbarrieren.

Der erste Punkt, das Öffnen und Schließen des Kanals, wird als *Gating* bezeichnet (engl.: gate = Tor). Dabei wird die Pore des Kanals durch Konformationsänderungen des Proteins freigegeben oder geschlossen. Der *Voltage-Sensor* ist bei den spannungsabhängigen Kanälen (voltage-gated channels) diejenige Struktur, welche die Potentialänderung registriert und das Gating vermittelt.

Der zweite Punkt betrifft die Selektivität. Die meisten Ionenkanäle transportieren Ionen mehr oder weniger selektiv. Einerseits können sie bestimmte Ionen selektiv transportieren, z.B. Natrium-, Kalium-, Calcium- oder Chloridionen oder sie können andererseits bestimmten Gruppen von Ionen, z.B. monovalenten Kationen oder Kationen im Allgemeinen die Überwindung der Membran ermöglichen. Als *Selektivitätsfilter* wird diejenige Struktur des Kanals bezeichnet, die für die Auswahl der Ionen verantwortlich ist. Der Filter wird aus Aminosäuren und ihren Seitenketten gebildet. Häufig befindet sich der Selektivitätsfilter an der engsten Stelle der Pore.

Der dritte Punkt betrifft die Leitung der Ionen durch die *Pore* des Kanals. Sie erfolgt in der Regel schnell. Als Pore des Ionenkanals wird der Weg bezeichnet, durch den Ionen von der einen Seite der Membran zur anderen gelangen. Wenn die Pore sehr eng ist, kann ein Ion auch ohne seine Hydrathülle transportiert werden (vgl. Kaliumkanal).

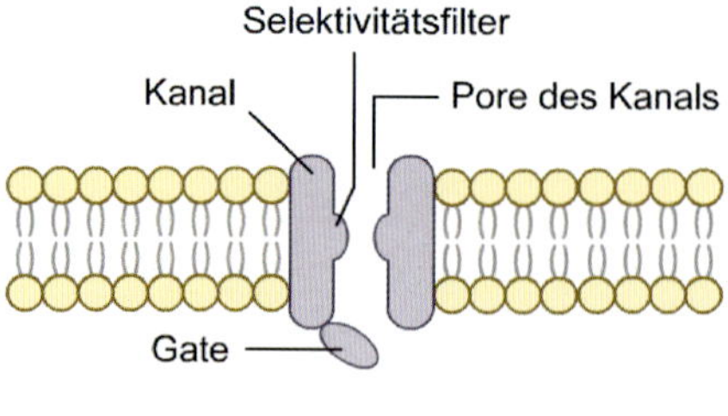

Abb. 3.66 Schematische Darstellung eines Ionenkanals.

Klassifizierung der Kanäle

1. Kanäle können wie Transporter phylogenetisch mit dem TC-System (Transporter Classification) klassifiziert werden, welches ähnlich aufgebaut ist wie das EC-System für die Enzyme. Sie gehören vorwiegend zur Unterklasse 1.A, α-type channels (s. Abb. 3.67, Saier, 2000).
2. Eine weitere Möglichkeit ist die Einteilung nach der Art des Gatings (s. Tab. 3.10).
3. Kanäle werden schließlich auch nach ihrer Selektivität klassifiziert („Kaliumkanal", „Natriumkanal"). Dabei ist zu beachten, dass „der Kaliumkanal" an sich nicht existiert. Gemeint ist immer ein bestimmter Vertreter aus der großen Familie der Kaliumkanäle.

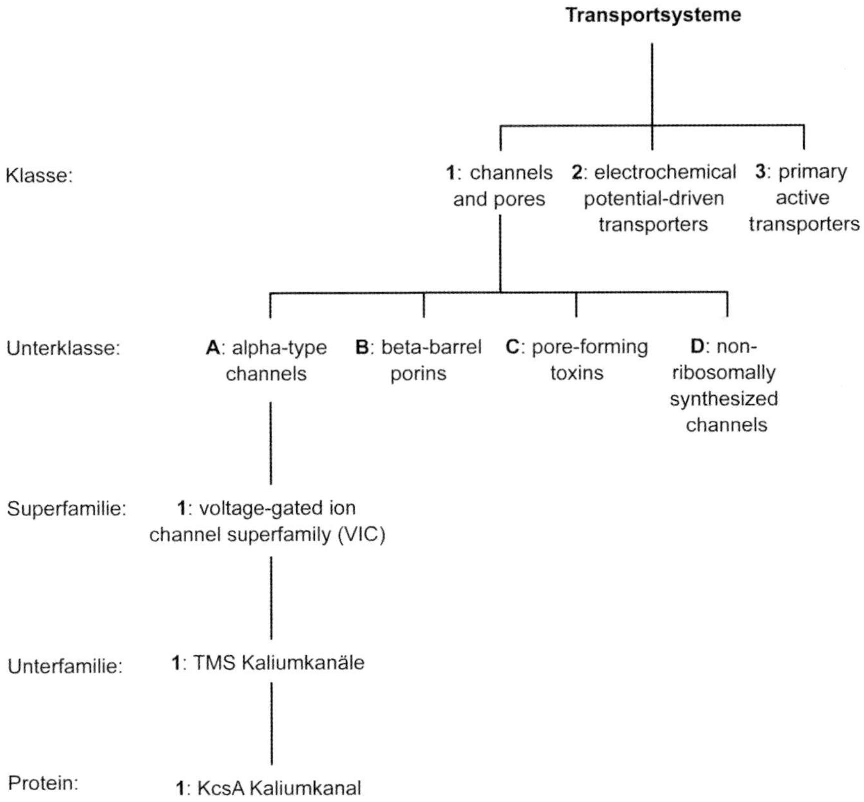

Abb. 3.67 TC-System (Transporter Classification). Transportproteine werden gemäß einer phylogenetischen Einteilung in Klassen, Unterklassen, (Super)familien und Unterfamilien klassifiziert. Kanäle gehören zur Klasse 1 „channels and pores". Der bakterielle KcsA-Kanal hat die TC-Nummer 1.A.1.1.1.

Tabelle 3.10 Einteilung der Kanäle nach dem Gating (Beispiele, angepasst aus Celesia, 2001).

Gating	Beispiele	Effektor	Transportiertes Ion
1. Non-gated channels	Na^+-, K^+-, Cl^--Kanäle	kein Gating	Na^+, K^+, Cl^--
2. Gated Channels			
2.1. Voltage-gated	Na^+, K^+, Cl^-, Ca^{2+}-Kanäle	elektrisches Feld	Na^+, K^+, Cl^-, Ca^{2+}
2.2. Ligand-gated	Nicotinischer Acetylcholin-Rezeptor NMDA-Rezeptor $GABA_A$-Rezeptor	Bindung des Liganden Acetylcholin NMDA GABA	Na^+, K^+ Na^+, K^+, Ca^{2+} Cl^-
2.3 Proton-gated	M2-Protein (Influenza A)	H^+ (Protonen)	H^+
2.4 Mechanically gated	Bakterielle Kanäle	Mechanischer Stimulus	Na^+, Cl^--
2.5 Second-messenger-gated	Muscarinischer Ach-Rezeptor Serotonin-Rezeptor	Bindung Second Messenger (cAMP, cGMP), sekundäre Aktivierung des Ionenkanals (Phosphorylierung)	K^+ K^+

Hydrathüllen

In Lösung liegen Ionen nicht frei vor, sondern interagieren über Ion-Dipol-Wechselwirkungen mit Wassermolekülen (sog. Hydrathüllen, s. Abb. 3.68). Die Anordnung der Wassermoleküle ist dabei von der Ladung, dem Durchmesser und dem Koordinationsverhalten des Ions abhängig. Bei positiv geladenen Ionen sind die Wassermoleküle mit dem partiell negativ geladenen Sauerstoff gegen das Ion ausgerichtet, bei negativ geladenen Ionen mit den partiell positiv geladenen H-Atomen. Diese elektrostatische Stabilisierung ist sehr stark im Vergleich zu nicht-polaren Molekülen oder den Ionen im Vakuum.

Die Hydrathülle ist nicht starr, sondern sehr flexibel: Die Ionen und Wassermoleküle sind in ständiger Bewegung und verändern ihre Positionen und Bindungspartner. Aus diesem Grund werden auch unterschiedliche Angaben über die Anzahl der Wassermoleküle einer Hydrathülle gemacht (Aidley, 1996; Hille, 1992).

Abb. 3.68 Illustration eines Ions (positiv geladen, zum Beispiel ein Kaliumion), welches von einer flexiblen Hydrathülle aus Wassermolekülen umgeben ist. Die partiell negativ geladenen Sauerstoffatome sind gegen das positiv geladene Ion gerichtet (nach Hille, 1992).

3.7.3 Kaliumkanäle: Schnelle Leitung, hohe Selektivität

> „If an ion is to penetrate through a membrane composed of small pores, it must replace the water molecules that are serving as hydration with other molecules (the pore walls) which will serve this function." (Mullins, 1959)

Kaliumkanäle werden in fast allen Zellen exprimiert und bilden wahrscheinlich die größte Ionenkanalfamilie. Eine ihrer wichtigsten Funktionen liegt in der Regulation des Membranpotentials und der Beendigung des Aktionspotentials. Bei der Repolarisation öffnen sich die Kaliumkanäle und Kalium strömt in die Zelle ein (s. Abb. 3.63).

Fragestellung

Kaliumkanäle transportieren **10 bis 100 Millionen Kaliumionen pro Sekunde** mit dem Gradienten über die Membran (MacKinnon, 2003). Die Ionen passieren den Kanal fast so schnell, wie sie zu ihm hin diffundieren. Das bedeutet, dass die energetische Barriere des Kanals sehr tief ist. Gleichzeitig ist der Kaliumkanal aber auch sehr selektiv. So wird zwar das Kaliumion, aber nur jedes 10 000ste Mal das ebenfalls monovalente Natriumion über den Kanal transportiert, obwohl der Durchmesser des Natriumions kleiner ist.

Daraus ergeben sich zwei Fragen:

1. Wie wird die hohe Transportgeschwindigkeit vermittelt?
2. Wie wird die Selektivität des Kanals vermittelt?

Diese Fragen konnten beantwortet werden, nachdem die Struktur des Kanals bekannt war (MacKinnon, 2003).

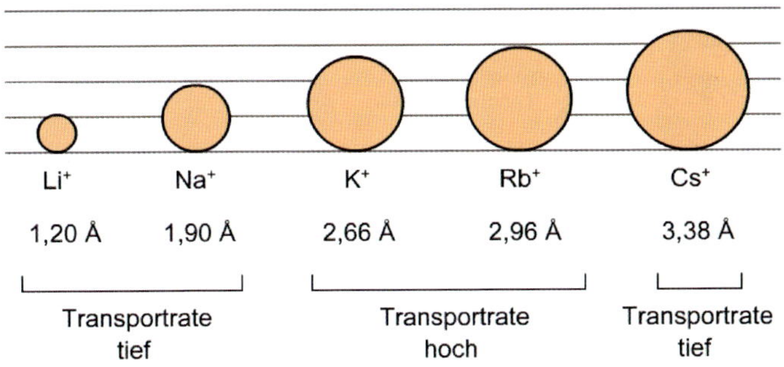

Abb. 3.69 Ionendurchmesser der monovalenten Alkaliionen (nach Hille, 1972; Radien nach Pauling, 1960). K^+ und Rb^+ passieren den Kaliumkananl KcsA am effizientesten. Folgende Reihenfolge wurde für die Leitung der Ionen bestimmt: $K^+ > Rb^+ >> Cs^+, Na^+, Li^+$. (LeMasurier, Heginbotham & Miller, 2001).

Struktur des Kaliumkanals

Kaliumkanäle bestehen typischerweise aus vier identischen Untereinheiten, die ein Homotetramer bilden. Die Untereinheiten sind rotationssymmetrisch um die zentrale Pore angeordnet, durch welche die Ionen strömen. Jede Untereinheit besteht aus 3 Helices, die durch Loops verbunden sind. Abbildung 3.70 zeigt den Kaliumkanal KcsA von *Streptomyces lividans* (TC 1.A.1.1.1; Doyle *et al.*, 1998).

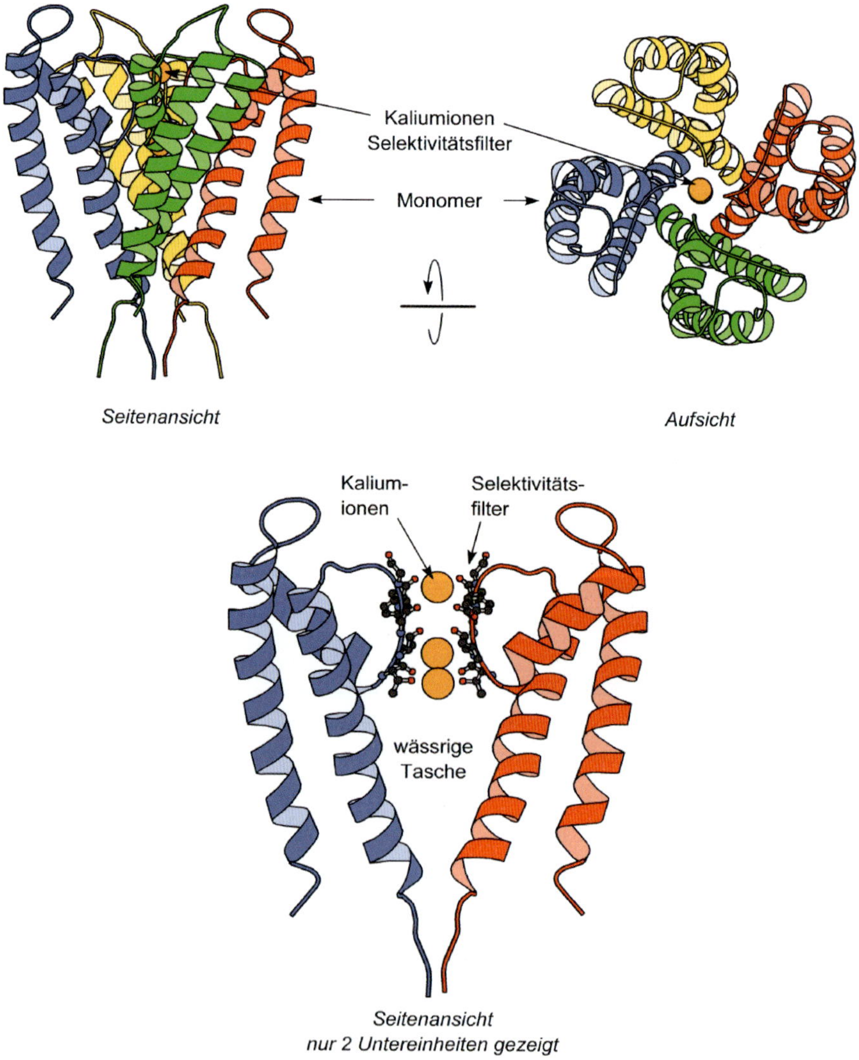

Abb. 3.70 Struktur des bakteriellen Kaliumkanals KcsA von *Streptomyces lividans*. Der Kaliumkanal ist ein Homotetramer, d.h. er besteht aus 4 identischen Untereinheiten (blau, gelb, rot, grün dargestellt), welche um die zentrale Pore angeordnet sind. Durch die Pore passieren die Kaliumionen die Membran (orangefarbene Kugeln). (Kristallstruktur: 1BL8; Doyle *et al.*, 1998; die Proteinstruktur wurde mit Molscript erstellt und modifiziert, Kraulis, 1991).

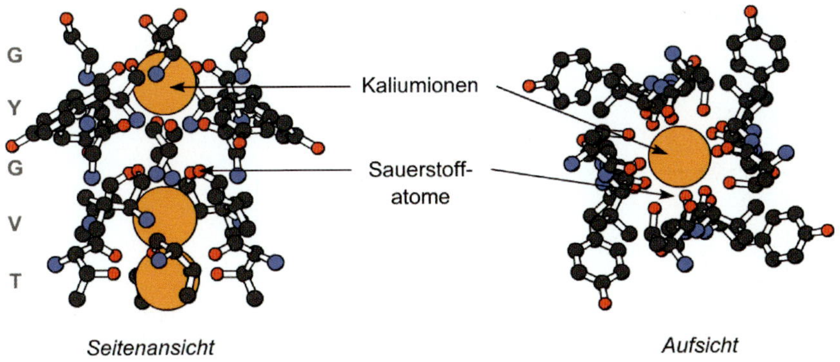

Abb. 3.71 Der Selektivitätsfilter des Kaliumkanals KcsA. Carbonylsauerstoffatome des Proteinbackbone (rot) sind in die Pore des Kanals gerichtet und koordinieren die Kaliumionen (orange). In dieser Kristallstruktur befinden sich drei Ionen in der Pore. Im leitenden Kaliumkanal sind es nur zwei Ionen, siehe Abbildung 3.73 (Kristallstruktur: 1BL8; Doyle *et al.*, 1998; die Proteinstruktur wurde mit Molscript erstellt und modifiziert, Kraulis, 1991).

Selektivitätsfilter

Der Selektivitätsfilter des Kaliumkanals wird durch Backbone-Carbonylsauerstoffatome der vier Monomere gebildet und hat einen Durchmesser von ca. 3Å (s. Abb. 3.71). Er ist bei allen Kaliumkanälen konserviert. Jedes Monomer ist mit den folgenden fünf Aminosäuren, die als Signature Sequence bezeichnet werden, an der Bildung des Filters beteiligt:

T^{75} V^{76} G^{77} Y^{78} G^{79}
Signature Sequence

Die Carbonylsauerstoffatome des Proteinbackbone dieser Aminosäuren sind ins Innere des Filters gerichtet. Die Aminosäuresequenz, welche den Selektivitätsfilter bildet, ist in den verschiedensten Organismen (Mensch, Maus, Wurm, Fruchtfliege, Bakterium) identisch, also hoch konserviert.

Der Kanal hat vier Bindungsstellen (1–4), welche aus Sauerstoffatomen des Proteinbackbone gebildet werden. Im leitenden Zustand sind jeweils zwei besetzt (s. Abb. 3.72).

Transport der Ionen und Selektivität

Ein Kaliumion liegt innerhalb und außerhalb der Zelle hydratisiert vor, d.h. es ist von Wassermolekülen umgeben und seine Ladung ist stabilisiert. Damit der enge Kanal passiert werden kann, müssen die Wassermoleküle der Hydrathülle abgestreift werden. Je 8 Carbonylsauerstoffatome aus der Signature Sequence der vier Untereinheiten sind ins Innere des Selektivitätsfilters gerichtet und dienen als perfekter Ersatz der Hydrathülle: Somit mimikriert der Selektivitätsfilter des Kaliumkanals die Hydrathülle des Ions und kompensiert die Dehydratisierungsenergie. Nachdem das Ion den Filter passiert hat, wird es wieder von einer Hydrathülle umschlossen (s. Abb. 3.73). Dieser Mechanismus ermöglicht den schnel-

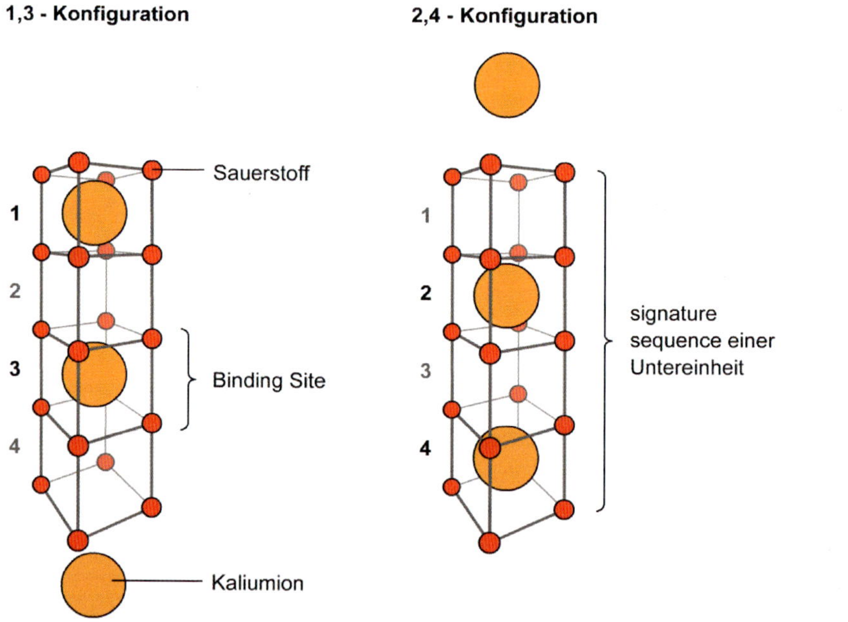

Abb. 3.72 Bindungsstellen für Kaliumionen im Selektivitätsfilter des Kanals (schematisch). Der Kanal hat vier Bindungsstellen (1–4), welche aus Sauerstoffatomen des Proteinbackbone gebildet werden. Im leitenden Zustand sind jeweils zwei besetzt.

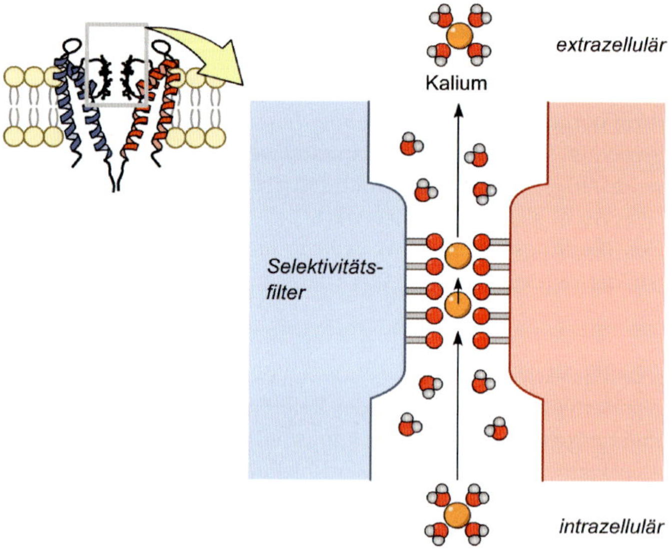

Abb. 3.73 Transport der Kaliumionen durch den Selektivitätsfilter von KcsA. Kaliumionen werden entlang des Gradienten aus dem Zellinneren (unten) in den extrazellulären Raum (oben) geleitet. K^+ liegt in Lösung hydratisiert vor. Der Selektivitätsfilter bildet einen perfekten Ersatz für die Hydrathülle, d.h. er mimikriert sie. Im Selektivitätsfilter befinden sich bei ausreichender Kaliumkonzentration zwei Kaliumionen. Wenn unten ein Ion in den Selektivitätsfilter diffundiert, wird oben ein Ion freigesetzt.

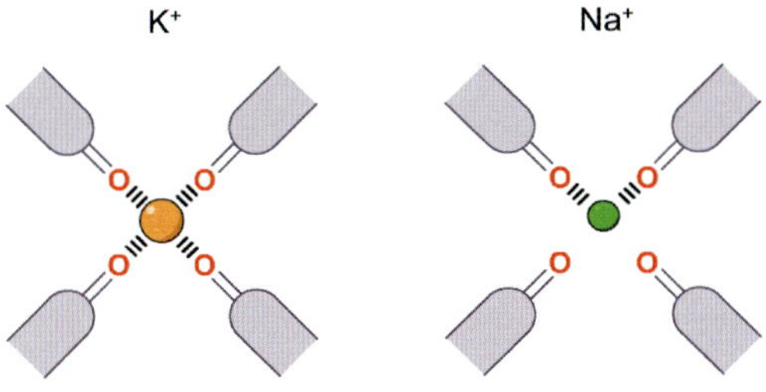

Abb. 3.74 Größenvergleich von Kalium- und Natriumionen im Selektivitätsfilter des Kaliumkanals (Aufsicht). Natriumionen interagieren nicht optimal mit dem Filter und bleiben deshalb bevorzugt in der Hydrathülle (modifiziert nach: nobelprize.org, 2003).

len, energetisch günstigen Transport der Ionen. Er bildet zudem die Grundlage für die Selektivität gegenüber Natriumionen. Na^+ ist kleiner und kann nicht optimal mit den Carbonylsauerstoffatomen des Kanals interagieren. Damit fehlt der energetische Anreiz, die Hydrathülle zu verlassen. Sie passieren deshalb den Kanal nicht oder nur sehr selten (s. Abb. 3.74).

3.8 Medizinisch-pharmazeutische Relevanz der Ionenkanäle

Kanäle sind medizinisch-pharmazeutisch von großer Bedeutung. Ein erster wichtiger Aspekt des Themas sind die *Kanalopathien*, d.h. Störungen in der Funktion eines Kanals, die zu Krankheit oder Tod führen können (Ashcroft, 1999; Celesia, 2000). Im Weiteren sind Ionenkanäle Targets für eine Reihe wichtiger Arzneimittelgruppen, wie zum Beispiel Lokalanästhetika und Calciumkanalblocker.

3.8.1 Kanalopathien

Da Ionenkanäle an wichtigen physiologischen Funktionen essentiell beteiligt sind, ist es leicht zu verstehen, dass Krankheiten auftreten, wenn ein Kanal nicht oder nur teilweise funktioniert. Kanalopathien können (1) autoimmune, (2) toxische und (3) genetische Ursachen haben.

Autoimmune Ursachen – Myasthenia gravis

Eine der bekanntesten autoimmun ausgelösten Kanalopathien ist die *Myasthenia gravis*, bei der Antikörper gegen den nicotinischen Acetylcholinrezeptor gebildet werden. Dadurch wird die neuromuskuläre Signalübertragung gestört. Die Folge ist eine hohe Ermüdbarkeit und Lähmungen der quergestreiften Muskulatur.

Toxische Ursachen – Batrachotoxine

Toxische Ursachen für Kanalopathien sind Gifte oder Arzneimittel, welche die Leitung von Ionen über Kanäle fördern oder hemmen können. Viele natürliche Toxine üben ihren toxischen Effekt über die Beeinflussung von Ionenkanälen aus.

Batrachotoxine, eine Gruppe von Steroidalkaloiden, wurden in den 60er Jahren in der Haut von Fröschen der Gattung *Phyllobates* entdeckt (griech.: batrachos = Frosch). Die Frösche sezernieren das Gift bei drohender Gefahr über Drüsen auf ihre Haut. Batrachotoxine gehören zu den giftigsten natürlichen Substanzen überhaupt. Es sind Neurotoxine, welche eine irreversible Öffnung der spannungsabhängigen Natriumkanäle bewirken. Als Folge davon wird die Permeabilität der Zellmembran für Natriumionen erhöht und die Membran depolarisiert. Dies führt zu einem neuromuskulären Block und u.a. zu Kardiotoxizität (Arrhythmien, Dyspnoe, Tod). Indianer im Choco-Regenwald in Kolumbien verwenden die Frösche zur Herstellung von Pfeilgiften. Tetrodotoxin, ein Neurotoxin und ein Natriumkanalblocker, das z.B. im Kugelfisch (*Fugu*) vorkommt, kann die Effekte von Batrachotoxin aufheben (Albuquerque, Daly & Witkop, 1971).

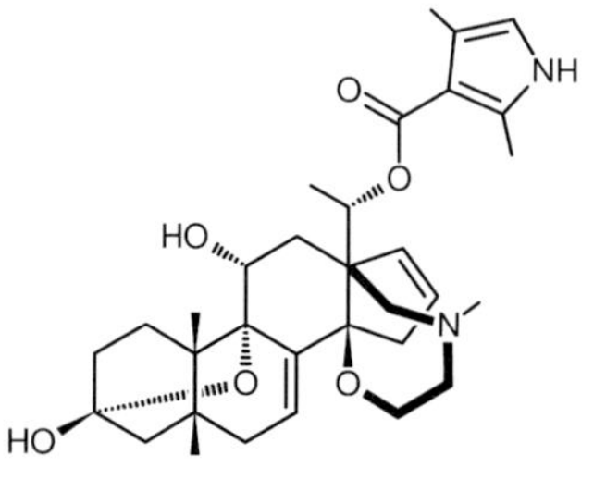

Batrachotoxin

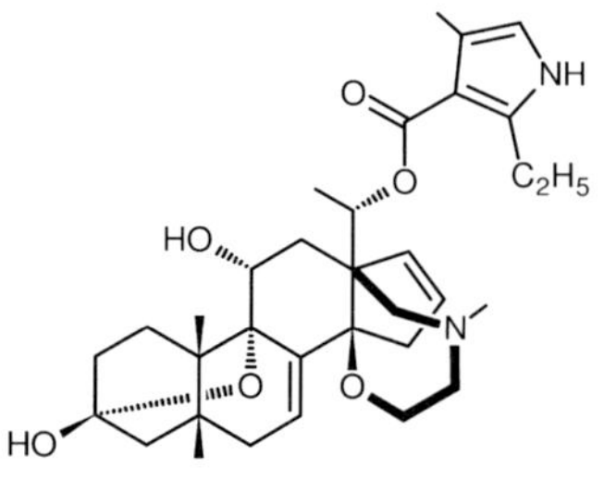

Homobatrachotoxin

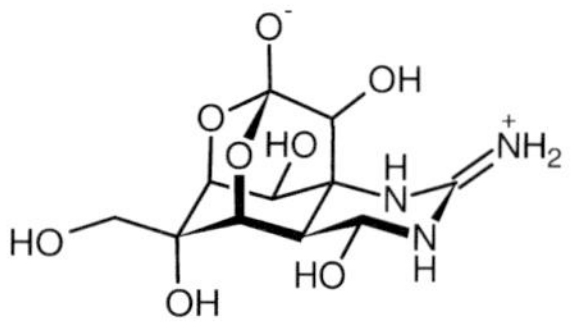

Tetrodotoxin

In der Haut von Fröschen, die in Gefangenschaft, d.h. nicht in ihrer natürlichen Umgebung aufwachsen, können keine Batrachotoxine nachgewiesen werden (Daly *et al.*, 1980), da die Frösche die Toxine nicht selbst synthetisieren, sondern wahrscheinlich mit der Nahrung aufnehmen, z.B. aus Insekten, und in der Haut anreichern, wo sie über Monate verbleiben können (Daly *et al.*, 1994).

Batrachotoxine kommen nicht nur, wie zunächst angenommen, in Fröschen, sondern auch bei Vögeln vor. In Sperlingen der Gattung *Pitohui* aus Neu Guinea ist Homobatrachotoxin in Haut und Federn enthalten und dient wahrscheinlich wie bei den Fröschen der chemischen Abwehr von Fressfeinden und Parasiten (Dumbacher *et al.*, 1992). Später wurden Batrachotoxine auch bei Vögeln der Gattung *Ifrita*, ebenfalls in Neu Guinea beheimatet, gefunden (Dumbacher, Spande & Daly, 2000). Auch die Vögel bilden das Gift nicht selbst, sondern nehmen es ebenfalls mit der Nahrung, möglicherweise aus Käfern der Gattung *Choresine*, auf (Dumbacher *et al.*, 2004).

Sowohl *Phyllobates* als auch die zwei Vogelarten sind selbst resistent gegen die toxische Wirkung ihres Gifts, wahrscheinlich aufgrund einer mutierten Bindungsstelle am Natriumkanal.

Genetische und toxische Ursachen – QT-Syndrom

Das *QT-Syndrom* ist ein gut untersuchtes und pharmazeutisch relevantes Beispiel einer Kanalopathie, die genetisch oder als unerwünschte Wirkung durch Arzneimittel ausgelöst wird. Das QT-Syndrom (LQTS, Long QT Syndrome) ist eine genetisch heterogene Herzkrankheit (Kanalopathie), bei der im elektrischen System des Herzens Veränderungen auftreten. Die Erkrankung ist durch eine verlängertes QT-Intervall im Elektrokardiogramm (EKG) charakterisiert. Das QT-Intervall bezieht sich auf die Zeit in Millisekunden, welche zwischen dem Beginn der Q- und dem Ende der T-Welle, d.h. nach der Erregungsrückbildung der Kammer, verstreicht (s. Abb. 3.75).

Diese Veränderung ist häufig asymptomatisch und ohne direkten Einfluss auf die Gesundheit. Sie kann aber durch einen Auslöser zu schweren Herzrhythmusstörungen führen (s. Abb. 3.76). Auslöser sind zum Beispiel:

- Körperliche Aktivität (z.B. Rennen)
- Ein plötzliches, erschreckendes Geräusch (z.B. ein Wecker oder ein Telefonläuten)
- Emotionale Erregung und Stress.

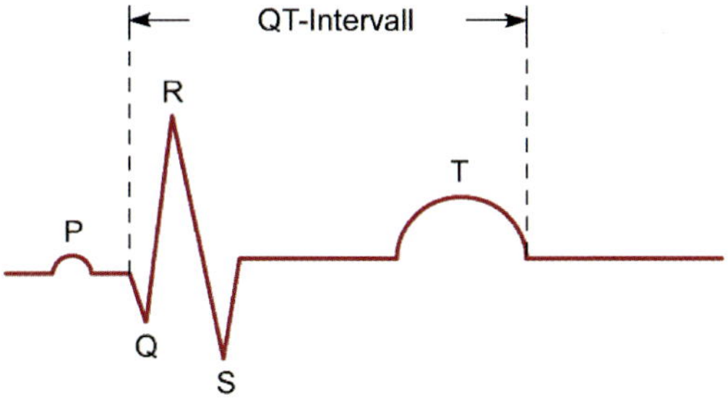

Abb. 3.75 QT-Intervall im EKG. Das QT-Intervall in Millisekunden wird im EKG vom Beginn der Q- bis zum Ende der T-Welle gemessen.

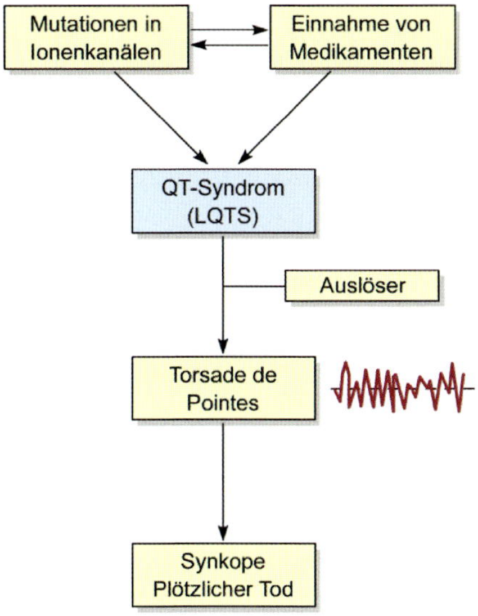

Abb. 3.76 Pathogenese des QT-Syndroms. Die Abbildung zeigt die Zusammenhänge zwischen molekularen Ursachen, Arrhythmien und klinischer Ausprägung. *Torsade de Pointes*: aus dem Französischen, „sich um einen Punkt drehen". Der Begriff bezieht sich auf die Linie im EKG, welche sich wellenförmig um die isoelektrische Linie bewegt (nach Ackerman, 2004).

Die im Folgenden auftretende Arrhythmie ist eine ventrikuläre Tachykardie, die als *Torsade de Pointes* bezeichnet wird. Sie ist im EKG als wellenförmige Struktur erkennbar (s. Abb. 3.76). Durch die Funktionsstörung kann das Herz den Blutdruck nicht aufrecht erhalten und in der Folge nur noch ungenügend Blut und Sauerstoff ins Gehirn pumpen. Es kommt zu einem plötzlich auftretenden Bewusstseinsverlust (Synkope). Wenn das Herz nicht spontan oder durch äußere Einwirkung zum normalen Rhythmus findet, kann die Arrhythmie zum Tod führen. Dies ist besonders tragisch, weil häufig sonst gesunde Kinder und junge Erwachsene plötzlich an dieser Krankheit sterben (Review: Keating & Sanguinetti, 2001; siehe auch Ackerman, 2004; Vandenberg, Walker & Campbell, 2001; www.qtsyndrome.ch).

Medikamentös vermittelte Verlängerung des QT-Intervalls

Neben der kongentialen (familiären, vererbten) Form des Syndroms kann das QT-Intervall auch als unerwünschte Wirkung bei einer medikamentösen Therapie verlängert werden (sogenannte erworbene Form). Solche Medikamente sind zum Beispiel (für eine ausführliche Liste siehe z.B. www.qtsyndrome.ch):

- Antihistaminika (Terfenadin und Astemizol, nicht mehr im Handel)
- Gastrointestinale Prokinetika (Cisaprid, nicht mehr im Handel.)
- Psychopharmaka (Amitryptilin, Chlorpromazin, Haloperidol und Thioridazin)
- Antiinfektiva (Chinolon-Antibiotika, Makrolide, Cotrimoxazol, Halofantrin).

Personen mit einer angeborenen Verlängerung des QT-Intervalls können bei einer Verabreichung solcher Medikamente empfindlicher reagieren (s. Abb. 3.76: Wechselwirkungen zwischen Mutationen und der Einnahme von Medikamenten). Ein erhöhtes Risiko besteht auch durch Interaktionen bei der gleichzeitigen Einnahme mehrerer Arzneimittel, welche das QT-Intervall verlängern.

Die Verlängerung des QT-Intervalls ist eine unerwünschte und potentiell gefährliche Wirkung pharmazeutischer Wirkstoffe, die zum Rückzug von Medikamenten geführt hat. Eine Ausnahme sind Antiarrhythmika der Klasse III. Wirkstoffe wie Sotalol und Amiodaron blockieren Kaliumkanäle am Herzen und werden therapeutisch gegen Arrhythmien verwendet. Ihr Wirkmechanismus ist mit der unerwünschten Wirkung identisch.

Molekulare Ursachen

Die molekularen Ursachen des Syndroms wurden in den 90er Jahren aufgeklärt. Es wurden mehrere Gene identifiziert, deren Mutation kausal an der Entstehung des Syndroms beteiligt sind (u.a. Wang *et al.*, 1995; Curran *et al.*, 1995). Mutationen in den folgenden 5 Genen können die kongenitale, d.h. angeborene Form des QT-Syndroms auslösen:

- *SCN5A* Natriumkanal (gain of function)
- *hERG, MiRP1* Kaliumkanal (loss of function)
- *KVLQT1, minK* Kaliumkanal (loss of function)

Diese Gene kodieren Ionenkanälen an den ventrikulären Myozyten und bestimmen den Verlauf des Aktionspotentials der Myozyten (s. Abb. 3.77). Die Kanäle bestehen aus verschiedenen Proteinen, die als α- und β-Anteile bezeichnet werden. Der α-Anteil ist das Protein, welches den eigentlichen Kanal mit der Pore und dem Gate enthält. Der β-Anteil hat Funktionen in der Regulation. *SCN5A* kodiert für einen Natriumkanal. *hERG* (α) und *MiRP1* (β) sowie *KVLTQ1* (α) und *minK* (β) kodieren für Kaliumkanäle.

Das Aktionspotential an den Myozyten (bis zu 380 ms) dauert sehr viel länger als dasjenige der Neuronen (ca. 2 ms). Der Prozess beginnt mit der Öffnung der Natriumkanäle (*SCN5A*). Natriumionen strömen entlang des Gradienten in das Zellinnere und depolarisieren die Zellmembran. Die Natriumkanäle schließen schnell wieder; dies führt zu einer kleinen Repolarisation (Spitze). Das folgende lange Plateau ist vorwiegend eine Folge des Einstroms von Calciumionen in die Zelle durch spannungsabhängige Calciumkanäle vom L-Typ, wodurch der Repolarisation entgegengewirkt wird. Bereits während des Plateaus sind Kaliumkanäle, unter anderem hERG und MiRP1 und KVLTQ1 und minK geöffnet und es strömen Kaliumionen entlang des Gradienten aus der Zelle. Erst wenn der Calciumeinstrom schwächer wird, beginnt die eigentliche Repolarisation durch die

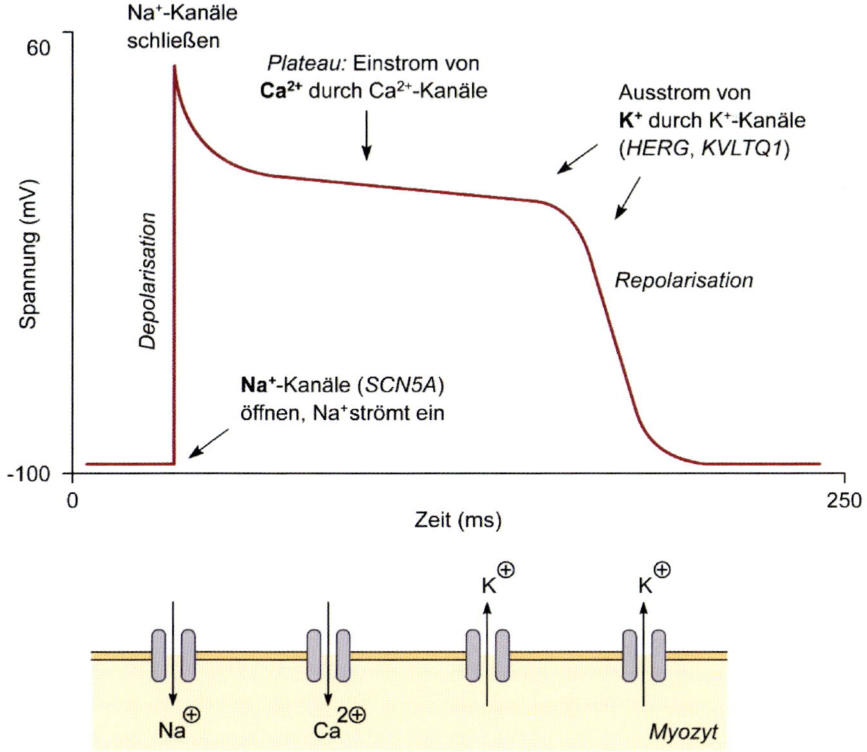

Abb. 3.77 Aktionspotential der Myozyten (siehe Text).

weiterhin geöffneten Kaliumkanäle und eine Zunahme der Kaliumleitfähigkeit der Membran.

Es ist wichtig zu verstehen, dass einerseits der Verlauf des Aktionspotentials der ventrikulären Myozyten aus dem Gating der Ionenkanäle und der Leitung der Ionen entsteht und andererseits der Verlauf des EKG durch die Summe der Aktionspotentiale determiniert ist. Funktionsstörungen der Ionenkanäle werden deshalb direkt im EKG sichtbar. Eine verlängerte Repolarisation durch einen Defekt in den Kaliumkanälen führt zu einem verlängerten QT-Intervall (loss of function, Verlust der Funktion der Ionenkanäle). Bei den Mutationen von *SCN5A* (Natriumkanal) handelt es sich um Gain-of-function-Mutationen. Der Kanal leitet also mehr Natriumionen als normal in das Zellinnere. Dies führt ebenfalls zu einer Verlängerung des Aktionspotentials und zu einem verlängerten QT-Intervall. Das QT-Intervall wird deshalb vereinfacht auch als Überschuss positiver Ladung (Na^+, K^+) im Zellinneren beschrieben.

Pharmazeutische Relevanz von hERG-Kaliumkanälen

Die medikamentös verursachte QT-Verlängerung wird vor allem auf die Inhibition der hERG-Kaliumkanäle (Synonym: hERG) zurückgeführt. *HERG* kodiert für den α-Anteil des Kaliumkanals (*MiRP1* für die β-Untereinheit). Die Grobstruktur des α-Anteils entspricht im Wesentlichen der Struktur von KcsA (s. Abb. 3.73). Der hERG-Kanal besteht also auch aus vier identischen Untereinheiten, die eine zentrale Pore bilden und einen für die Kaliumkanäle charakteristischen Selektivitätsfilter bilden. HERG ist ein spannungsabhängiger Kanal und transportiert Kaliumionen entlang des Gradienten aus dem Zellinneren nach außen.

Wirkstoffe, welche den hERG-Kaliumkanal inhibieren (s. Abb. 3.78), binden bei offenem Gate in der wässrigen Tasche unterhalb des Selektivitätsfilters (s. Abb. 3.79). Im Gegensatz zu anderen spannungsabhängigen Kaliumkanälen ist hERG aufgrund struktureller Merkmale speziell empfindlich für eine Inhibition durch Medikamente.

Dass so viele Wirkstoffe an den hERG-Kanal binden können, wird mit zwei strukturellen Eigenschaften des Kanals begründet (Mitcheson *et al.*, 2000; Perry *et al.*, 2006; Keating & Sanuinetti, 2001).

1. ist die wässrige Tasche unterhalb des Selektivitätsfilters bei hERG vergrößert. Bei anderen spannungsabhängigen Kaliumkanälen wird die Bindungstasche durch zwei Proline pro Monomer (8 Proline pro Kanal) verkleinert. Bei hERG hingegen fehlen diese Proline, was zur erwähnten Vergrößerung der Tasche führt. Die große Bindungsstelle ermöglicht es vielen Wirkstoffen zu binden, was bei den anderen Kanälen mit kleinerer Bindungstasche nicht möglich ist.
2. befinden sich pro Monomer ein Tyrosin (Tyr 652) und ein Phenylalanin (Phe 656) an der Basis der Tasche (total 4 Tyr und 4 Phe) und bilden mit ihren Seitenketten einen hydrophoben Korb. Die Aromaten der Aminosäureseitenketten ermöglichen π-π- und Kation-π-Wechselwirkungen zwischen Kanal und Wirkstoff.

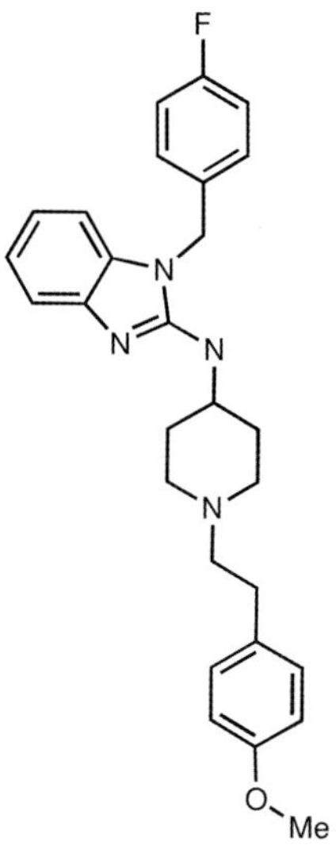

Astemizol

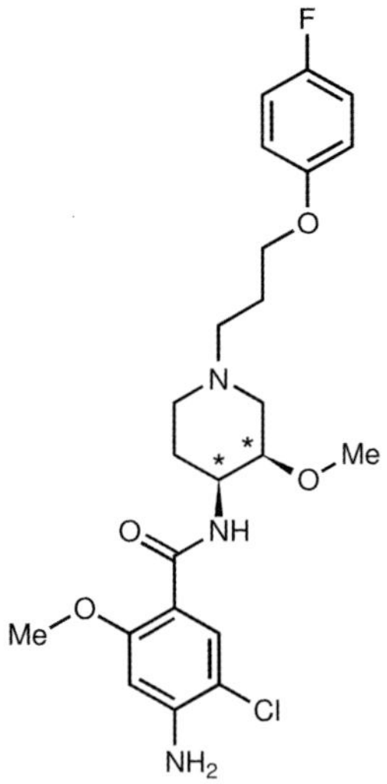

Cisaprid

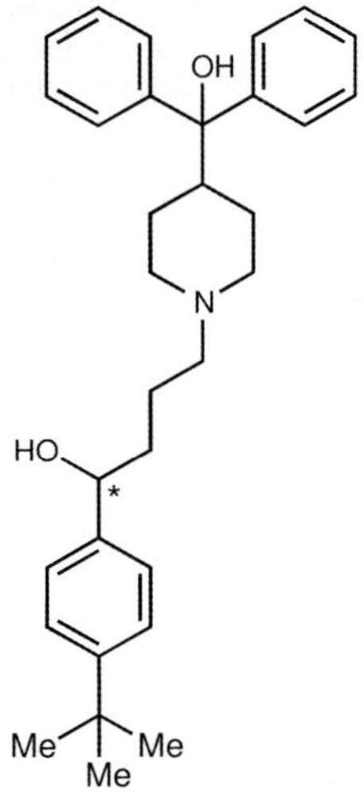

Terfenadin

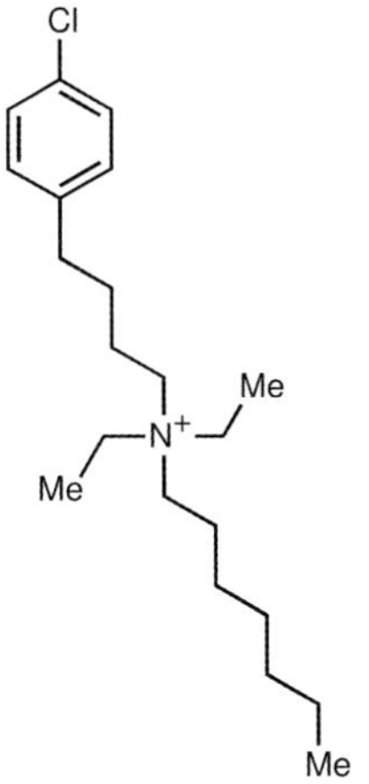

Clofilium

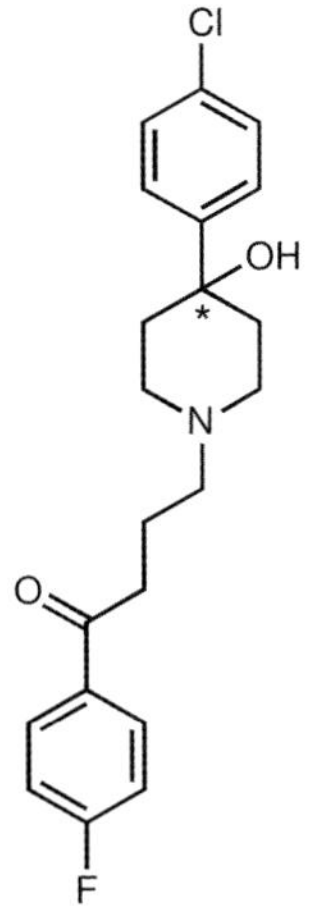

Haloperidol

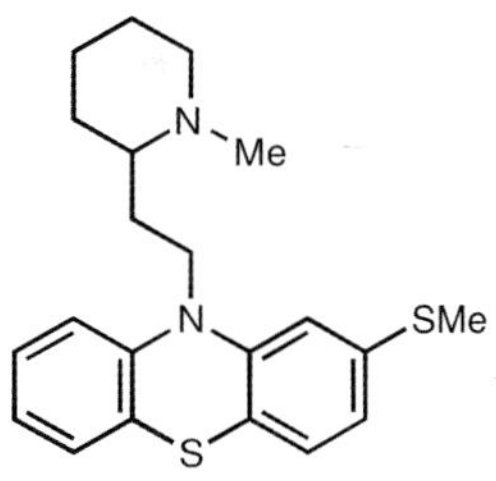

Thioridazin

Abb. 3.78 Beispiele für Inhibitoren des hERG-Kaliumkanals. Die Antihistaminika Astemizol und Terfenadin und das Prokinetikum Cisaprid sind aufgrund der Verlängerung des QT-Intervalls vom Markt genommen worden. Haloperidol und Thioridazin sind als Neuroleptika noch auf dem Markt. Inhibitoren von hERG weisen strukturelle Ähnlichkeiten auf. Um ein meist tertiäres Amin sind lipophile, häufig aromatische Seitenketten gruppiert. Das Amin ist unter physiologischen Bedingungen protoniert und interagiert mit Tyr 652.

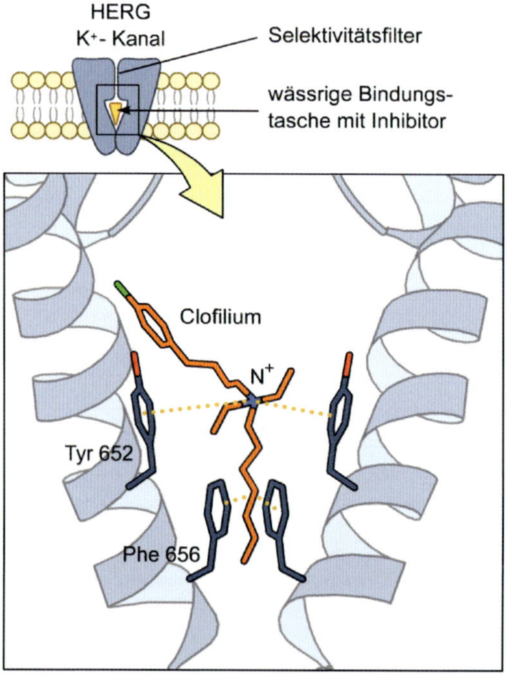

Abb. 3.79 Die Illustration zeigt den Inhibitor Clofilium in der wässrigen Bindungstasche des hERG-Kaliumkanals (Modeling-Studie). Zur besseren Übersicht sind nur zwei von vier Untereinheiten des Kanals dargestellt. An der Basis der Bindungstasche bilden vier Phenylalanine (Phe 656) einen hydrophobe Tasche, welche mit der Alkylseitenkette des Wirkstoffs interagieren. Das zentrale Amin interagiert über Kation-π-Wechselwirkungen mit dem Tyrosin 652. Weitere Aminosäuren an der Spitze der Bindungstasche sind ebenfalls an der Interaktion beteiligt (Bild nach Perry *et al.*, 2006).

Wirkstoffe, die an hERG binden, verfügen über eine vergleichbare Struktur. Zentral im Molekül liegt in der Regel ein tertiäres Amin, welches unter physiologischen Bedingungen protoniert ist und Kation-π-Wechselwirkungen mit Tyr 652 eingeht (s. Abb. 3.80). Um das Amin sind lipophile, häufig aromatische Seitenketten gruppiert, die Wechselwirkungen mit der Bindungstasche, etwa mit den Phe 656 eingehen (Cavalli *et al.*, 2002; Fernandez *et al.*, 2004). Vereinfacht lassen sich die Inhibitoren von hERG als *lipophile Basen* umschreiben.

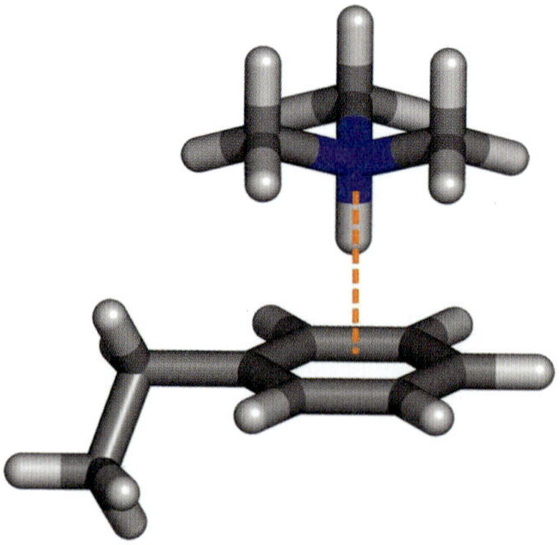

Abb. 3.80 Kation-π-Wechselwirkungen zwischen einem elektronenreichen π-System (Seitenketten von Phe, Tyr oder Trp) und einem Ammoniumion (blau). Kation-π-Wechselwirkungen sind von der gleichen Größenordnung wie H- oder Salzbrücken und spielen eine wichtige Rolle in der molekularen Erkennung.

HERG – Bedeutung im Drug Design
Eine Reihe von Wirkstoffen mussten aufgrund der unerwünschten QT-Verlängerung vom Markt genommen werden. Darunter befinden sich Astemizol, Cisaprid, Grepafloxazin und Sertindol. Aus diesem Grund wird heute bei der Entwicklung neuer Wirkstoffe geprüft, ob Wirkstoffkandidaten an hERG binden und den Kanal inhibieren. Solche Screenings sind auch *in silico* möglich.

3.8.2
Ionenkanäle als Drug Targets

Neben der medizinisch-toxikologischen Bedeutung sind Ionenkanäle auch interessante Drug Targets. Im Folgenden werden einige wichtige Beispiele vorgestellt (s. Tab. 3.11).

Tabelle 3.11 Kanäle als Drug Targets (Beispiele).

Kanal	Wirkstoffklasse	Beispiel
Kaliumkanäle	Antidiabetika	Sulfonylharnstoffe, z.B. Glibenclamid, Tolbutamid
Natriumkanäle	Lokalanästhetika Antiarrhythmika	Procain, Lidocain Sotalol
Calciumkanäle	Calciumkanalblocker	Nifedipin, Verpamil, Diltiazem
Virale M2-Kanäle	M2-Kanalblocker	Amantadin, Rimantadin

3.8.3
Natriumkanäle: Targets von Lokalanästhetika

Spannungsabhängige Natriumkanäle spielen bei der Bildung des Aktionspotentials in Nervenzellen und anderen erregbaren Zellen (wie Myozyten) und damit für die Signalübertragung eine zentrale Rolle. Die Kanäle werden durch Depolarisation aktiviert (voltage-gated) und lassen Natriumionen in der Aufstrichphase des Aktionspotentials in die Zelle einströmen, was zu einer Depolarisation und zu einem positiven Membranpotential führt (s. Abb. 3.63).

Spannungsabhängige Natriumkanäle bestehen aus einem α-Anteil und einem oder mehreren regulatorischen β-Anteilen. Wir beschränken uns in der Diskussion auf den funktionell wichtigen α-Anteil, welcher die Pore und die zwei Gates enthält. Im Gegensatz zum Kaliumkanal liegt bisher keine Kristallstruktur vor. Detaillierte Informationen zur Funktion der Natriumkanäle konnten aber aus zahlreichen biochemischen, elektrophysiologischen und strukturellen Experimenten gewonnen werden (Übersicht über die Struktur bei Yu & Catterall, 2003; neue EM-Daten bei Sato *et al.*, 2001).

Struktur und Gating

Struktur. Der α-Anteil faltet sich in vier Domänen, DI, DII, DIII und DIV, welche durch Loops miteinander verbunden sind. Die Domänen weisen strukturelle Ähnlichkeiten auf. Jede Domäne besteht aus sechs α-helikalen Segmenten S1–S6. In jeder Domäne findet sich zwischen dem S5- und dem S6-Segment ein Loop. Vier dieser Loops bilden auf der extrazellulären Seite zusammen den Selektivtätsfilter, der aus den Aminosäuren DEKA (d.h. Asp, Glu, Lys, Ala) besteht (s. Abb. 3.81).

Gates. Der Natriumkanal verfügt über zwei Gates, das Inactivation Gate und das Activation Gate (s. Abb. 3.82). Das Inactivation Gate befindet sich auf der intrazellulären Seite zwischen der Domäne III und IV und wird aus den hydrophoben Aminosäuren IFM (Ile-Phe-Met) gebildet. Dieses kann den Kanal am Ende der Depolarisation wie ein Scharnier mit einem Deckel schnell schließen.

Im oberen Teil der Pore befindet sich das *Activation Gate*, welches sich bei der Depolarisation öffnet (Activation). Das S4-Segment enthält den Voltage-Sensor und mehrere positiv geladene Aminosäuren. Durch Rotation und Bewegung des S4-Segments nach außen öffnet sich das Gate.

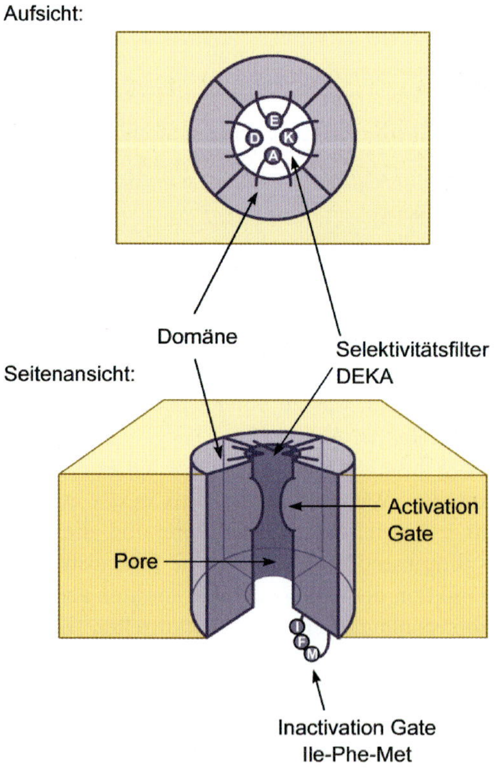

Abb. 3.81 Struktur des Natriumkanals. Zur besseren Übersicht wurde eine Domäne weggelassen.

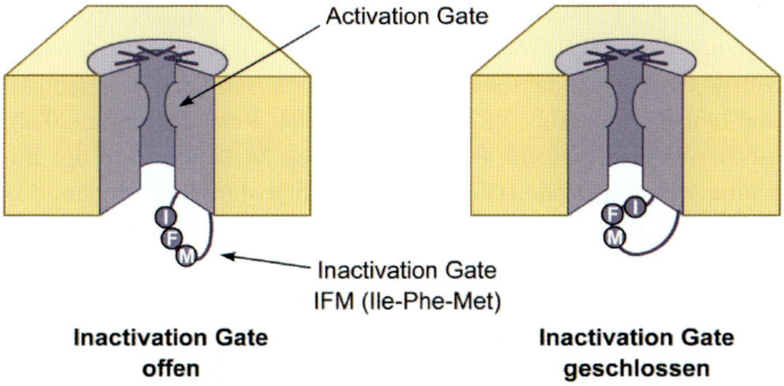

Abb. 3.82 Scharnierartiges Öffnen und Schließen des Natriumkanals durch Konformationsänderung des IFM-Loops (Inactivation Gate; modifiziert nach Yu & Catterall, 2003).

Lokalanästhetika inhibieren den Natriumkanal

Die Entdecker des ersten Lokalanästhetikums sind Carl Koller (1857–1944) und Sigmund Freud (1856–1940). Der Ophthalmologe Carl Koller arbeitete am Wiener Allgemeinen Krankenhaus und suchte nach einer Möglichkeit, das Auge für Operationen zu anästhesieren. Zusammen mit Freud führte er Versuche mit Cocain durch und entdeckte die anästhesierende Wirkung im Mund. Nach Tierversuchen im Jahr 1884 operierte Koller einen ersten Glaukompatienten unter Lokalanästhesie (Koller, 1884; 1928; Freud, 1884).

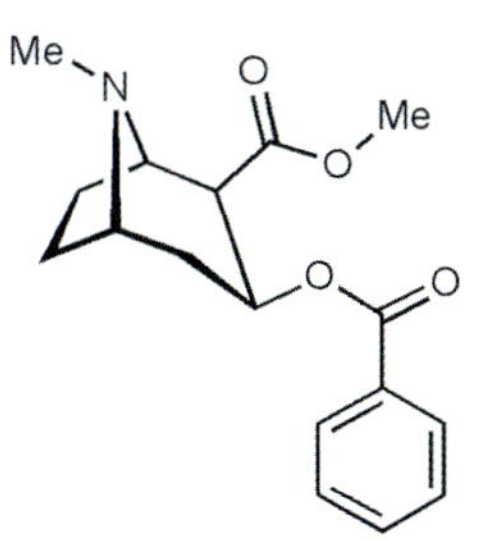

Das erste Lokalanästhetikum: Cocain

Obwohl Lokalanästhetika (s. Tab. 3.12) schon über ein Jahrhundert verwendet wurden, war ihr genauer Wirkungsmechanismus lange Zeit unklar. Erst in den letzten Jahrzehnten wurde aufgeklärt, dass sie relativ spezifisch den spannungsabhängigen Natriumkanal hemmen (s. Abb. 3.83; Ragsdale, 1994; Review: Scholz, 2002).

Für den Wirkmechanismus spielt die Protonierung des Wirkstoffs und der Zustand des Kanals eine wichtige Rolle. Die Hypothese über den Bindungsmodus von Lokalanästhetika an den Natriumkanal wurde in den 70er Jahren entwickelt. Lokalanästhetika passieren zuerst die Membran, um dann intrazellulär bei offenem *Inactivation Gate* im unteren Teil der Pore zu binden. Gemäß der pH-Verteilungshypothese von Brodie *et al.* passiert nur der ungeladene Wirkstoff die Membran (Shore, Brodie & Hogben, 1957; Hogben *et al.*, 1959, Brodie, Kurz & Schanker, 1960).

Durch Mutationsstudien konnte gezeigt werden, dass Lokalanästhetika an Aminosäuren des S6-Segments der Domäne IV binden (Ragsdale, 1994). Sie binden vor allem an den offenen Kanal (kumulativ, use-dependence, siehe unten).

Lokalanästhetika heben reversibel und örtlich begrenzt die Erregbarkeit der schmerzvermittelnden sensiblen Endorgane und das Leitungsvermögen der sensiblen Nervenfasern auf. Eine versehentliche, intravasale Applikation kann zu schweren unerwünschten Wirkungen, wie Lähmungen, Unruhe, Tremor, Atem- und Herzstillstand, führen (Mutschler, 1997).

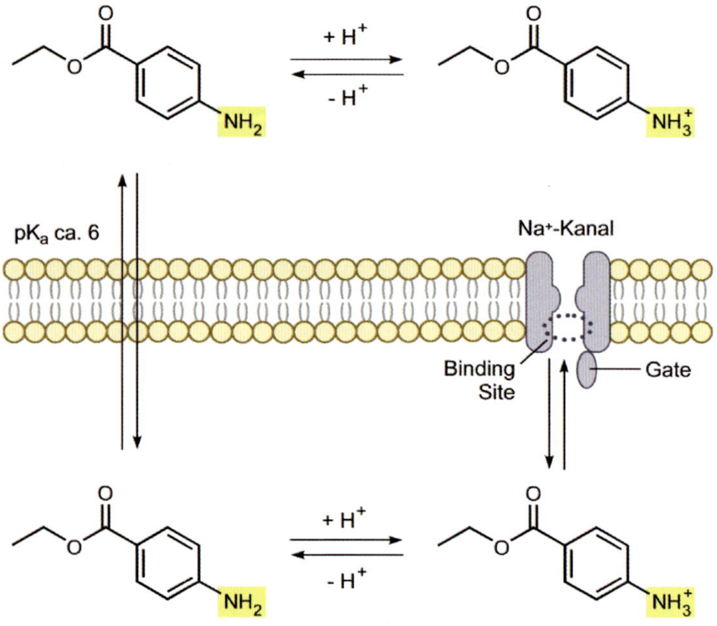

Abb. 3.83 Modell des Wirkmechanismus der Lokalanästhetika am Beispiel Benzocain (Estertyp). Gemäß der pH-Verteilungshypothese passiert nur der ungeladene Wirkstoff die Zellmembran. Das Lokalanästhetikum bindet aus dem Zellinnern bei offenem Gate an die Binding Site des Kanals und blockiert dessen Pore (nach Hille, 1992).

Tabelle 3.12 Lokalanästhetika werden gemäß ihrer Struktur in zwei Typen eingeteilt, Ester- und Amidtyp (Mutschler, 1997).

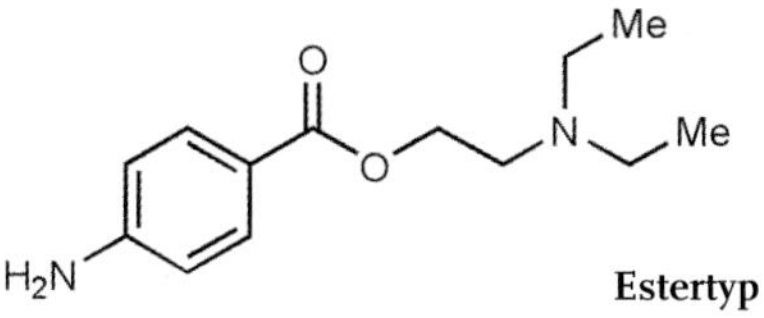	**Estertyp** (Beispiel Procain)	Benzocain Procain Tetracain
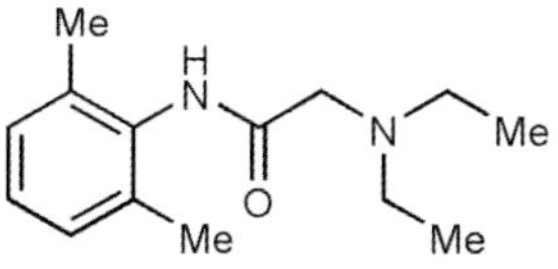	**Amidtyp** (Beispiel Lidocain)	Lidocain Etidocain Prilocain Mepivacain Bupivacain Articain

3.8.4 Spannungsabhängige Calciumkanäle und ihre Inhibition

Wir haben bereits gesehen, dass das Aktionspotential der Myozyten (bis zu 380 ms) des Arbeitsmyokards im Gegensatz zu den Nervenzellen (ca. 2 ms) stark verlängert ist. Diese Verlängerung ist die Folge des Einstroms von Calciumionen in die Zelle während der Plateauphase (s. Abb. 3.77). Die Calciumionen strömen während des Aktionspotentials durch *spannungsabhängige Calciumkanäle vom L-Typ* in die Zellen ein (L: long lasting).

Spannungsabhängige Calciumkanäle im Aktionspotential am Myozyten

Der Ablauf eines Kontraktions-Relaxationszyklus ist in Abbildung 3.84 dargestellt.

1. Bei der Depolarisierung der Membran werden die spannungsabhängigen Calciumkanäle vom L-Typ aktiviert und öffnen sich. Calciumionen strömen über die Kanäle und zu einem kleineren Anteil über Ca^{2+}/Na^{+}-Antiporter in die Zelle ein. Dies kann zu einem kleinen Teil bereits zu einer Kontraktion führen.
2. „Calcium-Induced Calcium Release": Der Calciumionen-Einstrom (1) bewirkt eine zusätzliche Freisetzung von Calciumionen aus dem glatten endoplasmatischen Retikulum (sER) über den Ryanodin-Rezeptor Ryr.
3. Die zytoplasmatische Calciumkonzentration steigt an und Calciumionen binden an Troponin C, wodurch die Kontraktion der Myofilamente ausgelöst wird.
4. und 5. Für die Dilatation und Relaxation muss Calcium wieder von Troponin C entfernt werden. Die intrazelluläre Konzentration wird über folgende Mechanismen gesenkt:
   - Serca Ca^{2+}-ATPase am glatten endoplasmatischen Retikulum
   - Ca^{2+}/Na^{+}-Antiporter an der Zellmembran, angetrieben durch die Na^{+}/K^{+}-ATPase
   - Ca^{2+}-ATPase an der Zellmembran (PMCA-ATPase)
   - Transport in die Mitochondrien (in der Abbildung nicht dargestellt).

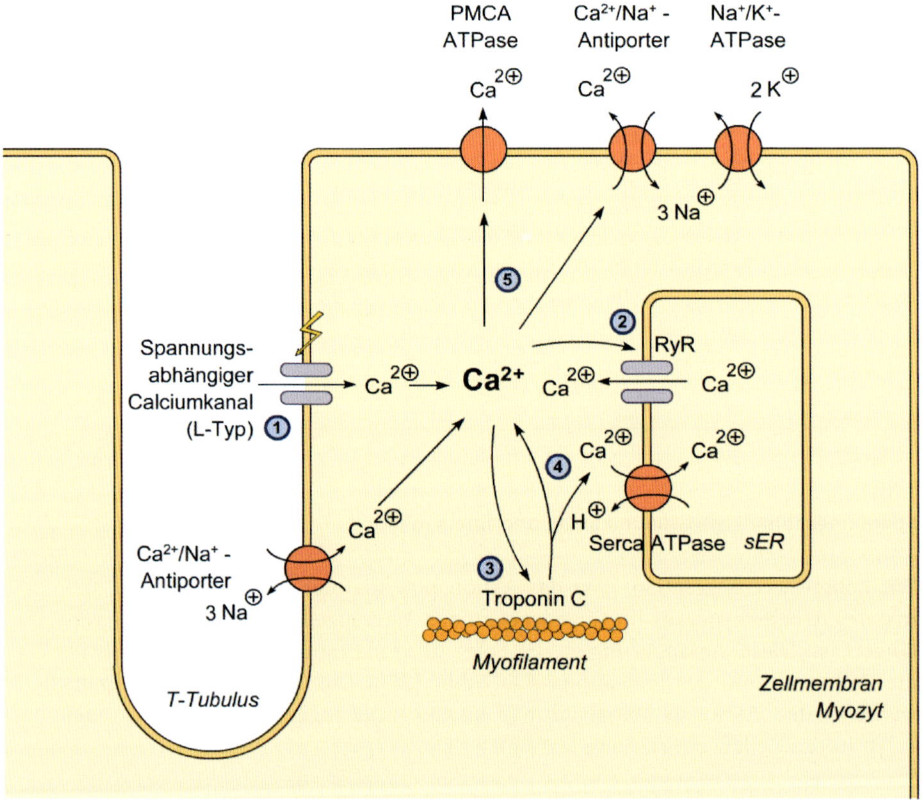

Abb. 3.84 Calcium im Kontraktions-Relaxationszyklus der Myozyten (nach Bers, 2000; vgl. Text).

Leitung der Calciumionen und Selektivität des Kanals

Calciumkanäle sind evolutionär eng mit den Natriumkanälen verwandt. Es sind heterooligomere Komplexe aus den vier Untereinheiten $\alpha1$, $\alpha2$, β und δ. Wie beim Natriumkanal werden wir nur den α-Anteil diskutieren, welcher die Pore und den Selektivitätsfilter des Kanals bildet. Der α-Anteil besteht wie beim Natriumkanal aus vier Domänen mit jeweils 6 Segmenten. Auch der Selektivitätsfilter ist sehr ähnlich. Anstelle von DEKA wird er beim Calciumkanal durch vier Glutamatreste EEEE gebildet. Die Seitenketten sind in das Innere der Pore gerichtet. Interessanterweise leitet der Natriumkanal auch Calciumionen, wenn der Selektivitätsfilter DEKA zu EEEE mutiert wird.

Calciumkanäle sind gegenüber Natriumionen selektiv. Auf 1000 Calciumionen wird nur 1 Natriumion transportiert und dies, obwohl die beiden Ionen fast gleich groß sind:

- Na^+ 0,95 Å
- Ca^{2+} 0,99 Å

Ein Modell erklärt die Selektivität mit der Bindung der Calciumionen im Kanal (McCleskey, 1999; Yang, 1993). Der Selektivitätsfilter besteht aus vier Glutamatseitenketten, die in das Innere der Pore gerichtet sind. Die Carboxylatgruppen der Glutamate bilden als bidentate Liganden eine kubische Koordinationssshpäre aus und sind deshalb hervorragende Bindungspartner für das harte Calciumion (vgl. EDTA). Die ebenfalls harten Natriumionen dagegen bevorzugen eine oktaedrische Koordination. Nach diesem Modell wird bei niedrigen Calciumkonzentrationen ein Ion im Filter koordiniert (s. Abb. 3.85, links) und bindet mit hoher Affinität (apparenter K_D ca. 1 μm). Durch die effiziente Bindung der Calciumionen werden andere Ionen, also auch Natriumionen, ausgeschlossen.

Wenn die Calciumionen gemäß diesem Modell mit einer sehr hohen Bindungsaffinität in der Pore des Kanals binden, können sie nicht schnell transportiert werden. Sie bleiben sozusagen am Kanal „kleben". Tatsächlich werden nun aber Stromstärken (I) im Bereich von Picoampère (10^{-12} Ampère) gemessen. Das bedeutet, dass der Calciumkanal zwischen 10^6 und 10^7 Ionen pro Sekunde durch die Pore leitet.

Dies wäre nicht möglich, wenn Calciumionen aufgrund der starken Bindung im Kanal stecken blieben. Erklärt wird der Widerspruch damit, dass im leitenden Zustand zwei Calciumionen im Kanal gebunden sind und sich gegenseitig abstoßen (s. Abb. 3.85, rechts). Bei hoher Ca^{2+}-Konzentration binden 2 Calciumionen also mit *niedriger Affinität*. Damit wird der Transport der Ionen ermöglicht.

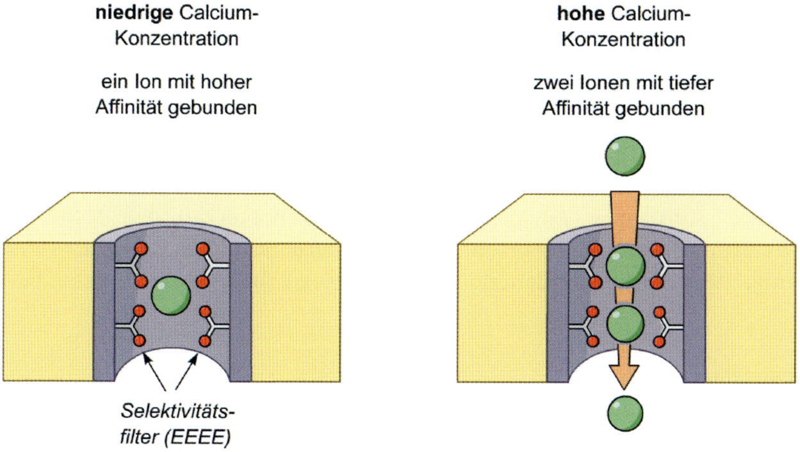

Abb. 3.85 Selektivitätsfilter des Calciumkanals. Der Selektivitätsfilter des Calciumkanals besteht aus den Seitenketten der vier Aminosäuren EEEE (Glu–Glu–Glu–Glu). Bei niedrigen Calciumkonzentrationen ist ein Ion mit hoher Affinität gebunden. Bei hoher Konzentration sind zwei Calciumionen mit niedriger Affinität gebunden; der Kanal leitet die Ionen (nach McCleskey, 1999).

Tabelle 3.13 Nach der Struktur werden drei Gruppen von Calciumkanalblockern unterschieden.

Struktur	Wirkstoffe
1. Dihydropyridine	**Nifedipin**
	Amlodipin
	Felodipin
	Isradipin
	Lacidipin
	Lercanidipin
	Nimodipin
	Nitrendipin
2. Phenylalkylamine	**Verpamil**
3. Benzothiazepine	**Diltiazem**

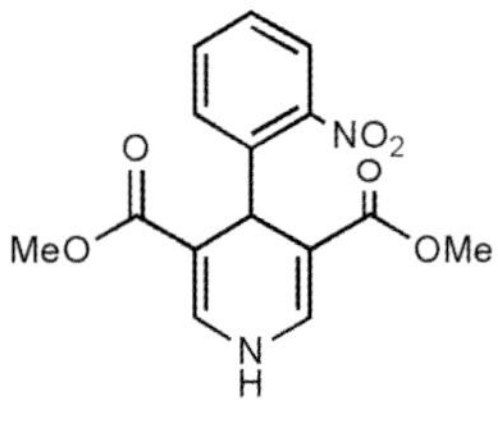

Nifedipin

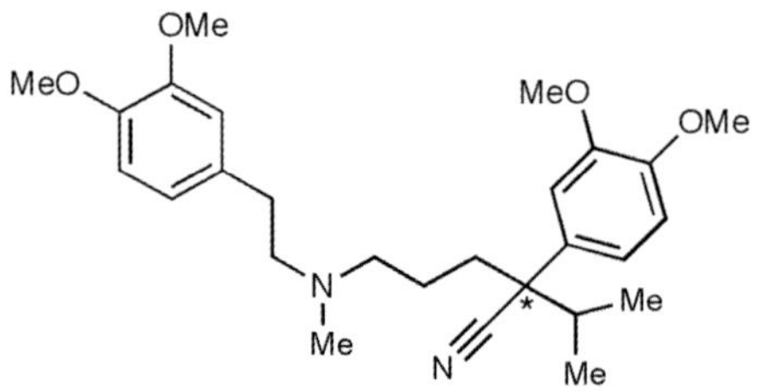

Verpamil

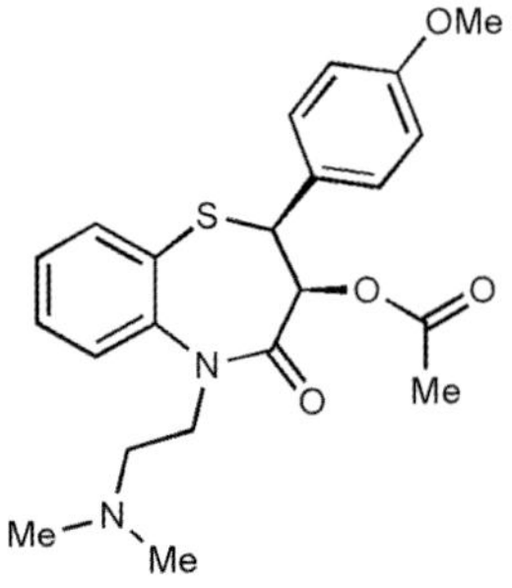

Diltiazem

Calciumkanalblocker

Rund 80 Jahre nach Ringers Entdeckung berichtete in den 60er Jahren der deutsche Pharmakologe Albrecht Fleckenstein, dass eine Reihe von chemisch unterschiedlichen Substanzen Antagonisten für Calciumionen an den Myozyten sind. Er nannte diese Substanzen *Calcium-Antagonisten* (Fleckenstein, 1983; Striessnig, 1999). Heute werden sie als *Calciumkanalblocker* bezeichnet (s. Tab. 3.13).

Dihydropyridine: Nifedipin

Die Binding Site für die Dihydropyridine befindet sich in der Nähe des Selektivitätsfilter und der Pore. Beteiligt sind Aminosäuren der Segmente IIIS5, IIIS6 und IVS6. Erste Experimente zeigten, dass Calciumionen im Selektivitätsfilter vorhanden sein müssen, damit die Dihydropyridine an den Calciumkanal binden. Gibt man EDTA zum Protein und entfernt Calcium oder verändert man ein Glutamat aus dem Selektivitätsfilter, binden die Dihydropyridine nicht oder nur mit sehr schwacher Affinität (s. Abb. 3.86).

Dies gilt jedoch nur für niedrige Calciumkonzentrationen bei denen sich ein Calciumion im Selektivitätsfilter befindet. Bei höheren Konzentrationen

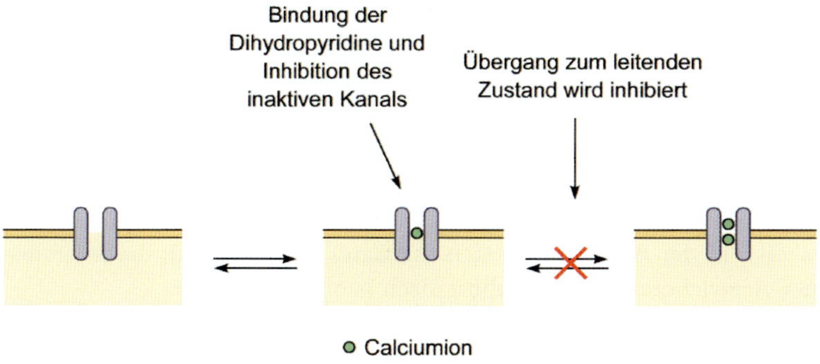

Abb. 3.86 Die Dihydropyridine stabilisieren den Calciumkanal im inaktiven, nicht-leitenden Zustand und hemmen somit den Übergang zum leitenden Zustand.

(2 Ionen im Filter, Kanal offen, Leitung der Ionen) erniedrigt sich die Affinität für Dihydropyridine drastisch. Sie stabilisieren also offenbar die Bindung eines Calciumions im Selektivitätsfilter und hemmen den Übergang zum instabilen Komplex mit zwei Calciumionen. So verhindern sie die Leitung der Ionen und inhibieren die Funktion des Calciumkanals.

Die Dihydropyridine binden an den inaktivierten Kanal. Man spricht von einem *voltage-dependent block*. Eine Folge davon ist, dass sie im Gegensatz zu Verapamil und Diltiazem nicht bei Tachykardien oder Arrhythmien eingesetzt werden können.

Use-dependence: Abhängigkeit vom Gebrauch

Im Gegensatz zu den Dihydropyridinen binden die Benzothiazepine (Diltiazem) und die Phenylalkylamine (Verapamil) am offenen Kanal, d.h. in der Depolarisationsphase. Dies bedeutet einen höheren Effekt am Myokard und stärkere Effekte bei einer höheren Herzfrequenz. Die Substanzen werden deshalb auch bei Tachykardien und Arrhythmien eingesetzt. Die Applikation erfolgt in diesem Fall intravenös (Dilzem® / Isoptin®-Ampullen). Man spricht von einer *Use-dependence*. Der Wirkstoff bindet kumulativ immer dann, wenn sich die Kanäle öffnen. Die Wirkung ist umso stärker, je öfter der Kanal „benutzt" (engl.: used) wird.

3.8.5
Nicotinischer Acetylcholinrezeptor (nAChR)

Der nicotinische Acetylcholinrezeptor nAChR ist ein Beispiel eines Liganden-gesteuerten (ligand-gated) Ionenkanals. Die nAChR befinden sich auf der postsynaptischen Membran von Muskelzellen und an den Ganglien des vegetativen Nervensystems und vermittelt die Übertragung des elektrischen Signals an der Synapse.

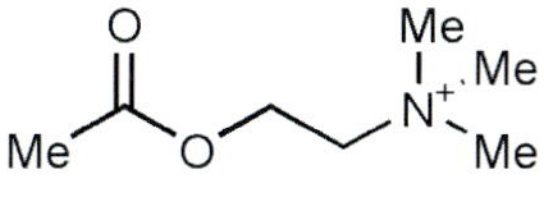

Struktur. Der nicotinische Acetylcholinrezeptor ist ein großer Glykoproteinkomplex (290 kDa). Er besteht aus fünf Untereinheiten unterschiedlicher Zusammensetzung, zum Beispiel α, α, β, γ und δ. Diese Zusammensetzung kann nach Lokalisation, Gewebe und Spezies variieren. Jede Untereinheit hat eine große extrazelluläre Domäne und besteht aus vier α-helikalen transmembranären Regionen M1–M4 und einem großen zytoplasmatischen M3–M4-Loop (s. Abb. 3.87). Die Untereinheiten sind um eine zentrale Pore angeordnet, die für Kationen (K^+, Na^+) selektiv ist. In der Pore befindet sich das Gate, welches durch die reversible Bindung der Acetylcholin-Moleküle allosterisch geöffnet wird.

Der Kanal öffnet sich nach Bindung von zwei Molekülen Acetylcholin an die zwei Bindungsstellen, die sich an der α–γ-Grenzfläche und der α–δ-Grenzfläche befinden (s. Abb. 3.88).

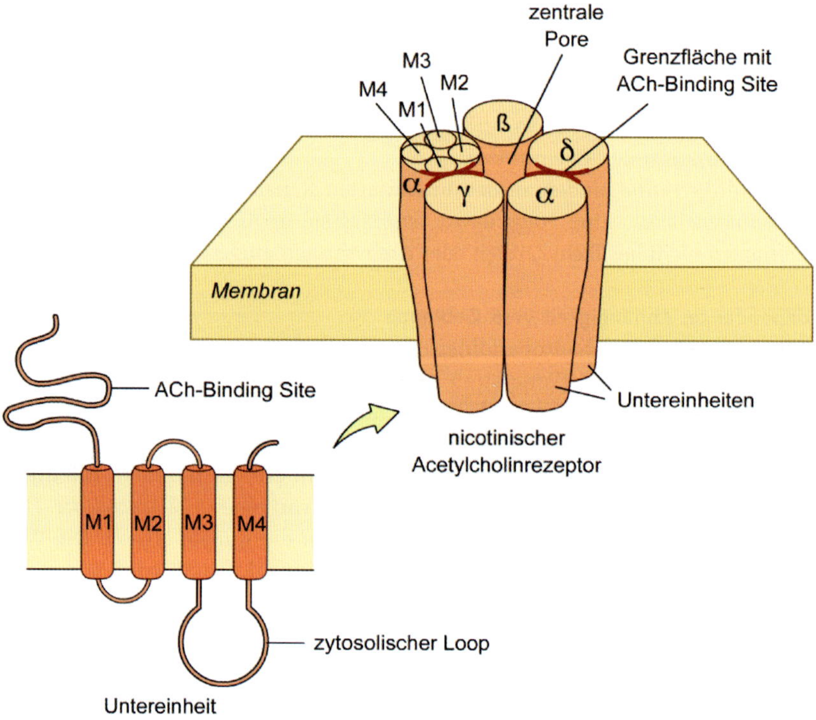

Abb. 3.87 Schematische Darstellung des nicotinischen Acetylcholinrezeptors. 5 Untereinheiten, die aus 4 transmembranären Regionen M1–M4 bestehen, sind um die zentrale Pore angeordnet (angepasst aus: Karlin, 2002; Kandel *et al.*, 1996). Rot eingezeichnet sind die α–γ- und die α–δ-Grenzflächen, an denen sich die Bindungsstellen für die zwei Moleküle Acetylcholin befinden.

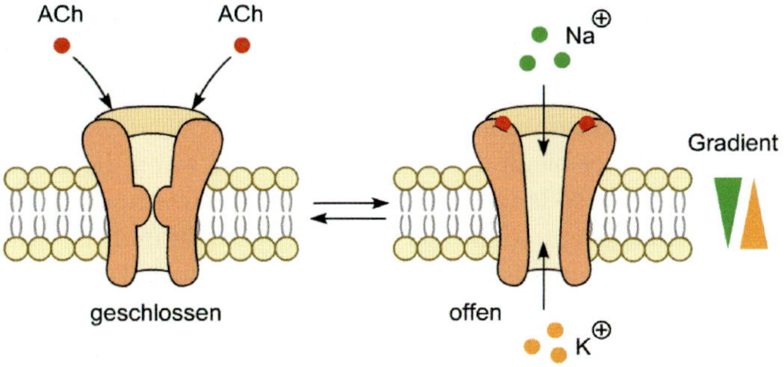

Abb. 3.88 Die Bindung von zwei Molekülen Acetylcholin führt zur Öffnung des Kanals und zum Einstrom von Natrium und zum Ausstrom von Kalium an der Muskelzelle.

Pharmakologische Bedeutung

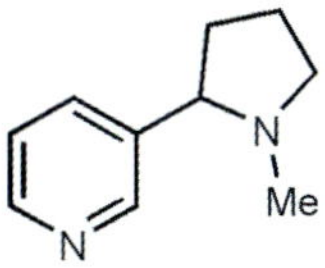

Nicotin

Nicotin stimuliert in niedriger Konzentration die Freisetzung von Acetylcholin und wirkt antagonistisch auf postsynaptische nicotinerge Acetylcholinrezeptoren. Es ist somit selektiver als Acetylcholin, welches auch auf die muscarinischen Acetylcholinrezeptoren (mAChR) wirkt. Es hat eine hohe Affinität zu acetylcholinergen Rezeptoren im Gehirn, das es beim Rauchen nach der Inhalation bereits nach 7 Sekunden erreicht. Diese Stimulation verstärkt zudem die Ausschüttung von Dopamin, Histamin und Endorphinen. Im Gegensatz zu Acetylcholin wird Nicotin nicht durch die Acetylcholinesterase abgebaut und hemmt bei höherer Dosierung die Repolarisation. Damit kann möglicherweise die entspannende und anxiolytische Wirkung des Rauchens erklärt werden (Hänsel, Sticher & Steinegger, 1999, S. 984).

Muskelrelaxantien

Muskelrelaxantien werden in der Chirurgie (Anästhesie) zur Erschlaffung der quergestreiften Muskulatur eingesetzt. Weitere Indikationen sind Vergiftungen und Infektionskrankheiten mit Krampfzuständen, wie z.B. Tetanus oder Tollwut. Sie werden auch bei der Intubation in der Notfallmedizin und bei der Intubationsnarkose verwendet. Bei der Intubation kommt dazu häufig Suxamethonium zum Einsatz.

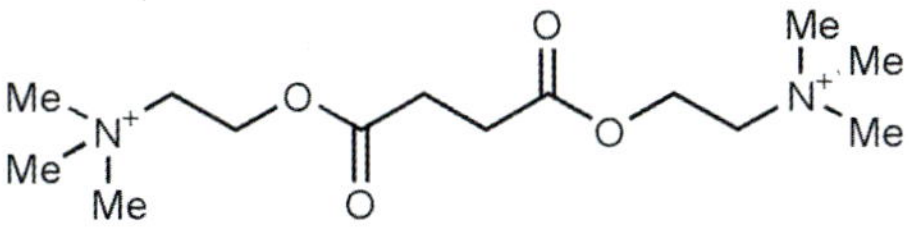

Suxamethonium

Suxamethonium ist ein Cholinderivat, das geringere muscarinartige Wirkungen als Acetylcholin besitzt. Es bindet an den nicotinischen Acetylcholinrezeptor der motorischen Endplatte und depolarisiert diese. Es wird nicht durch die Acetylcholinesterase des Gewebes, sondern durch die Serumcholinesterase hydrolysiert und damit inaktiviert. Daher bleibt die Depolarisation und somit die Unerregbarkeit gegen Nervenimpulse so lange bestehen, bis das Suxamethonium infolge Abfalls seiner Serumkonzentration aus dem Gewebe diffundiert. Die Folge der andauernden Depolarisation ist eine Erschlaffung der Muskulatur (Arzneimittel-Kompendium, 2006).

Im Gegensatz dazu blockieren stabilisierende Muskelrelaxantien wie Tubocurarin den nicotinischen Acetylcholinrezeptor und verhindern so die Depolarisation durch Kompetition mit Acetylcholin.

Merksatz ***Ionenkanäle sind Membranproteine, die selektiv Ionen die Passage über eine Membran ermöglichen. Die Pore wird durch ein Gate als Antwort auf bestimmte Stimuli geöffnet und geschlossen. Sie spannungsgesteuerten Ionenkanäle (voltage-gated) öffnen und schließen durch ein verändertes Membranpotential, die Liganden-gesteuerten Ionenkanäle (ligand-gated) öffnen und schließen nach der Bindung eines Liganden. Der sogenannte Selektivitätsfilter vermittelt die Selektivität des Ionenkanals. Medizinisch-pharmazeutisch relevant sind Kanalopathien, Defekte in der Funktion von Ionenkanälen, die zu Krankheit und Tod führen. Ein Beispiel ist die angeborene oder durch Medikamente ausgelöste Verlängerung des QT-Intervalls, welche zu Arrhythmien führen kann. Ionenkanäle sind auch wichtige Targets von Medikamenten, zum Beispiel von Lokalanästhetika und von Calciumkanalblockern.***

3.9
Efflux: P-Glykoprotein

Im Jahr 1976 isolierten Juliano und Ling (Juliano & Ling, 1976) ein glykosyliertes Membranprotein aus Colchicin-resistenten CHO-Zellen (**C**hinese **H**amster **O**vary). Da das Protein einen wichtigen Einfluss auf die **P**ermeabilität von Wirkstoffen durch die Membran hatte, bezeichneten sie es als **P** glycoprotein (später: P-glycoprotein, P-Glykoprotein, P-gp). Zehn Jahre später wurde das zugehörige Gen *MDR1* (neues Gensymbol: *ABCB1*) aus multiresistenten Tumorzellen isoliert und kloniert (Chen *et al.*, 1986; Roninson *et al.*, 1986). Mittlerweile ist P-gp der am besten untersuchte Arzneimitteltransporter.

3.9.1 Multiresistenz: Multidrug Resistance

Werden Tumorzellen *in vitro* gezüchtet und im Experiment resistent gegen ein Chemotherapeutikum (z.B. den Mitosehemmer Colchicin) gemacht, treten auch Kreuzresistenzen gegen andere zytostatische Arzneimittel auf (z.B. *Vinca*-Alkaloide, Anthrazykline; s.Abb. 3.89). Außergewöhnlich dabei ist, dass sich die Arzneimittel strukturell und in ihrem Wirkmechanismus stark unterscheiden können. Das bedeutet, dass die Resistenz nicht auf der Ebene des Targets, z.B. auf einer Mutation einer Active Site beruht, sondern auf anderen Mechanismen.

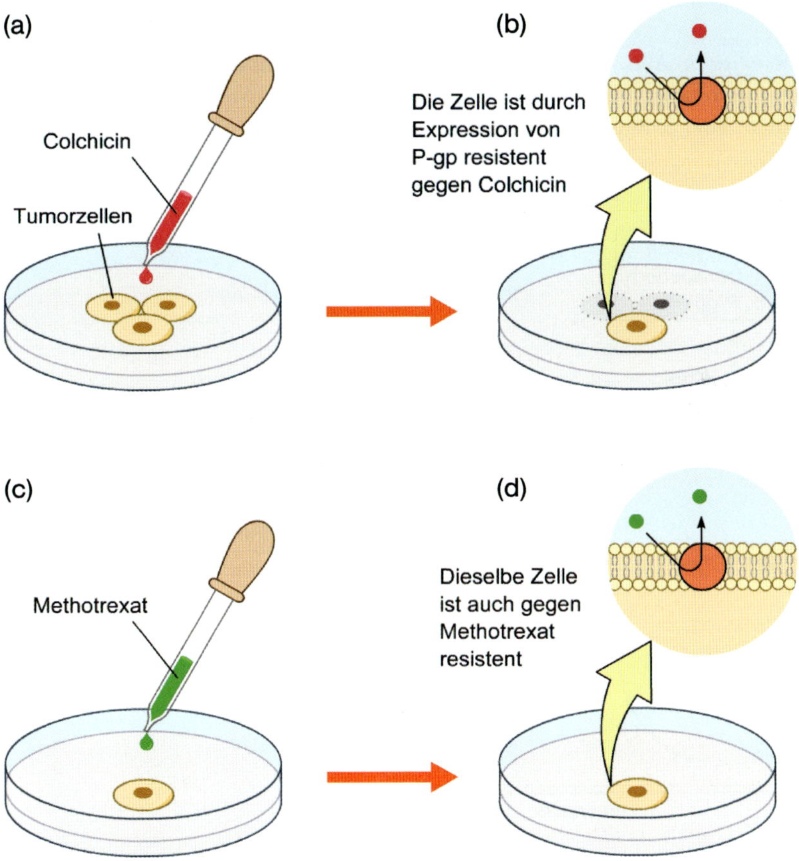

Abb. 3.89 Multidrug Resistance *in vitro*. (**a**) Tumorzellen werden mit dem Zytostatikum Colchicin behandelt. (**b**) Durch Expression von P-Glykoprotein und weiteren Faktoren (s. Abb. 3.90) entwickeln sich resistente Zellen. Solche Zellen können auch aus resistenten Tumoren gewonnen werden. Wird anschließend ein anderes Zytostatikum verabreicht, zum Beispiel Methotrexat (**c**), so kann die Zelle auch gegen diesen Wirkstoff eine Resistenz entwickelt haben (**d**), obwohl sich der molekulare Wirkmechanismus beider Wirkstoffe klar unterscheidet. Dieses Phänomen wird als *Multidrug Resistance* bezeichnet.

Dieses Phänomen wird als *Multidrug Resistance* bezeichnet und auch *in vivo* beobachtet, wenn Tumore gleichzeitig gegen mehrere Arzneimittel resistent werden. Dies führt offensichtlich zu erheblichen Problemen bei der Pharmakotherapie.

Die erhöhte Expression von P-gp ist ein Faktor, der an der Entstehung der Multidrug Resistance beteiligt ist. P-gp ist ein aktiver Efflux-Transporter (170 kDa, 1280 Aminosäuren), der in Tumorzellen exprimiert wird und Zytostatika am Eindringen in die Zellen hindert. Bei der passiven Diffusion durch die Zellmembran werden die Substanzen durch P-gp aktiv wieder in den extrazellulären Raum hinausbefördert. Somit können die Arzneimittel nicht zu ihren intrazellulären Zielstrukturen gelangen. Der Transporter hat eine breite Substratspezifität (Multispezifität). Dies erklärt, weshalb viele unterschiedliche Zytostatika an der Diffusion in die Zelle gehindert werden können.

Neben P-gp sind weitere Mechanismen an der Entstehung der Multidrug Resistance beteiligt (s. Abb. 3.90). So kann zum Beispiel auch der Influx eines Medikaments vermindert oder metabolisierende Enzyme aktiviert werden (Reviews: Gottesman, Fojo & Bates, 2002; Szakacs *et al.*, 2006, Pastan & Gottesman, 1991).

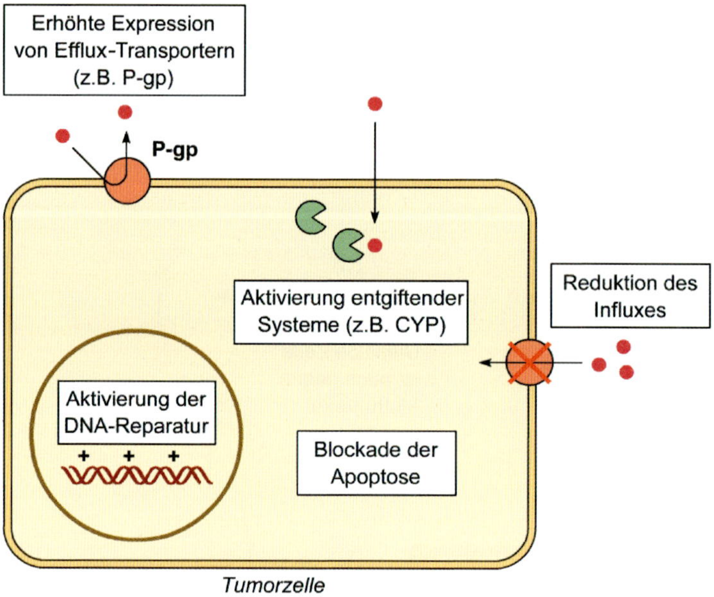

Abb. 3.90 Die Abbildung zeigt zelluläre Faktoren, die an der Resistenz von Tumorzellen gegen Zytostatika beteiligt sein können. Die erhöhte Expression von Efflux-Transportern (z.B. P-Glykoprotein) ist ein wichtiger Faktor bei der Entstehung der Multiresistenz (Bild nach Gottesman, Fojo & Bates, 2002).

3.9.2
P-Glykoprotein

Lokalisierung von P-gp

Im Jahr 1987 konnten Thiebaut und Kollegen zeigen, dass P-gp nicht nur auf Tumoren vorkommt, sondern auch in verschiedenen anderen Geweben lokalisiert ist (Thiebaut et al., 1987). Sie fanden P-gp mit immunohistochemischen Methoden im unteren Gastrointestinaltrakt (*Jejunum, Colon*), an der Leber, an der Niere, am Pankreas und an der Nebenniere. In allen Fällen war der Transporter an der apikalen Membran lokalisiert, welche an ein exkretorisches Kompartiment wie z.B. Darmflüssigkeit, Galle oder Harn grenzt (s. Abb. 3.91). Wenig später wurde P-gp auch an den Blutkapillaren des Gehirns, d.h. an der Blut-Hirn-Schranke, nachgewiesen (Cordon-Cardo *et al.*, 1989). Schließlich wurde P-gp an zahlreichen weiteren Organen und Zellen identifiziert, u.a. an der Placenta, an der Lunge, in den Hoden und Ovarien und an Zellen des Immunsystems.

Darm. P-gp wird v.a. im unteren Dünndarm (*Jejunum*) und im *Colon* exprimiert. Der Transporter befindet an der apikalen Membran der Enterozyten an der Spitze der Darmzotten, nicht jedoch in den Krypten, d.h. den schlauchförmigen Einsen-

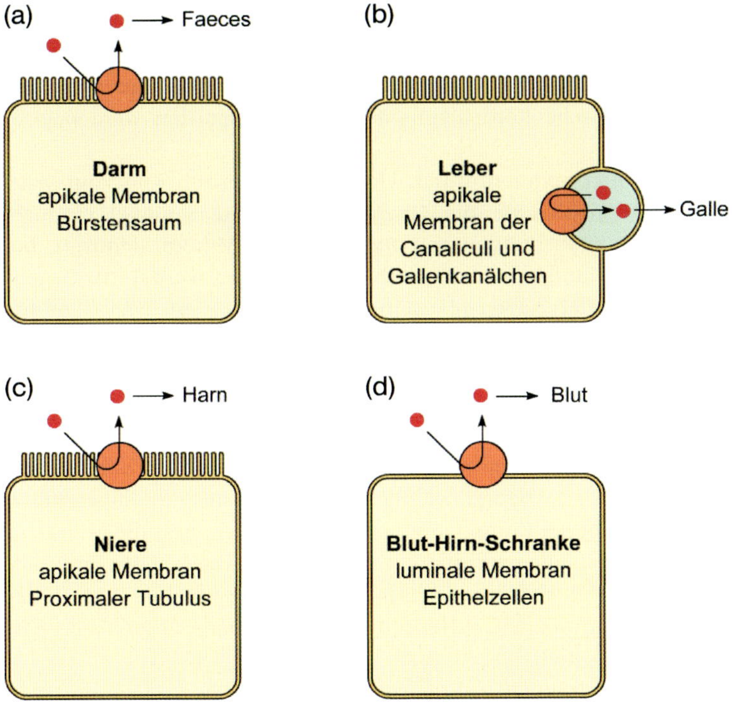

Abb. 3.91 Lokalisierung von P-gp. Die apikale Lokalisierung an Zellen des Darms, der Leber, der Niere und der Blut-Hirn-Schranke deuten auf die Funktion von P-gp als Transportbarriere hin. Nicht dargestellt sind zahlreiche weitere Lokalisierungen von P-gp an anderen Organen.

kungen der Darmschleimhaut. Es besteht folgender Gradient in der Expression von P-gp: Magen < *Jejunum* < *Colon* (s. Abb. 3.91 A, Cordon-Cardo *et al.*, 1990; Chan, Lowes & Hirst, 2004).

Leber. An den Hepatozyten befindet sich P-gp an der canaliculären (apikalen) Membran. P-gp kommt auch in den Gallenwegen an der apikalen Membran der Epithelzellen der Gallenkanälchen vor (s. Abb. 3.91 B, Thiebaut *et al.*, 1987; Cordon-Cardo *et al.*, 1990).

Niere. P-gp wird an der Niere am proximalen Tubulus exprimiert, an der apikalen Membran, welche an das Tubuluslumen angrenzt (s. Abb.3.91 C, Thiebaut *et al.*, 1987; Cordon-Cardo *et al.*, 1990).

Blut-Hirn-Schranke. P-gp befindet sich an der apikalen (luminalen) Membran der Endothelzellen, welche die Blut-Hirn-Schranke bilden (Schinkel, 1999). Pardridge und Kollegen haben P-gp auch im Gliagewebe (Astrozyten) gefunden (s. Abb. 3.91 D, Golden & Pardridge, 1998).

Hypothese zur Funktion von P-gp

Aufgrund der apikalen Lokalisierung von P-gp wurde eine erste Hypothese zur physiologischen Funktion von P-gp aufgestellt: Der Transporter soll als Schutz der Gewebe und Organe vor körperfremden Substanzen (Xenobiotika) dienen, indem diese Substanzen an der Absorption gehindert werden und aktiv aus dem Körper in exkretorische Kompartimente zurücktransportiert werden (z.B. Thiebaut *et al.*, 1987).

Diese These wird unter anderem durch Untersuchungen mit Knockout-Mäusen unterstützt. 1994 publizierte die Gruppe von Alfred Schinkel erstmals einen Artikel über Untersuchungen mit *mdr1-Knockout-Mäusen* (Mäusen, bei denen gezielt das *mdr1a-* und/oder das *mdr1b-*Gen deaktiviert wurde). Im Gegensatz zum Menschen (*MDR1*) haben Mäuse und andere Nagetiere zwei Gene für P-Glykoprotein, *mdr1a* und *mdr1b*. Die zwei Genprodukte haben unterschiedliche Lokalisationen und Spezifitäten, üben aber zusammen in etwa dieselbe Funktion aus wie beim Menschen. Schinkels Gruppe untersuchte Mäuse mit Knockouts für *mdr1a* und/oder *mdr1b* (Schinkel *et al.*, 1994).

Als *mdr1a*(-/-)-Knockout-Mäuse gegen Milben mit dem neurotoxischen Pestizid Ivermectin bespritzt wurden, starben fast alle Tiere. Bei normalen Mäusen führt diese Behandlung zu keinerlei Komplikationen. Es zeigte sich, dass die Mäuse an den Gehirnkapillaren kein P-gp exprimierten und deshalb eine erhöhte Empfindlichkeit gegenüber dem Neurotoxin aufwiesen. Bei den Mäusen ohne P-gp an der Blut-Hirn-Schranke akkumulierte das Neurotoxin fast 100-mal stärker als bei den Kontrollmäusen (Wildtyp) mit P-pg (s. Abb. 3.92, Schinkel, 1999).

In Experimenten mit *mdr1a/1b*(-/-)-Knockout-Mäusen, denen das Gen für beide Isoformen für P-gp fehlt, wurde eine veränderte Pharmakokinetik für Digoxin festgestellt (Schinkel *et al.*, 1997). Digoxin akkumuliert bei diesen Tieren in verschiedenen Organen, u.a. im Gehirn, der Nebenniere, bei männlichen Mäusen

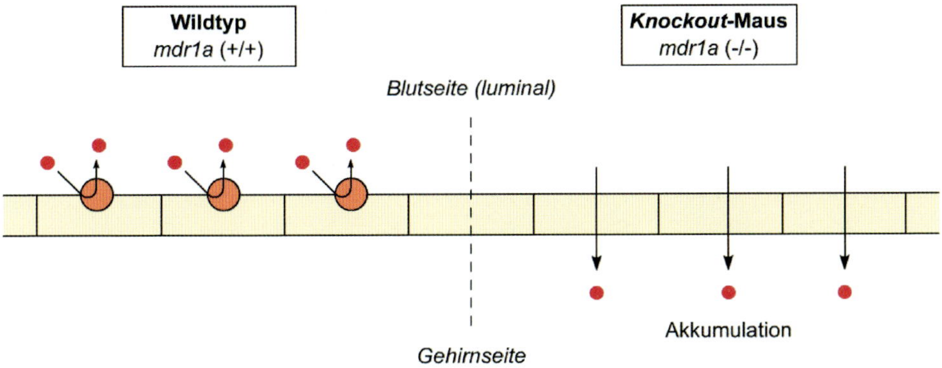

Abb. 3.92 Hypothese zur Funktion von P-gp an der Blut-Hirn-Schranke. Im Vergleich zum Wildtyp (links) weisen *mdr1a*(-/-)-Knockout-Mäuse (rechts) eine erhöhte Empfindlichkeit gegenüber neurotoxischen Substanzen (z.B. Ivermectin) auf. Diese Beobachtung deutet darauf hin, dass P-gp an der luminalen Seite der Blut-Hirn-Schranke die Funktion einer Transportbarriere wahrnimmt. Beim Fehlen von P-gp oder bei einer Inhibition des Transporters können Toxine und Pharmaka ins Gehirn passieren. Zu beachten ist, dass neben P-gp eine Reihe weiterer Transporter an der Blut-Hirn-Schranke lokalisiert ist.

in den Hoden, bei weiblichen in den Ovarien. Zudem war die Plasmakonzentration erhöht. Überraschend dabei war, dass die Knockout-Mäuse keine physiologischen Abnormalitäten aufwiesen, fertil waren und die getesteten Laborparameter im normalen Bereich lagen.

Beim Studium der Verteilung einer Reihe von weiteren Wirkstoffen in *mdr1a*- und/oder *mdr1b*-Knockout-Mäusen wurde eine Anreicherung der Substanzen im Gehirn, zum Beispiel für die P-gp Substrate Vinblastin, Cyclosporin, Domperidon und Loperamid beobachtet (siehe unten; Schinkel, 1999). Die einfachste Erklärung für diese Ergebnisse ist, dass P-gp als Efflux-Transporter an der Blut-Hirn-Schranke (und an weiteren Organen) die Funktion einer Transportbarriere wahrnimmt.

In den letzten Jahren wurden vermehrt Hinweise dafür gefunden, dass P-gp neben seiner Funktion als Transportbarriere weitere wichtige Funktionen hat, etwa im Immunsystem oder bei der Apoptose (z.B. Johnstone, Ruefli & Smyth, 2000). P-gp lässt sich also nicht nur auf seine Funktion als „schützende Transportbarriere“ reduzieren.

Klassifizierung

In der klassischen Nomenklatur wurde das Transportprotein als P-Glykoprotein (P-gp) bezeichnet und das entsprechende Gen als *MDR1* oder *mdr1*. P-gp ist ein Mitglied der Transporter-Superfamilie ABC (**A**TP-**b**inding **c**assette, Dean, Hamon & Chimini, 2001). P-gp gehört zur ABCB-Unterfamilie, die auch als MDR-Unterfamilie bezeichnet wird, und das entsprechende Gensymbol in der neuen Nomenklatur ist *ABCB1*. Das Genprodukt wird als ABCB1, P-gp oder als MDR1 bezeichnet. Wir verwenden in diesem Kapitel die Bezeichnung P-gp für den Transporter und *MDR1* (bei Nagern: *mdr1*) oder *ABCB1* für das Gen.

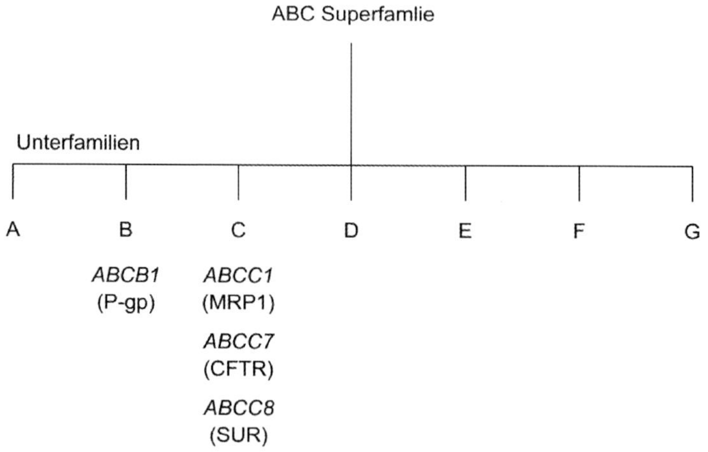

Abb. 3.93 Unterteilung der ABC-Superfamilie in Unterfamilien. P-gp ist ein Mitglied der Unterfamilie B (Gensymbol *ABCB1*). Als weitere Beispiele sind Mitglieder der Unterfamilie C aufgeführt. Die Abbildung zeigt eine Auswahl von vier aus insgeamt 48 bisher identifizierten Genen der Superfamilie.

ABC- Superfamilie

Die ABC-Superfamilie besteht aus 48 Genen, welche beim Menschen in die sieben Unterfamilien A, B, C, D, E, F und G unterteilt werden. Transporter dieser Superfamilie (s. Abb. 3.93) sind primär aktive Transporter, welche die Energie aus der Hydrolyse von ATP beziehen. Sie spielen unter anderem eine wichtige Rolle beim Schutz des Organismus vor Xenobiotika.

P-gp wurde als erster Vertreter dieser ABC-Superfamilie identifiziert, zu der beispielsweise auch die MRP (Multidrug Resistance-Associated Proteins, ABCC-Unterfamilie) gehören. MRP sind wie P-gp ebenfalls am Efflux von Zytostatika aus Tumorzellen und an der Multidrug Resistance beteiligt (Cole *et al.*, 1992). Außerdem spielen sie eine Rolle bei der Sekretion organischer Anionen an der apikalen Membran der proximalen Tubuluszellen der Niere (MRP2, MRP4, s. Abschnitt 6.2 zu den OAT).

CFTR (Cystic Fibrosis Transmembrane Conductance Regulator, *ABCC7*) ist der Transporter, der bei zystischer Fibrose mutiert ist und Chlorid transportiert (Gadsby, Vergani & Csanady, 2006).

ABCC8 kodiert für SUR, den sulphonylurea receptor, das Target der Sulfonylharnstoffe, die als Antidiabetika im Handel sind (Reviews zur ABC-Superfamilie: Dean, 2001; 2005).

Substrate von P-gp

P-gp akzeptiert eine sehr große Zahl hydrophober und amphipatischer Substrate (Gottesman & Pastan, 1993). Einige Beispiele sind in Tabelle 3.14 aufgeführt. Substrate von P-gp können den Transport auch inhibieren (z.B. Nifedipin) und induzieren (z.B. Rifampicin).

Tabelle 3.14 Substrate und Inhibitoren von P-gp (Beispiele, angepasst aus Chan, Lowes & Hirst, 2004; Marzolini *et al.*, 2004; Zhang & Benet, 2001).

Substrate (S) und Inhibitoren (I) von P-gp (Beispiele)	
Zytostatika	
Vinca-Alkaloide	Vinblastin (S), Vincristin (S)
Anthrazykline	Daunorubicin (S), Doxorubicin (S)
Epipodophyllotoxine	Etoposid (S)
Weitere	Methotrexat (S), Paclitaxel (Taxol, S)
Herz-Kreislauf-Medikamente	
Herzglykoside	Digoxin (S)
Beta-Blocker	Talinolol (S), Celiprolol (S)
Antiarrhythmika	Chinidin (S, I), Lidocain (I)
Calcium-Antagonisten	Nifedipin (I), Diltiazem (S, I), Verapamil (S, I)
HIV-Medikamente	
Proteasehemmer	Indinavir (S, I), Nelfinavir (S, I), Ritonavir (S, I), Saquinavir (S, I)
Antibiotika	
Makrolide	Erythromycin (I)
Weitere Beispiele	
Immunosuppressiva	Cyclosporin A (S, I), Tacrolimus (S, I)
H2-Rezeptor-Antagonisten	Cimetidin (S), Ranitidin (S)
Weitere	Ivermectin (S), Loperamid (S), Domperidon (S)

Struktur-Aktivitäts-Beziehungen: H-Brücken-Akzeptoren

Bei der Analyse von hundert Substraten für P-gp wurden gemeinsame Muster von H-Brücken-Akzeptoren identifiziert (Seelig, 1998; Seelig & Landwojtowicz, 2000). Bei diesem Modell wird zwischen zwei Typen von Mustern unterschieden. Bei Typ I liegen die H-Brücken-Akzeptoren 2,5 ± 0,3 Å auseinander. Bei Typ II liegen entweder zwei Akzeptoren oder die äußeren zwei von insgesamt drei Akzeptoren 4,6 ± 0,6 Å auseinander. Ein Molekül interagiert mit dem Transporter, wenn es mindestens ein Muster vom Typ I oder vom Typ II enthält (s. Abb. 3.94, detaillierte Review: Seelig *et al.* 2003).

Synergie zwischen P-gp und CYP3A4 im Darm

Cytoychrom P (CYP) 3A4, das wichtigste metabolisierende Phase-I-Enzym (vgl. Abschnitt „Biotransformation") und der Efflux-Transporter P-gp, sind beide an der Spitze der Villi im Darm lokalisiert. CYP3A4 kommt vor allem im proximalen, P-gp vor allem im distalen Darm vor (s. Abb. 3.95). Zudem besteht eine signifikante Substratüberlappung zwischen CYP3A4 und P-gp (Wacher, Wu & Benet, 1995). Es wird deshalb angenommen, dass beide Proteine zusammen einen wichtigen synergistisch limitierenden Effekt auf die Bioverfügbarkeit von Arzneimitteln ausüben. Als Folge haben gemeinsame Substrate eine niedrige Bioverfügbarkeit (Zhang & Benet, 2001). Dieser Sachverhalt kann die Untersuchung des Einflusses von P-gp erschweren, weil es bei Substraten, die sowohl an CYP3A4 als auch an P-gp binden, schwierig ist, zwischen den Effekten von Enzym und Transporter zu unterscheiden.

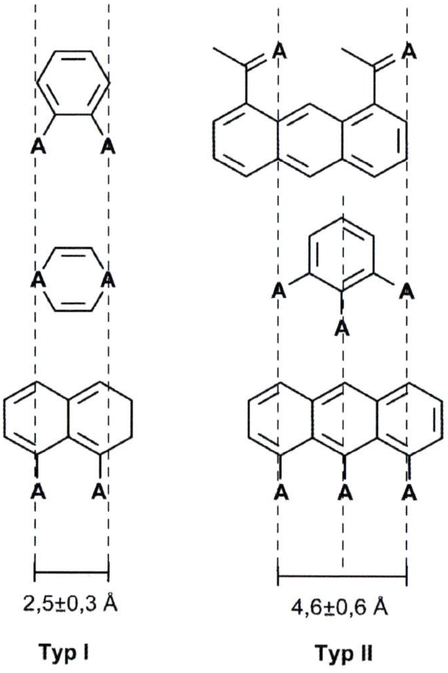

Abb. 3.94 Struktur-Aktivitäts-Beziehungen. Um mit P-gp zu interagieren, muss ein Substrat bestimmte Muster von H-Brücken-Akzeptoren enthalten. Es wird zwischen zwei Typen mit unterschiedlichen Abständen der Akzeptoren unterschieden (vgl. Text; Bild: Ausschnitt nach Seelig, 1998).

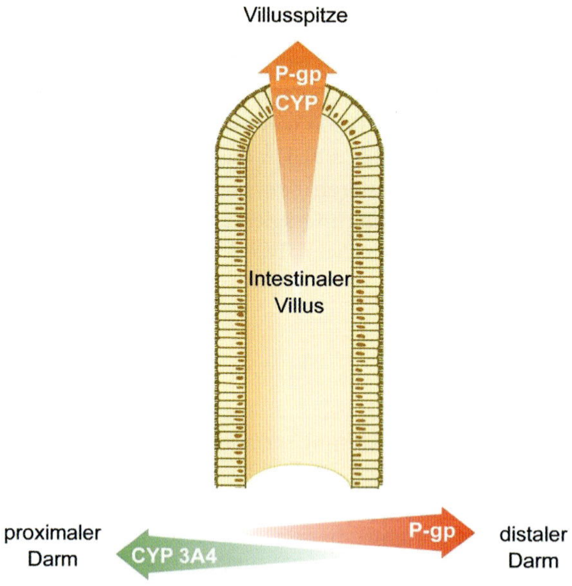

Abb. 3.95 Die Expression von P-gp und CYP3A4 nimmt gegen die Spitze der intestinalen Villi zu. Die Coexpression von P-gp und CYP deutet auf eine synergistische Wirkung der beiden Systeme hin. CYP3A4 kommt vor allem im proximalen, P-gp vor allem im distalen Darm vor.

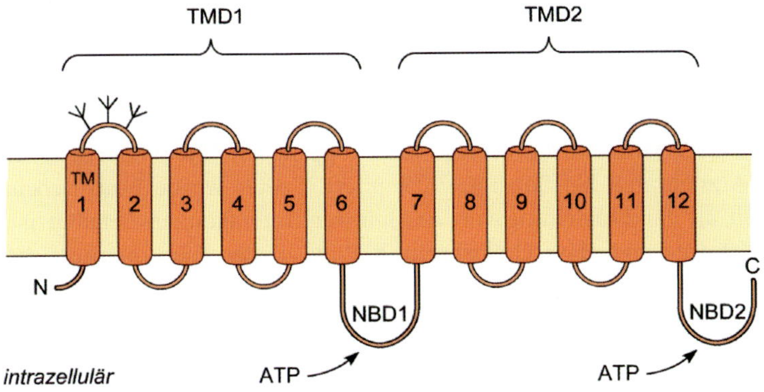

Abb. 3.96 Schematische Darstellung der Struktur von P-gp in der Zellmembran (nach Loo & Clarke, 2005; Gottesman & Pastan, 1993).

Struktur

Die Struktur von P-gp wurde unter anderem mit elektronenmikroskopischen Methoden untersucht (Rosenberg *et al.*, 1997; 2005). Von bakteriellen ABC-Transportern konnten Kristallstrukturen erhalten werden.

P-gp ist als Monomer funktionell. Es besteht aus zwei pseudosymmetrischen, homologen Hälften, die über eine Linker-Region miteinander verbunden sind. Die beiden hydrophoben, transmembranären Domänen TMD1 und TMD2 bestehen je aus sechs transmembranären α-Helices TM (s. Abb. 3.96). Diese sind extrazellulär über Loops miteinander verbunden. Der Loop zwischen TM1 und TM2 ist glykosyliert. Jede Hälfte von P-gp enthält eine intrazelluläre Domäne, die *Nucleotide Binding Domain* (NBD). Beide NBD enthalten je eine ATP-Bindungsstelle und koppeln die ATP-Hydrolyse an den Transportprozess.

Transportmechanismus

Das Protein hat eine große, wässrige, zentrale Kammer innerhalb der Membran, die aus den zwei TMD gebildet wird. Die Kammer ist zur extrazellulären, nicht jedoch zur intrazellulären Seite hin geöffnet. Hingegen erlauben Öffnungen zwischen den TMD vermutlich den Eintritt von Substraten aus dem Bilayer in die Kammer hinein. Dies deutet darauf hin, dass Substrate aus dem Bilayer über die Kammer nach außen transportiert werden (s. Abb. 3.97, Rosenberg *et al.* 1997, 2001).

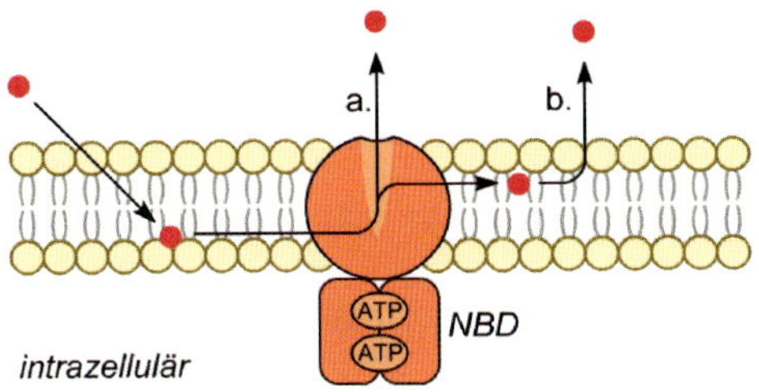

Abb. 3.97 Schematisches Modell des Transportmechanismus. P-gp bindet seine Substrate aus der Lipiddoppelschicht und hindert sie an der Passage ins Zytoplasma. Unter Hydrolyse von 2 Molekülen ATP werden die Substrate wieder in den extrazellulären Raum transportiert. Es ist unklar, ob P-gp die Substrate direkt nach außen **(a)** oder in den äußeren Anteil der Doppelschicht transportiert **(b)**, aus dem sie dann zurück in den extrazellulären Raum diffundieren können.

3.9.3
Pharmakologische Bedeutung

Arzneimittel-Interaktionen

Zu Beginn der 90er Jahre wurde gezeigt, dass P-gp neben Chemotherapeutika auch andere Arzneimittel als Substrate akzeptiert. Später wurde beschrieben, dass P-gp auch an der Entstehung von Arzneimittel-Interaktionen beteiligt ist. So wurde *in vitro* gezeigt, dass Cyclosporin A P-gp an der Niere hemmt und auf diesem Weg die Sekretion und renale Clearance von Digoxin vermindert (Okamura *et al.*, 1993). Zudem ist Cyclosporin A auch ein Substrat von P-gp im Darm. Fricker *et al.* (1996) konnten zeigen, dass die Absorption (AUC) von Cyclosporin A im Darm mit steigender P-gp-Expression (Magen < *Jejunum* < *Colon*) abnimmt.

Cyclosporin A wurde später auch in klinischen Studien als Inhibitor der ersten Generation von P-gp bei multiresistenten Tumoren getestet (siehe unten).

Absorption im Darm

Nachdem P-gp Ende der 80er Jahre im Darm lokalisiert worden war, wurde in den 90er Jahren die mögliche Bedeutung des Efflux-Transporters für die orale Bioverfügbarkeit von Arzneimitteln erkannt und untersucht. Benet und Kollegen sprachen 1996 von einem möglichen Pardigmenwechsel in der oralen Verabreichung von Arzneimitteln (Benet *et al.*, 1996). P-gp kann ein limitierender Faktor in der Bioverfügbarkeit seiner Substrate sein. Zudem sind pharmakokinetische Interaktionen durch Inhibition oder Induktion des Transporters möglich. Die Bedeutung von P-gp für die orale Bioverfügbarkeit soll exemplarisch an den folgenden Studien aufgezeigt werden:

Paclitaxel. Sparreboom *et al.* (1987) haben gezeigt, dass die Bioverfügbarkeit des Zytostatikums Paclitaxel (Taxol) bei *mdr1a*(-/-)-Knockout-Mäusen signifikant erhöht ist. Paclitaxel ist ein Substrat von P-gp. Da der Knockout-Maus im Darm die Efflux-Transporter fehlen, kann sie mehr Wirkstoff absorbieren.

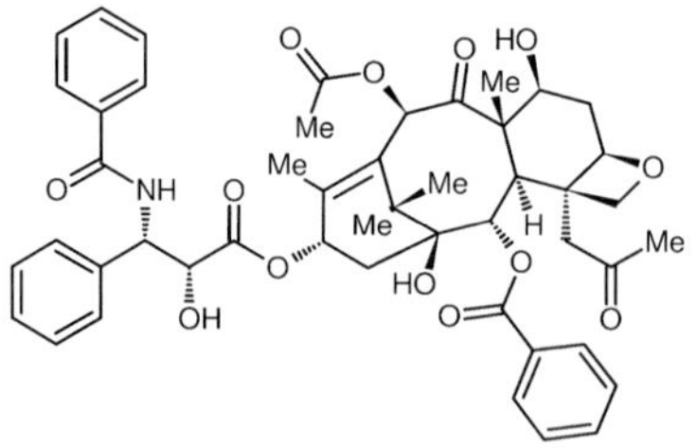

Paclitaxel

Rifampicin-Digoxin. Bei gleichzeitiger Gabe von Rifampin (Rifampicin) und Digoxin wird die Bioverfügbarkeit des oral verabreichten Herzglykosids Digoxin signifikant erniedrigt. In einer Untersuchung mit 8 Probanden haben Greiner *et al.* (1999) gezeigt, dass Rifampin P-gp im Darm induziert und folglich der Efflux von Digoxin, einem Substrat von P-gp, erhöht wird. Diese Reduktion der Bioverfügbarkeit beruht wahrscheinlich nicht auf einer Induktion von Cytochrom P450 (CYP) und damit einem erhöhten Metabolismus von Rifampin, u.a. weil Digoxin kein Substrat von Cytochrom P450 im Darm ist.

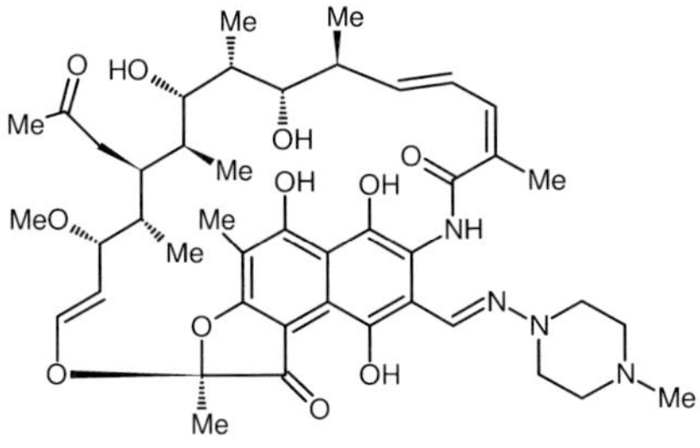

Rifampcin

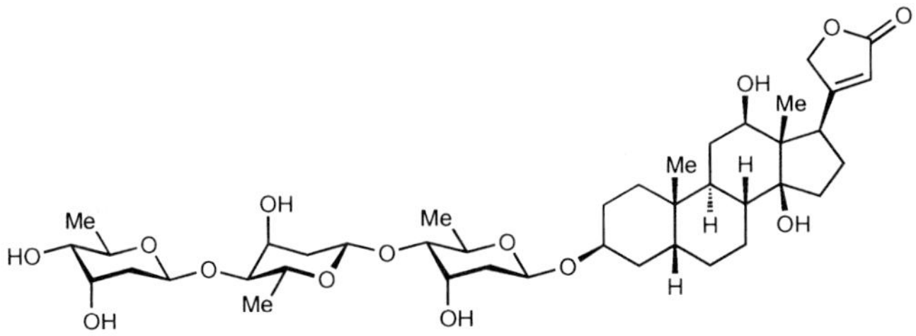

Digoxin

Chinidin-Digoxin. Die gleichzeitige Applikation des Antiarrhythmikums Chinidin und Digoxin verursacht eine 2–3-fache Erhöhung der Plasmakonzentration von Digoxin. Chinidin ist ein Inhibitor von P-gp und scheint so die Absorption des P-gp-Substrats Digoxin zu unterstützen (Fromm *et al.*, 1999).

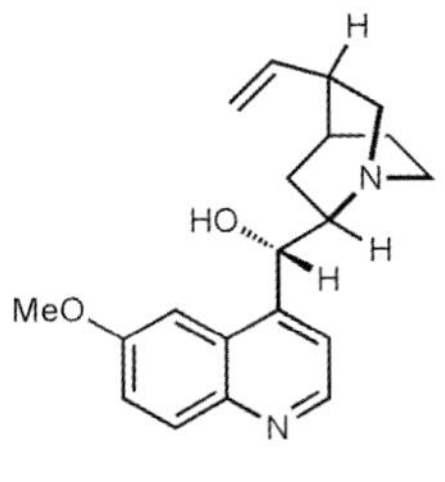

Chinidin

Erythromycin-Talinolol. In einer Studie mit 8 Probanden konnte gezeigt werden, dass die Bioverfügbarkeit des Beta-Blockers Talinolol erhöht wird, wenn er gleichzeitig mit dem P-gp-Inhibitor Erythromycin (Makrolid-Antibiotikum) appliziert wird (Schwarz *et al.*, 2000).

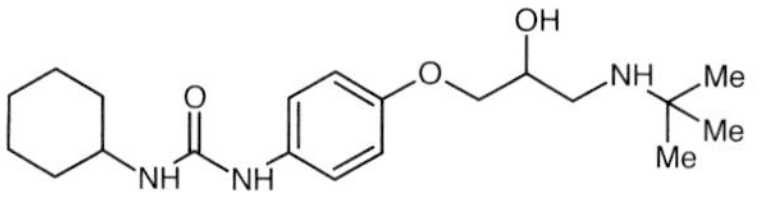

Talinolol

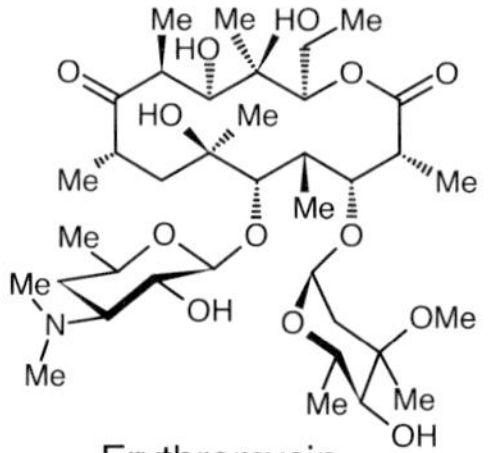

Erythromycin

Diese Studien geben Hinweise darauf, dass die Inhibition und die Induktion von P-gp einen wichtigen Einfluss auf die Absorption/Bioverfügbarkeit von Wirkstoffen haben können. Es wurde zudem gezeigt, dass neben Arzneistoffen auch Nahrungsmittel, Phytopharmaka und pharmazeutische Hilfsstoffe (z.B. Cremophor EL, RH, Tween 80) mit P-gp interagieren.

Distribution ins Gehirn

Es gibt zahlreiche Hinweise darauf, dass P-gp eine wichtige Transportbarriere für Arzneistoffe ins Gehirn darstellt, d.h. dass Substrate von P-gp nicht ins Gehirn gelangen können. Dies kann ein Nachteil für die Arzneimitteltherapie darstellen, z.B. bei Tumorerkrankungen, Epilepsie oder Infektionen (z.B. HIV; zum Problem des Targetings des Gehirns siehe Pardridge, 2005). Hingegen werden so unerwünschte Wirkungen von Arzneimitteln im Gehirn vermieden, die nur peripher wirken sollen, wie z.B. bei Loperamid oder Domperidon.

HIV-Protease-Inhibitoren. Kim *et al.* (1998) und weitere Gruppen haben gezeigt, dass HIV-Protease-Inhibitoren (z.B. Indinavir, Saquinavir und Nelfinavir) Substrate von P-gp sind. Hintergrund dieser Untersuchungen war die Frage, ob sich durch Inhibition von P-gp die Aufnahme der Wirkstoffe in das Gehirn verbessern ließe. Obwohl HIV im Plasma bei einer Therapie mit Proteasehemmern nicht mehr nachweisbar ist, scheint sich das Virus im Gehirn weiter zu vermehren, was zu einem Verlust kognitiver und motorischer Fähigkeiten führen kann (sog. AIDS-Demenz). In Untersuchungen mit Mäusen konnten Choo *et al.* (2000) zeigen, dass durch die Inhibition von P-gp die Verfügbarkeit der Proteasehemmer im Gehirn erhöht wird.

HIV-Protease-Inhibitoren können aber auch selbst Inhibitoren von P-gp sein (z.B. Ritonavir, siehe Drewe *et al.*, 1999).

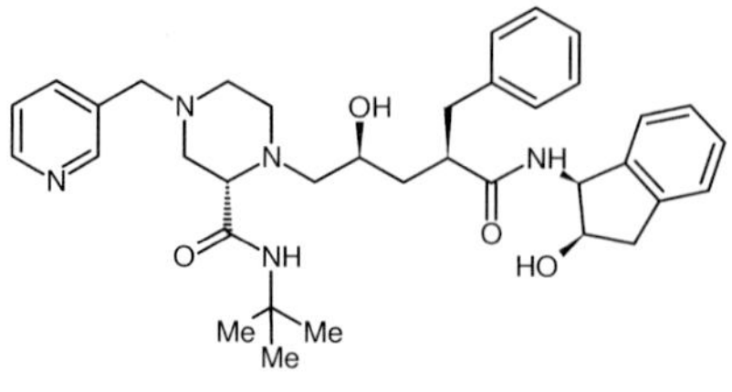

Indinavir

Chinidin-Loperamid. Das Antidiarrhoikum Loperamid ist ein potentes Opioid und verursacht im Allgemeinen aber keine unerwünschten Wirkungen (UAW) im ZNS, u.a. weil es offenbar die Blut-Hirn-Schranke nicht überwinden kann. In einer Studie mit 8 gesunden Probanden wurde eine Interaktion zwischen Chinidin und Loperamid nachgewiesen. Die Kombination führte u.a. zu erhöhter Atemdepression der Probanden, was auf eine erhöhte Verteilung von Loperamid ins ZNS hinweist. Chinidin ist ein Hemmer von P-gp (s. oben; Sadeque *et al.*, 2000).

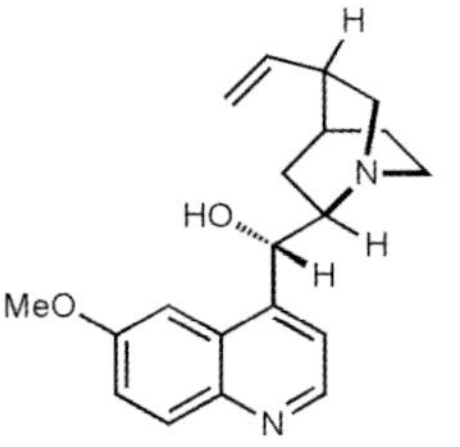

Chinidin

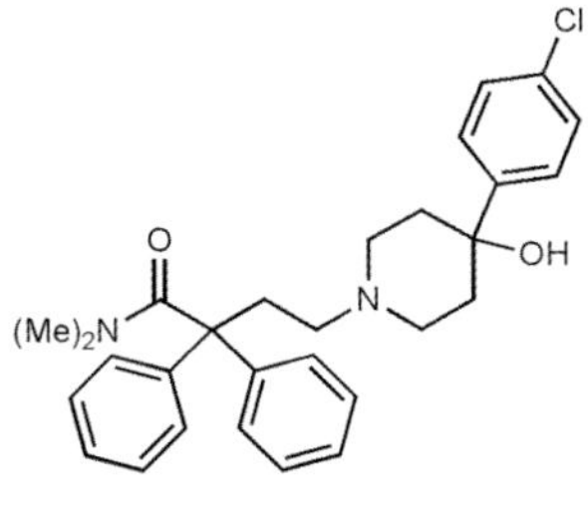

Loperamid

Verapamil-Domperidon. Domperidon ist ein Antagonist des Dopamin-Rezeptors D2 und wird als Antiemetikum und Prokinetikum verwendet. Diese Effekte werden über Strukturen außerhalb des ZNS vermittelt. Obwohl es sich um einen potenten Antagonisten handelt, treten selten extrapyramidale Nebenwirkungen im ZNS auf, weil die Substanz die Blut-Hirn-Schranke nicht passieren kann. Bei der gleichzeitigen Gabe von Verapamil, einem P-gp-Inhibitor, konnte an Ratten ein Anstieg der Verteilung von Domperidon im Gehirn und eine Erhöhung der UAW gezeigt werden (Dan *et al.*, 2002).

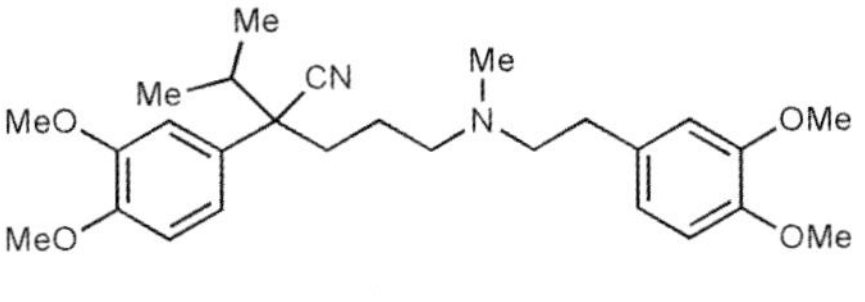

Verapamil

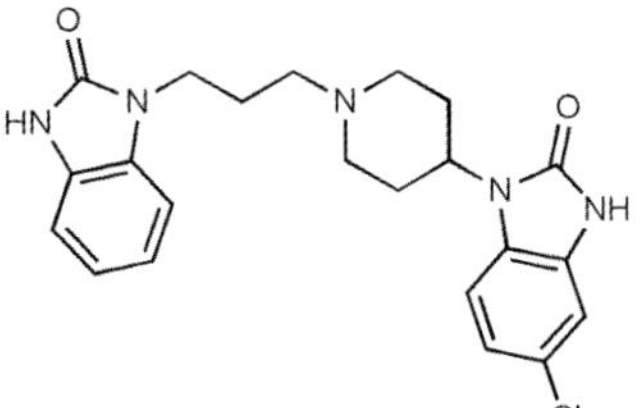

Domperidon

Neben der pharmakokinetischen Relevanz von P-gp für die Absorption und die Distribution ins Gehirn spielt P-gp auch eine wichtige Rolle bei der Elimination (Leber, Niere) und der Verteilung in weitere Organe (z.B. Placenta, Ovarien, Hoden).

Polymorphismen in P-gp: Relevanz für die Pharmakokinetik von Wirkstoffen?
Hoffmeyer *et al.* (2000) haben Polymorphismen in *MDR1* systematisch untersucht. Dabei wurde unter anderem der Polymorphismus C3435T identifiziert, welcher keine Veränderung in der Aminosäuresequenz verursacht, aber mit der erniedrigten duodenalen Expression von P-gp assoziiert war. In der Untersu-

chung wurde nachgewiesen, dass die Plasmakonzentrationen des P-gp Substrats Digoxin bei Probanden mit diesem Polymorphismus signifikant erhöht sind. Diese Studie löste zahlreiche weitere Untersuchungen aus, die zur Identifizierung von weiteren Polymorphismen in *MDR1* führten.

Es ist vernünftig anzunehmen, dass Polymorphismen in *MDR1* die Pharmakokinetik von Wirkstoffen beeinflussen könnten. Die tatsächliche, klinische Relevanz wird aber kontrovers diskutiert. Während viele Experten P-gp als Musterbeispiel in der Pharmakogenomik und der individualisierten Medizin anführen, bezweifeln andere die Relevanz der Polymorphismen, z.B. für die Absorption von Wirkstoffen (z.B. Sakaeda, 2005). Studien, welche die Resultate von Hoffmeyer zu reproduzieren versuchten, führten zu widersprüchlichen Resultate (Diskussion bei Marzolini *et al.*, 2004).

Merksatz

- ***P-Glykoprotein (P-gp, auch MDR1, ABCB1) ist das Genprodukt des ABCB1-Gens (älteres Synonym: MDR1) und gehört zur ABC-Superfamilie.***
- ***P-gp ist ein primär aktiver Efflux-Transporter, welcher unter ATP-Verbrauch seine hydrophoben Substrate aus der Lipidmembran zurück in ein äußeres Kompartiment transportiert.***
- ***P-gp ist ein Faktor, der an der Entstehung der Multidrug Resistance beteiligt ist, also der Entstehung einer Kreuzresistenz von Tumoren gegen mechanistisch und strukturell verschiedene Zytostatika.***
- ***P-gp kommt physiologisch an verschiedenen Geweben (z.B. Darm, Leber, Niere, Blut-Hirn-Schranke) des menschlichen Körpers vor, insbesondere an Epithelgeweben, die an ein exkretorisches Kompartiment grenzen. Es ist dort an der apikalen Membran lokalisiert.***
- ***Seine apikale Lokalisierung und Experimente mit Knockout-Mäusen haben zur Hypothese geführt, dass P-gp an zahlreichen Geweben eine Transportbarriere für Xenobiotika und Arzneistoffe darstellt. Es scheint aber, dass P-gp daneben weitere wichtige physiologische Funktionen wahrnimmt, u.a. im Immunsystem.***
- ***P-gp hat eine außerordentlich breite Substratspezfität (Multispezifität) und transportiert zahlreiche Arzneistoffe. Es gibt viele Hinweise dafür, dass P-gp einen wichtigen Einfluss auf die Pharmakokinetik seiner Substrate (Wirkstoffe) ausübt. Deshalb sind Arzneimittel-Interaktionen möglich, beispielsweise durch eine Hemmung oder eine Induktion von P-gp.***

Fazit

In der Arzneimitteltherapie ist P-gp insbesondere für zwei Gebiete von zentraler Bedeutung. Erstens als ein Faktor in der **Multidrug Resistance**, der Kreuzresistenz von Tumoren gegenüber einer Reihe unterschiedlicher Zytostatika verursacht. Hier wird seit über zwei Jahrzehnten klinisch untersucht, ob die Resistenz von Tumoren mit Multidrug-Resistance-Modulatoren und Inhibitoren von P-gp aufgehoben werden kann. Trotz zahlreicher klinischer Versuche und der Entwicklung selektiver Inhibitoren ist derzeit noch kein Arzneimittel auf dem Markt oder in den entsprechenden Indikation zugelassen.

Zweitens gibt es zahlreiche Hinweise darauf, dass P-gp einen signifikanten Einfluss auf die Pharmakokinetik pharmazeutischer Wirkstoffe ausübt. Dies steht unter dem Paradigma der „schützenden Barrierefunktion", welches besagt, dass P-gp an einer Reihe von Organen und Geweben Substanzen an der Passage durch die Membran und am Eindringen in das Organ hindert. Gleichzeitig wird die Ausscheidung der Substanzen durch aktiven Transport in exkretorische Kompartimente gefördert. Eine Hemmung von P-gp, etwa durch Arzneistoffe wie Cyclosporin, Verapamil oder Chinidin erhöht folglich die Verfügbarkeit von P-gp-Substraten in den entsprechenden Organen, z.B. im Gehirn, und im gesamten Organismus. Eine erhöhte Verfügbarkeit kann sowohl erwünscht (z.B. HIV-Proteasehemmer im Gehirn), wie auch unerwünscht sein (z.B. erhöhter Digoxinplasmaspiegel durch erhöhte Absorption). Eine Induktion von P-gp, etwa durch Rifampicin würde hingegen die Verfügbarkeit von Wirkstoffen erniedrigen.

Literatur

Abramson J., Smirnova I., Kasho V., Verner G., Kaback H.R. & Iwata S. Structure and mechanism of the lactose permease of *Escherichia coli*. *Science*, **2003**, *301*, 610–615.

Ackerman M.J. Cardiac channelopathies: it's in the genes. *Nature Medicine*, **2004**, *10*, 463–464.

Aidley D.J. & Stanfield P.R. Ion Channels. Molecules in Action. Cambridge: Cambridge University Press, **1996**.

Albuquerque E.X., Daly J.W. & Witkop B. Batrachotoxin: chemistry and pharmacology. *Science*, **1971**, *172*, 995–1002.

Ambudkar S.V., Kim I-W. & Sauna Z.E. The power of the pump: mechanisms of action of P-glycoprotein (ABCB1). *European Journal of Pharmaceutical Sciences*, **2006**, *27*, 392–400.

Amidon G.L. & Sadée W (eds). Membrane transporters as drug targets. New York: Kluwer Academic, **1999**.

Anderson J.M., van Itallie C.M. & Fanning A.S. Setting up a selective barrier at the apical junction complex. *Current Opinion in Cell Biology*, **2004**, *16*, 140–145.

Artursson P. & Karlsson J. Correlation between oral drug absorption in humans and apparent drug permeability coefficients in human intestinal epithelial (Caco-2) cells. *Biochemical and Biophysical Research Communications*, **1991**, *175(3)*, 880–885.

Artursson P. Epithelial transport of drugs in cell culture. *Journal of Pharmaceutical Sciences*, **1990**, *79*, 476–482.

Artursson P., Borchardt R.T. Intestinal drug absortion and metabolism in cell cultures: Caco-2 and beyond. *Pharmaceutical Research,* **1997**, *14,* 1655–1658.

Artursson P., Palm K. & Luthmann K. Caco-2 monolayers in experimental and theoretical predictions of drug transport. *Advanced Drug Delivery Reviews,* **2001**, *46,* 27–43.

Arzneimittel-Kompendium der Schweiz, www.documed.ch, **2005**.

Arzneimittel-Kompendium der Schweiz, www.kompendium.ch, **2006**.

Asano S., Morii M. & Takeguchi N. Molecular and cellular regulation of the gastric proton pump. *Biological and Pharmaceutical Bulletin,* **2004**, *27(1),* 1–12.

Ashcroft F. Ion Channels and diseases: channelopathies. San Diego: Academic Press, **1999**.

Avdeef A. Absorption and drug development - solubility, permeability and charge state. New Jersey: Wiley-Interscience, **2003**.

Balfour H.H. Antiviral Drugs. *New England Journal of Medicine,* **1999**, *340(16),* 1255–1268.

Bendels S., Tsinman O., *et al.* PAMPA-excipient classification gradient map. *Pharmaceutical Research,* **2006**, *23,* 2525–2535.

Benet L.Z., Wu C-Y., Hebert M.F. & Wacher V.J. Intestinal drug metabolism and antiport processes: a potential paradigm shift in oral drug delivery. *Journal of Controlled Release,* **1996**, *39,*139–143.

Bennett M.R. The early history of the synapse: From Plato to Sherrington. *Brain Research Bulletin,* **1999**, *2,* 95–118.

Bernstein J. Untersuchungen zur Thermodynamik der bioelektrischen Ströme. *Pflügers Archiv,* **1902**, *92,* 521–562.

Bers D.M. Calcium fluxes involved in control of cardiac myocyte contraction. *Circulation Research,* **2000**, *87,* 275–281.

Besancon M., Simon A., Sachs G. & Shin J.M. Sites of reaction of the gastric H,K-ATPase with extracytoplasmic thiol reagents. *Journal of Biological Chemistry,* **1997**, *272(36),* 22438–22446.

Black J.W., Duncan W.A., Durant C.J., Ganellin C.R. & Parsons E.M. Definition and antagonism of histamine H2-receptors. *Nature,* **1972**, *236(5347),* 385–390.

Böhm H.-J., Klebe G. & Kubinyi H. Wirkstoffdesign. Heidelberg, Berlin, Oxford: Spektrum Akademischer Verlag, **1996**.

Borgnia M., Nielsen S., Engel A. & Agre P. Cellular and molecular biology of the aquaporin water channels. *Annual Review of Biochemistry,* **1999**, *68,* 425–458.

Boulenc X., Marti E., Joyeux H., Roques C., Berger Y. & Fabre G. Importance ot the paracellular pathway for the transport of a new bisphosphonate using the human caco-2 monolayers model. *Biochemical Pharmacology,* **1993**, *46(9),* 1591–1600.

Bourdet D.L., Pollack G.M. & Thakker D.R. Intestinal absorptive transport of the hydrophilic cation ranitidine: a kinetic modeling approach to elucidate the role of uptake and efflux transporters and parcellular vs. transcellular transport in Caco-2 cells. *Pharmaceutical Research,* **2006**, *23(6),* 1178–1187.

Brandsch M., Knütter I. & Leibach F.H. The intestinal H^+/peptide symporter PEPT1: structure-affinity relationships. *European Journal of Pharmaceutical Sciences,* **2004**, *21,* 53–60.

Brazier M. A History of Neurophysiology in the 19th century. New York: Raven Press, **1988**.

Bretscher M.S. Membrane structure: some general principles. *Science,* **1973**, *181,* 622–629.

Bretschneider R, Brandsch M. & Neubert R. Intestinal transport of β-lactam antibiotics: analysis of the affinity at the H^+/peptide symporter (PEPT1), the uptake into Caco–2 cell monolayers and transepithelial flux. *Pharmaceutical Research,* **1999**, *16(1),* 55–61.

Brodie B., Kurz H. & Schanker L. The importance of dissociation constant and lipid-solubility in influencing the passage of drugs into the cerebrospinal fluid. *Journal of Pharmacology And Experimental Therapeutics,* **1960**, *130(1),* 20–25.

Brodin B., Nielsen C.U., Steffansen B. & Frokjaer S. Transport of peptidomimetic drugs by the intestinal di/tri-peptide transporter PepT1. *Pharmacology & Toxicology,* **2002**, *90,* 285–296.

Brown G.K. Glucose transporters: structure, function and consequences of deficiency. *Journal of Inherited Metabolic Diseases,* **2000**, *23,* 237–246.

Bryant N.J., Govers R. & James D.E. Regulated transport of the glucose transporter GLUT4. *Nature Reviews Molecular Cell Biology*, **2002**, *3*, 267–277.
Camenisch G., Folkers G. & van de Waterbeemd H. Review of theoretical passive drug absorption models: historical background, recent developments and limitations. *Pharmaceutica Acta Helvetiae*, **1996**, *71*, 309–327.
Cavalli A., Poluzzi E., De Ponti, F. & Recanatini M. Toward a pharmacophore for drugs inducing the long QT syndrome: insights from a CoMFA study of HERG K^+ channel blockers. *Journal of Medicinal Chemistry*, **2002**, *45*, 3844–3853.
Celesia G.C. Disorders of membrane channels or channelopathies. *Clinical Neurophysiology*, **2001**, *112*, 2–18.
Chan L.M.S., Lowes S. & Hirst B.H. The ABCs of drug transport in intestine and liver: efflux proteins limiting drug absorption and bioavailability. *European Journal of Pharmaceutical Sciences*, **2004**, *21*, 25–51.
Chen C.J., Chin J.E., Ueda K., Clark D.P., Pastan I., Gottesman M.M. & Roninson I.B. Internal duplication and homology with bacterial transport proteins in the mdr1 (P-glycoprotein) gene from multidrug–resistant human cells. *Cell*, **1986**, *47(3)*, 381–389.
Cheng Y-C. & Prusoff W.H. Relationship between the inhibition constant (KI) and the concentration of inhibitor which causes 50 per cent inhibition (IC50) of an enzymatic reaction. *Biochemical Pharmacology*, **1973**, *22(23)*, 3099–3108.
Choo E.F., Leake B., Wandel C., Imamura H., Wood A.J.J., Wilkinson G.R. & Kim R.B. Pharmacological inhibition of P-glycoprotein transport enchances the distribution of HIV-1 protease inhibitors into brain and testes. *Drug Metabolism and Disposition*, **2000**, *28*, 655–660.
Chou J.T. & Jurs P.C. Computer-assisted computation of partition coefficients from molecular structures using fragment constants. *Journal of Chemical Information and Computer Sciences*, **1979**, *19(3)*, 172–178.
Chungi V.S., Bourne D.W. & Dittert L.W. Drug absorption VIII: Kinetics of GI absorption of methotrexate. *Journal of Pharmceutical Sciences*, **1978**, *67(4)*, 560–561.
Clark D.E. Rapid calculation of polar molecular surface area and its application to the prediction of transport phenomena. 1. Prediction of intestinal absorption. *Journal of Pharmaceutical Sciences*, **1999**, *88(8)*, 807–814.
Cohen S. & Parkman H.P. Heartburn – a serious symptom. *New England Journal of Medicine*, **1999**, *340*, 878–879.
Cohnheim O. Die Umwandlung des Eiweiss durch die Darmwand. *Zeitschrift für Physiologische Chemie*, **1901**, *33*, 451–465.
Cole S.P., Bhardwaj G., Gerlach J.H., Mackie J.E., Grant C.E., Almquist K.C., Stewart A.J., Kurz E.U., Duncan A.M. & Deeley R.G. Overexpression of a transporter gene in a multidrug-resistant human lung cancer cell line. *Science*, **1992**, *258*, 1650–1654.
Colegio O.R., van Itallie C.M., McCrea H.J., Rahner C. & Anderson J.M. Claudins create charge-selective channels in the paracellular pathway between epithelial cells. *American Journal of Cell Physiology*, **2002**, *283*, C142–C147.
Comer J.E.A. High-throughput measurement of log D and pK_a. In: Waterbeemd H., Lennernäs H. & Artursson P. Drug Bioavailability. Weinheim: Wiley, **2003**.
Cordon-Cardo C., O'Brien J.P., Casals D., Bertino J.R. & Melamed M.R. Expression of the multidrug resistance gene product (P-glycoprotein) in human normal and tumor tissues. *The Journal of Histochemistry and Cytochemistry*, **1990**, *38(9)*, 1277–1287.
Cordon-Cardo C., O'Brien J.P., Casals D., Rittman-Grauer L., Biedler J.L., Melamed M.R., & Bertino J.R. Multidrug-resistance gene (P-glycoprotein) is expressed by endothelial cells at blood-brain barrier sites. *Proceedings of the National Academy of Sciences*, **1989**, *86(2)*, 695–698.
Curran M.E., Splawski I., Timothy K.W., Vincent G.M., Green E.D. & Keating M.T. A molecular basis for cardiac arrhythmia: *HERG* mutations cause long QT syndrome. *Cell*, **1995**, *80*, 795–803.

Cushman D.W. & Ondetti M.A. Design of angiotensin converting enzyme inhibitors. *Nature Medicine*, **1999**, *5(10)*, 1110–1113.

Daly J.W., Myers C.W., Warnick J.E. & Albuquerque E.X. Levels of batrachotoxin and lack of sensitivity to its action in poison-dart frogs (Phyllobates). *Science*, **1980**, *208(4450)*, 1383–1385.

Daly J.W., Secunda S.I., Garraffo H.M., Spande T.F., Wisnieski A. & Cover J.F. An uptake system for dietary alkaloids in poison frogs (dendrobatidae). *Toxicon*, **1994**, *32(6)*, 657–663.

Dan Y., Murakami H., Koyabu N., Ohtani H. & Sawada Y. Distribution of domperidone into the rat brain is increased by brain ischaemia or treatment with the P-glycoprotein inhibitor verapamil. *Journal of Pharmacy and Pharmacology*, **2002**, *54*, 729–733.

Daniel H. Molecular and integrative physiology of intestinal peptide transport. *Annual Review of Physiology*, **2004**, *66*, 361–384.

Davson H. & Danielli J.F. The permeability of natural membranes. Cambridge: Cambridge University Press, **1952.**

de Caestecker J. ABC of the upper gastrointestinal tract. Oesophagus: heartburn. *British Medical Journal*, **2001**, *323*, 736–739.

Dean M. & Annilo T. Evolution of the ATP-binding cassette (ABC) transporter superfamily in vertebrates. *Annual Review of Genomics and Human Genetics*, **2005**, *6*, 123–142.

Dean M., Hamon Y. & Chimini G. The human ATP-binding cassette (ABC) transporter superfamily. *Journal of Lipid Research*, **2001**, *42*, 1007–1017.

DeFelice L.J. Transporter structure and mechanism. *Trends in Neuroscience*, **2004**, *27(6)*, 352–359.

Déves R. & Krupka R.M. The binding and translocation steps in transport as related to substrate structure. A study of the choline carrier of erythrocytes. *Biochimica et Biophysica Acta*, **1979**, *557(2)*, 469–85.

Di L., E. H. Kerns, *et al.* High throughput artificial membrane permeability assay for blood–brain barrier. *European Journal of Medicinal Chemistry*, **2003**, *38(3)*, 223–232.

Dollery C. (ed.) Therapeutic Drugs. Edinburgh (etc.): Churchill Livingstone, **1999.**

Doyle D.A., Cabral J.M., Pfuetzner R.A., Kuo A., Gulbis J. M., Cohen S. L., Chait B.T. & MacKinnon R. The structure of the potassium channel: molecular basis of K^+ conduction and selectivity. *Science*, **1998**, *280*, 69.

Drescher S., Glaeser H., Murdter T., Hitzl M., Eichelbaum M. & Fromm M.F. P-glycoprotein-mediated intestinal and biliary digoxin transport in humans. *Clinical Pharmacology and Therapeutics*, **2003**, *73(3)*, 223–231.

Drewe J., Gutmann H., Fricker G., Török M., Beglinger C. & Huwyler J. HIV protease inhibitor ritonavir: a more potent inhibitor of P-glycoprotein than the cyclosporine analog SDZ PSC 833. *Biochemical Pharmacology*, **1999**, *57*, 1147–1152.

Dumbacher J.P., Beehler B.M., Spande T.F., Garraffo H.M. & Daly J.W. Homobatrachotoxin in the genus *Pitohui*: chemical defense in birds? *Science*, **1992**, *258*, 799–801.

Dumbacher J.P., Spande T.F. & Daly J.W. Batrachotoxin alkaloids from passerine birds: a second toxic bird genus (Ifrita kowaldi) from New Guinea. *Proceedings of the National Academy of Sciences*, **2000**, *97(24)*, 12970–12975.

Dumbacher J.P., Wako A., Derrickson S.R., Samuelson A., Spande T.F. & Daly J.W. Melyrid beetles (Choresine): a putative source for the batrachotoxin alkaloids found in poison-dart frogs and toxic passerine birds. *Proceedings of the National Academy of Sciences*, **2004**, *101(45)*, 15857–15860.

Dutta S. & Goodsell D.S. Potassium Channels. PDB Molecule of the Month. http://www.rcsb.org/pdb/molecules/pdb38_1.html.

Dutzler R., Campbell E.B. & MacKinnon R. Gating the Selectivity Filter in ClC Chloride Channels. Science, **2003**, *300*, 108–112.

Edidin M. Lipids on the frontier: a century of cell-membrane bilayers. *Nature Reviews Molecular Cell Biology*, **2003**, *4*, 414–418.

Elias H. & Pauly J.E. Human microanatomy. Philadelphia: F.A. Davis Company, **1966.**

Elion G.B. The purine path to chemotherapy. *Science*, **1989**, *244*, 41–47.
Erickson R.H & Kim Y.S. Digestion and absorption of dietary protein. *Annual Reviews of Medicine*, **1990**, *41*, 133–139.
Ertl P., Rohde B. & Selzer P. Fast calculation of molecular polar surface area as a sum of fragment based contributions and its application to the prediction of drug transport properties. *Journal of Medicinal Chemistry*, **2000**, *43*, 3714–3717.
Fagerholm U., Nilsson D., Knutsson L. & Lennernäs H. Jejunal permeability in humans in vivo and rats in situ: investigation of molecular size selectivity and solvent drag. *Acta Phsyiologica Scandinavica*, **1999**, *165*, 315–324.
Fellenius E., Berglindh T., Sachs G., Olbe L., Elander B., Sjostrand S.E. & Wallmark B. Substituted benzimidazoles inhibit gastric acid secretion by blocking (H^{+}+K^{+})-ATPase. *Nature*, **1981**, *290(5802)*, 159–61.
Fernandez D., Ghanta A., Kauffmann G.W. & Sanguinetti M.C. Physiocochemical features of the hHERG channel drug binding site. *The Journal of Biological Chemistry*, **2004**, *279(11)*, 10120–10127.
Fleckenstein A. History of calcium antagonists. *Circulation Research*, **1983**, *52*, 3–16.
Flynn G.L. & Yalkowsky S.H. Correlation and prediction of mass transport across membranes I: Influence of alkyl chain lenght on flux-determining properties of barrier and diffusant. *Journal of Pharmaceutical Sciences*, **1972**, *6*, 838–852.
Forte J.G. & Lee H.C. Gastric adenosine triphosphatases: a review of their possible role in HCl secretion. *Gastroenterology*, **1977**, *73*, 921–926.
Freud S. Über Coca. *Centralblatt für die gesamte Therapie*, **1884**, *2*, 289–314.
Fricker G., Drewe J., Huwyler J., Gutmann H. & Beglinger C. Relevance of p-glycoprotein for the enteral absorption of cyclosporin A: in *vitro-in vivo* correlation. *British Journal of Pharmacology*, **1996**, *118(7)*, 1841–1847.
Fromm M.F., Kim R.B., Stein C.M., Wilkinson G.R. & Roden D.M. Inhibition of P-glycoprotein-mediated drug transport. A unifying mechanism to explain the interaction between digoxin and quinidine. *Circulation*, **1999**, *99*, 552–557.
Gadsby D.C., Vergani P. & Csanady L. The ABC protein turned chloride channel whose failure causes cystic fibrosis. *Nature*, **2006**, *440*, 477–483.
Galvani L. De viribus electricitatis in motu musculari commentarius. *De Bononiensi Scientiarum et Artium Instituto atque Academia Commentarii*, **1791**, *7*, 363–418.
Ganser A.L. & Forte J.G. K^{+}-stimulated ATPase in purified microsomes of bullfrog oxyntic cells. *Biochimica et Biophysica Acta*, **1973**, *307(1)*, 169–80.
Ghose A.K., Viswanadhan V.N. & Wendoloski J.J. Prediction of hydrophobic (lipophilic) properties of small organic molecules using fragmental methods: an analysis of ALOGP and CLOGP methods. *Journal of Physical Chemistry A*, **1998**, *102*, 3762–3772.
Gobry V., Bouchard G., Carrupt P-A., Testa B. & Girault H.H. Physicochemical characterization of sildenafil: ionization, lipophilicity, behavior, and ionic-partition diagram studied by two-phase titration and electrochemistry. *Helvetica Chimica Acta*, **2000**, *83*, 1465–1474.
Golden P.L. & Pardridge W.M. Brain microvascular P-glycoprotein and a revised model of multidrug resistance in brain. *Cellular and Molecular Neurobiology*, **2000**, *20(2)*, 165–181.
Gorter E. & Grendel F. On bimoleculare layers of lipoids on the chromocytes of the blood. *Journal of Experimental Medicine*, **1925**, *41*, 439–443.
Gottesman M.M., Fojo T. & Bates S.E. Multidrug resistance in cancer: role of atp-dependent transporters. *Nature Reviews Cancer*, **2002**, *2*, 48–58.
Greiner B., Eichelbaum M., Fritz P., Kreichgauer H-P., von Richter O., Zundler J. & Kroemer H.K. The role of intestinal P-glycoprotein in the interaction of digoxin and rifampin. *The Journal of Clincial Investigation*, **1999**, *104(2)*, 147–153.
Griffith J.K. & Sansom C.E. The transporter factsbook. San Diego: Academic Press, **1998**.
Hänsel R., Sticher O. & Steinegger E. Pharmakognosie – Phytopharmazie, 6. Auflage. Berlin (etc.): Springer, **1999**.
Hersey S.J. & Sachs G. Gastric acid secretion. *Physiologial Reviews*, **1995**, *75(1)*, 155–189.

Hidalgo I.J. & Li J. Carrier-mediated transport and efflux mechanisms in Caco-2 cells. *Advanced Drug Delivery Reviews,* **1996**, *22,* 53–66.

Higgins C.F. & Gottesman M.M. Is the multidrug transporter a flippase? *Trends in Biochemical Sciences,* **1992**, *17(1),* 18–21.

Higgins C.F. & Linton K.J. The ATP switch model for ABC transporters. *Nature Structural & Molecular Biology,* **2004**, *11(10),* 918–926.

Hildalgo I.J., Raub T.J. & Borchardt R.T. Characterization of the human colon cancer cell line (Caco-2) as a model system for intestinal epithelial permeability. *Gastroenteroloy,* **1989**, *96,* 736–749.

Hilgers A.R., Conradi R.A. & Burton P.S. Caco-2 cell monolayers as a model for drug transport across the intestinal mucosa. *Pharmaceutical Research,* **1990**, *7,* 902–910.

Hille B. Ion Channels of Excitable Membranes. Sunderland, Mass.: Sinauer, **1992**.

Hille B. Potassium channels in myelinated nerve. Selective permeability to small cations. *The Journal of General Physiology,* **1973**, *61,* 669–686.

Hille B. The permeability of the sodium channel to metal cations in myelinated nerve. *The Journal of General Physiology,* **1972**, *59,* 637–658.

Hille B. The permeability of the sodium channel to organic cations in myelinated nerve. *The Journal of General Physiology,* **1971**, *58,* 599–619.

Hille B., Armstrong C.M. & MacKinnon R. Ion channels: From idea to reality. *Nature Medicine,* **1999**, *5(10),* 1105–1109.

Hodgkin A.L. & Keynes R.D. The potassium permeability of a giant nerve fibre. *Journal of Physiology,* **1955**, *128,* 61–88.

Hodgkin A.L. The ionic basis of nervous conduction. Nobel Lecture, December 11, **1963**.

Hoffmeyer S., Burk O., von Richter O., Arnold H.P., Brockmoller J., Johne A., Cascorbi I., Gerloff T., Roots I., Eichelbaum M. & Brinkmann U. Functional polymorphisms of the human multidrug-resistance gene: multiple sequence variations and correlation of one allele with P-glycoprotein expression and activity in vivo. *Proceedings of the National Academy of Sciences,* **2000**, *97(7),* 3473–3478.

Hogben C., Tocco D., Brodie B. & Schanker L. On the mechanism of intestinal absorption of drugs. *Journal of Pharmacology And Experimental Therapeutics,* **1959**, *125(4),* 275–282.

Holmes F.L. The old martyr of science: the frog in experimental physiology. *Journal of the History of Biology,* **1993**, *26(2),* 311–328.

http://www.gene.ucl.ac.uk/nomenclature/genefamily/abc.html: Neue Nomenklatur der ABC-Transporter.

Huang Y., Lemieux M.J., Song J., Auer M. & Wang D–N. Structure and mechanism of the Glycerol-3-Phosphate Transporter from *Escherichia coli. Science,* **2003**, *301,* 616–620.

Hunte C., Screpanti E., Venturi M., Rimon A., Padan E. & Hartmut M. Structure of a Na^+/H^+ antiporter and insights into mechanism of action and regulation by pH. *Nature,* **2005**, *435,* 1197–1202.

Hunter J., Jepson M.A., Tsuruo T., Simmons N.L. & Hirst B.H. Functional expression of P-glycoprotein in apical membranes of human intestinal caco-2 cells. *The Journal of Biological Chemistry,* **1993**, *268(20),* 14991–14997.

Hüppauf B. „...and then movements of the muscular tissue stopped abruptly." – The scientists' frog in 19th and 20th century textbook illustrations. Images of the Sciences and Scientists in Visual Media. Symposium, Washington, November **2003**, http://www.nyu.edu/deutsches-haus/imagesofscienceny/.

IUBMB Nomenklatur von Transportern http://www.chem.qmul.ac.uk/iubmb/mtp/intro.html.

Jacobson K., Sheets E.D. & Simson R. Revisiting the fluid mosaic model of membranes. *Science,* **1995**, *268,* 1441–1442.

Jardetzky O. Simple allosteric model for membrane pumps. *Nature,* **1966**, *211,* 969–970.

Johnstone R.W., Ruefli A.A. & Smyth M.J. Multiple physiological functions for multidrug transporter P-glycoprotein? *Trends in Pharmacological Sciences,* **2000**, *25,* 1–6.

Joost H-G. & Thorens B. The extended GLUT-family of sugar/polyol transport facilitators: nomenclature, sequence characteristics, and potential function of its novel members. *Molecular Membrane Biology,* **2001**, *18,* 247–256.
Juliano R.L. & Ling V. A surface glycoprotein modulating drug permeability in chinese hamster ovary cell mutants. *Biochim Biophys Acta,* **1976**, *455,* 152–162.
Junker T. Geschichte der Biologie. München: C.H.Beck, **2004**.
Kandel E.R., Schwartz J.H & Jessell T.M. (Hrsg.) Neurowissenschaften. Heidelberg: Spektrum Akademischer Verlag, **1996**.
Kansy M., Senner F., *et al.* Physicochemical high throughput screening: parallel artificial membrane permeation assay in the description of passive absorption processes. *Journal of Medicinal Chemistry,* **1998**, *41(7),* 1007–1010.
Karlin A. Emerging structures of the nicotinic acetylcholine receptor. *Nature Reviews Neuroscience,* **2002**, *3,* 102–114.
Karlsson J., Ungell A-L., Grasjo J. & Artursson P. Paracellular drug transport across intestinal epithelia: influence of charge and induced water flux. *European Journal of Pharmaceutical Sciences,* **1999**, *9,* 47–56.
Kavanaugh M.P. Neurotransmitter transport: Models in flux. *Proceedings of the National Academy of Sciences,* **1998**, *95(22),* 12737–12738.
Keating M.T. & Sanguinetti M.C. Molecular and cellular mechanisms of cardiac arrhythmias. *Cell,* **2001**, *104,* 569–580.
Killian J.A. & Heijne G. How proteins adapt to a membrane-water interface. *Trends in Biochemical Science,* **2000**, *25,* 429–434.
Kim R.B., Fromm M.F., Wandel C.W., Leake B., Wood A.J.J., Roden D.M. & Wilkinson G.R. The drug transporter P-glycoprotein limits oral absorption and brain entry of HIV-1 protease inhibitors. *Journal of Clinical Investigation,* **1998**, *101(2),* 289–294.
Koller C. Historical notes on the beginning of local anaesthesia. *Journal of the American Medical Association,* **1928**, *90,* 1742–3.
Koller C. Ueber die Verwendung des Cocain zur Aanästhesirung am Auge. *Wiener Medizinische Wochenschrift,* **1884**, *34,* 1276–8.
Kraulis P.J. Molscript: A program to produce both detailed and schematic plots of protein structures. *Journal of Applied Crystallography,* **1991**, *24,* 946–950.
Krishna R. & Mayer L.D. Multidrug resistance (MDR) in cancer. Mechanisms, reversal using modulators of MDR and the role of MDR modulators in influencing the pharmacokinetics of anticancer drugs. *European Journal of Pharmaceutical Sciences,* **2000**, *11,* 265–283.
Kromer W., Krüger U., Huber R., Hartmann M. & Steinijans V.W. Differences in pH-dependent activation rates of substituted benzimidazoles and biological in vitro correlates. *Pharmacology,* **1998**, *56,* 57–70.
Kubinyi H. Drug research: myths, hype and reality. *Nature Reviews Drug Discovery,* **2003**, *2,* 665–668.
Kühlbrandt W. Biology, structure and mechanism of P-type ATPases. *Nature Reviews Molecular Cell Biology,* **2004**, *5,* 282–295.
Lehninger A.L., Nelson D.L. & Cox M.M. Prinzipien der Biochemie. Heidelberg, Berlin, Oxford: Spektrum Akademischer Verlag, **1998**.
LeMasurier M., Heginbotham L. & Miller C. KcsA: it's a potassium channel. *Journal of General Physiology,* **2001**, *118,* 303–313.
Lindberg P., Brändström A., Wallmark B., Mattsson H., Rikner L. & Hoffmann K.J. Omeprazole: the first proton pump inhibitor. *Medicinal Research Reviews,* **1990**, *10(1),* 1–54.
Lindberg P., Nordberg P., Alminger T., Brändström A. & Wallmark B. The mechanism of action of the gastric acid secretion inhibitor omeprazole. *Journal of Medicinal Chemistry,* **1986**, *29(8),* 1327–1329.
Lineweaver H. & Burk D. The determination of enzyme dissociation constants. *Journal of the American Chemical Society,* **1934**, *56,* 658–66.

Lipinski C.A. Drug-like properties and the causes of poor solubility and poor permeability. *Journal of Pharmacological and Toxicological Methods*, **2000**, *44(1)*, 235–49.

Lipinski C.A., Lombardo F., Dominy B.W. & Feeney P.J. Experimental and computational approaches to estimate solubility and permeability in drug discovery and development settings. *Advanced Drug Delivery Reviews*, **1997**, *23*, 3–25 .

Locher K.P., Bass R.B. & Rees D.C. Breaching the barrier. *Science*, **2003**, *301*, 603–604

Lommerse J.P.M., Price S.L. & Taylor R. Hydrogen bonding of carbonyl, ether, and ester oxygen atoms with alkanol hydroxyl groups. *Journal of Computational Chemistry*, **1997**, *18*, 757–774.

Loo T.W. & Clarke D.M. Recent progress in understanding the mechanism of P-glycoprotein-mediated drug efflux. *Journal of Membrane Biology*, **2005**, *206*, 173–185.

Luckner P. & Brandsch M. Interaction of 31 β-lactam antibiotics with the H+/peptide symporter PEPT2: analysis of affinity constants and comparison with PEPT1. *European Journal of Pharmaceutics and Biopharmaceutics*, **2005**, *59*, 17–24.

MacDougall C. & Guglielmo J.B. Pharmacokinetics of valaciclovir. *Journal of Antimicrobial Chemotherapy*, **2004**, *53*, 899–901.

MacKinnon R. Potassium Channels and the Atomic Basis of Selective Ion Conduction. Nobel Lecture, December 8, **2003**.

Mannhold R. & Waterbeemd H. Substructure and whole molecule approaches for calculating log*P*. *Journal of Computer-Aided Molecular Design*, **2001**, *15*, 337–354.

Marban E., Yamagishi T. & Tomaselli G.F. Structure and function of voltage-gated sodium channels. *The Journal of Physiology*, **1998**, *508(3)*, 647–657.

Martinsen T.C., Bergh K. & Waldum H.L. Gastric juice: a barrier against infectious disease. *Basic & Clinical Pharmacology & Toxicology*, **2005**, *96*, 94–102.

Marzolini C., Paus E., Buclin T. & Kim R.B. Polymorphisms in human MDR1 (P-glycoprotein): Recent advances and clinical relevance. *Clinical Pharmacology and Therapeutics*, **2004**, *75(1)*, 13–33.

Matthews D.M. Intestinal Absorption of Peptides. *Physiological Reviews*, **1975**, *55(4)*, 537–608.

McCleskey E. Calcium Channel Permeation: A Field in Flux. *Journal of General Physiology*, **1999**, *113*, 765–772.

Menestrina G., Dalla Sera M., Comai M., Coraiola M., Viero G., Werner S., Colin D., Monteil H. & Prévost G. Ion channel and bacterial infection: the case of β-barrel pore-forming protein toxins of *Staphylococcus aureus*. *FEBS Letters*, **2003**, *552*, 54–60.

Michaelis L. & Menten M.L. Die Kinetik der Invertinwirkung. *Biochemische Zeitschrift*, **1913**, *49*, 333–369.

Mitcheson J.S., Chen J., Lin M., Culberson C. & Sanguinetti M.C. A structural basis for drug-induced long QT syndrome. *Proceedings of the National Academy of Sciences*, **2000**, *97(22)*, 12329–12333.

Mitterdorfer J., Grabner M., Kraus R.L., Hering S., Prinz H., Glossmann H. & Striessnig J. Molecular basis of drug interaction with L-Type Ca^{2+} Channels. *Journal of Bioenergetics and Biomembranes*, **1998**, *30(4)*, 319–334.

Miyazawa A., Fujiyoshi Y., Stowell M. & Unwin N. Nicotinic Acetylcholine Receptor at 4.6 Å resolution: Transverse tunnels in the channel wall. *Journal of Molecular Biology*, **1999**, *288*, 765–786.

Moore V.A., Irwin W.J., Timmins P., Lambert P.A., Chong S., Dando S.A. & Morrison R.A. A rapid screening system to determine drug affinities for the intestinal dipeptide transporter 2: affinities of ACE inhibitors. *International Journal of Pharmaceutics*, **2000**, *210*, 29–44.

Moriguchi I., Hirono S., Liu Q., Nakagome Y. and Matsushita Y. Simple method of calculating octanol / water partition coefficient. *Chemical and Pharmaceutical Bulletin*, **1992**, *40*, 127–130.

Moriguchi I., Hirono S., Nakagome I. & Hirano H. Comparison of log P values calculated by several methods. *Chemical and Pharmaceutical Bulletin*, **1994**, *42*, 976–978.

Morrison R.A., Chong S., Marino A.M., Wasserman M.A., Timmins P., Moore V.A. & Irwin W.J. Suitability of enalapril as a probe of the dipeptide transporter system: in vitro and in vivo studies. *Pharmaceutical Research,* **1996**, *13(7)*, 1078–1082.
Muegge I. Selection criteria for drug-like compounds. *Medicinal Research Reviews,* **2003**. *23(3)*, 302–321.
Mullins L.J. The Penetration of some Cations into muscle. *The Journal of General Physiology,* **1959**, *42(4)*, 817–829.
Mutschler E. Arzneimittelwirkungen, 7. Auflage. Stuttgart: Wissenschaftliche Verlagsgesellschaft, **1997**.
Mutschler E., Schaible H-G. & Vaupel P. Thews, Mutschler, Vaupel. Anatomie, Physiologie, Pathophysiologie des Menschen. Stuttgart: Wissenschaftliche Verlagsgesellschaft, **2007**.
Nagahara N., Tavelin S. & Artursson P. Contribution of the paracellular route to the pH-dependent permeability to cationic drugs. *Journal of Pharmaceutical Sciences,* **2004**, *93(12)*, 2972–2984.
Neher E. & Sakmann B. Single-channel currents recorded from membranes of denervated frog muscle fibres. *Nature,* **1976**, *260*, 799–802.
Neher E. & Sakmann B. The patch clamp technique. *Scientific American,* **1992**, *266(3)*, 44–51.
Neupert-Laves K. & Dobler M. The crystal structure of a K+ complex of valinomycin. *Helvetica Chimica Acta,* **1975**, *58(2)*, 432–42.
Niemeyer B.A. (etc.) Ion channels in health and disease. *EMBO reports,* **2001**, *2(7)*, 568–573
Nyholm D. Pharmakokinetic optimisation in the treatment of Parkinson's disease. An Update. *Clinical Pharmacokinetics,* **2006**, *45(2)*, 109–136.
Okamura N., Hirai M., Tanigawara Y., Tanaka K., Yasuhara M., Ueda K., Komano T. & Hori R. Digoxin-cyclosporin A interaction: modulation of the multidrug transporter P-glycoprotein in the kidney. *Journal of Pharmacology and Experimental Therapeutics,* **1993**, *266(3)*, 1614–1619.
Olbe L. (Hrsg.) Proton pump inhibitors. Basel: Birkhäuser, **1999**.
Olbe L., Carlsson E. & Lindberg P. A proton-pump inhibitor expedition: the case histories of ompreazole and esomeprazole. *Nature Reviews Drug Discovery,* **2003**, *2*, 132–139.
Ottaviani, G., Martel S., *et al.* Parallel artificial membrane permeability assay: a new membrane for the fast prediction of passive human skin permeability. *Journal of Medicinal Chemistry,* **2006**, *49*, 3948–3954.
Owens J. Chris Lipinski discusses life and chemisry after the rule of five. *Drug Discovery Today,* **2003**, *8(1)*, 12–16.
Pagliara A., Carrupt P-A., Caron G., Gaillard P. & Testa B. Lipophilicity profiles of amopholytes. *Chemical Reviews,* **1997**, *97*, 3385–3400.
Palm K., Stenberg P., Luthman K. & Artursson P. Polar molecular surface properties predict the intestinal absorption of drugs in humans. *Pharmaceutical Research,* **1997**, *14(5)*, 568–571.
Pardridge W.M. The blood-brain barrier: bottleneck in brain drug development. *NeuroRx,* **2005**, *2*, 3–14.
Pastan I. & Gottesman M.M. Multidrug Resistance. *Annual Reviews of Medicine,* **1991**, *42*, 277–286.
Pauling L. Nature of the chemical bond. Ithaca, N.Y.: Cornell University Press, **1960**.
Pendergrast M. For god, country, and Coca-Cola: the definitive history of the great american soft drink and the company that makes it. New York: Basic Books, **2000**.
Pera M. The ambiguous frog. The Galvani-Volta controversy on animal electricity. Princeton: Princeton University Press, **1992**.
Perry M., Stansfeld P.J., Leaney J., Wood C., de Groot M.J., Leishman D., Sutcliffe M.J. & Mitcheson J.S. Drug binding interactions in the inner cavity of hERG channels: molecular insights from structure-activity relationships of clofilium and ibutilide analogs. *Molecular Pharmacology,* **2006**, *69*, 509–519.
Pfeifer S., Pflegel P. & Borchert H-H. Biopharmazie. Berlin, Wiesbaden: Ullstein Mosby, **1995**.

Pomorski T., Holthuis J., Herrmann A. & van Meer G. Tracking down lipid flippases and their biological functions. *Journal of Cell Science*, **2004**, *117*, 805–813.

Porras A.G., Holland S.D. & Gertz B.J. Pharmakokinetics of alendronate. *Clinical Pharmakokinetics*, **1999**, *36(5)*, 315–328.

Prentis R.A., Lis Y. & Walker S.R. Pharmaceutical innovation by the seven UK-owned pharmaceutical companies (1964–1985). *British Journal of Clinical Pharmacology*, **1988**, *25*, 387–396.

Purves D., Augustine G.J., Fitzpatrick D., Katz L.C., LaMantia A-S. & McNamara J.O. Neuroscience. Sunderland, Mass.: Sinauer, **1997**.

Ragsdale D.S. Molecular Determinants of State-Dependent Block of Na^+ Channels by Local Anaesthetics. *Science*, **1994**, *265*, 1724–1728.

Reichel C., Gao B., Van Montfoort J., Cattori V., Hagenbuch B., Stieger B., Kamisako T., Meier P.J. Localization and function of the organic anion-transporting polypeptide Oatp2 in rat liver. *Gastroenterology*, **1999**, *117*, 688–695.

Ringer S. A further contribution regarding the influence of the different constituents of the blood on the contraction of the heart. *The Journal of Physiology (London)*, **1883**, *4*, 29–43

Roche Lexikon der Medizin. www.gesundheit.de/roche, Urban & Fischer, **2003**.

Roninson I.B., Chin J.E., Choi K.G., Gros P., Housman D.E., Fojo A., Shen D.W., Gottesman M.M. & Pastan I. Isolation of human mdr DNA sequences amplified in multidrug-resistant KB carcinoma cells. *Proceedings of the National Academy of Sciences*, **1986**, *83(12)*, 4538–4542.

Rorick-Khen L., Perkins E., Knitwoski K., Hart J., Johnson B., Schoepp D. & McKinzie D. Improved bioavailability of the mGlu2/3 receptor agonist LY354740 using a prodrug strategy: in vivo pharmacology of LY544344. *The Journal of Pharmacology and Experimental Therapeutics*, **2006**, *316*, 905–913.

Rosenberg M.F., Callaghan R., Ford R.C. & Higgins C.F. Structure of the multidrug resistance P-glycoprotein to 2.5 nm resolution determined by electron microscopy and image analysis. *Journal of Biological Chemistry*, **1997**, *272(16)*, 10685–10694.

Rosenberg M.F., Callaghan R., Modok S., Higgins C.F., Ford R.C. Three-dimensional structure of P-glycoprotein: the transmembrane regions adopt an asymmetric configuration in the nucleotide-bound state. *Journal of Biological Chemistry*, **2005**, *280(4)*, 2857–2862.

Rosenberg M.F., Velarde G., Ford R.C., Martin C., Berridge G., Kerr ID., Callaghan R., Schmidlin A., Wooding C., Linton K.J. & Higgins CF. Repacking of the transmembrane domains of P-glycoprotein during the transport ATPase cycle. *EMBO Journal*, **2001**, *20(20)*, 5615–5625.

Rubio-Aliaga I. & Daniel H. Mammalian peptide transporters as targets for drug delivery. *Trends in Pharmacological Sciences*, **2002**, *23(9)*, 434–440.

Sachs G., Shin J.M. & Howden C.W. The clinical pharmacology of proton pump inhibitors. *Alimentary Pharmacology & Therapeutics*, **2006**, *23* (Suppl. 2), 2–8.

Sadeque A.J.M., Wandel C., Hauibing H., Shah S. & Wood A.J.J. Increased drug delivery to the brain by P-glycoprotein inhibition. *Clinical Pharmacology and Therapeutics*, **2000**, *68(3)*, 231–237.

Saier M.H. A functional-phylogenetic classification system for transmembrane solute transporters. *Microbiology and Moleculare Biology Reviews*, **2000**, *64(2)*, 354–411.

Sakaeda T. MDR1 genotype-related pharmacokinetics: fact or fiction? *Drug Metabolism and Pharmacokinetics*, **2005**, *20(6)*, 391–414.

Salamat-Miller N. & Johnston T.P. Current strategies used to enhance the paracellular transport of therapeutic polypeptides across the intestinal epithelium. *International Journal of Pharmaceutics*, **2005**, *294*, 201–216.

Sato C., Ueno Y., Asai K., Takahashi K., Sato M., Engel A. & Fujiyoshi Y. The voltage-sensitive sodium channel is a bell-shaped molecule with several cavities. *Nature*, **2001**, *409*, 1047–1051.

Schinkel A. P-glycoprotein, a gatekeeper in the blood-brain barrier. *Advanced Drug Delivery Reviews*, **1999**, *36*, 179–194.

Schinkel A., Mayer U., Wagenaar E., Mol C., van Deemter L., Smit J., van der Valk M., Voordouw A., Spits H., van Tellingen O., Zijlmans J., Fibbe W. & Borst P. Normal viability and altered pharmacokinetics in mice lacking mdr1-type (drug-transporting) P-glycoproteins. *Proceedings of the National Academy of Sciences*, **1997**, *94(8)*, 4028–33.

Schinkel A., Smit J., van Tellingen O., Beijnen J., Wagenaar E., van Deemter L., Mol C., van der Valk M., Robanus-Maandag E., Te Riele H., Berns A. & Borst P. Disruption of the mouse *mdr1a* P-glycoprotein gene leads to a deficiency in the blood-brain barrier and to increased sensitivity to drugs. *Cell*, **1994**, *77(4)*, 491–502.

Schneeberger E.E. & Lynch R.D. The tight junction: a multifunctional complex. *American Journal of Physiology - Cell Physiology*, **2004**, *286*, C1213–C1228.

Scholz A. Mechanisms of (local) anaesthetics on voltage-gated sodium and other ion channels. *British Journal of Anaesthesia*, **2002**, *89(1)*, 52–61.

Schwarz U.I., Gramatte T., Krappweis J., Oertel R. & Kirch W. P-glycoprotein inhibitor erythromycin increases oral bioavailability of talinolol in humans. *International Journal of Clinical Pharmacology and Therapeutics*, **2000**, *38(4)*, 161–167.

Seelig A. & Landwojtowicz E. Structure-activity relationship of P-glycoprotein substrates and inhibitors. *European Journal of Pharmaceutical Sciences*, **2000**, *12*, 31–40.

Seelig A. A general pattern for substrate recognition by P-glycoprotein. *European Journal of Biochemistry*, **1998**, *251*, 252–261.

Seelig A., Landwojtowicz E., Fischer H. & Blatter X.L. Towards P-glycoprotein structure-activity relationships. In: Waterbeemd H., Lennernäs H. & Artursson P. Drug bioavailability. Weinheim: Wiley, **2003**.

Seiler P. Interconversion of Lipophilicities from Hydrocarbon/Water Systems into the Octanol/Water System. *European Journal of Medicinal Chemistry*, **1974**, *9(5)*, 473–479.

Shin J.M., Cho Y.M. & Sachs G. Chemistry of covalent inhibition of the gastric (H^+,K^+)-ATPase by proton pump inhibition. *Journal of the American Chemical Society*, **2004**, *126*, 7800–7811.

Shore P., Brodie B. & Hogben C. The gastric secretion of drugs: a pH partition hypothesis. *Journal of Pharmacology And Experimental Therapeutics*, **1957**, *119 (3)*, 361–369.

Sietsema W.K. The absolute oral bioavailability of selected drugs. *International Journal of Clinical Pharmacology, Therapeutics & Toxicology*, **1989**, *27*, 179–211.

Simons K. & Ikonen E. Functional rafts in cell membranes. *Nature*, **1997**, *387*, 569–572.

Singer S.J. & Nicolson G.J. The fluid mosaic model of the structure of cell membranes. *Science* **1972**, *175*, 720–731.

Sjöstrand S.E., Olbe L. & Fellenius E. The discovery of the proton pump inhibitor. In: Olbe L. (Hrsg.) Proton pump inhibitors. Basel: Birkhäuser, **1999**.

Skou J.C. The identification of the sodium pump. *Bioscience Reports*, **1998**, *18(4)*, 155–169.

Smirnova I.N., Kasho V., Kaback H.R. Protonation and sugar binding to LacY. *Proceedings of the National Academy of Science*, **2008**, *105(26)*, 8896–901.

Smith D.A., van de Waterbeemd H. & Walker D.K. Pharmacokinetics and Metabolism in Drug Design. Weinheim: Wiley VCH, **2006**.

Sparreboom A., van Asperen J., Mayer U., Schinkel A.H., Smit J.W., Meijer D.K., Borst P., Nooijen W.J., Beijnen J.H., van Tellingen O. Limited oral bioavailability and active epithelial excretion of paclitaxel (Taxol) caused by P-glycoprotein in the intestine. *Proceedings of the National Academy of Sciences*, **1997**, *94(5)*, 2031–2035.

Spornitz U.M. Anatomie und Physiologie. Berlin, Heidelberg, New York: Springer, **1996**.

Stein W.D. Channels, carriers, and pumps : an introduction to membrane transport. San Diego: Academic Press, **1990**.

Striessnig J. Pharmacology, Structure and Function of Cardiac L-Type Ca^{2+} Channels. *Cellular Physiology and Biochemistry*, **1999**, *9*, 242–269.

Stryer L. Biochemistry 4th edition. New York: W.H. Freeman, **1995**.

Suerbaum S. & Michetti P. Helicobacter pylori infection. *New England Journal of Medicine*, **2002**, *347(15)*, 1175–1186.

Sugano, K., H. Hamada, *et al.* High throughput prediction of oral absorption: Improvement of the composition of the lipid solution used in parallel artificial membrane permeability assay. *Journal of Biomolecular Screening,* **2001**, *6,* 189–196.

Sugawara M., Huang W., Fei Y-J., Leibach F.H., Ganapathy V. & Ganapathy M.E. Transport of valganciclovir, a ganciclovir prodrug, via peptide transporters PEPT1 and PEPT2. *Journal of Pharmaceutical Sciences,* **2000**, *89(6),* 781–789.

Swaan P.W. & Tukker J.J. Molecular determinants of recognition for the intestinal peptide carrier. *Journal of Pharmaceutical Sciences,* **1997**, *86(5),* 596–602.

Szakacs G., Paterson J.K., Ludwig J.A., Booth-Genthe C. & Gottesman M.M. Targeting multidrug resistance in cancer. *Nature Reviews Drug Discovery,* **2006**, *5,* 219–234.

Tamai I., Nakanishi T., Nakahara H., Sai Y., Ganapathy V., Leibach F.H. & Tsuji A. Improvement of L-Dopa absorption by dipeptidyl derivation, utilizing peptide transporter PepT1. *Journal of Pharmaceutical Sciences,* **1998**, *87(12),* 1542–1546.

Testa B., Crivori P., Reist M. & Carrupt P-A. The influence of lipophilicity on the pharmakokinetic behavior of drugs: concepts and examples. *Perspectives in Drug Discovery and Design,* **2000**, *19,* 179–211.

Thiebaut F., Tsuruo T., Hamada H., Gottesman M.M., Pastan I. & Willingham M.C. Cellular localization of the multidrug-resistance gene product P-glycoprotein in normal human tissues. *Proceedings of the National Academy of Sciences,* **1987**, *84(21),* 7735–7738.

Toyoshima C. & Mizutani T. Crystal structure of the calcium pump with a bound ATP analogue. *Nature,* **2004**, *430,* 529–535.

Toyoshima C., Nakasako M., Nomura H. & Ogawa H. Crystal structure of the calcium pump of sarcoplasmic reticulum at 2.6 Å. *Nature,* **2000**, *405,* 647–655.

Tsukita S. & Furuse M. Pores in the wall: claudins constitute tight junction strands containing aqueous pores. *The Journal of Cell Biology,* **2000**, *149(1),* 13–16.

Tsuruo T., Iida H., Tsukagoshi S. & Sakurai Y. Overcoming of vincristine resistance in P388 leukemia in vivo and in vitro through enhanced cytotoxicity of vincristine and vinblastine by verapamil. *Cancer Research,* **1981**, *41(5),* 1967–1972.

Tucker T.J., Lumma W.C., Mulichak A.M., Chen Z., Naylor-Olsen A.M., Lewis S.D., Lucas R., Freidinger R.M. & Kuo L.C. Design of highly potent noncovalent thrombin inhibitors that utilize a novel lipophilic binding pocket in the thrombin active site. *Journal of Medicinal Chemistry,* **1997**, *40,* 830–832.

Ulmschneider M.B. & Sansom M.S.P. Amino acid distribution in integral membrane protein structures. *Biochimica et Biophysica Acta,* **2001**, *1512,* 1–14.

Unwin N. Refinded Structure of the Nicotinic Acetylcholine Receptor at 4 Å Resolution. *Journal of Molecular Biology,* **2005**, *346,* 967–989.

van de Waterbeemd H. & Kansy M. Hydrogen-bonding capacity and brain penetration. *Chimia,* **1992**, *46,* 299–303.

van de Waterbeemd H. & Testa B. Advances in Drug Resarch, Vol. 16. London: Academic Press, **1987**.

van de Waterbeemd H., Smith D.A., Beaumont K. & Walker D.K. Property-based design: optimization of drug absorption and pharmakokinetics. *Journal of Medicinal Chemistry,* **2001**, *44(9),* 1313–1333.

Van der Goot G.F. (ed.) Pore-forming toxins. Berlin: Springer, **2001**.

Van Itallie C.M. & Anderson J.M. Claudins and epithelial paracellular transport. *Annual Reviews of Physiology,* **2006**, *68,* 403–429.

Van Itallie C.M. & Anderson J.M. The molecular physiology of tight junction pores. *Physiology,* **2004**, *19,* 331–338.

Vandenberg J.I. The state of ion channel research in 2004. *Nature Reviews Drug Discovery,* **2004**, *3,* 239–278.

Vandenberg J.I., Walker B.D. & Campbell T.J. HERG K^+ channels: friend or foe. *Trends in Pharmacological Sciences,* **2001**, *22(5),* 240–246.

Veber D.F., Johnson S.R., Cheng H-Y., Smith B.R., Ward, K.W. & Kopple K.D. Molecular properties that influence the oral bioavailability of drug candidates. *Journal of Medicinal Chemistry*, **2002**, *45*, 2615–2623.

Vig B.S., Stouch T.R., Timosyk J.T., Quan Y., Wall D.A., Smith R.L. & Faria T.N. Human PEPT1 pharmacophore distinguishes between dipeptide transport and binding. *Journal of Medicinal Chemistry*, **2006**, *49*, 3636–3644.

Wacher V.J., Wu C.Y. & Benet L.Z. Overlapping substrate specificities and tissue distribution of cytochrome P450 3A and P-glycoprotein: implications for drug delivery and activity in cancer chemotherapy. *Molecular Carcinogenesis*, **1995**, *13(3)*, 129–34.

Wang Q., Shen J. Splawski I., Atkinson D., Li Z., Robinson J.L., Moss A.J., Towbin T.A. & Keating M.T *SCN5A* mutations associated with an inherited cardiac arrhythmia, long qt syndrome. *Cell*, **1995**, *80*, 805–811.

Wang S-Y. & Wang G.K. Voltage-gated sodium channels as primary targets of diverse lipid-soluble neurotoxins. *Cellular Signalling*, **2003**, *15*, 151–159.

Watson C.J., Rowland M. & Warhurst G. Functional modeling of tight junctions in intestinal cell monolayers using polyethylene glycol dimers. *American Journal of Physiology – Cell Physiology*, **2001**, *281*, C388–C397.

Welsch U. Sobotta – Lehrbuch Histologie. Münschen, Jena: Urban & Fischer, **2003**.

Wessel M.D., Jurs P.C., Tolan, J.W., Muskal S.M. Prediction of human intestinal absorption of drug compounds from molecular structure. *Journal of Chemical Information and Computer Sciences*, **1998**, *38*, 726–735.

Widdas W.F. Inability of diffusion to account for placental glucose transfer in the sheep and consideration of the kinetics of a possible carrier transfer. *Journal of Physiology*, **1952**, *118*, 23–39.

Wohnsland, F. & Faller B. High-throughput permeability pH profile and high-throughput alkan/water log P with artificial membranes. *Journal of Medicinal Chemistry*, **2001**, *44(6)*, 923–930.

Wood I.S. & Trayhurn P. Glucose transporters (GLUT and SGLT): expanded families of sugar transport proteins. *British Journal of Nutrition*, **2003**, *89*, 3–9.

Yamashita A., Singh S.K., Kawate T., Yin Y. & Gouaux Y.J. Crystal structure of a bacterial homologue of Na+/Cl- -neurotransmitter transporters. *Nature*, **2005**, *437*, 215–223.

Yang J., Ellinor P.T., Sather W.A., Zhang J.-F., & Tsien R.W.. Molecular determinants of Ca^{2+} channel selectivity and ion permeation in L-type Ca^{2+} channels. *Nature*, **1993**, *366*, 158–161.

Yao X. & Forte J.G. Cell biology of acid secretion by the parietal cell. *Annual Reviews of Physiology*, **2003**, *65*, 103–131.

Yernool D., Boudker O., Jin Y. & Gouaux E. Structure of a glutamate transporter homologue from Pyrococcus horikoshii. *Nature*, **2004**, *431*, 811–818.

Young R.C. *et al.* Development of a new physicochemical model for brain penetration and its application to the design of centrally acting H2 receptor histamine antagonists. *Journal of Medicinal Chemistry*, **1988**, *31*, 656–671.

Yu F.H. & Caterall W.A. Overview of the voltage-gated sodium channel familiy. *Genome Biology*, **2003**, *4(3)*.

Yusua H., Inoue K., Hayashi Y. Molecular and functional characteristics of proton-coupled folate transporters. *Journal of Pharmaceutical Sciences*, **2009**, *98*, 1608–1616.

Zhang Y. & Benet L.Z. The gut as a barrier to drug absorption. *Clinical Pharmacokinetics*, **2001**, *40(3)*, 159–168.

Zhou Y. & MacKinnon R. The Occupancy of Ions in the K^+ Selectivity Filter: Charge Balance and Coupling of Ion Binding to a Protein Conformational Change Underlie High Conduction Rates. *Journal of Molecular Biology*, **2003**, *333*, 965–975.

4
Prozesse an der Leber

4.1
Histologie der Leber und Transport am Hepatozyten

Einleitung

Nach der intestinalen Absorption und dem intestinalen Metabolismus gelangen die Arzneistoffe über die Portalvene zur Leber. Das Blut wird an den Leberparenchymzellen, den Hepatozyten, vorbeigeleitet und fließt über die Lebervene und die *Vena cava inferior* zum Herzen und schließlich in den systemischen Blutkreislauf.

Die Leber beeinflusst durch ihre strategische Lage zwischen dem Gastrointesinaltrakt und dem systemischen Blutkreislauf die **pharmakodynamische Aktivität und die Toxizität** von Wirkstoffen. Durch *Biotransformationen* entstehen in der Leber Derivate eines Wirkstoffs, sogenannte Metabolite, die im Vergleich zur Muttersubstanz aktiv, verändert aktiv, inaktiv, oder auch toxisch sein können. So werden beispielsweise Prodrugs, das sind Wirkstoffe, die selbst inaktiv sind, in der Leber durch Biotransformationen aktiviert und können erst so ihre pharmazeutische Wirkung entfalten.

Die Leber ist entscheidend an der *Elimination* der Wirkstoffe beteiligt, insbesondere von Wirkstoffen, welche die systemische Zirkulation noch nicht ereicht haben. Sie kann bis zu 100 % der Wirkstoffmenge, die das Organ mit dem Portalblut erreichen, extrahieren und zu inaktiven Metaboliten biotransformieren. Durch diesen Effekt der ersten Leberpassage (*hepatischer First-Pass-Effekt*) kann deshalb die Bioverfügbarkeit – trotz vollständiger Absorption – stark beeinträchtigt werden. Der First-Pass-Effekt kann so ausgeprägt sein, dass eine orale Verabreichung der Substanz unmöglich wird.

Die Biotransformation verändert zudem die pharmakokinetischen Eigenschaften der Wirkstoffe, etwa deren Eliminationsverhalten (lipophile Substanzen werden hydrophiler und können über die Niere ausgeschieden werden) oder deren Verteilung (eine Substanz wird erst durch die Biotransformation gehirngängig).

An der Leber sind drei eng miteinander verbundene Prozesse von entscheidender Bedeutung:

- Biotransformation
- Hepatische Elimination
- Transportprozesse am Hepatozyten.

Moderne Pharmakokinetik. Beat Ernst, Alexander Vögtli

ISBN: 978-3-527-32376-0

Da die Mehrheit der zellulären Strukturen zur Biotransformation und Elimination intrazellulär in den Hepatozyten der Leber lokalisiert sind, ist eine Aufnahme in die Leberzellen erforderlich. Zudem müssen die aktiven Metaboliten, die einen Effekt in der Peripherie ausüben sollen, wieder aus der Zelle in die Leberkapillaren zurücktransportiert werden. Transportprozesse spielen also bei der hepatischen Extraktion und Biotransformation und für die pharmakodynamischen und pharmakokinetischen Eigenschaften eine wichtige Rolle.

Um einen Überblick über die zellulären Strukturen zu gewinnen, wird im Folgenden zunächst die Leberhistologie besprochen. Im Anschluss werden die Transportprozesse an der Leber diskutiert. Exemplarisch wird eine Familie von Transportern besprochen, welche die Aufnahme in die Leberzelle vermittelt. Im letzten Teil wird schließlich der Prozess der Biotransformation diskutiert.

4.1.1
Anatomische und histologische Grundlagen

Die Leber (s. Abb. 4.1) liegt im rechten Oberbauch unterhalb des Zwerchfells. Sie hat ein Gewicht von etwa 1,5 kg und ist die größte exokrine Drüse des Körpers. Das Sekret der Leber, die Galle, wird über die Gallenblase und die Gallengänge in das Duodenum sezerniert. Neben der Funktion als exokrine Drüse hat die Leber zahlreiche weitere zentrale Funktionen im Stoffwechsel. So speichert sie zum Beispiel Glucose als Glykogen und reguliert damit den Blutzucker; sie setzt Aminosäuren zu Proteinen (z.B. Albumin, Gerinnungsproteine und Angiotensinogen) und zahlreichen weiteren Produkten um und synthetisiert Lipoproteine

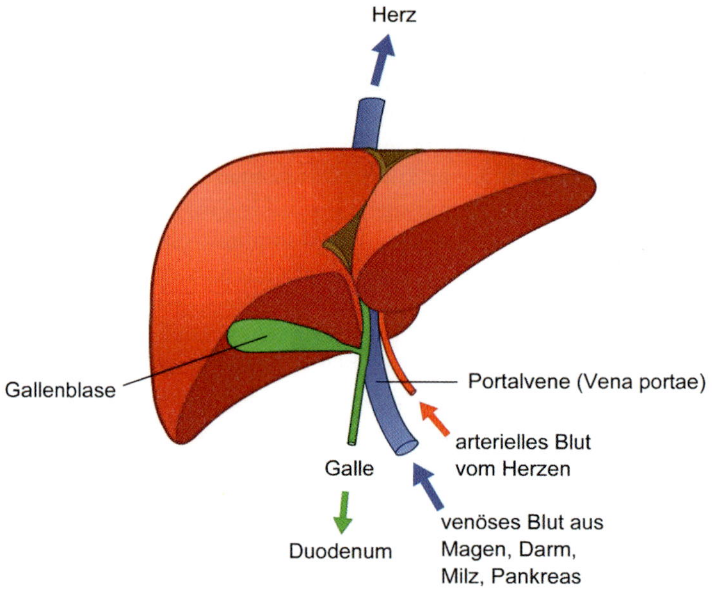

Abb. 4.1 Anatomie der Leber.

(VLDL) zum Transport der wasserunlöslichen Lipide in das periphere Gewebe (Welsch, 2006; Lippert, 2003; Fawcett, 1994; Cormack, 1979; Elias & Pauly, 1966).

Eine weitere Funktion der Leber, die uns besonders interessiert, ist ihre Entgiftungs- und Ausscheidungsfunktion. Die Leber ist strategisch zwischen dem Darm und dem systemischen Kreislauf gelegen. Exogene, körperfremde Substanzen (Xenobiotika, Medikamente) werden biotransformiert und z.B. durch verbesserte Wasserlöslichkeit der Ausscheidung zugeführt. Diese Funktionen werden von den Leberzellen, den Hepatozyten (auch Parenchymzellen) wahrgenommen. Voraussetzung für die Entgiftungs- und Aussscheidungsfunktion ist die Aufnahme der Substanzen in die Hepatozyten. Hier spielen aktive und passive Transportmechanismen eine entscheidende Rolle.

Venöse und arterielle Blutversorgung

Die Leber wird sowohl mit venösem als auch mit arteriellem Blut versorgt (s. Abb. 4.2). Aus den unpaaren Organen der Darmhöhle (Magen, Darm, Milz, Pankreas) gelangt schwach oxygeniertes, mit Nährstoffen angereichertes Blut über die Por-

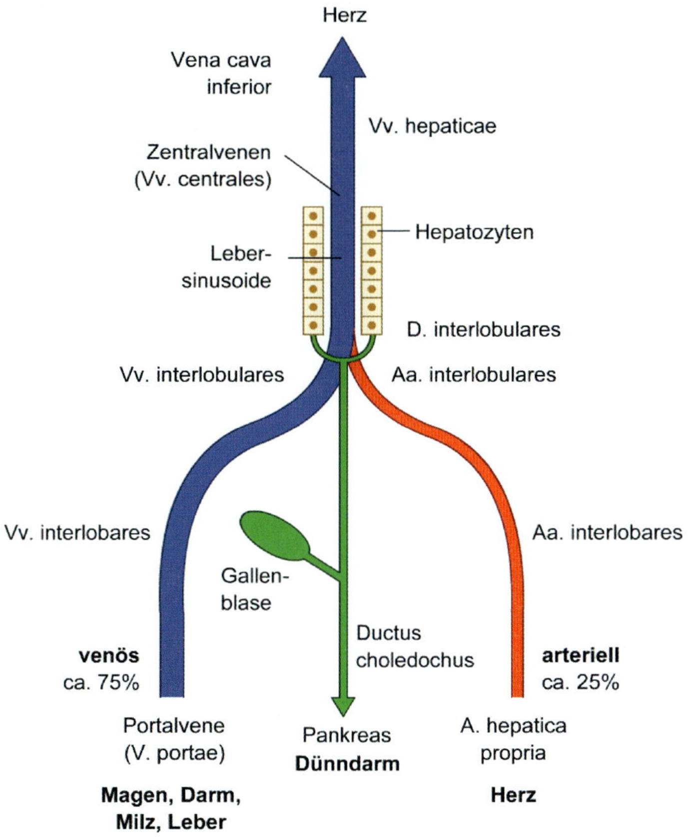

Abb. 4.2 Blutversorgung der Leber und Ableitung der Galle.

talvene (Leberpfortader, *V. portae*) zur Leber. Sie verzweigt sich nach dem Eintreten in die Leber mehrfach auf (*Vv. interlobares, Vv. interlobulares*). Aus der Blutzirkulation wird die Leber über die *Arteria hepatica propria* mit arteriellem, sauerstoffreichem Blut versorgt, welche sich ebenfalls weiter aufteilt. In den Lebersinusoiden, weitlumigen, fenestrierten Kapillaren, durchmischt sich das venöse und das arterielle Blut und strömt an den Hepatozyten vorbei, mit denen es im regen Austausch steht. Die Sinusoide münden in den Zentralvenen (*Vv. centrales*). Über die *Vv. hepaticae* gelangt das Blut schließlich in die *Vena cava inferior* und zum Herzen, aus welchem es über den systemischen Blutkreislauf in das periphere Gewebe verteilt wird.

Klassisches Leberläppchen (Lobulus hepaticus)

Die Leber ist aus Leberläppchen aufgebaut, welche bis zu 2 mm groß sein können. Je nach Schätzung besteht sie aus zwischen 0,5 bis 1,5 Millionen solcher Läppchen, die schematisiert als hexagonale Strukturen erscheinen (s. Abb. 4.3). Im Zentrum eines Läppchens ist die Zentralvene (*V. centralis*) gelegen. Von der Zentralvene gehen radiär die Leberzellplatten aus, welche aus den Leberzellen, den Hepatozyten, gebildet werden. Sie werden auch als Parenchymzellen bezeichnet, welche die spezifischen Funktionen der Leber vermitteln (im Gegensatz zum interstitiellen Gewebe). Die Platten sind einschichtig und bilden ein komplexes, dreidimensionales Netz aus. Parallel zu den Platten und ebenfalls radiär verlaufen die Sinusoide, die ein weitlumiges Kapillarsystem bilden. In den Ecken der Sechsecke befinden sich die periportalen Felder.

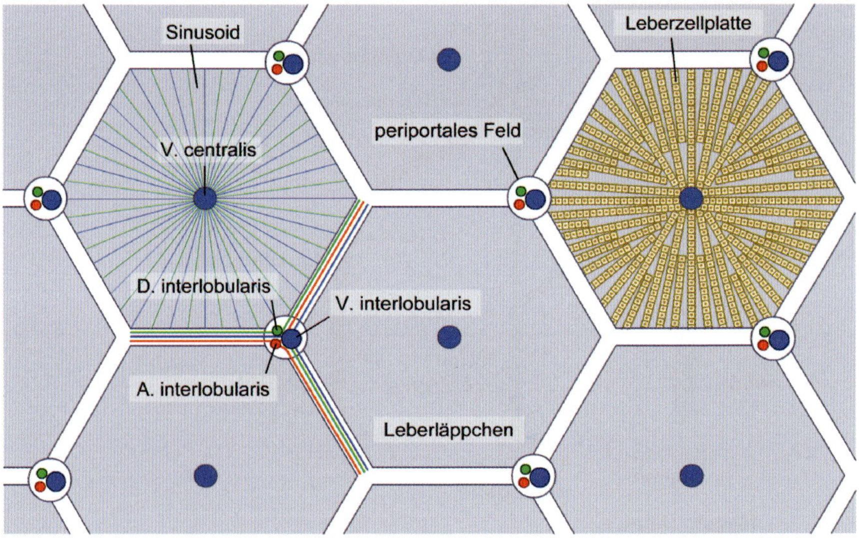

Abb. 4.3 Schematische Darstellung des Aufbaus des Lebergewebes aus Leberläppchen (*Lobuli*). Die Zwischenräume zwischen den Läppchen sind stark vergrößert gezeichnet.

Periportale Felder. Die periportalen Felder enthalten eine Trias von Anschnitten der *Arteria interlobularis*, der *Vena interlobularis* und eines kleinen Gallengangs (*Ductus interlobularis*), der mit kubischem Epithel ausgekleidet ist (s. Abb. 4.4). Die zwei Blutgefäße und der Gallengang verzweigen sich in den Zwischenraum zwischen den Läppchen. Aus den Gefäßen treten rechtwinklig terminale Zweige in zwei benachbarte Läppchen ein und verschmelzen zu den Sinusoiden, welche radiär zur Zentralvene führen.

Sinusoide. Sinusoide sind weitlumige Kapillaren, welche das venös-arterielle Mischblut aus der Peripherie der Leberläppchen in das Zentrum des Läppchens führen. Sie laufen radiär und parallel zu den Leberzellplatten aus Hepatozyten. Die Wand der Kapillaren wird aus dünnen, fenestrierten Endothelzellen mit Poren gebildet. Zwischen den Endothelzellen und den Hepatozyten liegt der Disse-Raum (s. Abb. 4.5), in welchem das Blut mit der Zellmembran der Hepatozyten in Kontakt steht. Der Stoffaustausch wird dadurch begünstigt, dass die Hepatozyten keine Basallamina aufweisen. Auch unter den Poren fehlt die Basallamina der Endothelzellen und ist ansonsten nur unvollständig vorhanden.

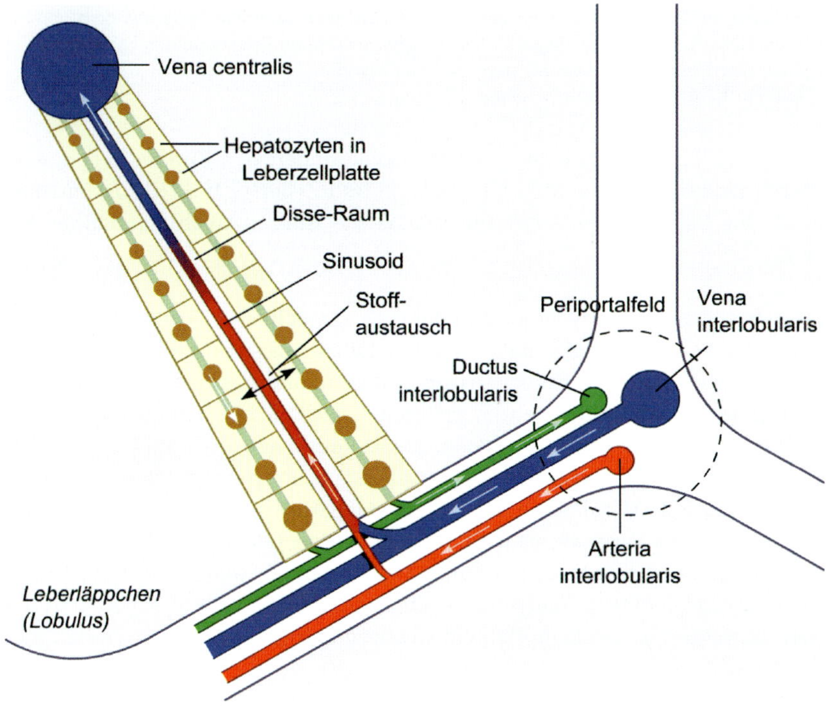

Abb. 4.4 Blutversorgung des Leberläppchens und Bildung der Galle. In dieser Abbildung sind zwei Leberzellplatten dargestellt.

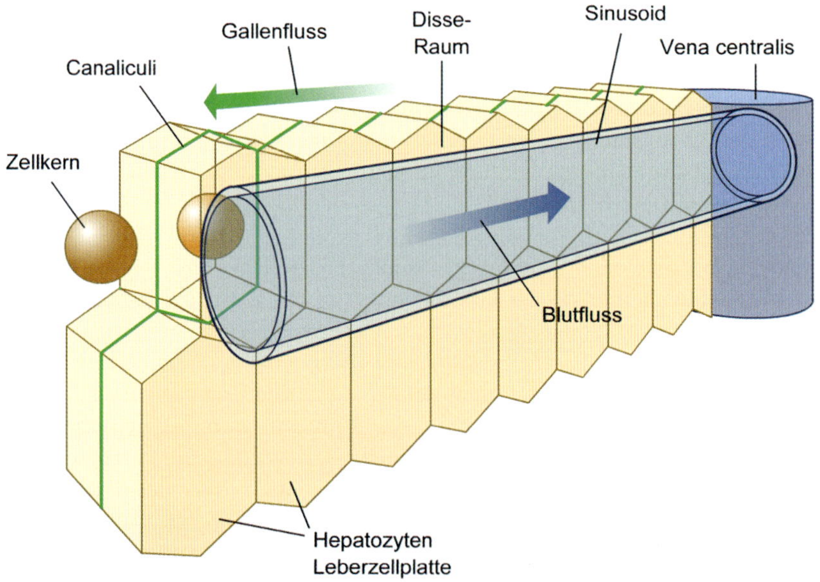

Abb. 4.5 Leberzellplatte in perspektivisch-schematischer Darstellung. Die Hepatozyten sind vielflächig und ordnen sich in einem komplexen Netzwerk an. In der Regel stehen 2–3 Zellen über ihre Oberflächen mit den Sinusoiden in Kontakt. Die restliche Oberfläche wird von einem Netz aus Gallenkanälchen gebildet, welche die von den Hepatozyten gebildete Galle aus dem Zentrum in die Peripherie des Läppchens transportiert.

An der Kapillarwand im Lumen der Sinusoide finden sich Kupffer-Zellen, welche durch Phagozytose u.a. Mikroorganismen und Zellen (z.B. Erythrozyten) aufnehmen. Sie haben lange Ausläufer, welche die Blutstrombahn durchkreuzen können.

Hepatozyten. Die Hepatozyten sind in den Leberläppchen in Leberzellplatten organisiert. Diese sind einschichtig, verlaufen radiär ausgehend von der Zentralvene in die Peripherie des Läppchens und bilden ein komplexes Netzwerk.

Hepatozyten sind vielflächige und polarisierte Zellen. Die basolateralen (sinusoidalen) Membranen stehen über den Disse-Raum mit dem Blut in Kontakt und sind mit Microvilli zum effizienten Stoffaustausch vergrößert. Mit den apikalen (canaliculären) Membranen stehen die Hepatozyten untereinander durch zahlreiche Zell-Zell-Verbindungen in Kontakt. Dabei bilden jeweils zwei Hepatoyzten mit ihren Zellmembranen durch Tight Junctions abgedichtete Gallenkanälchen (*Canaliculi biliferi*, Gallencanaliculi) aus. Die Canaliculi transportieren die von den Hepatozyten gebildete Galle **in Gegenrichtung zum Blut** in die Peripherie des Läppchens ab.

Im Zytoplasma der Hepatozyten (s. Abb. 4.6) findet sich der Zellkern (häufig zwei Kerne), raues und glattes endoplasmatisches Retikulum, der Golgi-Apparat, Ribosomen, viele Mitochondrien, Lysosomen, Peroxisomen und Glykogen.

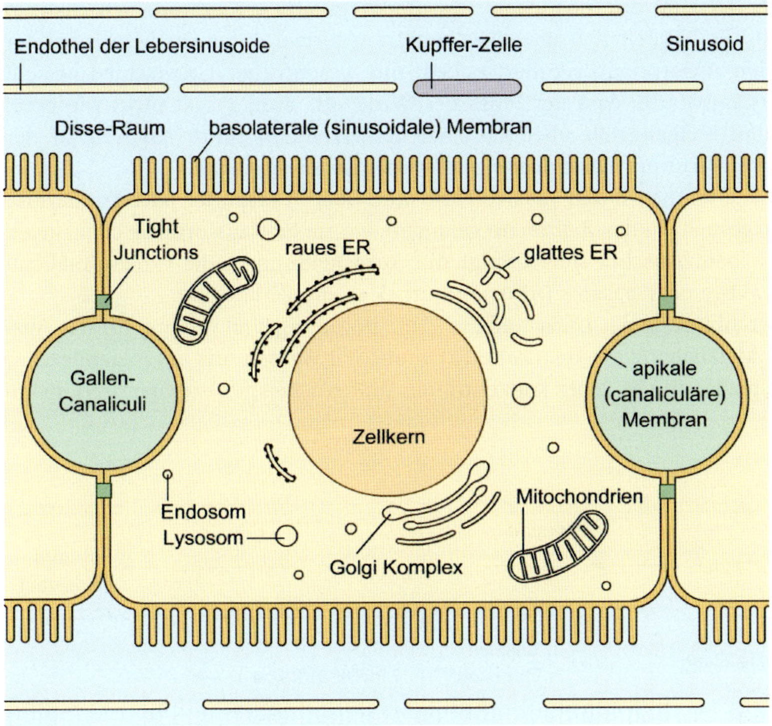

Abb. 4.6 Hepatozyt (Schnitt durch eine Leberzellplatte).

Gallenwege. Die Canaliculi führen die Galle zwischen den Hepatozyten in den Leberzellplatten in die Peripherie des Läppchens. Hier gehen sie in die Hering-Kanälchen über, welche ein flaches Epithel besitzen. Sie vereinigen sich in den Periportalfeldern zu kleinen Gallengängen mit einem kubischen Epithel. Die Galle wird in der Gallenblase zwischengespeichert und über das Pankreas in den Dünndarm ausgeschieden.

Die Gallenblase fasst ca. 30–75 ml Galle, welche zwischen den Mahlzeiten gespeichert wird. Sie enthält die folgenden Bestandteile: Wasser, Gallensalze, Lecithin, Phospholipide, konjugiertes Bilirubin, Proteine, Elektrolyte und Mucine.

4.1.2
Transportprozesse am Hepatozyten

Der Transport über Membranen spielt an den Hepatozyten eine wichtige Rolle. Um intrazellulär biotransformiert oder über die Galle eliminiert zu werden, müssen die Wirkstoffe zunächst über die sinusoidale (basolaterale) Membran in die Hepatozyten aufgenommen werden, um anschließend über die apikale (canaliculäre) Membran in die Galle ausgeschieden zu werden.

In Abb. 4.7 sind die möglichen Transportwege eines Wirkstoffs schematisch dargestellt. Es handelt sich um dieselben Transportwege, die wir bereits bei der intestinalen Absorption diskutiert haben. Ein wesentlicher Unterschied besteht hier allerdings darin, dass der Fluss des Wirkstoffs zum Target nicht wie beim Enterozyten obligatorisch über die Zelle (transzellulär) führt, sondern an der Zelle vorbei Richtung Zentralvene und systemischer Kreislauf.

Wirkstoffe können durch passive Diffusion, über Transporter oder Endozytose (nicht dargestellt) in das Zellinnere gelangen, wo sie biotransformiert oder unverändert bleiben. Anschließend erfolgt die Ausscheidung in die Gallencanaliculi oder die aktive oder passive Diffusion zurück in die Zirkulation.

Die Durchblutung der Leber und die Proteinbindung sind weitere, für das Ausmaß des Metabolismus bedeutsame Faktoren. Wir werden uns im Folgenden auf die Transporter an der Leber konzentrieren und ein Beispiel exemplarisch diskutieren.

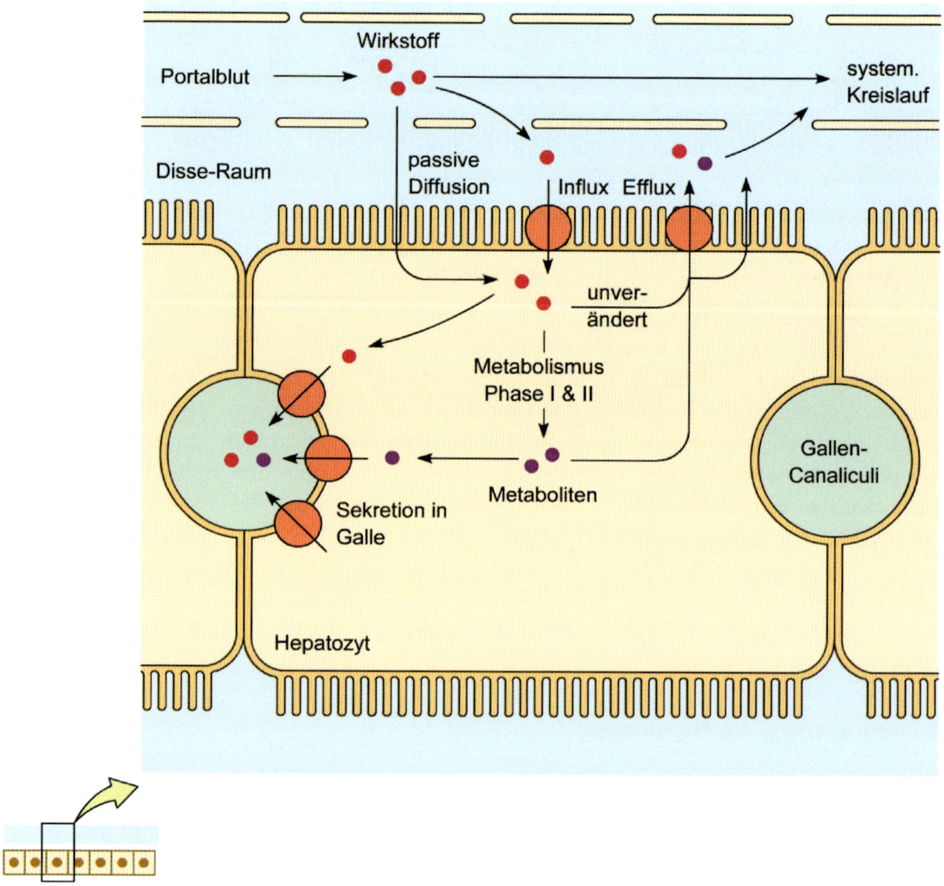

Abb. 4.7 Transportwege des Wirkstoffs am Hepatozyten.

Transporter am Hepatozyten

In den letzten Jahren wurde eine Reihe von Transportern an der sinusoidalen und an der canaliculären Membran der Hepatozyten identifiziert (z.B. Kullak-Ublick, Stieger & Meier, 2004, siehe auch Chandra & Brouwer, 2004). Die Substrate dieser Transporter sind unter anderem organische Anionen und Kationen, Xenobiotika und pharmazeutische Wirkstoffe.

Viele der Transporter am Hepatozyten sind am *enterohepatischen Kreislauf der Gallensalze* beteiligt. Gallensäuren (z.B. Cholsäure und Chendeoxycholsäure, siehe Abb. 4.8) werden nach ihrer Synthese aus Cholesterol in den Hepatozyten mit Glycin oder Taurin konjugiert. Diese Konjugate, wie Taurocholat und Glycocholat, werden als *Gallensalze* bezeichnet. Gallensalze werden in den Hepatozyten

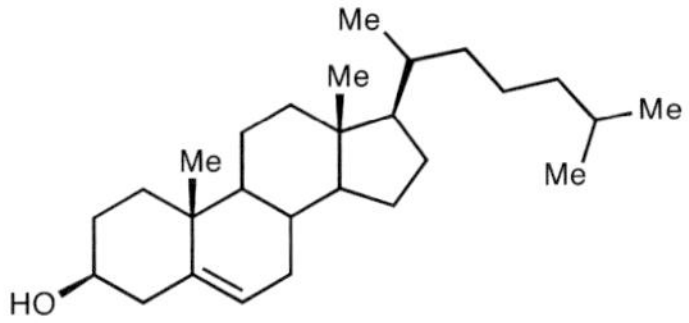

Cholesterol

Primäre Gallensäuren

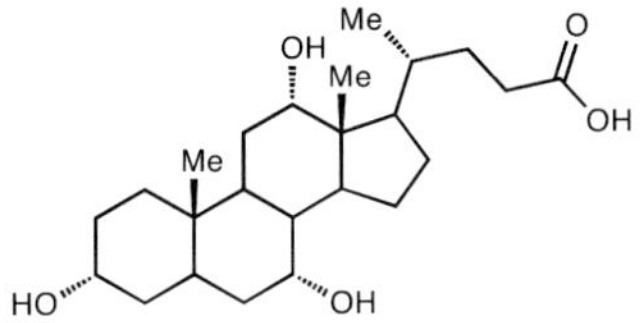

Cholsäure
(Cholat)

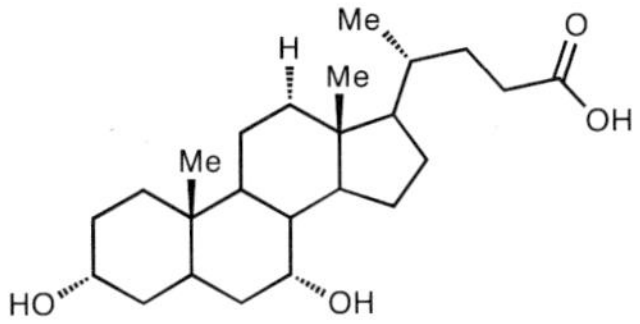

Chenodeoxycholsäure
(Cholat)

Gallensalze (Konjugate)

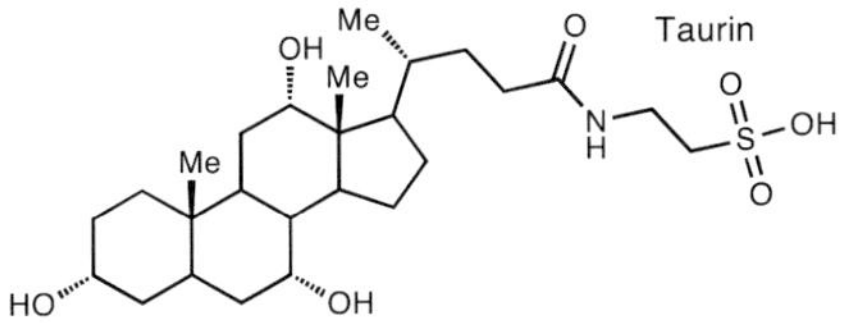

Taurocholsäure
(Taurocholat)

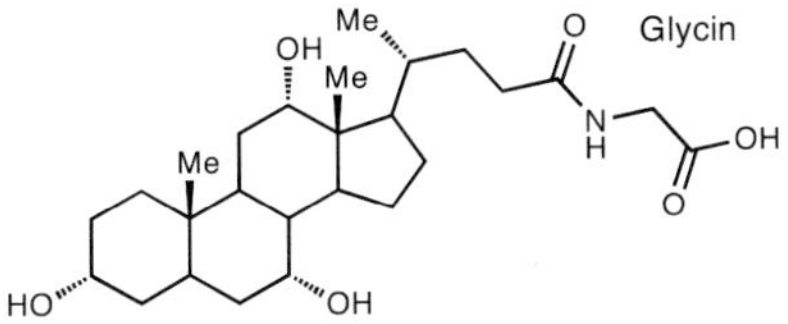

Glycocholsäure
(Glycocholat)

Abb. 4.8 Beispiele für Gallensäuren und Gallensalze. Aus Cholesterol (oben) entstehen in der Leber die primären Gallensäuren Cholsäure und Chenodeoxycholsäure. Die Gallensäuren werden in den Hepatozyten mit der Aminosäure Glycin und Taurin konjugiert. Die Konjugate der Cholsäure heißen Glycocholsäure (Glycholat) und Taurocholsäure (Taurocholat).

in die Gallen-Canaliculi sezerniert und gelangen in den Dünndarm, wo sie unter anderem an der Löslichkeitsverbesserung lipophiler Substanzen beteiligt sind. Sie werden im Darm wieder reabsorbiert und mit dem Portalblut zurück zu den Hepatozyten transportiert.

Gallensalze sind bei physiologischem pH negativ geladen und müssen an der canaliculären Membran gegen den Gradienten transportiert werden. Es überrascht deshalb nicht, dass sie sowohl die Membranen an den Hepatozyten wie auch an den Enterozyten über Transporter passieren.

Transporter an der sinusoidalen (basolateralen) Membran

Abbildung 4.9 zeigt schematisch eine Auswahl bekannter Transporter in der Hepatozytenmembran.

NTCP. NTCP (**Na**$^+$-**T**aurocholate **C**otransporting **P**olypeptide, *SLC10A1*) transportiert die reabsorbierten Gallensalze aus dem Portalblut zurück in die Hepatozyten. Es handelt sich um einen sekundär aktiven Transporter, der durch die Na^+/K^+-ATPase getrieben wird und Gallensalze und Natriumionen in die Zelle cotransportiert.

OATP. Die OATP (**O**rganic **A**nion **T**ransporting **P**olypeptides, Organische Anionen-Transport-Polypeptide, *SLCO*-Superfamilie) transportieren ebenfalls Gallen-

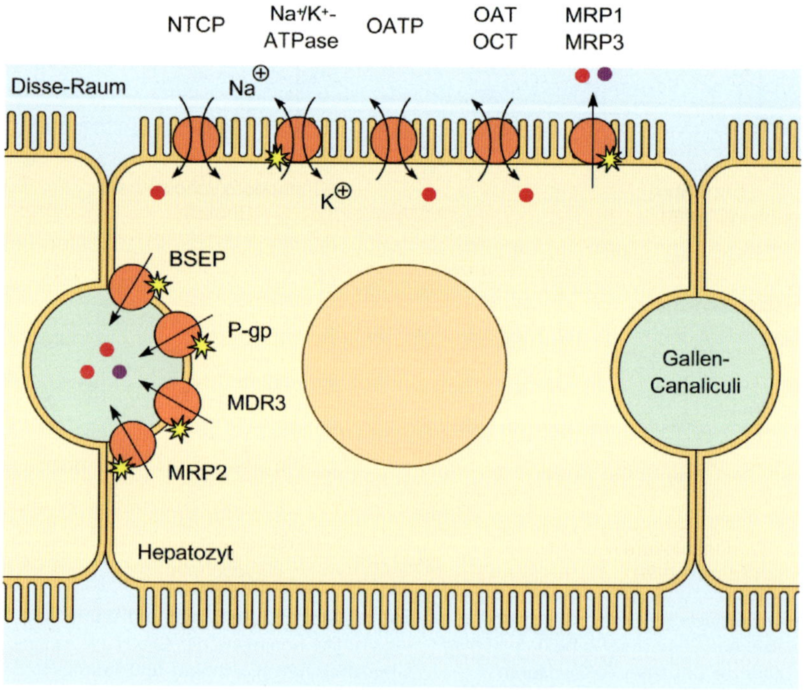

Abb. 4.9 Transporter am Hepatozyten.

salze in die Hepatozyten. Sie sind aber im Gegensatz zu NTCP unabhängig von Natriumionen. Es handelt sich um Antiporter, welche ihr Substrat gegen Bicarbonat oder Glutathion austauschen. An der Leber kommen OATP1B1, OATP1B3, OATP2B1 vor. Neben Gallensalzen transportieren sie eine ganze Reihe weiterer endo- und exogener Substrate, unter anderem auch einige pharmazeutische Wirkstoffe. Wir werden sie im nächsten Kapitel detailliert besprechen (Hagenbuch & Meier, 2003).

OAT. Die OAT (**O**rganic **A**nion **T**ransporter, Organische Anionen-Transporter, *SLC*-Familie) transportieren endo- und exogene organische Anionen. Wir werden sie im Abschnitt 6.2 „Niere – OAT" im Detail besprechen. An der Leber findet sich OAT2 (*SLC22A6*) und OAT3 (*SLC22A8*) (Miyazaki, Sekine & Endou, 2004). Es handelt sich um tertiär aktive Transporter, die an einen Dicarboxylat-Transporter und eine Na^+/K^+-ATPase gekoppelt sind.

OCT. OCT (**O**rganic **C**ation **T**ransporter, Organische Kationen-Transporter, *SLC*-Familie) transportieren organische Kationen in die Leberzelle. An der Leber wurde u.a. OCT1 (*SLC22A*) identifiziert.

MRP. MRP (**M**ultidrug **R**esistance-Associated **P**roteins, *ABCC*-Unterfamilie) sind am Transport von Substanzen aus dem Hepatozyten in das Portalblut beteiligt. Es sind primär aktive Transporter, die zur ABC-Superfamilie gehören. An der sinusoidalen Membran wurden u.a. MRP1 (*ABCC1*) und MRP3 (*ABCC3*) gefunden. Zu ihren Substraten gehört neben Gallensalzen, Glucuroniden und Nucleotiden auch eine Reihe von Wirkstoffen.

Transporter an der canaliculären (apikalen) Membran

Gallenbestandteile und Xenobiotika werden an der canaliculären Membran über primär aktive Transporter der ABC-Superfamilie gegen einen hohen Gradienten transportiert. In den Gallencanaliculi ist die Konzentration der Gallensalze etwa 1000-mal höher als im Portalblut (Kullak-Ublick, Stieger & Meier, 2004).

BSEP. BSEP (**B**ile **S**alt **E**xport **P**ump, *ABCB11*) transportiert Gallensalze über die canaliculäre Membran in die Galle.

P-gp. Der Effluxtransporter P-gp (**P**-**G**lyko**p**rotein, *ABBC1*, synonym: **M**ultidrug **R**esistance **P**rotein MDR1, Gensymbol *MDR1*) hat eine breite Substratspezifität (Multispezifität) für hydrophobe Wirkstoffe und ist der wichtigste Transporter für Wirkstoffe an der canaliculären Membran. Zu Substraten gehören u.a. Zytostatika, Digoxin und Cyclosporin (vgl. Abschnitt „P-Glykoprotein").

MDR3. Die Flippase MDR3 (**M**ultidrug **R**esistance **P**rotein 3, *ABCB4*) überführt das Phospholipid Phosphatidylcholin in den Gallencanaliculi. Phospholipide sind auch Bestandteile der Galle (siehe oben).

MRP2. MRP2 (**M**ultidrug **R**esistance-Associated **P**rotein 2, ABCC-Unterfamilie) transportiert u.a. Gallensalze, organische Anionen und konjugiertes Bilirubin.

Im nächsten Kapitel werden wir exemplarisch für diese Transporter die Organischen Anionen-Transport-Polypeptide OATP besprechen.

4.2 Transport in die Hepatozyten: Beispiel OATP

4.2.1 Charakterisierung der OATP

Organische Anionen-Transport-Polypeptide

Die Organischen Anionen-Transport-Polypeptide (*Organic Anion Transport Polypeptides*; beim Menschen: OATP, bei Nagern: Oatp; Gensymbol: *SLCO*, resp. *Slco*) gehören zur OATP/*SLCO*-Superfamilie. Sie werden gemäß ihrer Aminosäuresequenzen in Familien, Unterfamilien und Transporter klassifiziert. 2004 waren 52 Mitglieder der Superfamilie bekannt, davon 36 beim Menschen, in der Ratte und in der Maus. OATP werden in mehreren Organen exprimiert, unter anderem in Leber, Darm, Niere, Gehirn (Blut-Hirn-Schranke), Herzen, Lunge, Placenta und Hoden. Im Folgenden werden wir uns auf die Funktion der OATP in der Leber konzentrieren. Zu den hepatischen OATP gehören:

- OATP1B1 (früher: OATP-C, OATP-2[1)]) – leberspezifisch
- OATP1B3 (früher: OATP8) – leberspezifisch
- OATP2B1 (früher: OATP-B).

OATP1B1 und OATP1B3 sind leberspezifisch, d.h. sie finden sich an keinem anderen Organ. Die hepatischen OATP sind an der basolateralen (sinusoidalen) Plasmamembran der Hepatozyten lokalisiert und sind für den Transport einer Reihe von amphipatischen endo- und exogenen Substanzen aus dem Blut in die Hepatozyten verantwortlich. Die Substanzen gelangen aus den Leberkapillaren (den sog. Lebersinusoiden) über das dünne, fenestrierte Epithel in den Disse-Raum und durch die Hepatozytenmembran über die OATP in die Zellen. Zu den Substraten der OATP an der Leber (s. Tab. 4.1) gehören körpereigene Substrate, wie zum Beispiel Gallensalze, Steroidhormone und Schilddrüsenhormone. Zudem werden aber auch Arzneimittel (z.B. Statine, Methotrexat, Digoxin, Fexofenadin und Rifampicin) und Toxine transportiert. Der Transport der Substrate erfolgt sekundär aktiv unabhängig von ATP und Na^+; der Mechanismus ist noch nicht im Detail bekannt. Hepatische OATP sind Antiporter, welche ihr Substrat unter dem Antiport von Bicarbonat oder Glutathion in die Zelle transportieren. Die Kristallstruktur der OATP ist noch nicht aufgeklärt worden. Aufgrund von Hydropathiestudien wurde ein Aufbau aus 12 transmembranären Domänen

1) Zur neuen Nomenklatur der OATP siehe Hagenbuch & Meier, 2004. Die leberspezifischen OATP wurden auch als LST (Liver Specific Transporters) bezeichnet.

Tabelle 4.1 Substrate hepatischer OATP (Daten mehrheitlich aus *In-vitro*-Studien; Cvetkovic, 1999; Hagenbuch & Meier, 2003; 2004; Niemi *et al.*, 2005; Shitara *et al.*, 2003; Shitara, Hitoshi & Yuichi, 2005; Simonson *et al.*, 2004; Smith *et al.*, 2005; Tirona *et al.*, 2003).

Transporter	Substrate	Inhibitoren
OATP1B1 (OATP-C, OATP-2)	**endogene Substrate:** Gallensalze, konjugiertes und freies Bilirubin, Steroidkonjugate, Schilddrüsenhormone T3 und T4, Eicosanide, zyklische Peptide **Wirkstoffe:** Benzylpenicillin, Methotrexat, Rifampicin, Pravastatin, Rosuvastatin, Cerivastatin, Atorvastatin und Pitavastatin, möglicherweise Fexofenadin (Niemi *et al.*, 2005), Repaglinid **Toxine:** Microcystin, Phalloidin	Rifamycin Cyclosporin
OATP1B3 (OATP8)	**endogene Substrate:** Gallensalze, Monoglucuronoylbilirubin, Steriodkonjugate, Schilddrüsenhormone T3 und T4, Leukotrien C4, lineare und zyklische Peptide, CCK 8, Deltorphin II **Wirkstoffe:** Digoxin, Ouabain, Methotrexat, Rifampicin, Paclitaxel **Toxine:** Microcystin, Phalloidin	Rifamycin Rifampicin (selektiv für OATP1B3)
OATP2B1 (nicht leberspezifisch)	**Enge Substratspezifität:** Estron-3-sulfat, Dehydroepiandrosteronsulfat (DHEAS), Fexofenadin, kontrovers: PGE2, Estradiol-17β-glucuronid	Rifamycin

vorhergesagt (Reviews zu OATP: Hagenbuch & Meier, 2003; Hagenbuch & Meier; 2004; erster Oatp: Jacquemin, Hagenbuch, Stieger, Wolkoff & Meier, 1994).

Die hepatischen OATP extrahieren Wirkstoffe aus dem Blut in die Hepatozyten, wo die Substanzen metabolisiert und über die Galle ausgeschieden werden können. Wenn die Aufnahme geschwindigkeitsbestimmend ist, können die OATP deshalb die Pharmakokinetik ihrer Substrate entscheidend beeinflussen (hepatischer First-Pass-Metabolismus, Bioverfügbarkeit und Plasmakonzentration, Elimination). Folglich kann eine Modulation der OATP auch wichtige Einflüsse auf die Pharmakokinetik ausüben (s. Abb. 4.10). Dies ist u.a. über die folgenden Mechanismen denkbar: (1) Polymorphismen in OATP-Genen, (2) Inhibition der Transporter und (3) Induktion der Transporter. Wir diskutieren diese Mechanismen mit einem Fokus auf OATP an der basolateralen Membran der Hepatozyten.

4.2.2 Pharmakologische Relevanz – Polymorphismen: Beispiel OATP1B1

Polymorphismen in *SLCO1B1* (Gensymbol für den hepatischen OATP1B1) sind relativ häufig. Mittlerweile sind über 15 OATP1B1-Varianten bekannt, die abhängig von der ethnische Zugehörigkeit unterschiedlich häufig vorkommen. Die Allele werden nach Nebert (2000) und der neuen Nomenklatur der OATP

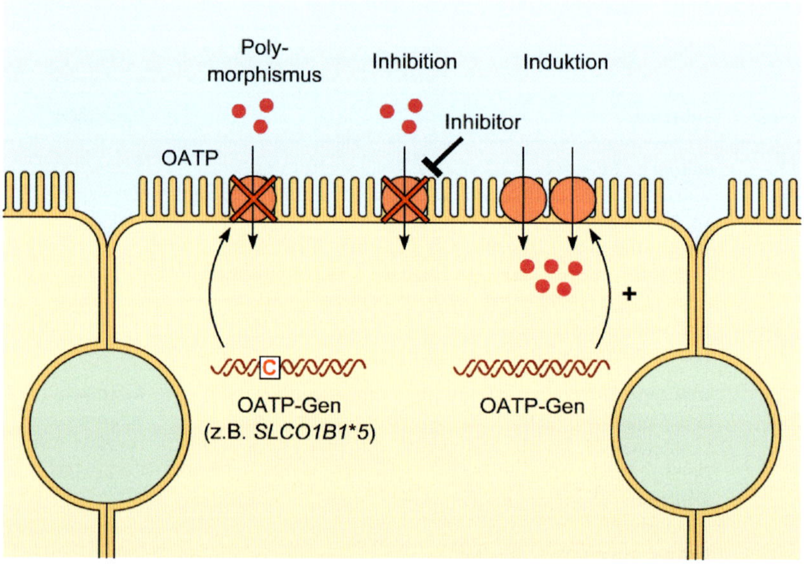

Abb. 4.10 Die Beeinflussung der Funktion der hepatischen OATP kann wichtige Auswirkungen auf die Pharmakokinetik ihrer Substrate haben. Drei Möglichkeiten sind schematisch dargestellt. Polymorphismen in OATP-Genen und die Inhibition der OATP kann durch eine Reduktion des Transports zu einer Erhöhung der systemischen Verfügbarkeit des Wirkstoffs führen. Hingegen kann die Induktion der OATP die hepatische Aufnahme erhöhen und somit die Verfügbarkeit reduzieren.

(Hagenbuch & Meier, 2004) als *SLCO1B1*1, SLCO1B1*2, SLCO1B1*3* und so weiter bezeichnet. In der Literatur findet man häufig die Bezeichnung *OATP1B1*1* statt *SLCO1B1*1*.

Tirona *et al.* (2001) haben *in vitro* den Transport von endogenen Substraten über OATP1B1-Varianten untersucht und zeigen können, dass bei einigen Varianten die Transportrate für Substrate signifikant reduziert wird. Der Austausch von einzelnen Nucleotiden im kodierenden Gen kann also funktionelle Konsequenzen haben und *in vitro* die Aufnahme von Wirkstoffen in die Leber inhibieren. Einige *In-vivo*-Studien deuten zudem darauf hin, dass die OATP-Polymorphismen auch klinische Relevanz haben könnten. Beispiele werden im Folgenden besprochen (Review: Marzolini, Tirona & Kim, 2004).

In-vivo-Studien zu Polymorphismen in SLCO1B1

Pravastatin. In einer Studie mit gesunden Probanden (n=41) mit Polymorphismen im hepatischen *SLCO1B1*-Gen (n=17) konnte eine signifikante Erhöhung der systemischen Exposition durch Pravastatin nach einer einmaligen oralen Dosis nachgewiesen werden (Niemi *et al.*, 2004). Die mittlere Pravastatin-AUC_{0-12} war um rund 100 % erhöht. Bei den Sinlge-Nucleotide-Polymorphismen (SNP) handelt es sich insbesondere um *SLCO1B1* 521T>C (=*SLCO1B1*5*; illu-

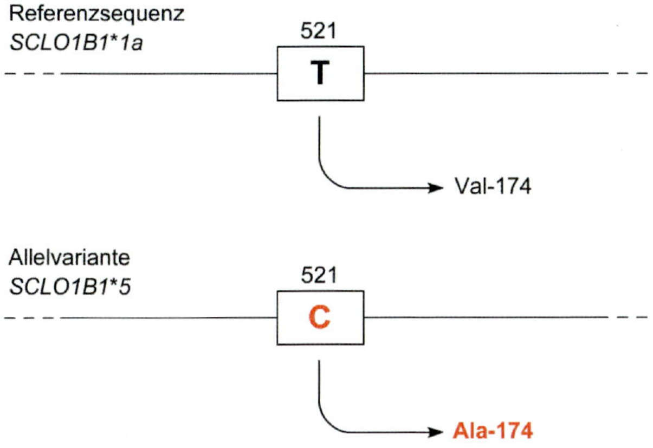

Abb. 4.11 Der *SLCO1B1*5*-Polymorphismus. Bei diesem Single-Nucleotide-Polymorphismus ist im Gen für OATP1B1 (Referenzsequenz: *SLCO1B1*1a*) die Base Thymin gegen Cytosin ausgetauscht. Deshalb wird ein Transporter exprimiert, der an Position 174 die Aminosäure Alanin statt Valin enthält. Diese scheinbar geringfügige Änderung – Alanin enthält eine Methylgruppe in der Seitenkette, während Valin eine Isopropylgruppe trägt – scheint klinisch relevant zu sein.

striert in Abb. 4.11) *SLCO1B1* - 11187G>A in der Promoterregion. Untersucht wurden sowohl homo- wie auch heterozygote Träger. Die Autoren vermuten, dass die SNP in den Transportern zu einer verminderten hepatischen Aufnahme über OATP1B1 und damit zu der beobachteten erhöhten Exposition durch Pravastatin führen. Damit könnte das Risiko von unerwünschten Wirkungen von Pravastatin, insbesondere von Myopathien steigen (s. unten). Eine japanische Gruppe hatte zuvor beim Asp130Ala174- (*SLCO1B1*15*) Polymorphismus ebenfalls eine Erhöhung der Pravastatin-Exposition gezeigt. Bei dieser *SLCO1B1*-Variante handelt es sich um eine Kombination von zwei Punktmutationen (Nishizato *et al.*, 2003). Iwai *et al.* (2004) haben *in vitro* erniedrigte V_{max}-Werte für diese Transportervariante bestätigt.

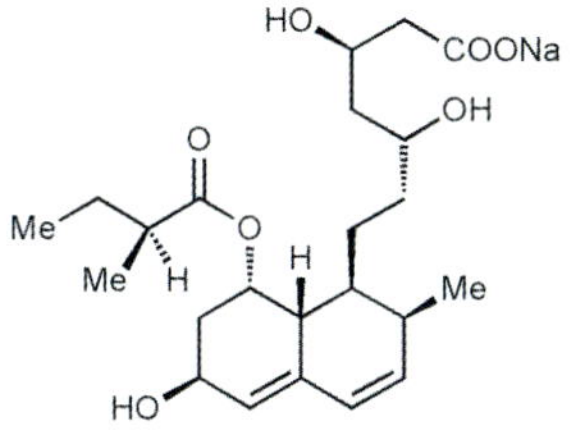

Pravastatin

Fexofenadin. Fexofenadin (Telfast®, USA: Allegra®), ein nicht-sedierendes Antihistaminikum, ist der aktive Metabolit von Terfenadin (Teldane®, nicht mehr im Handel). Terfenadin wird über CYP3A4 zu Fexofenadin metabolisiert und kann

Tabelle 4.2 Vergleich von Terfenadin und Fexofenadin.

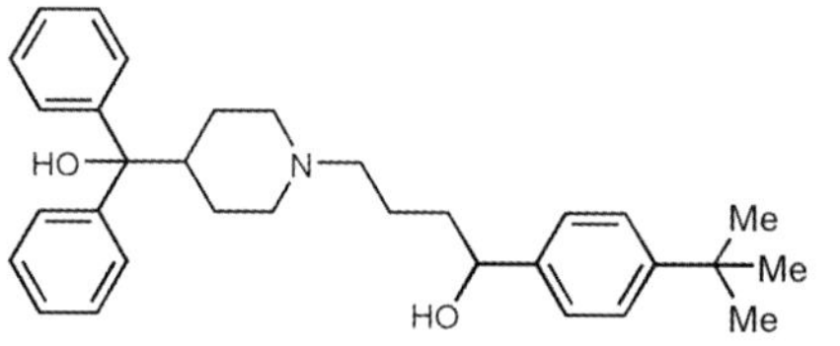 **Terfenadin**	Originalsubstanz (Telfast®, außer Handel) Unerwünschte Arzeimittel-Wirkung: kardiotoxisch (Verlängerung QT-Intervall) Metabolismus über CYP3A4, Interaktionsgefahr
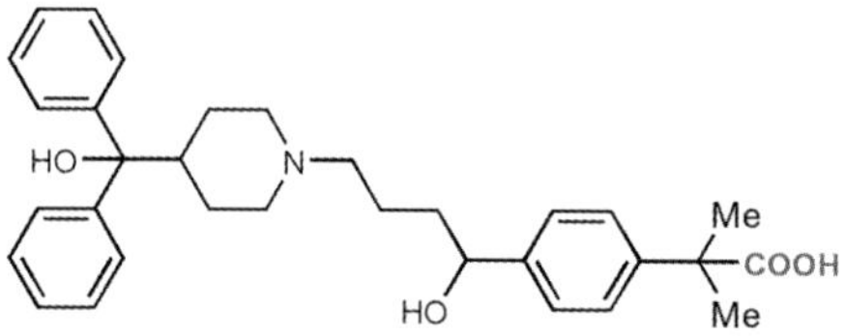 **Fexofenadin**	Metabolit von Terfenadin (Teldane®) Unerwünschte Arzeimittel-Wirkung: nicht kardiotoxisch wird nicht über CYP metabolisiert und zu 95 % unverändert eliminiert Substrat von OATP1B1

kardiotoxische Wirkungen auslösen (Verlängerung des QT-Intervalls, Torsade de Pointes). Im Gegensatz dazu ist Fexofenadin nicht kardiotoxisch (s. Tab. 4.2) und wird zu 95 % unverändert ausgeschieden (Woosley *et al.*, 1993). Obwohl die Substanz nicht über CYP3A4 metabolisiert wird, wurde beobachtet, dass bei gleichzeitiger Verabreichung der CYP-Inhibitoren Erythromycin oder Ketoconazol der Plasmaspiegel um das 2- bis 3-fache erhöht wird (Angaben des Herstellers). Es wurde deshalb spekuliert, dass Arzneimittel-Transporter bei der Interaktion involviert sein könnten. Fexofenadin ist ein Substrat von P-gp und OATP im Gastrointestinaltrakt (Cvetkovic *et al.*, 1999).

Auch OATP1B1 scheint an der Pharmakokinetik beteiligt zu sein. In einer Studie mit gesunden Probanden (n=20) konnte kürzlich gezeigt werden, dass die Pharmakokinetik von Fexofenadin mit Polymorphismen von *SLCO1B1* assoziiert ist. Die Exposition mit der Substanz war signifikant erhöht. Untersucht wurden wie in der Studie mit Pravastatin homo- und heterozygote Träger mit zwei Polymorphismen T521C (=*SLCO1B1*5*) und G11187A. Vermutet wird auch hier eine verminderte hepatische Aufnahme durch die Funktionsstörung in OATP1B1 in der Leber (Niemi *et al.*, 2005).

Repaglinid. Repaglinid (NovoNorm®, USA: Prandin®) ist ein neueres orales Antidiabetikum, das zur Behandlung des Typ-2-Diabetes indiziert ist. Die Pharmakokinetik von Repaglinid zeigt eine hohe interindividuelle Variabilität. Der Wirkstoff wird über CYP3A4 und CYP2C8 biotransformiert und ist vermutlich ein Substrat von P-gp und OATP1B1. Eine Studie (n=56) zeigte eine Assoziation von Repaglinid mit den *SLCO1B1* 521T>C und -11187G>A-Polymorphismen (Niemi *et al.*, 2005).

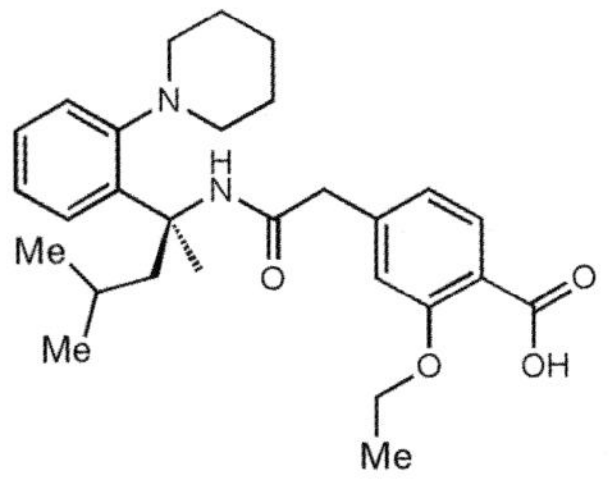

Repaglinid

Rifampicin. Das Antibiotikum Rifampicin (Synonym: Rifampin) wird über OATP1B1 in die Leber transportiert (Tirona *et al.*, 2003). Polymorphismen in OATP haben eine Reduktion des Transports des Antibiotikums zur Folge. Rifampicin ist ein potenter Induktor von metabolisierenden Enzymen (CYP3A4) und Arzneimittel-Transportern (P-gp) in den Hepatozyten. Eine Hemmung des Transports vermindert folglich diese Induktionen. Hier ist also bei bestimmten Arzneimittelkombinationen mit Interaktionen zu rechnen (Tirona *et al.*, 2003).

Fazit

Es existieren einige Hinweise darauf, dass Genvarianten von *SLCO1B1* (Transporter: OATP1B1) zu einer signifikanten Erhöhung der systemischen Exposition mit Arzneimittelsubstraten dieses Transporters führen können. Die Polymorphismen beeinträchtigen die Expression/Funktion des Transporters und erniedrigen die hepatische Extraktion der Arzneimittel.

4.2.3 Inhibition der hepatischen OATP

Bei einer Inhibition der OATP an den Hepatozyten wird wie bei Polymorphismen in den OATP-Genen die hepatische Aufnahme, also der hepatische First-Pass-Metabolismus von OATP-Substraten vermindert. Aufgrund des erniedrigten Metabolismus und der verminderten Elimination über die Galle **erhöht** sich die systemische Verfügbarkeit dieser Substanz. Abhängig von verschiedenen Faktoren, wie z.B. der Toxizität des Wirkstoffs (therapeutisches Fenster), kann dies zu verstärkten unerwünschten Wirkungen führen.

Interaktion zwischen Cyclosporin und Statinen

Cyclosporin (Sandimmun®, Sandimmun-Neoral®) ist zur Verhinderung von Abstoßungsreaktionen nach Transplantationen indiziert. Zur Prävention von Herz-Kreislauferkrankungen wird bei einigen Patienten zusätzlich ein Statin zur Inhibition der Cholesterolsynthese verschrieben. Dabei können pharmakokinetische Interaktionen auftreten.

Die Plasmakonzentration der Statine Cerivastatin (Mück *et al.*, 1999) und Pravastatin (Regazzi *et al.*, 1993) ist bei gleichzeitiger Verabreichung von Cylcosporin erhöht. Cyclosporin ist ein Inhibitor von CYP3A4. Da aber die Plasmakonzentration von Cerivastatin nicht durch den CYP3A4-Inhibitor Erythromycin erhöht und Pravastatin nicht über CYP3A4 metabolisiert wird, verläuft die Interaktion zwischen Cyclosporin und Statinen über einen anderen Mechanismus (Shitara *et al.*, 2003).

Ein möglicher Mechanismus ist die Inhibition von hepatischen OATP durch Cyclosporin. Shitara *et al.* (2003) haben an Leberzellen gezeigt, dass die hepatische Aufnahme von Cerivastatin zu 70 % über einen sättigbaren Prozess, also über Transporter, vermittelt wird. Cerivastatin ist ein Substrat von hepatischen OATP und dieser Transport wird durch Cyclosporin inhibiert. Es gibt also Hinweise darauf, dass die hepatische Aufnahme von Cerivastatin durch Cyclosporin reduziert wird und daraus die Plasmakonzentrationserhöhung resultiert.

Statine können aber auch Substrate von hepatischen OATP sein und gleichzeitig von CYP3A4 metabolisiert werden. Atorvastatin (Sortis®, USA: Liptor®) ist hierfür ein Beispiel. Zusätzlich kompliziert wird der Prozess dadurch, dass Atorvastatin auch ein Substrat von P-gp ist. (Shitara, Hitoshi & Yuichi, 2005; Fattinger & Meier-Abt, 2004; Lennernäs, 2003).

Gemfibrozil – Cerivastatin: Eine pharmakokinetische Interaktion unter Beteiligung hepatischer OATP?

Wie wir bereits gesehen haben, ist Pravastatin ein Substrat der hepatischen OATP. Nach dem Rückzug des Statins Cerivastatin im Jahr 2001 wurde der Verdacht geäußert, das Fibrat Gemfibrozil könne möglicherweise die hepatischen OATP inhibieren und zu einer Konzentrationserhöhung von Cerivastatin führen. Im Folgenden wollen wir untersuchen, ob sich dieser Verdacht experimentell bestätigen ließ. Wir diskutieren die Statine etwas ausführlicher, da sie wichtige Substrate der hepatischen OATP sind.

Am 8. August 2001 entschloss sich Bayer, das cholesterolsenkende Medikament Cerivastatin (Lipobay®, USA: Baycol®) freiwillig vom Markt zu nehmen. Seit der Markteinführung von Cerivastatin im Juni 1987 bis im Juni 2001 waren der amerikanischen Arzneimittelbehörde FDA 31 Fälle von tödlicher Rhabdomyolyse (Auflösung der quergestreiften Muskelfasern) unter der Therapie mit dem Medikament gemeldet worden. Es handelte sich dabei um eine sehr seltene, möglicherweise dosisabhängige, unerwünschte Wirkung. Der Grund für den Rückzug vom Markt lag vor allem an Hinweisen, die darauf hindeuteten, dass die Rhabdomyolyse bei Cerivastatin im Vergleich mit den anderen Statinen häufiger auftrat. Denn auch bei anderen Statinen waren tödliche Fälle von Rhabdomyolyse gemeldet worden, wenn auch deutlich weniger Fälle in einem zudem längeren Zeitraum. Zwölf der unter Cerivastatin verstorbenen Patienten hatten zusätzlich das Fibrat Gemfibrozil (Gevilon®, USA: Gemcor®) eingenommen, obwohl diese Kombination ausdrücklich kontraindiziert war. Es war nämlich bekannt, dass sie zu Myopathien führen kann. Hinweise auf eine mögliche Interaktion zwischen Gemfibrozil und Cerivastatin, die in sehr seltenen Fällen ernste Komplikationen auslösen können, waren also vorhanden (Charatan, 2001; Staffa, Chang & Green, 2002; Graham *et al.*, 2004; Korrespondenz mit Bayer).

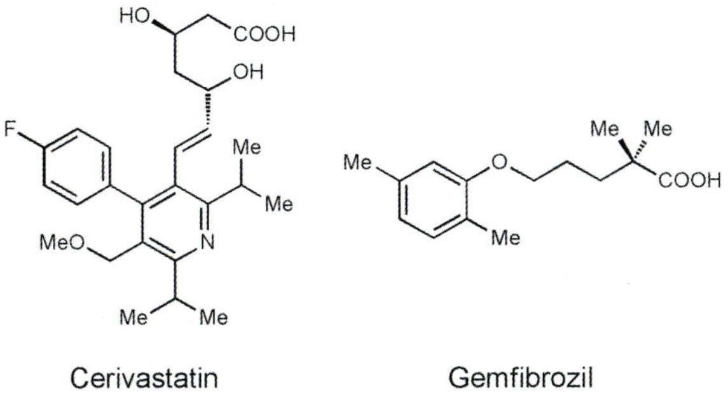

Cerivastatin gehört zur Wirkstoffklasse der Statine (**C**holesterol-**S**ynthese-**E**nzym-Hemmer, CSE), welche die Synthese von Cholesterol im Körper durch Inhibition der HMG-CoA-Reduktase hemmen (s. Abb. 4.12; Endo, 1992; 2004).

Erhöhte Konzentrationen der Lipoproteine VLDL und LDL, sowie erhöhte Gesamtcholesterolwerte im Serum und gleichzeitig erniedrigte HDL-Werte sind Risikofaktoren für Arteriosklerose und koronare Herzkrankheiten (Glass & Witztum, 2001; Grundy *et al.*, 1998). Zur Prävention von Herzkreislauf-Erkrankungen wird deshalb angestrebt, das Gesamtcholesterol und LDL unter definierte Grenz-

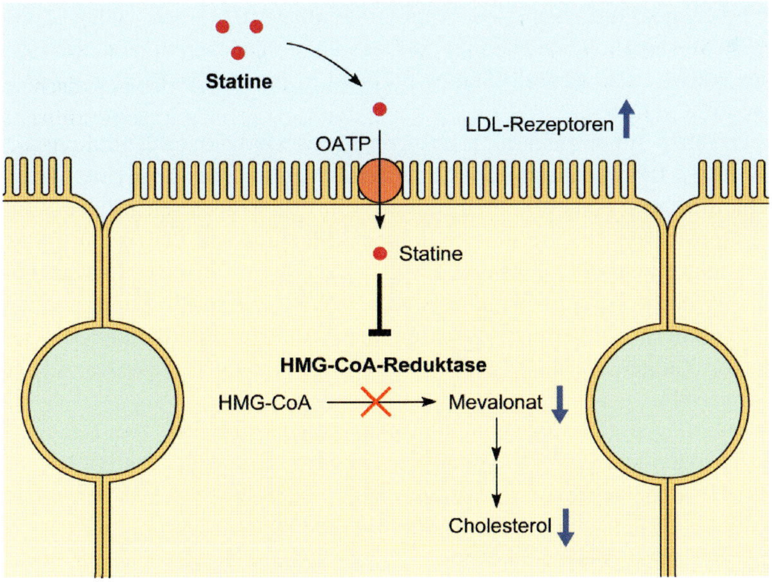

Abb. 4.12 Wirkmechanismus der Statine. Der primäre Wirkort der Statine ist die Leber. Statine gelangen über Transporter (OATP) in das Zytosol der Hepatozyten und inhibieren dort die HMG-CoA-Reduktase. Dadurch wird die Synthese von Cholesterol gehemmt. Dies führt über einen Feedback-Mechanismus zu einer erhöhten Expression von LDL-Rezeptoren an der Oberfläche der Hepatozyten.

Tabelle 4.3 Statine: Wirkstoffe und pharmakokinetische Daten (angepasst aus Stark, 2003; Shitara *et al.*, 2005).

Wirkstoff	Simvastatin	Pravastatin	Fluvastatin	Atorvastatin	Cerivastatin
Handelsname CH, DE	Zocor®	Selipran®	Lescol®	Sortis®	Lipobay®
Handelsname USA	Zocor®	Pravachol®	Lescol®	Liptor®	Baycol®
First-Pass	Ja	Ja	?	Ja	Ja
Hepatische Elimination [%]	78–87	66	68	>70	70
Metabolismus (CYP)	**CYP3A4** CYP2C9 CYP2D6	–	CYP3A4 **CYP2C9** CYP2C8 CYP2D6	**CYP3A4**	CYP3A4 CYP2C8
Substrat P-gp	+	–	–	+	?
Substrat hepatische OATP		OATP1B1		OATP1B1	OATP1B1

werte zu senken und HDL zu erhöhen. Zur Therapie gehört eine Umstellung der Ess- und Lebensgewohnheiten (siehe Vogt & Steinhagen-Thiessen, 2003). Daneben spielt die medikamentöse Therapie, insbesondere mit Statinen, eine wichtige Rolle. Dies erklärt auch, weshalb Statine zu den am meisten verkauften Arzneimitteln weltweit gehören.

Statine (s. Tab. 4.3) hemmen die HMG-CoA-Reduktase kompetitiv und reversibel (Stark, 2003). Die Hemmung der Cholesterolsynthese führt über einen Feedback-Mechanismus zu einer erhöhten Bildung von LDL-Rezeptoren auf der Oberfläche der Hepatozyten und zu einer erhöhten Aufnahme von LDL in die Leber. Die Konsequenz ist eine Erniedrigung des LDL-Cholesterols und des Gesamtcholesterols im Blut. Statine senken außerdem die Triglyceride im Blut und erhöhen das HDL-Cholesterol. Der klinische Nutzen der Statine zur Reduktion der Herzkreislauferkrankungen wurde in großen klinischen Studien nachgewiesen (z.B. Gould *et al.*, 1998).

Statine unterliegen einer ausgeprägten hepatischen Extraktion. Der Transport in die Hepatozyten ist ein Vorteil, denn der primäre Wirkort der Statine liegt ja intrazellulär in den Hepatozyten. Dadurch sinkt die systemische Bioverfügbarkeit, was die Möglichkeit von unerwünschten Wirkungen im peripheren Gewebe reduziert (Fattinger & Meier-Abt, 2004).

Die Rhabdomyolyse, eine sehr seltene unerwünschte Wirkung der Statine

Statine sind im Allgemeinen gut verträglich. Zu den unerwünschten Wirkungen gehören unter anderem Kopfschmerzen, Hepatitis, erhöhte Transaminasewerte, Müdigkeit, Juckreiz und gastrointestinale Beschwerden. In seltenen Fällen können während der Therapie Myopathien (Muskelerkrankungen), Myalgien (Muskelschmerzen) und sehr selten gefährliche Rhabdomyolysen (Auflösung der quergestreiften Skelettmuskulatur) auftreten (Übersicht z.B. bei Ritter & Kroemer, 2003; Review zum Thema Rhabdomyolyse: Warren, Blumbergs & Thompson, 2002). Die Inzidenz einer Rhabdomyolyse unter einer Therapie mit Atorvastatin, Pravastatin und Simvastatin ist etwa gleich niedrig. Sie ist bei einer Kombination mit Fibraten deutlich erhöht. Die Inzidenz für eine Rhabdomyolyse mit Cerivastatin ist sowohl bei der Monotherapie als auch bei der Kombinationstherapie gegenüber den anderen Statinen deutlich erhöht (Graham *et al.*, 2004).

Hypothesen zum Mechanismus der Interaktion

Shitara *et al.* (2004) haben *in vitro* gezeigt, dass der Transport von Cerivastatin über OATP1B1 in die Hepatozyten durch Gemfibrozil und seinen Glucuronid-Metaboliten inhibiert wird. Es wurde deshalb spekuliert, dass – neben einer Inhibition des Cerivastatin-Metabolismus (siehe unten) – auch die Inhibition des Transportes in die Leber durch Gemfibrozil für die Erhöhung der Plasmakonzentration von Cerivastatin und für die Rhabdomyolyse verantwortlich gemacht werden könnte. Es ist allerdings nicht bewiesen, dass die Inhibition von OATP tatsächlich kausal an der Entstehung der Rhabdomyolyse beteiligt ist. Shitara und Kollegen vermuten, dass die Interaktion vor allem über den *Metabolismus* und weniger über den Transport vermittelt ist (Shitara, Hitoshi & Yuichi, 2005).

Cerivastatin wird über CYP3A4 und CYP2C8 metabolisiert (s. Abb. 4.13). Dabei werden zwei aktive Metaboliten gebildet, Desmethylcerivastatin (M-1) und der hydroxylierte Metabolit M-23. Beide Enzyme vermitteln auch die Metabolisierung von M-1 und M-23 in den im Plasma nicht nachweisbaren Metaboliten M-24. Die Ausscheidung der Metaboliten erfolgt zu etwa 30 % renal und zu 70 % über die Galle, die Substanz wird vollständig verstoffwechselt, also nicht unverändert ausgeschieden (Mück, 1998).

Gemfibrozil führte *in vivo* zu einer Erhöhung der Plasmakonzentration von Cerivastatin und einer erheblichen Reduktion des Metaboliten M-23, also zu einem verminderten Metabolismus (Backman *et al.*, 2002). *In-vitro*-Studien haben gezeigt, dass M-23 von CYP2C8 gebildet wird. Gemfibrozil und der Metabolit Gemfibrozil-1-O-β-glucuronid sind potente Inhibitoren dieses Isoenzyms. Der Metabolit M-1 wird sowohl von CYP2C8 wie auch von CYP3A4 gebildet. Weil eine Kompensation durch CYP3A4 möglich ist, wird die Bildung von M-1 von Gemfibrozil nur moderat inhibiert (Mück, 1998; Wang *et al.*, 2002; Shitara *et al.*, 2004; Backman *et al.*, 2002).

Eine Interaktion zwischen Gemfibrozil und Cerivastatin und die dabei auftretende Myopathie können möglicherweise auf die erhöhte Plasmakonzentration von Cerivastatin durch einen verminderten CYP2C8-Metabolismus zurückgeführt werden, also auf eine pharmakokinetische Interaktion. Nicht auszuschließen ist allerdings die Möglichkeit einer pharmakodynamischen Interaktion. Graham *et al.* (2004) vermuten etwa, dass der Mechanismus, der zur Rhabdomyolyse führt, unabhängig von einer Erhöhung der Plasmakonzentration von Cerivastatin ist.

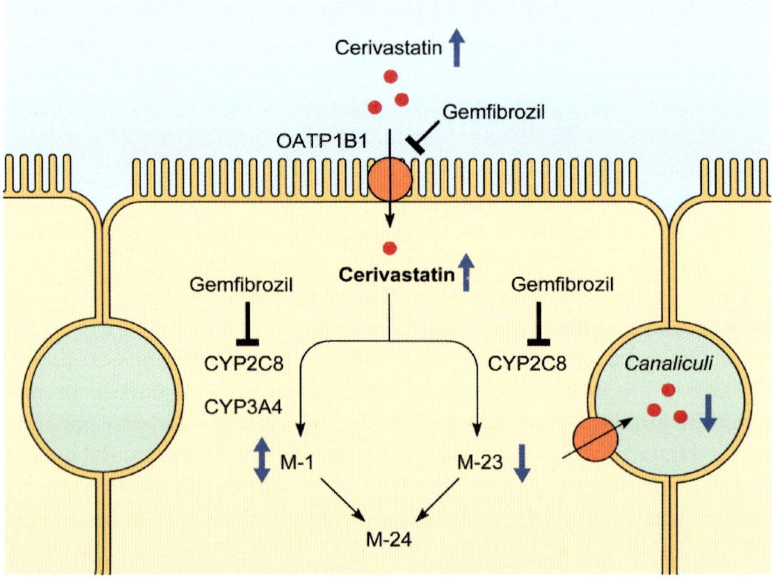

Abb. 4.13 Hypothese zur Interaktion zwischen Gemfibrozil und Cerivastatin. Gemfibrozil und sein Glucuronid-Metabolit inhibieren die Aufnahme von Cerivastatin in die Hepatozyten und den CYP-abhängigen Metabolismus. Während OATP1B1 wahrscheinlich nur moderat inhibiert wird, sind Gemfibrozil und sein Metabolit potente Inhibitoren von CYP2C8. Dadurch erniedrigt sich der Abbau von Cerivastatin in den Metaboliten M-23. M1 wird auch von CYP3A4 gebildet. Die Folge der Inhibition des Transports und des Metabolismus ist eine Erhöhung der systemischen Verfügbarkeit von Cerivastatin.

Merksatz

- ***Organische Anionen-Transport-Polypeptide (OATP) spielen eine wichtige Rolle für den hepatischen First-Pass-Metabolismus.***
- ***Hepatische OATP befinden sich an der basolateralen Membran der Hepatozyten: OATP1B1, OATP1B3 und OATP2B1.***
- ***Die Beeinflussung der Funktion der hepatischen OATP kann wichtige Auswirkungen auf die Pharmakokinetik von OATP-Substraten haben:***
- ***(1) Polymorphismen in OATP-Genen, z.B. SLCO1B1*5: z.B. Pravastatin, Fexofenadin, Repaglinid, Rifampicin***
- ***(2) Inhibition der OATP: z.B. durch Cyclosporin oder Gemfibrozil***
- ***(3) Induktion der Transporter.***

Fazit

Die Inhibition der hepatischen OATP durch Gemfibrozil scheint einen untergeordneten Einfluss auf die Pharmakokinetik von Cerivastatin zu haben. Ein moderater Effekt scheint indes möglich. Die Erhöhung der Cerivastatin-Konzentration hat deshalb wahrscheinlich eine metabolische Ursache. Hingegen wurde deutlich, dass die klinisch relevante Interaktion zwischen Cyclosporin und Statinen über OATP vermittelt sein könnte.

Es existieren einige Hinweise darauf, dass die hepatischen OATP relevante Auswirkungen auf die Pharmakokinetik ihrer Substrate haben können. Zahlreiche Fragen bleiben allerdings noch ungeklärt, da viele Untersuchungen zu den OATP erst *in vitro* durchgeführt wurden und sich die Frage nach der *In-vivo*-Relevanz stellt. Schließlich ist strukturell noch sehr wenig über die OATP bekannt.

Es scheint jedoch schon heute angezeigt, bei der Beurteilung der interindividuellen Variabilität (Pharmakogenetik) und bei der Abklärung von Arzneimittel-Interaktionen neben den metabolisierenden Enzymen und Efflux-Transportern (P-gp) auch mögliche Interaktionen mit OATP zu berücksichtigen. Dabei ist auch auf Interaktionen mit OATP im Gastrointestinaltrakt zu achten (Fattinger & Meier-Abt, 2004).

4.3 Biotransformation

Der menschliche Körper ist kontinuierlich einer Reihe fremder und zum Teil toxischer Substanzen ausgesetzt, den sogenannten *Xenobiotika*. Dabei handelt es sich um Substanzen, die keinen physiologischen Nutzen, bzw. nur eine pathophysiologische Bedeutung haben. Zu den Xenobiotika gehören unter anderem (Testa, 1995):

- Nahrungsbestandteile ohne physiologische Rolle
- Zusatzstoffe in der Nahrung (Konservierungsmittel, Farbstoffe, etc.)
- Drogen und Genussmittel (Ethanol, Kaffee, Tabakbestandteile, Halluzinogene)
- Agrochemikalien (Dünger, Insektizide, Pestizide)
- Toxine
- Pharmazeutische Wirkstoffe.

Die Biotransformation, d.h. die chemische Derivatisierung, ermöglicht dem Körper die Inaktivierung und Ausscheidung solcher Substanzen. Da viele Xenobiotika lipophil und deshalb schwer eliminierbar sind, haben sie eine Tendenz zur Akkumulation im Fettgewebe und im intrazellulären Raum. Aufgrund ihrer Lipophilie können sie ja Membranen in der Regel gut überwinden. Sie sind deshalb auch schwer über die Niere ausscheidbar, weil sie über die Tubuluszellen reabsorbiert werden. Durch die Biotransformation werden die Substanzen mittels unterschiedlicher Typen enzymatischer Reaktionen (Oxidationen, Reduktionen, Hydrolysen und Konjugationen) hydrophiler gemacht, was die biliäre oder renale Ausscheidung ermöglicht (Beyer, 1990).

Durch die Biotransformation pharmazeutischer Wirkstoffe entstehen chemisch veränderte Substanzen, die sich in ihren **pharmakodynamischen und toxikologischen Aktivitäten** und in ihren **pharmakokinetischen Eigenschaften** von den ursprünglichen Wirkstoffen signifikant unterscheiden können.

Vermindert sich die pharmakodynamische Aktivität, stellt die Biotransformation eine metabolische Barriere dar. Das Phänomen des *First-Pass-Metabolismus* im Darm, im Blut und in der Leber, d.h. die Wegmetabolisierung von Arzneimitteln vor ihrem Eintritt in die systemische Zirkulation wurde bereits diskutiert und soll in diesem Abschnitt weiter vertieft werden.

Biotransformationen können aber einen Wirkstoff, in diesem Fall *Prodrug* genannt, auch erst aktivieren. Prodrugs sind pharmakologisch inaktive Verbindungen, die erst durch einen metabolischen Umwandlungsschritt in einen aktiven Wirkstoff überführt werden. Die Verabreichung von Wirkstoffen als Prodrugs ermöglicht die Beeinflussung pharmakokinetischer Eigenschaften. So kann etwa das Prodrug einer schlecht Membran-gängigen Substanz eine gute Permeabilität aufweisen (z.B. Enalapril).

Der Prozess der Biotransformation ist deshalb nicht ausschließlich als eine „Inaktivierung" oder „Entgiftung" zu verstehen. Insbesondere deshalb nicht, weil dadurch auch aus primär untoxischen Substanzen (z.B. Paracetamol) toxische Metaboliten entstehen können.

In diesem Abschnitt werden die an der Biotransformation beteiligten chemischen Reaktionen und Enzyme und die Veränderung der pharmakodynamischen, toxischen und pharmakokinetischen Eigenschaften der Metabolite besprochen (s. Abb. 4.14). Schließlich wird aufgezeigt, dass der Prozess der Biotransformation intra- und interindividuell stark variiert und zahlreichen Einflussfaktoren unterliegt.

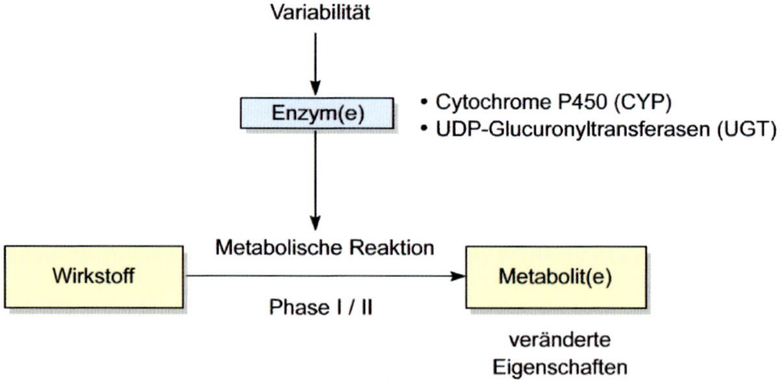

Abb. 4.14 Übersicht über den Inhalts des Kapitels.

4.3.1 Metabolische Reaktionen und beteiligte Enzyme

Einteilung in Phase I und II

Die Mehrheit der metabolischen Reaktionen ist enzymatisch, wobei auch einige nicht-enzymatische dokumentiert sind (z.B. die Hydrolyse durch Säuren). Im Folgenden werden wir uns auf die enzymatischen Reaktionen beschränken. Die Reaktionen werden traditionell in zwei Phasen eingeteilt. Phase-I-Reaktionen sind Oxidationen, Reduktionen und Hydrolysen, welche im Substrat eine funktionelle Gruppe einführen oder freilegen. Dies wird auch als *Funktionalisierung* bezeichnet. In Phase II wird die funktionelle Gruppe mit einem endogenen Molekül konjugiert. Diese Reaktion wird als *Konjugation* bezeichnet.

Ein Beispiel für diesen Ablauf ist der Metabolismus von Celecoxib. Der COX-2-Hemmer wird zunächst an der Methylgruppe hydroxyliert und weiter zur Carbonsäure oxidiert. 4'-Carboxycelecoxib ist der Hauptmetabolit. Anschließend wird 4'-Carboxycelecoxib mit Glucuronsäure konjugiert (Davies, 2000):

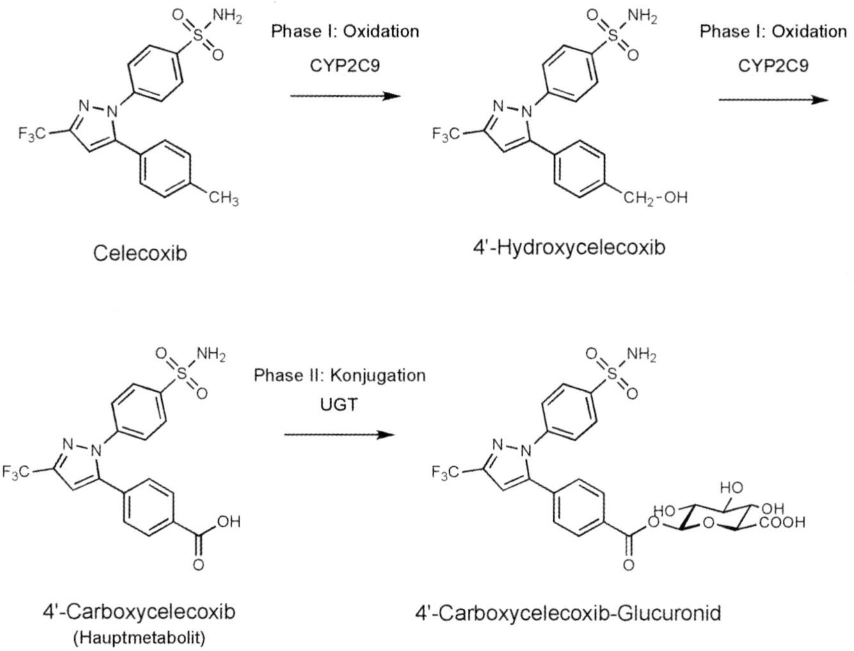

Zu beachten ist, dass ein solcher Ablauf, d.h. eine Phase I gefolgt von einer Phase-II-Reaktion, nicht zwingend ist (vgl. Abb. 4.15). Einerseits können Produkte der Funktionalisierungsreaktionen auch ohne anschließende Konjugation ausgeschieden werden (z.B. 4'-Carboxycelecoxib) und andererseits können Wirkstoffe auch ohne Funktionalisierung direkt konjugiert werden, wenn sie eine entsprechende funktionelle Gruppe bereits im Molekül tragen. Paracetamol wird beispielsweise direkt, ohne vorhergehende Phase-I-Reaktion, am Phenol konjugiert.

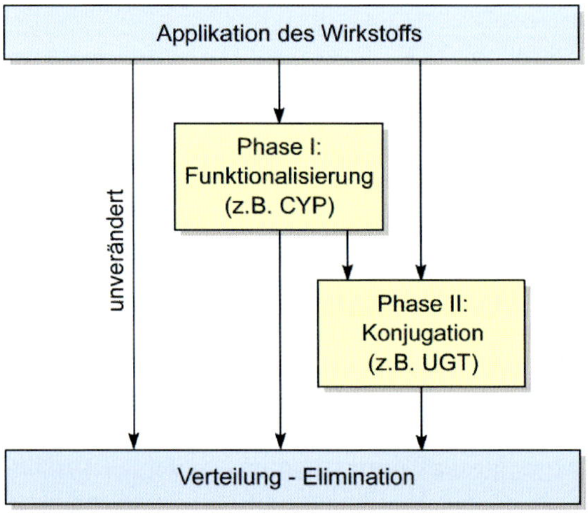

Abb. 4.15 Ablauf der metabolischen Reaktionen im Anschluss an die Applikation eines Wirkstoffs. In der Phase I (Funktionalisierung) wird eine funktionelle Gruppe in das Molekül eingeführt oder freigelegt. In der anschließenden Phase II (Konjugation) wird die Gruppe mit einem endogenen Substrat konjugiert. Produkte der Funktionalisierung können aber auch direkt ausgeschieden werden. Zudem können Wirkstoffe auch direkt nach der Applikation konjugiert werden (CYP: Cytochrom P450, UGT: UDP-Glucuronosyl-Transferasen, siehe unten. Bild modifiziert nach de Wildt *et al.*, 1999).

Phase I: Funktionalisierung

Funktionalisierungsreaktionen sind Oxidationen, Reduktionen und Hydrolysen. Oxidationen und Reduktionen werden von der Enzymklasse der Oxidoreduktasen katalysiert. Dazu gehören zum Beispiel die Cytochrome P450, die Alkohol-Dehydrogenase, die Aldehyd-Dehydrogenasen, die Monoaminoxidasen (MAO) und die Xanthinoxidase. Hydrolysen werden von Hydrolasen (z.B. Esterasen und Peptidasen) vermittelt.

Die Cytochrome P450 sind die wichtigsten Enzyme für die Katalyse von Reaktionen der Phase I.

Beispiel: Monooxygenierung durch Cytochrome P450

Übersicht über die Cytochrome P450

Mitglieder der Superfamilie der Cytochrome P450 (abgekürzt CYP) kommen in fast allen Lebewesen auf der Erde vor. Beim Menschen wurden bisher 57 Gene identifiziert, die Cytochrome kodieren (Reviews: z.B. Guengerich, 2006; 2003). Viele dieser Enzyme haben wichtige physiologische Funktionen im Metabolismus von Steroiden, Fettsäuren, Gallensäuren, Eicosaniden, Vitaminen und weiteren endogenen Substraten.

CYP spielen eine herausragende Rolle in der Biotransformation pharmazeutischer Wirkstoffe der Phase I. Gemäß Schätzungen sind die Enzyme an bis zu 75 % aller metabolischen Reaktionen beteiligt, die Arzneimittel betreffen.

CYP tragen als prosthetische Gruppe ein Häm-Molekül im Protein. Mit dem zentralen Eisenatom in Häm binden und aktivieren sie Sauerstoff und übertragen je ein Atom Sauerstoff auf das Substrat und in ein neu gebildetes Wassermolekül. Die Enzyme werden deshalb als *Monooxygenasen* bezeichnet. Sie katalysieren die folgende allgemeine Reaktion, wobei R–H für das Substrat steht:

$$\text{R–H} + O_2 + \text{NADPH} + H^+ \rightarrow \text{R–OH} + H_2O + \text{NADP}^+$$

Diese Reaktion entspricht einer Hydroxylierung. Es entsteht ein Alkohol oder bei einer aromatischen Hydroxylierung ein Phenol. Tabelle 4.4 zeigt die wichtigsten katalysierten Reaktionen. Die Reaktionsmechanismen sind weiter unten im Detail dargestellt.

Die Superfamilie der Cytochrome P450 gliedert sich nach der Sequenzähnlichkeit in Familien, Unterfamilien und die einzelnen Enzyme (zur Nomenklatur siehe Nelson *et al.*, 1996). Auf das Gensymbol *CYP* folgt eine Zahl für die Familie, ein Buchstabe für die Unterfamilie und eine Nummer für das einzelne Enzym. CYP3A4 gehört beispielsweise zur Familie 3, zur Unterfamilie A und ist das 4. Enzym dieser Unterfamilie.

Am Metabolismus der Xenobiotika sind vor allem Mitglieder der Familien CYP1, CYP2 und CYP3 beteiligt. Die wichtigsten Vertreter mit Beispielen von Substraten, Inhibitoren und Induktoren sind in Tabelle 4.5 dargestellt. Am häufigsten werden Arzneimittel von CYP3A4 metabolisiert (ca. 50 % aller Wirkstoffe,

Tabelle 4.4 Hauptklassen der von CYP450 katalysierten Reaktionen.

Reaktionstyp	**Vereinfachtes Beispiel**	**Substrat-Beispiel**
Allylische, benzylische Hydroxylierung	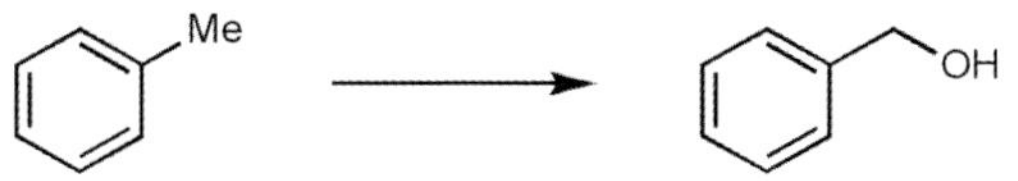	Celecoxib
Aliphatische Hydroxylierung	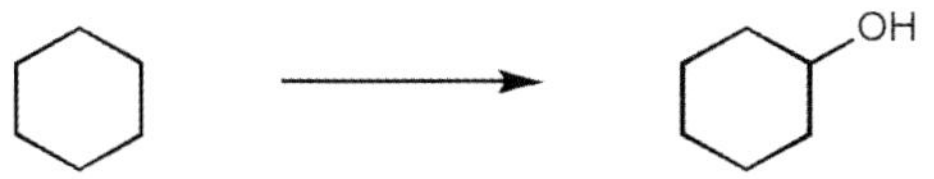	Pentobarbital
Aromatische Hydroxylierung	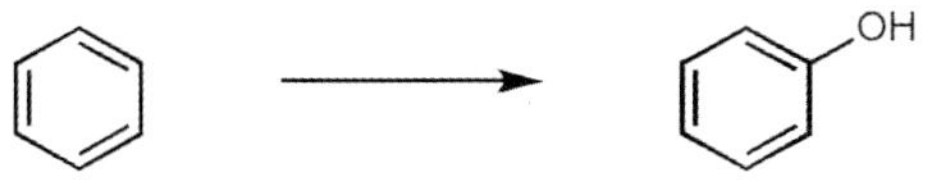	Phenobarbital
Alken-Epoxidierung	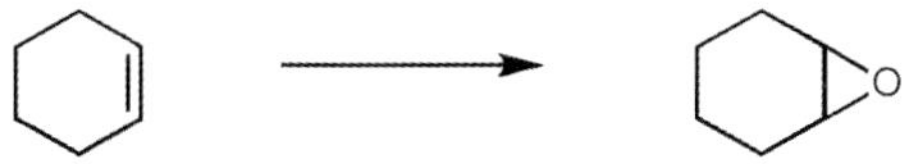	Aldrin
O- und N-Dealkylierung		Methadon Codein
Oxidative Desaminierung		Amphetamin
N,S-Oxidation		Chlorpromazin
Reduktive Dehalogenierung	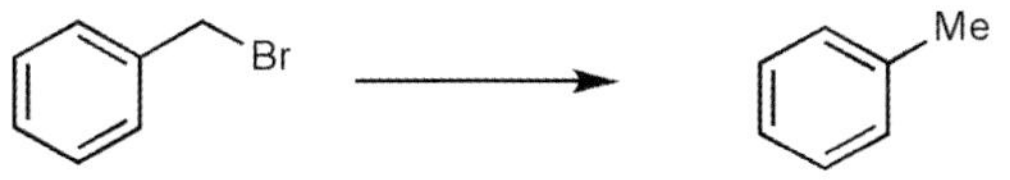	Halothan

Tabelle 4.5 Die wichtigsten CYP mit Beispielen von Substraten, Inhibitoren und Induktoren (Beispiele aus Flockhart, 2006).

CYP	Substrate (Auswahl)	Inhibitoren	Induktoren
1A2	Clozapin, Naproxen, Coffein, Theophyllin, Phenacetin, Paracetamol	Cimetidin, Fluorchinolone	Rauchen, grilliertes Fleisch, Broccoli, Rosenkohl
2B6	Efavirenz, Methadon	Thiotepa, Ticlopidin	Phenobarbital, Rifampicin
2C8	Cerivastatin, Paclitaxel, Repaglinid, Torasemid	Gemfibrozil, Trimethoprim	Rifampicin
2C9	NSAID (z.B. Diclofenac, Flurbiprofen, Ibuprofen), Tolbutamid, Losartan, Celecoxib, Phenytoin, Warfarin	Amiodaron, Fluconazol, Isoniazid	Rifampicin, Secobarbital
2C19	Protonenpumpen-Inhibitoren, Anti-Epileptika (z.B. Diazepam, Phenytoin)	Fluoxetin, Ketoconazol, Lansoprazol	Carbamazepin, Rifampicin
2D6	Beta-Blocker (z.B. Propranolol, Metoprolol), Antidepressiva (z.B. Imipramin), Antipsychotika (z.B. Haloperidol), Opiate (z.B. Codein, Dextrometorphan)	SSRI (z.B. Fluoxetin, Paroxetin), Antihistaminika	Rifampicin, Dexamethason
2E1	Anaesthetika (z.B. Halothan), Ethanol, Paracetamol	Disulfiram	Ethanol, Isoniazid
3A4	Makrolid-Antibiotika (z.B. Erythromycin, Clarithromycin), Benzodiazepine (z.B. Midazolam, Diazepam), Calciumkanalblocker (z.B. Amlodipin, Felodipin), Antihistaminika, Ethinylestradiol, Cyclosporin	Azol-Antimykotika (z.B. Ketoconazol), Makrolid-Antibiotika, Grapefruitsaft	Rifampicin, Phenobarbital, Johanniskraut

die über CYP biotransformiert werden), gefolgt von CYP2D6 (ca. 30 %) und CYP2C9/19 (ca. 10 %).

CYP sind im Zellinnern am endoplasmatischen Retikulum, z.B. in den Hepatozyten, lokalisiert. Obwohl die meisten CYP vor allem in der Leber vorkommen, wurden einige Enzyme auch in relevanten Konzentrationen in extrahepatischem Gewebe identifiziert, zum Beispiel in der Lunge und insbesondere auch im Darm (Ding & Kaminsky, 2003). In den Enterozyten des Darms wurde hauptsächlich CYP3A4, aber auch CYP2C und CYP1A1 gefunden (Zhang *et al.*, 1999). Die Enzyme sind im Darm mitverantwortlich für den intestinalen First-Pass-Metabolismus und reduzieren die Bioverfügbarkeit ihrer Substrate. Die Aktivität der Enzyme unterliegt einer starken Variabilität (s. unten).

Einblick in die molekularen Mechanismen am Beispiel CYP2C9

Flurbiprofen (Froben®) ist ein nicht-steroidales Antirheumatikum (NSAID) aus der Gruppe der Propionsäurederivate, zu denen auch Ibuprofen oder Naproxen gehört. Wie andere NSAID ist es bei Schmerzen und entzündlichen Erkrankungen, z.B. bei rheumatoider Arthritis, indiziert. Flurbiprofen ist ausschließlich als Racemat im Handel. Als Hauptmetabolit wird vorwiegend in der Leber durch CYP2C9 das schwach aktive 4-Hydroxyflurbiprofen gebildet.

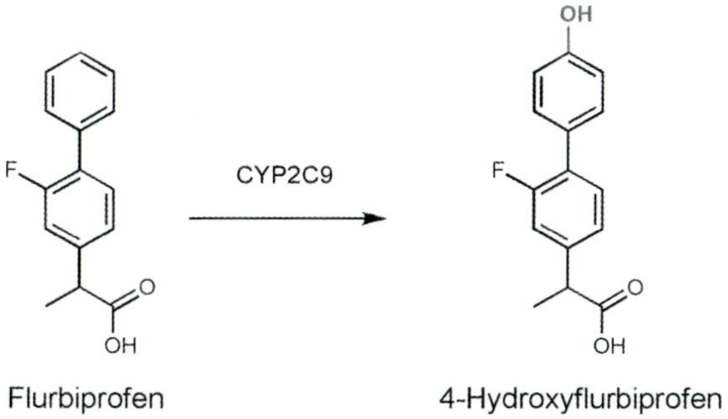

CYP2C9 bindet kleine, lipophile, negativ geladene Substrate, wie zum Beispiel einige nicht-steroidale Antirheumatika (tragen alle ein Carboxylat). Weitere NSAID wie Diclofenac, Ibuprofen, Naproxen und Piroxicam werden über CYP2C9 metabolisiert. Die Kristallstruktur in Abbildung 4.16 gibt einen Einblick in die molekularen Verhältnisse und die Bindung der Substrate. Neben lipophilen Wechselwirkungen ist die Ausbildung einer Salzbrücke zwischen dem Carboxylat des

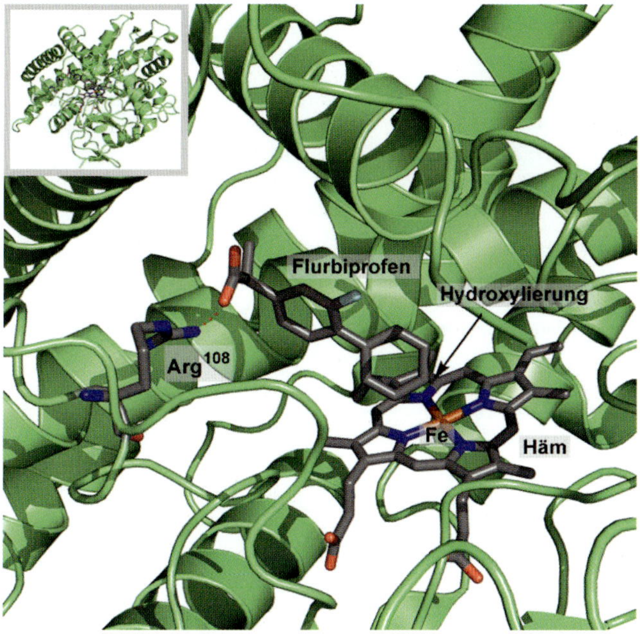

Abb. 4.16 Die Abbildung zeigt das in der Active Site von CYP2C9 gebundene Flurbiprofen. Der Wirkstoff wird unter anderem durch eine Salzbrücke zwischen Arginin 108 und dem Carboxylat gebunden und zum katalytischen Eisen im Häm orientiert. Dort findet die Hydroxylierung am Benzolring statt.

Wirkstoffs und dem positiv geladenen Arginin 108 für die richtige Orientierung des Substrats zur Hydroxylierung am Benzolring verantwortlich.

Katalyse-Mechanismus der Cytochrome P450

Der Katalyse-Mechanismus ist in Abbildung 4.17 dargestellt.

1. Ruhezustand des Häm-Komplexes: Fe(III) low spin mit oktaedrischer Koordination, wobei der distale, sechste Ligand ein Wassermolekül ist. Das Redoxpotential von -300 mV ist für das zur Verfügung stehende Redoxprotein nicht erreichbar.
2. Verdrängung des distalen Wassers durch das Substrat, das nicht an Eisen koordiniert. Dadurch wird das 6-fach koordinierte Fe(III) in ein 5-fach koordiniertes Fe(III) überführt, was die Modulation des Fe(III)-Spinzustandes (low spin zu high spin) zur Folge hat. Die Änderung des Spinzustandes hat auch eine Änderung des Redoxpotentials zur Folge (E° ist weniger negativ, d.h. Fe(III) kann leichter zu Fe(II) reduziert werden).
3. Jetzt kann Cytochrom P450 von der Fe(III)- zur Fe(II)-Oxidationsstufe reduziert werden. Als Ein-Elektron-Reduktionsmittel steht das NADPH-FMNH$_2$-System zur Verfügung.
4. Bindung von molekularem Triplett-Sauerstoff (KD $\approx$ 0,6 mM) unter Ausbildung des Fe(III)-Sauerstoffradikals.
5. Übertragung des zweiten Elektrons via Redoxprotein unter Ausbildung des Fe(III)-Superoxids.
6. Nach Protonierung des Superoxids tritt die Spaltung der O–O-Bindung unter Bildung eines Moleküls Wasser und der Eisen-Oxo-Spezies ein, die für die Oxidation des Substrats verantwortlich ist. Die beiden Elektronen, die zur Ausbildung der Fe=O Doppelbindung benötigt werden, stammen dabei von Eisen (Fe^{3+} zu Fe^{4+}) und vom Hämsystem (Ausbildung eines Radikalkations).

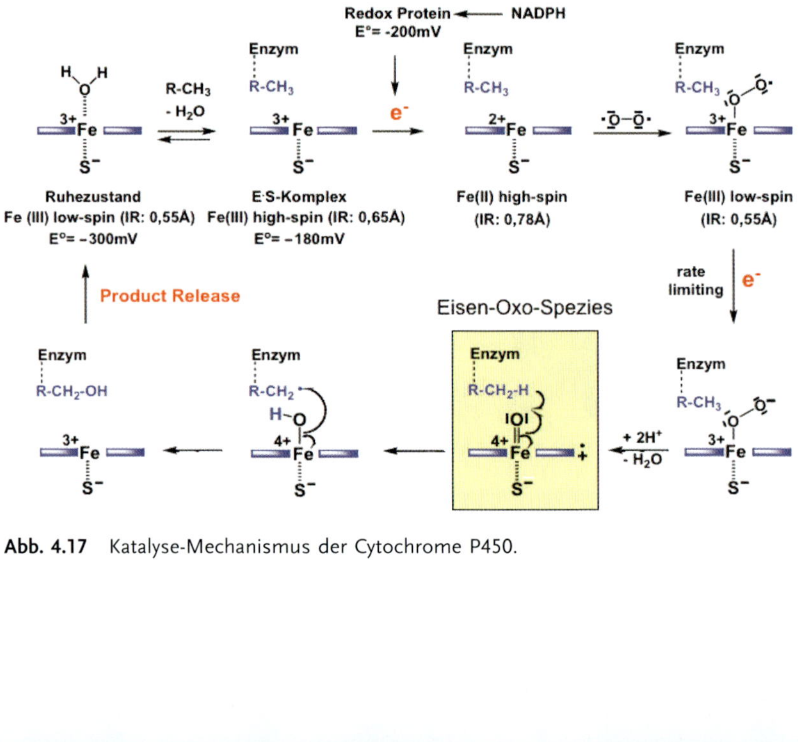

Abb. 4.17 Katalyse-Mechanismus der Cytochrome P450.

7. Insertion des Sauerstoffs in die C–H-Bindung des Substrates durch homolytischen Bindungsbruch. Dabei wird ein Elektron der Fe=O-Bindung zur Kompensation des Radikalkations aus dem Häm-System, das zweite zur Ausbildung einer O–H-Bindung verwendet.
8. Mittels eines homolytischen Bindungsbruchs der Fe–O-Bindung wird der Sauerstoff schließlich auf das Substrat übertragen.
9. Produkt-Dissoziation führt zum Häm im Ruhezustand.
10. Ein Zyklus dauert ca. 1 bis 10 Sek.

Ausgehend von der Eisen-Oxo-Spezies lässt sich jetzt leicht die Hydroxylierung von Substraten formulieren. Dabei ist zu beachten, dass immer homolytische Bindungsspaltungen durchgeführt werden müssen.

Reaktionsmechanismen
Die Reaktionsmechanismen sind in Abbildung 4.18 a–d dargestellt.

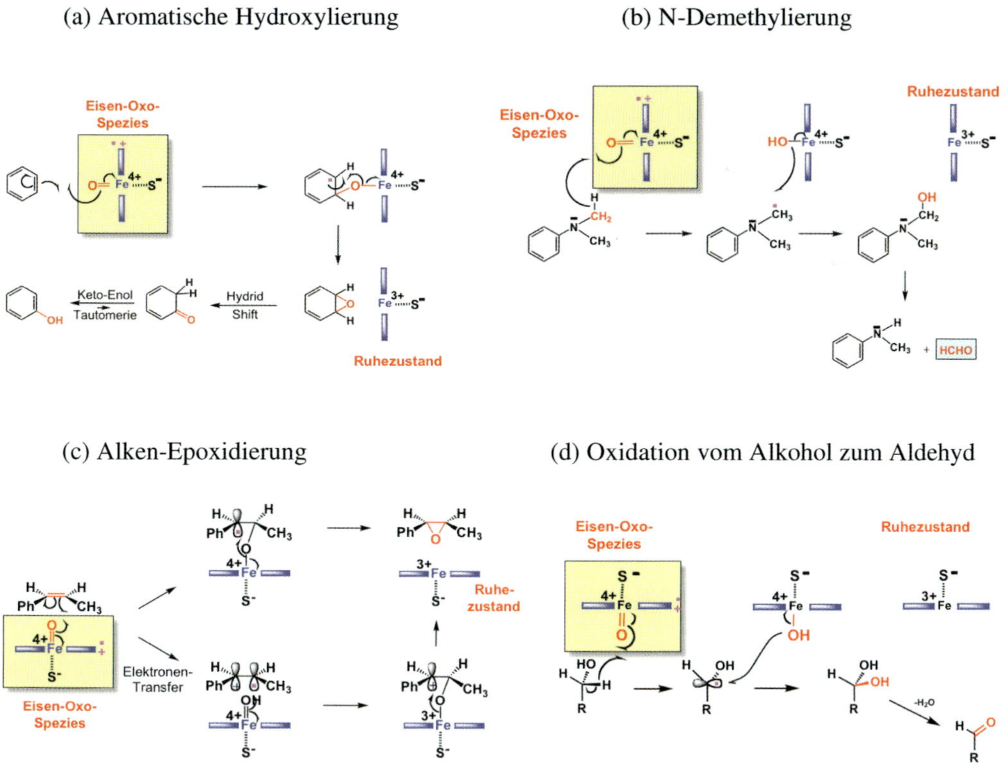

Abb. 4.18 Reaktionsmechanismen der Eisen-Oxo-Spezies in der Leber. (a) Aromatische Hydroxylierung, (b) N-Demethylierung, (c) Alken-Epoxidierung und (d) Oxidation vom Alkohol zum Aldehyd.

Tabelle 4.6 Übersicht über die Konjugationsreaktionen.

Reaktion	Katalyiserendes Enzym	Cofaktor
Glucuronidierung (Glucuronsäure)	Glucuronosyltransferasen	Uridin-5'-diphophat-α-D-glucuronsäure (UDP-GA)
Methylierung (Methylgruppe)	Methyltransferasen (z.B. COMT)	*S*-Adenosyl-*L*-Methionin (SAM)
Sulfatierung (Sulfat)	Sulfotransferasen	3'-Phosphoadenosin-5'-phosphosulfat (PAPS)
Acetylierung (Acetylgruppe)	N-Acetyltransferasen	Acetyl-Coenzym A (Ac-CoA)

Phase II: Konjugation

Bei den Konjugationsreaktionen (s. Tab. 4.6) wird ein endogenes Molekül über eine kovalente Bindung mit einem Wirkstoff verknüpft. Zu den wichtigsten Reaktionen gehören die Glucuronidierung (Übertragung einer Glucuronsäure), die Methylierung (Übertragung einer Methylgruppe), die Sulfatierung (Übertragung einer Sulfatgruppe) und die Acetylierung (Übertragung einer Acetylgruppe). Die endogenen Moleküle werden mittels Transferasen und Cofaktoren modifiziert.

Als Beispiel einer Konjugationsreaktion wird im Folgenden die Glucuronidierung besprochen.

Beispiel: Glucuronidierung durch UDP-Glucuronosyltransferasen (UGT)

Die Konjugation endo- und exogener Substrate mit Glucuronsäure wird von Mitgliedern der Superfamilie der **U**DP-**G**lucuronosyl**t**ransferasen (UGT) katalysiert. Beim Menschen sind an der Glucuronidierung die zwei Familien *UGT1* und *UGT2* beteiligt (Tukey & Strassburg, 2000).

Das Gensymbol lautet *UGT*, resp. UGT für das Protein. Die Gene werden analog den Cytochromen nach der Sequenzähnlichkeit in Familien und Unterfamilien eingeteilt. So gehört beispielsweise *UGT1A1* zur Familie 1 und zur Unterfamilie A. Für die Bennennung der Superfamilie wurde auch die allgemeinere Bezeichnung UDP-*Glycosyl*transferasen vorgeschlagen (Mackenzie *et al.*, 1997; 2005)

Der Zweck der Glucuronidierung liegt primär darin, die Substrate zu inaktivieren und sie besser wasserlöslich zu machen, damit sie ausgeschieden werden können. In seltenen Fällen können Glucuronide auch pharmakologisch aktiv sein. Ein Beispiel hierfür ist Morphin-6-glucuronid (siehe unten). Auch toxische Glucuronide wurden beschrieben, zum Beispiel Acyl-Glucuronide.

Die Enzyme übertragen Glucuronsäure von Uridin-5'-diphosphat-α-D-glucuronsäure unter Inversion am anomeren Zentrum auf das Substrat. Dabei entstehen β-D-Glucuronide.

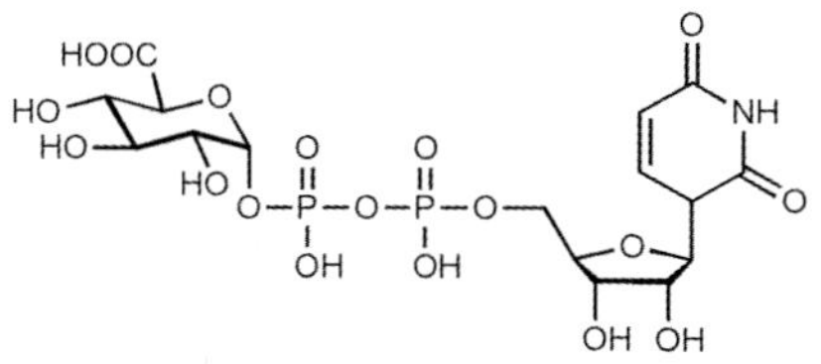

Uridin-5'-diphosphat-α-D-glucuronsäure
(UDP-Glucuronsäure, UDP-GA)

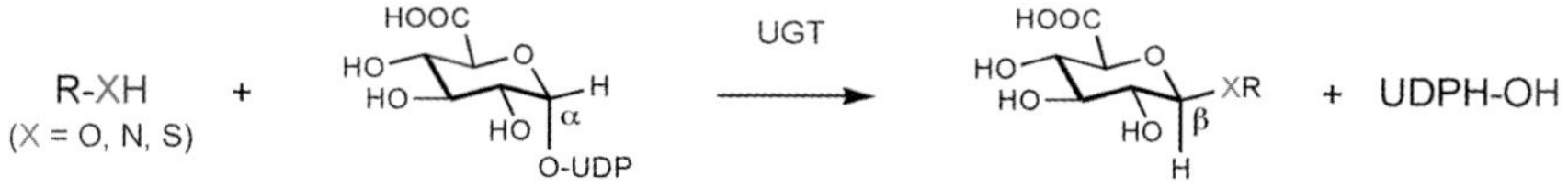

Substrat UDP-Glucuronsäure

Als Substrate für die Reaktion werden Alkohole (1°, 2° und 3°), Phenole, Carbonsäuren, Amine (1°, 2° und 3°) und Thiole akzeptiert. Bei der Reaktion entstehen die entsprechenden O-, C-, N- und S-Glucuronide als Produkte.

Zu den endogenen Substraten der Enzyme gehören Bilirubin, Gallensäuren, Thyroxin, Steroide und Vitamine.

Die UGT glucuronidieren eine große Anzahl pharmazeutischer Wirkstoffe (für ausführliche Listen siehe Kiang, Ensom & Chang, 2005; ältere Review: Miners & MacKenzie, 1991). Ein Beispiel ist Paracetamol, welches am Phenol konjugiert wird:

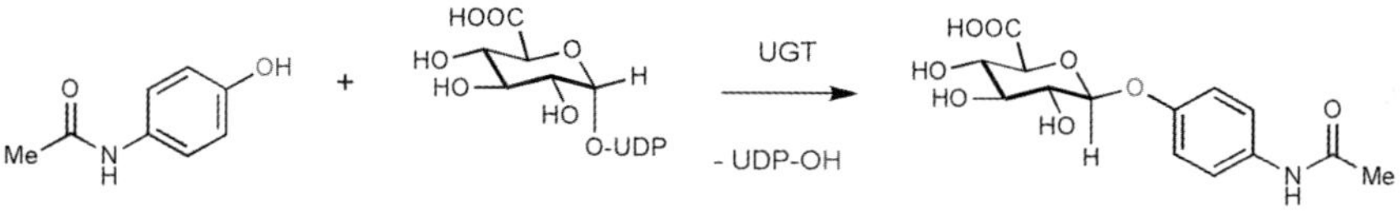

Paracetamol UDP-Glucuronsäure (UDPGA) Paracetamol-Glucuronid

In Tabelle 4.7 ist eine Auswahl von Wirkstoffen zusammengestellt, die glucuronidiert werden. Wegen der Substratüberlappung zwischen den einzelnen Enzymen können die Substrate im Allgemeinen nicht einzelnen UGT zugeordnet werden. Für einige Substrate sind aber spezifische Enzyme bekannt, zum Beispiel UGT1A1 für Bilirubin.

Die UGT sind wie die CYP intrazellulär am endoplasmatischen Retikulum lokalisiert. Sie sind gegen das Lumen des ER gerichtet. Die Leber ist das wichtigste Organ für die Glucuronidierung. Wie bei den CYP wurden aber auch hier extrahepatische Lokalisationen identifiziert, v.a. an Organen, die an der Elimination von Wirkstoffen beteiligt sind, d.h. am Darm, an der Lunge und an den Nieren.

Tabelle 4.7 Beispiele pharmazeutischer Wirkstoffe, die glucuronidiert werden (Quellen: Kiang, Ensom & Chang, 2005; Miners & MacKenzie, 1991; Orignalliteratur, für Referenzen siehe Kiang, Ensom & Chang, 2005).

Wirkstoff	Produkte (Beispiele)	Beteiligte Enzyme
Amitriptylin	N-Glucuronid	UGT1A3, UGT1A4
Codein	Hydroxy-Glucuronid	UGT2B7
Diclofenac	Acyl-Glucuronid	UGT1A3, UGT1A9, UGT2B7
Ethinylestradiol	Hydroxy-, Phenol-Glucuronid	UGT1A1
Ezetimib	Phenol-Glucuronid	UGT1A1, UGT1A3, UGT2B15
Ibuprofen	Acyl-Glucuronid	UGT1A3, UGT1A9, UGT2B7, UGT2B15
Ketoprofen	Acyl-Glucuronid	UGT1A3, UGT1A9, UGT2B7
Morphin	Phenol- Glucuronid (M3G) Hydroxy-Glucuronid (M6G)	UGT1A1, UGT1A3, UGT1A6, UGT1A8, UGT1A9, UGT1A10, UGT2B7
Naloxon	Phenol- Glucuronid	UGT1A8
Naproxen	Acyl- Glucuronid	UGT1A3, UGT2B7
Oxazepam	Hydroxy-Glucuronid	UGT1A9, UGT2B7, UGT2B15
Paracetamol	Phenol- Glucuronid	UGT1A1, UGT1A6, UGT1A9
SN-38 (Metabolit von Irinotecan)	Phenol- Glucuronid	UGT1A1, UGT1A7, UGT1A9

4.3.2
Beeinflussung der pharmakodynamischen Aktivität

Inaktivierung des Wirkstoffs

Die Leber als metabolische Barriere: First-Pass-Metabolismus

In den vorhergehenden Kapiteln haben wir gesehen, welche Barrieren sich dem Wirkstoff beim Zerfall im Darm und bei der Absorption auf dem Weg zum Target in den Weg stellen:

- Unvollständige Freisetzung (Dissolution)
- Instabilität im Gastrointestinaltrakt
- Schlechte transzelluläre Diffusion
- Efflux ins Darmlumen.

Trotz vollständiger intestinaler Absorption kann die Bioverfügbarkeit eines Arzneimittels – also die Fraktion, welche den systemischen Kreislauf erreicht – durch die erste Leberpassage drastisch reduziert werden. Dieses Phänomen wird als *hepatischer First-Pass-Effekt* (auch *First-Pass, First-Pass-Metabolismus*) bezeichnet. Verursacht wird die Reduktion durch die Biotransformation der Wirkstoffe zu inaktiven Metaboliten und der Elimination in die Galle (Harris & Riegelman, 1969; Review: Thummel, Kunze & Shen, 1997).

Der First-Pass-Metabolismus wird häufig auf die Leber bezogen. Es sind aber einige Beispiele für Wirkstoffe dokumentiert, welche in relevanten Ausmaß bereits in der intestinalen Mucosa (in den Enterozyten) metabolisiert werden, zum Beispiel Cyclosporin, Midazolam, Nifedipin und Tacrolimus (Doherty & Charman, 2002). So wurde etwa der Metabolismus von Midazolam in einem besonderen klinischen Versuch getestet: Der Wirkstoff wurde in der sogenannten „anhepatischen Phase" bei Lebertransplantationen – in dieser Phase wurde dem Patienten seine alte Leber entfernt und die neue noch nicht transplantiert – intraduodenal appliziert und der Hauptmetabolit 1'-Hydroxymidazolam gemessen. 1'-Hydroxymidazolam war im Plasma, als Folge des intestinale First-Pass-Metabolismus, nachweisbar und lag bei den Probanden im Mittel bei 43,0 % ± 18,1 %. Die quantitative Bedeutung des intestinalen Metabolismus konnte damit eindeutig nachgewiesen werden (Paine *et al.*, 1996). 1'-Hydroxymidazolam wird im Darm von CYP3A4 hydroxyliert. Auch die anderen genannten Wirkstoffe sind Substrate von CYP3A4.

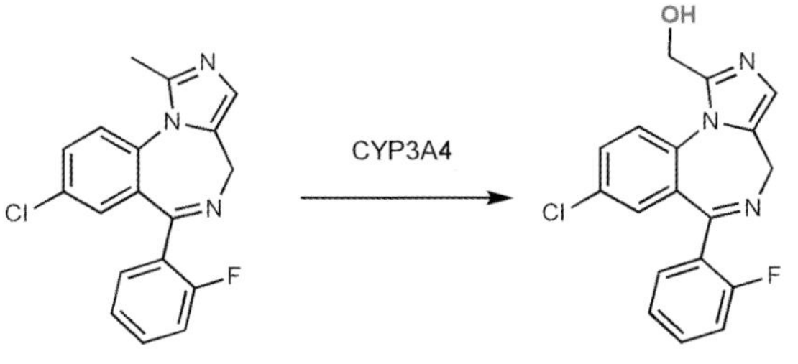

Midazolam
(Dormicum)

1'-Hydroxymidazolam
(Hauptmetabolit)

In Tabelle 4.8 sind Beispiele von Wirkstoffen mit einem hohen First-Pass-Metabolismus aufgelistet. Bei dieser Auswahl handelt es sich um Substanzen, die von CYP metabolisiert werden.

Soft Drugs: Schnelle Inaktivierung erwünscht

Bei der oralen Verabreichung von Wirkstoffen, welche den systemischen Kreislauf erreichen sollen, ist eine metabolische Inaktivierung und die darauf folgende Reduktion der Bioverfügbarkeit in der Regel ein Nachteil. Das Problem besteht weniger in der Reduktion an sich als in der intra- und interindividuellen Variabilität, welche zu großen Unterschieden in der Bioverfügbarkeit führen kann.

Bei den sogenannten *Soft Drugs* ist hingegen ein schneller Metabolismus erwünscht. Soft Drugs sind Wirkstoffe, die schnell und vorhersagbar metabolisiert und inaktiviert werden sollen, nachdem der gewünschte Effekt ausgelöst wurde (Bodor & Buchwald, 2000).

Ein bekanntes Beispiel ist Esmolol (Brevibloc®), ein ultrakurzwirksamer Betablocker, der zur Akut-Behandlung bestimmter Tachykardien indiziert ist. Die Substanz wird *i.v.* verabreicht und die Wirkung tritt rasch ein. Die Eliminationshalbwertszeit liegt bei 5–15 Minuten (!).

Tabelle 4.8 Beispiele für Wirkstoffe mit einem hohen First-Pass-Metabolismus, bezogen auf den Darm und/oder die Leber (aus Thummel, Kunze & Shen, 1997). Bei einigen dieser Wirkstoffe werden aktive Metaboliten gebildet.

Wirkstoff	Reaktion (Phase I)	CYP
Codein	O- und N-Demethylierung	2D6, 3A4
Dextrometorphan	O- und N-Demethylierung	2D6
Cyclosporin	Oxidation	3A
Desipramin	2'-Hydroxylierung	2D6
Diclofenac	4'-Hydroxylierung	2C9
Diltiazem	N-Demethylierung	3A
Lidocain	N-Deethylierung	3A
Losartan	C_5-Oxidation	2C9, 3A4
Midazolam	1'- und 4'-Hydroxylierung	3A
Nifedipin	Ringoxidation	3A
Omeprazol	C-Hydroxylierung, S-Oxidation	2C19, 3A
Propranolol	4'-Hydroxylierung, N-Dealkylierung	2D6, 1A2
Terbinafin	t-Butyl-Oxidation, N-Dealkylierung	3A
Verapamil	N-, O-Demethylierung, N-Dealkylierung	3A

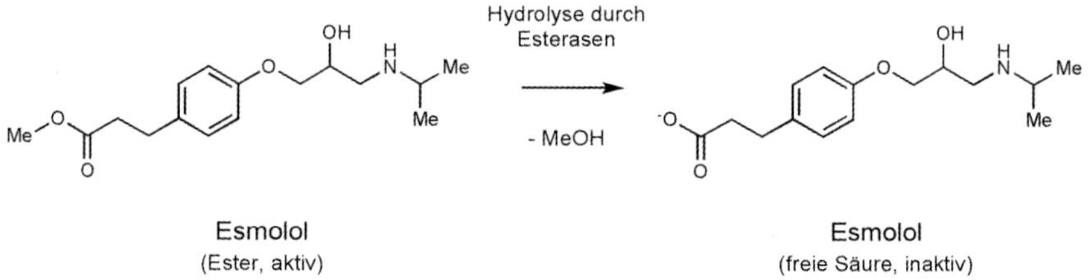

Esmolol ist ein Methylester und wird nach der Injektion sehr schnell durch Hydrolyse zur freien Säure und Methanol hydrolysiert. Die freie Säure ist inaktiv und hat eine etwas längere Halbwertszeit (3,7 h; Fachinformation, Bodor & Buchwald, 2000).

Auch das nicht-steroidale Antirheumatikum Acetylsalicylsäure (Aspirin®) kann in niedrigen Dosierungen als Soft Drug bezeichnet werden (s. Abb. 4.19). Der Wirkstoff wird in höherer Dosierung als Analgetikum und Antipyretikum eingesetzt (Einzeldosis 500–1000 mg, Tagesdosis 3000 mg). In der tiefen Einzeldosis von 100–300 mg pro Tag ist Acetylsalicylsäure als Antithrombotikum zur Prophylaxe kardiovaskulärer Ereignisse wie Myokardinfarkt und Schlaganfall indiziert. Acetylsalicylsäure hemmt die Entstehung von Thromben durch die Hemmung der Aggregation der Blutplättchen (Thrombozyten). Die Thrombozytenaggrega-

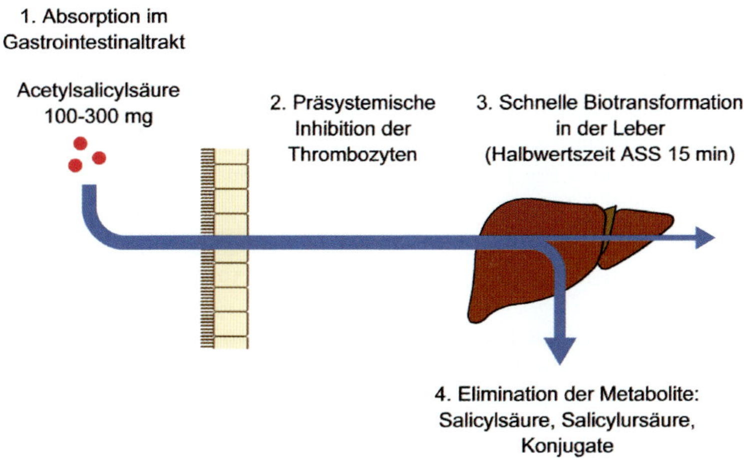

Abb. 4.19 In niedrigen Dosierungen von 100–300 mg wird Acetylsalicylsäure (Aspirin®) zur Prävention von Thrombosen eingesetzt. Der Wirkstoff inhibiert die Thrombozytenaggregation bereits präsystemisch vor dem Eintritt in die Blutzirkulation und wird anschließend in der Leber rasch biotransformiert und inaktiviert. In diesen Dosierungen kann Acetylsalicylsäure deshalb als Soft Drug bezeichnet werden.

tionshemmung beruht auf der Inhibition der Synthese von Thromboxan A_2, einem Eicosanid, welches in Thrombozyten von der Cyclooxygenase-1 (COX-1) gebildet wird und für die Aggregation verantwortlich ist.

In niedriger Dosierung hemmt Acetylsalicylsäure die Thromboxansynthese durch irreversible Hemmung der COX-1 (Acetylierung des Enzyms) in den Blutplättchen bereits auf dem Weg zur Leber in den prähepatischen, mesenterischen Blutgefäßen. Der Wirkstoff wird anschließend in der Leber rasch zu Salicylsäure hydrolysiert, welche durch Konjugation mit Glycin zu Salicylursäure umgesetzt, weiter konjugiert und eliminiert wird. Dadurch bleiben bei dieser Dosierung die systemischen analgetischen und antipyretischen Wirkungen aus.

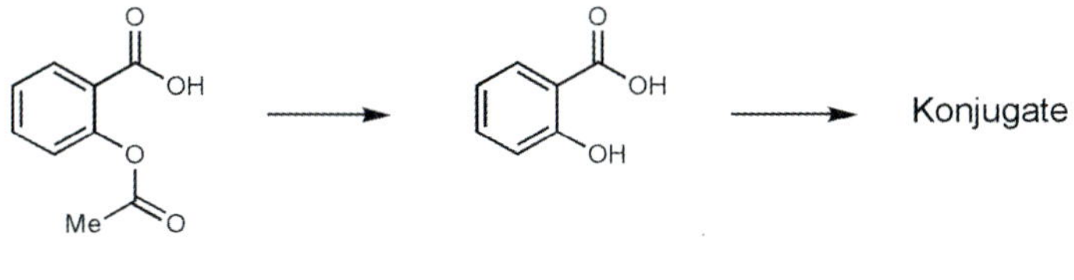

Acetylsalicylsäure Salicylsäure

Aktivierung des Wirkstoffs

Prodrugs

Prodrugs sind pharmakologisch inaktive Verbindungen, die erst durch einen metabolischen Umwandlungsschritt entweder durch Abspaltung eines Carriermoleküls oder durch chemische/enzymatische Modifikation in den aktiven Wirkstoff überführt werden (s. Abb. 4.20). Der Begriff wurde 1958 von Adrien Albert eingeführt:

> „Sometimes the substance as administered, is only a ‚pro-drug' which has to be broken down to give the true drug." (Albert, 1958).

Ein klassisches Beispiel für ein Prodrug ist der ACE-Hemmer Enalapril, der u.a. bei Hypertonie und Herzinsuffizienz indiziert ist. Der aktive Wirkstoff Enalaprilat wird erst durch Hydrolyse gebildet. Bei dieser Reaktion, die wahrscheinlich vor allem in der Leber stattfindet, wird Ethanol abgespalten. Der Grund, weshalb nicht direkt die aktive Substanz Enalaprilat verabreicht wird, liegt in der erhöhten intestinalen Absorption von Enalapril im Vergleich zum zweifach negativ geladenen Enalaprilat. Der Prodrug-Ansatz dient hier also zu einer Verbesserung der pharmakokinetischen Eigenschaften der Substanz, also zu einer besseren Absorption.

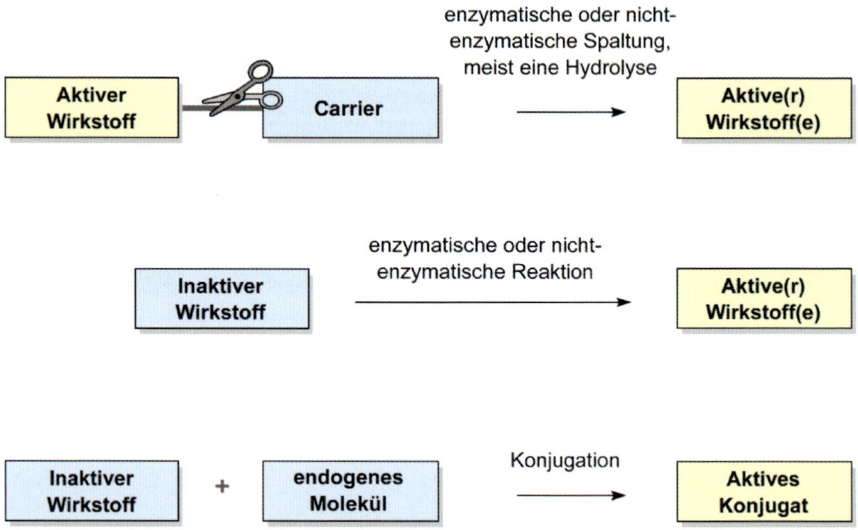

Abb. 4.20 Übersicht über die Aktivierungsmechanismen von Prodrugs.

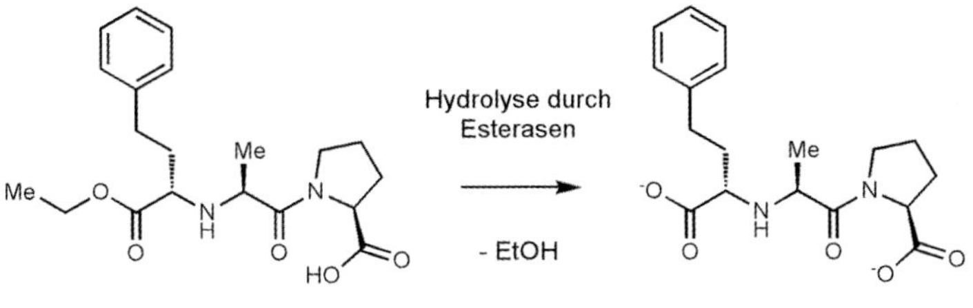

Enalapril
inaktives Prodrug
gute Permeabilität

Enalaprilat
aktiver Wirkstoff
schlechte Permeabilität

Carrier-gebundene Wirkstoffe als Prodrugs

Die Aktivierung von Prodrugs durch Hydrolyse ist sehr häufig. Von den Prodrugs, die als Arzneimittel in Deutschland auf dem Markt sind, wird etwa die Hälfte durch Hydrolyse in die aktive Form überführt (Ettmayer *et al.*, 2004). Beispiele für solche Wirkstoffe sind unten aufgeführt. Bei allen Wirkstoffen außer Simvastatin handelt es sich um Ester, die durch Abspaltung eines sogenannten Carriermoleküls (Trägermoleküls) aktiviert werden. Eine Ausnahme ist Simvastatin: Der Wirkstoff ist ein Lacton (zyklischer Ester) und wird auch hydrolyisiert, aber es wird keine Gruppe abgespalten.

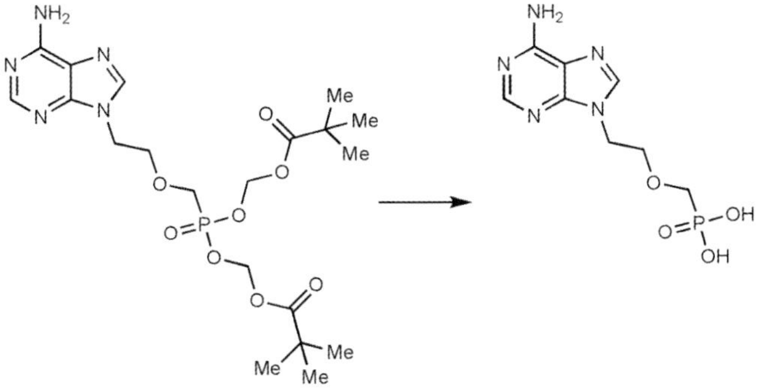

Adefovirdipivoxil

Adefovir

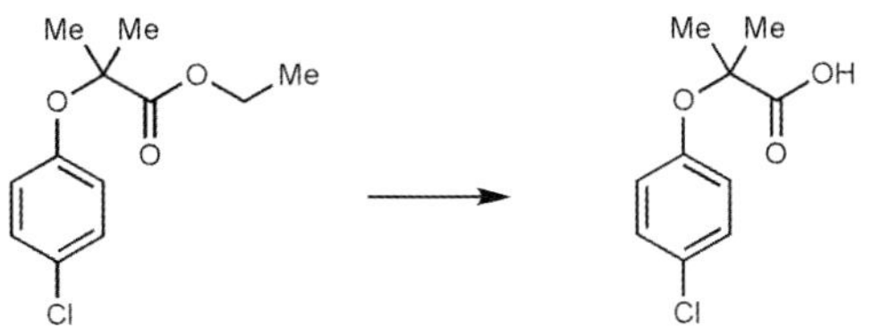

Clofibrat

Clofibrat
(freie Säure)

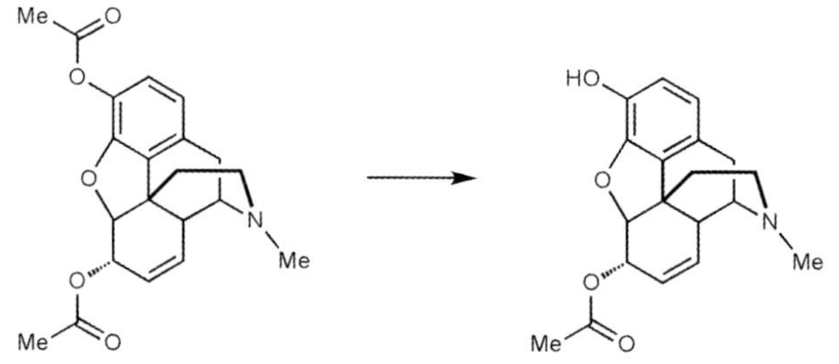

Heroin → 6-Acetylmorphin

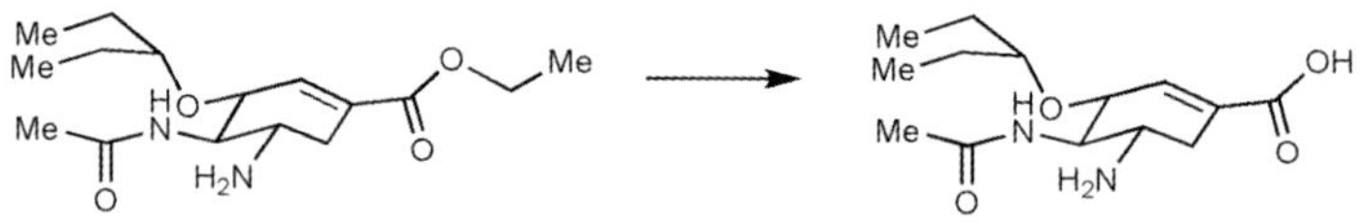

Oseltamivir → Oseltamivir (freie Säure)

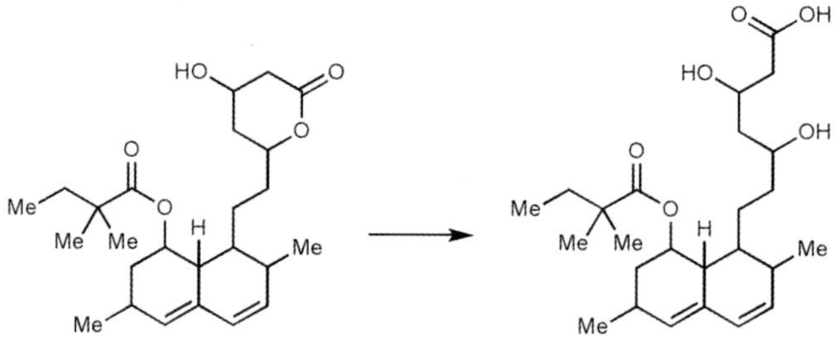

Simvastatin → Simvastatin (freie Säure)

Prodrugs, die durch Hydrolyse aktiviert werden. Links Prodrug, rechts aktiver Wirkstoff.

Das Carriermolekül ist in der Regel ein pharmakologisch inaktives und kleines Molekül, das zusammen mit dem Wirkstoff das Prodrug bildet. Die Abspaltung des Carriermoleküls ist jedoch nur eine Möglichkeit, aber keine Notwendigkeit (siehe Simvastatin).

Bei sogenannten *Mutual Prodrugs* sind zwei Wirkstoffe miteinander verbunden und jeder dient dem anderen als Carrier (mutual = gegenseitig, gemeinsam). Ein Beispiel ist Sulfasalazin, das bei chronisch-entzündlichen Darmerkrankungen (Morbus Crohn, Colitis ulcerosa) eingesetzt wird. Das Molekül wird hauptsächlich im Dickdarm zu den aktiven Metaboliten Sulfapyridin und 5-Aminosalicylsäure gespalten, die beide pharmakologisch aktiv sind. Dadurch wird verhindert, dass die beiden Wirkstoffe im Dünndarm absorbiert werden können und dann im Dickdarm für die Therapie nicht mehr zur Verfügung stehen.

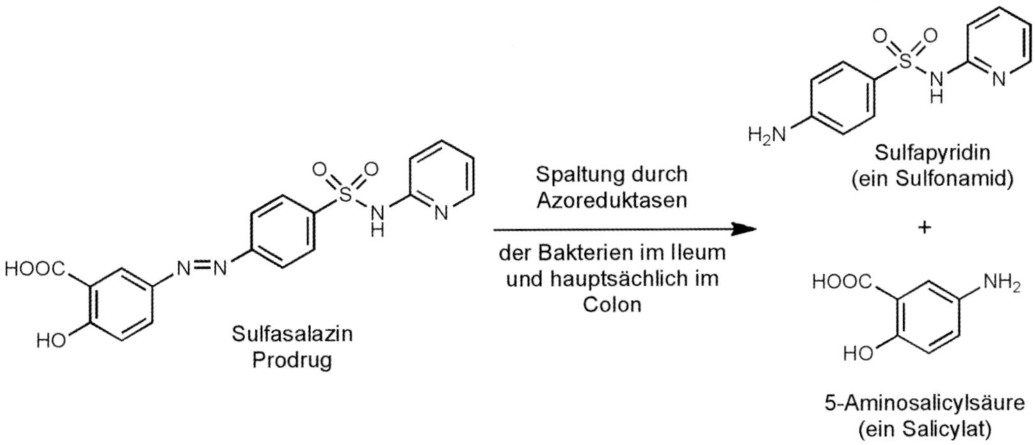

Prodrugs können enzymatisch oder nicht-enzymatisch aktiviert werden. Beide Ansätze haben Vor- und Nachteile. Die enzymatische Aktivierung ist speziesabhängig, unterliegt der genetischen Variabilität und birgt das Problem von Interaktionen. Chemisch aktivierte Prodrugs können instabil sein, was eine geringe Haltbarkeit zur Folge hat (Ettmayer *et al.*, 2004).

Weitere Reaktionen zur Aktivierung eines Prodrugs
Nicht alle Prodrugs werden durch das Abspalten eines Carriermoleküls in den aktiven Wirkstoff überführt. Auch weitere enzymatische und nicht-enzymatische Reaktionen sind möglich. Ein Beispiel für ein Prodrug ohne Carrier ist Omeprazol, das bei sauren pH-Werten nicht-enzymatisch aktiviert wird und durch intramolekulare Umlagerung zu einem kationischen Sulfenamid reagiert, das den eigentlichen, aktiven Wirkstoff darstellt (s. Abschnitt zur H^+/K^+-ATPase; zur intramolekularen Aktivierung von Prodrugs siehe auch Testa & Mayer, 1998).

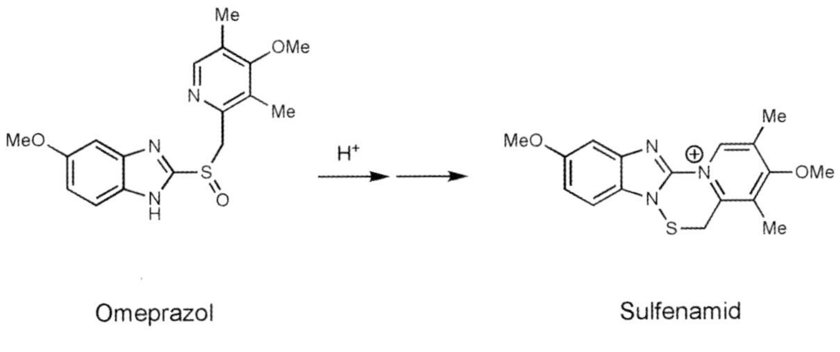

Zudem kann auch die Konjugation mit einem endogenen Substrat zur Aktivierung eines Wirkstoffs führen (z.B. Glucuronidierung von Morphin, siehe unten). Weiter sind Varianten dieser Typen möglich.

Gründe für die Applikation von Prodrugs

Für die Applikation eines Prodrugs gibt es vor allem zwei wichtige Gründe:

Erstens bietet der Prodrug-Ansatz die Möglichkeit, pharmakokinetische Barrieren zu überwinden. Durch verbesserte Stabilität, Löslichkeit oder intestinale Absorption kann die Bioverfügbarkeit eines Wirkstoffs, der unzureichende physikochemische Eigenschaften hat, erhöht werden. Zur Verbesserung der intestinalen Absorption kann eine Substanz auch so modifiziert werden, dass sie zu einem Substrat von Transportern wird. Beispiele sind Valaciclovir und Valganciclovir, die Prodrugs von Aciclovir und Ganciclovir, die vermutlich von Peptid-Transportern im Darm transportiert werden (s. Abschnitt 3.5 „Peptid-Transporter").

Der Prodrug-Ansatz ermöglicht es auch, die für Wirkstoffe schlecht permeable Blut-Hirn-Schranke zu überwinden. Levodopa, das bei Parkinson indiziert ist, kann die Blut-Hirn-Schranke überwinden, im Gegensatz zum aktiven Wirkstoff Dopamin.

Heroin (Diacetylmorphin) ist ein Prodrug von Morphin und 6-Monoacetylmorphin. Im Gegensatz zu seinen aktiven Metaboliten bindet Heroin kaum an Rezeptoren im Nervensystem. Aufgrund seiner Lipophilie kann es jedoch die Blut-Hirn-Schranke sehr schnell überwinden und führt nach der Umwandlung in seine Metaboliten rasch zu einer Euphorie („Flash"). Heroin wird auch in der Peripherie sehr schnell metabolisiert und hat eine kurze Halbwertszeit. Die Halbwertszeit von 6-Monoacetylmorphin ist ebenfalls kurz, es wird rasch zu Morphin mit einer Halbwertszeit von ca. 3 h umgewandelt (Arzneimittel-Fachinformation Diaphin®).

Zweitens spielen Prodrugs beim *Drug Targeting* eine Rolle, unter anderem mit dem Ziel, unerwünschte und toxische Wirkungen in gesunden Geweben zu vermeiden. Hier ist Omeprazol erneut ein gutes Beispiel. Es reichert sich im sauren Milieu der Belegzellen an und wird erst dort zum reaktiven Sulfenamid umgewandelt, das kovalent an die Protonenpumpe bindet und diese inhibiert.

Limited Prodrugs

Die sogenannten *Limited Prodrugs* sind pharmakologisch aktive Wirkstoffe, deren aktive Metaboliten an der Wirkung beteiligt sind. Im Gegensatz zu den echten Prodrugs ist hier also der applizierte Wirkstoff nicht inaktiv. Ein Beispiel ist Morphin, das in der Leber zu etwa 60 % in Morphin-3-glucuronid und zu etwa 6–10 % in Morphin-6-glucuronid metabolisiert wird. Morphin-6-glucuronid ist wie Morphin stark schmerzlindernd, unterscheidet sich aber in seinen pharmakokinetischen und pharmakodynamischen Eigenschaften (van Dorp *et al.*, 2006, Metabolismus der Opioide siehe Lötsch, 2005).

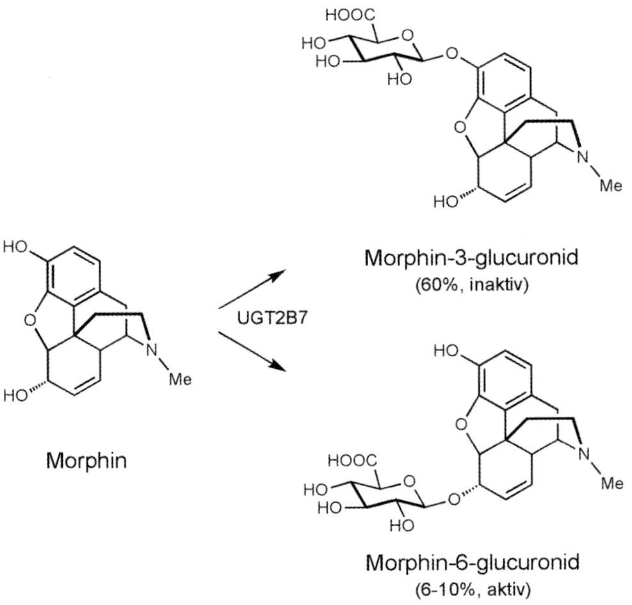

Die unterschiedlichen pharmakodynamischen, pharmakokinetischen und toxikologischen Eigenschaften der aktiven Metabolite führen häufig dazu, dass neben dem Originalwirkstoff auch der Metabolit vermarktet wird. Das Antihistaminikum Fexofenadin ist etwa der aktive Metabolit von Terfenadin (s. Abschnitt „Organische Anionen-Transport-Polypeptide OATP") und wird als Telfast® verkauft. Terfenadin ist aufgrund seiner unerwünschten Wirkungen außer Handel (Verlängerung des QT-Intervalls, Anfälligkeit für Interaktionen).

Der aktive Metabolit des Antihistaminikums Loratadin ist neben der Originalsubstanz ebenfalls auf dem Markt. Desloratadin hat unter anderem eine höhere Affinität zu den Histamin-H_1-Rezeptoren und ist auch in funktionellen Assays potenter als Loratadin (Geha & Meltzer, 2001). Bei der Einführung von Desloratadin haben möglicherweise nicht nur wissenschaftliche, sondern auch patentrechtliche Aspekte eine Rolle gespielt: Das Patent für Loratadin lief 2002 aus und Generika kamen auf den Markt. Desloratadin hingegen bleibt weiterhin durch das Patentrecht geschützt.

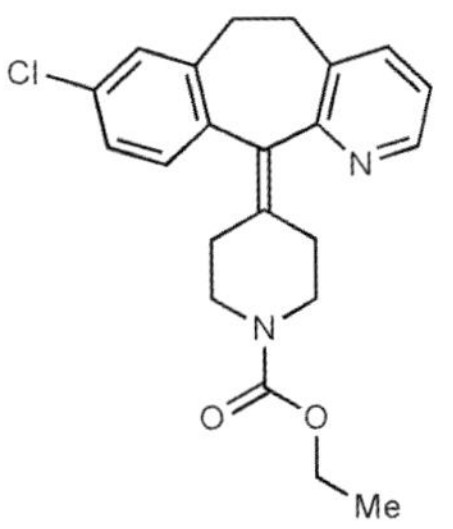

Loratadin

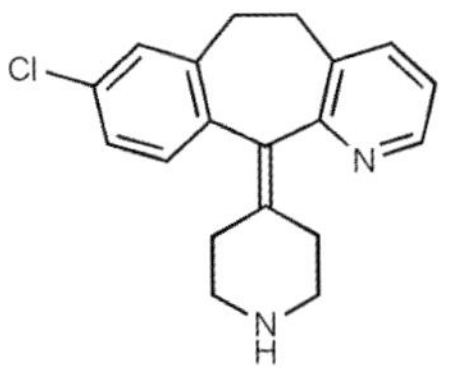

Desloratadin

Interessant ist dieser Ansatz auch deshalb, weil der Aktivierungsschritt im Körper entfällt, der bei einigen Patienten vermindert oder erhöht sein kann (Variabilität der Biotransformation, siehe unten). Somit können unerwünschte und fehlende Wirkungen vermieden werden.

Veränderte Pharmakodynamik
Durch metabolische Veränderungen kann pharmakologische Aktivität nicht nur entstehen oder sich verringern, sie kann sich auch verändern. Iproniazid, das erste Antidepressivum und Inhibitor der Monoaminooxidase wird unter anderem durch *N*-Dealkylierung zu Isoniazid metabolisiert, welches gegen Tuberkelbakterien (Tuberkulose) wirksam ist (Gibson & Skett, 1994).

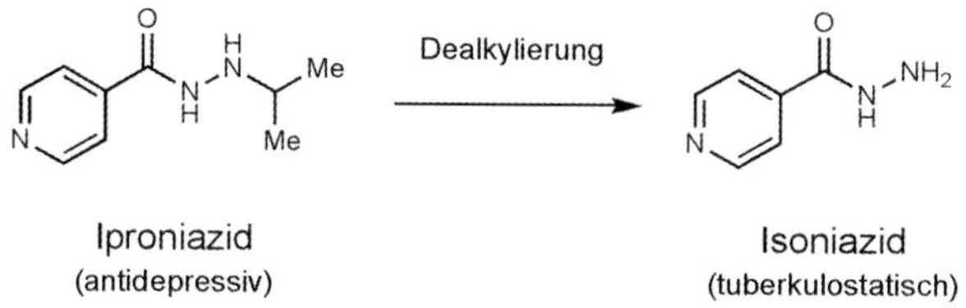

Toxifizierung
Neben der diskutierten pharmakologischen Aktivierung und Deaktivierung (inkl. Entgiftung) können durch Biotransformationen auch toxische Metabolite entstehen, die den Organismus schädigen können.

Paracetamol. Paracetamol (Acetaminophen, *N*-Acetyl-*p*-Aminophenol), das weltweit am meisten gebrauchte Analgetikum und Antipyretikum, ist hierfür ein bekanntes Beispiel (z.B. Dong *et al.*, 2000; Bender *et al.*, 2004, Fachinformation). Paracetamol – selbst der aktive Metabolit von Phenacetin – wird zu 5 % unverändert im Urin ausgeschieden, in der Leber durch Konjugation mit Glucuronsäure (ca. 55 %) und Sulfat (ca. 35 %) biotransformiert und zu ca. 5 % durch Oxidation über CYP (v.a. 2E1, auch 1A1, 3A4 und 2D6) in das toxische Zwischenprodukt *N*-Acetyl-*p*-benzochinonimin (NAPQI) überführt. NAPQI kann bei therapeutischen Dosen durch Konjugation mit Glutathion in einer Michael-Addition entgiftet werden. Insbesondere bei hohen Dosen ist Paracetamol jedoch stark lebertoxisch. Der Metabolit NAPQI induziert Apoptose und Nekrose und ist genotoxisch und karzinogen. Der genaue Mechanismus der Toxizität ist nicht vollständig aufgeklärt. NAPQI bindet als reaktives Elektrophil an zelluläre Proteine und inhibiert z.B. die Topoisomerase II. Es scheint, dass auch der Verbrauch des zellulären Glutathions eine Rolle spielt. Bei einer Dosis von 10,5 g Paracetamol auf ein Körpergewicht von 70 kg kann es zu schweren Leberschädigungen kommen. Solche und höhere Dosen führen auch zum Tod. Die Einnahme einer Überdosis Paracetamol ist die häufigste Ursache für akutes Leberversagen in den USA und führt zu rund 450 Todesfällen pro Jahr (Lee, 2004). Neben unabsichtlichen Vergiftungen wird das Medikament auch häufig für Suizidversuche verwendet.

Zur Therapie der Paracetamol-Vergiftung wird N-Acetylcystein verwendet. Die perorale Anwendung ist heute in Amerika Standard, während in Europa die intravenöse Applikation verbreitet ist.

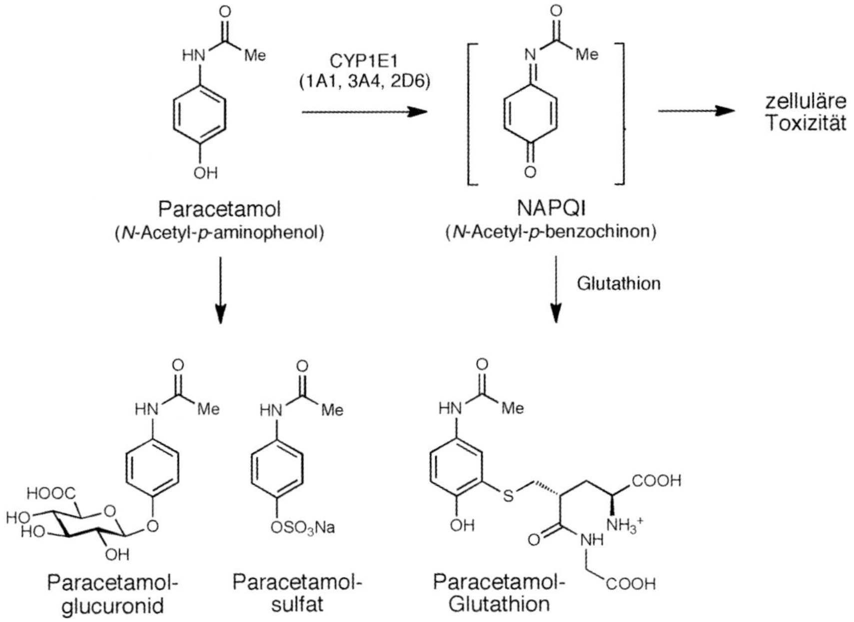

Aflatoxin B1. Viele Xenobiotika sind primär atoxisch und werden erst durch die Biotransformation toxifiziert. Dazu gehört beispielsweise das Mycotoxin Aflatoxin B_1. Es wird von den Schimmelpilzen *Aspergillus flavus* und *Aspergillus parasiticus* gebildet, die weltweit in der Erde und in der Luft vorkommen und u.a. Erdnüsse und Getreide besiedeln (Diener *et al.*, 1987).

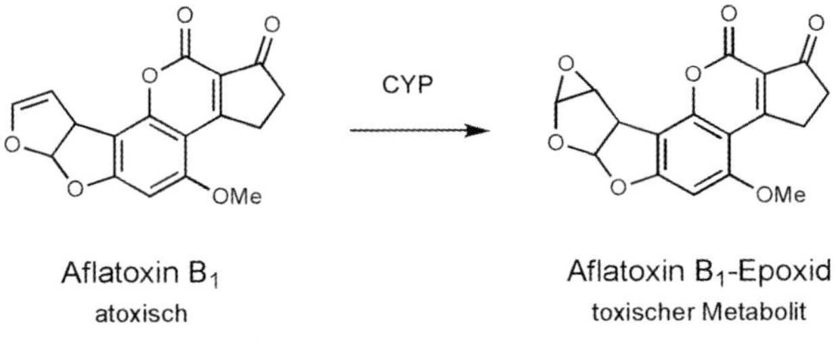

Aflatoxin B_1 ist für Menschen und Tiere akut toxisch, mutagen, teratogen und karzinogen. Es verursacht u.a. Leberzellkarzinome. Die Toxizität beruht jedoch nicht auf der Primärstruktur, welche atoxisch ist, sondern auf Aflatoxin B_1-8,9-Epoxid, das erst im Körper, d.h. in der Leber von CYP gebildet wird (McLean & Dutton, 1995). Dieses Epoxid ist hochreaktiv und kann mit zellulären Proteinen und Nucleinsäuren reagieren und Derivate bilden. Das Epoxid kann durch Konjugation mit Glutathion entgiftet werden.

4.3.3
Beeinflussung der pharmakokinetischen Eigenschaften

Im vorhergehenden Unterkapitel haben wir diskutiert, wie sich die pharmakodynamischen Eigenschaften eines Wirkstoffs durch den Metabolismus verändern können. Substanzen werden aktiviert, inaktiviert oder toxifiziert. Die Biotransformation eines Wirkstoffs führt aber auch zu Veränderungen seiner pharmakokinetischen Eigenschaften, d.h. der Absorption, der Verteilung, des Metabolismus und der Elimination.

Ein allgemeines Prinzip der Biotransformation ist, Xenobiotika chemisch so zu verändern, dass sie hydrophiler werden und leichter ausgeschieden werden können. Hydrophobe Substanzen können im Körper akkumulieren, wenn sie nicht effizient biotransformiert und ausgeschieden werden. Durch Einführung von Sauerstoffatomen und Konjugation mit hydrophilen Substanzen (z.B. mit Glucuronsäure) kann die Lipophilie reduziert werden.

4.3.4
Variabilität der Biotransformation

Verschiedene Patienten mit derselben Erkrankung können auf das gleiche Medikament sehr unterschiedlich reagieren. Die Ansprechrate für Medikamente liegt oft nur in der Größenordnung von 50–75 % (Spear *et al.*, 2001). Neben dieser Variabilität im therapeutischen Erfolg bestehen auch signifikante Unterschiede im Auftreten unerwünschter und toxischer Wirkungen. Das unterschiedliche Ansprechen auf Medikamente ist multifaktoriell begründet. Einige Faktoren sind beispielsweise (z.B. Evans & Johnson, 2001):

- Alter und Geschlecht der behandelten Personen
- Biologischer Rhythmus
- Ethnische Zugehörigkeit
- Begleiterkrankungen, Organfunktion
- Umweltfaktoren, Ernährung
- Einnahme von Medikamenten oder Suchtmitteln.

Die Variabilität der Biotransformation spielt eine wichtige Rolle bei der Ansprechrate von Medikamenten. Wir haben gezeigt, dass durch die Biotransformation aktive, inaktive und toxische Metabolite entstehen können. Variabilität in der Biotransformation bedeutet, dass bei einigen Individuen mehr oder weniger dieser Metabolite gebildet werden. Dadurch kann der therapeutische Effekt ausbleiben, sich verstärken oder es können vermehrt unerwünschte Wirkungen auftreten.

Zwei Ursachen sind besonders hervorzuheben:

1. Genetische Varianten der metabolisierenden Enzyme und
2. die Beeinflussung der Enzyme durch endo- und exogene Substanzen.

Genetische Varianten der metabolisierenden Enzyme

Die Aktivität der metabolisierenden Phase-I- und -II-Enzyme kann sich interindividuell stark unterscheiden. Dabei reicht das Spektrum von einer gänzlich fehlenden bis zu einer überdurchschnittlich hohen Aktivität.

Die molekulare Ursache dieser Unterschiede liegt im Vorkommen von Sequenzvarianten in den Genen, welche für die metabolisierenden Enzyme kodieren.

So kann beispielsweise bei einem Teil der Bevölkerung ein SNP (single nucleotide polymorphismus) auftreten, der zur Hemmung der Expression des kodierten Enzyms und damit zu einer Reduktion der Aktivität führt. Wenn solche Varianten in der Bevölkerung in relevanter Häufigkeit vorkommen, wird von *polymorphen Genen* oder von *Polymorphismen* gesprochen (polymorph = vielgestaltig).

Ein bekanntes Beispiel für ein Gen, das in der Bevölkerung in verschiedenen Varianten vorkommt, ist *CYP2D6* (Review: Zanger *et al.*, 2004). **Bei 5–10 % der kaukasischen Bevölkerung fehlt die Enzymaktivität von CYP2D6 völlig.** Personen mit dieser Defizienz (diesem Phänotyp) werden als *Poor Metabolizers* bezeichnet. Sie müssen bei der Einnahme von Substraten des Enzyms, wie dem Antitussivum Dextrometorphan oder dem Betablocker Metoprolol aufgrund erhöhter Plasmakonzentrationen mit verstärkten pharmakologischen Effekten und unerwünschten Wirkungen rechnen. Andererseits können sie Prodrugs, wie zum Beispiel Codein, nicht zum aktiven Wirkstoff (Morphin) umwandeln und der analgetische Effekt bleibt aus. Allerdings ist nicht bei allen Substraten von CYP2D6 mit klinischen Konsequenzen zu rechnen. Ein Defizit kann beispielsweise durch einen alternativen metabolischen Abbauweg ausgeglichen werden.

Sogenannte *Intermediate Metabolizers* weisen eine eingeschränkte Enzymaktivität auf. Sie machen etwa 10–15 % der Bevölkerung aus. 65–85 % sind *Extensive Metabolizers* mit „normaler" Aktivität. Etwa 5–10 % weisen eine erhöhte Enzymaktivität auf (sogenannte *Ultrarapid Metabolizers*). Da sie Substrate von CYP2D6 sehr effizient inaktivieren, kann der erwünschte therapeutische Effekt aufgrund zu niedriger Plasmakonzentrationen nicht erreicht werden.

Es liegt auf der Hand, dass diese Unterschiede – sofern klinisch relevant – bei einer Pharmakotherapie berücksichtigt werden müssen. Bei bekanntem Phänotyp kann die Dosis angepasst oder das Medikament gewechselt werden. Die Bestimmung der Enzymaktivität ist durch Phäno- oder Genotypisierung möglich.

Beispiel: UGT1A1 – Variabilität in der Konjugation von Bilirubin

Bilirubin ist ein Abbauprodukt von Häm, das insbesondere beim Abbau des Hämoglobins aus Erythrozyten in großen Mengen anfällt. Häm wird über Zwischenstufen zuerst zu Biliverdin und anschließend zum schlechter löslichen Bilirubin abgebaut. Im letzten Schritt wird das schlecht lösliche Bilirubin von der UDP-Glucuronosyltransferase UGT1A1 an den zwei Propionatseitenketten diglucuronidiert. Das besser wasserlösliche, konjugierte Bilirubin wird in der Leber über die Galle ausgeschieden. UGT1A1 ist das einzige Isoenzym, welches Bilirubin konjugiert.

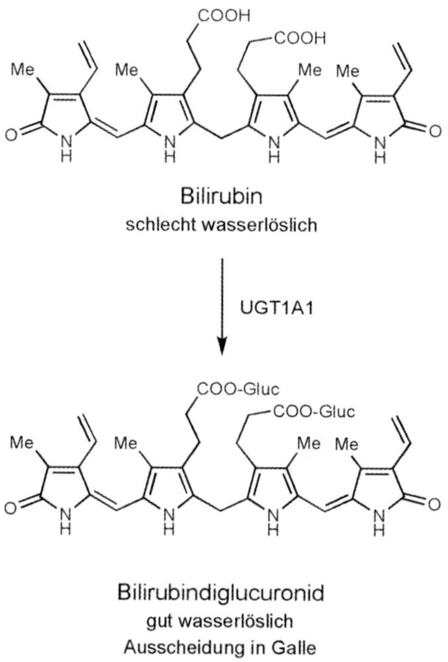

Mutationen in *UGT1A1* führen zu einer unkonjugierten, nicht-hämolytischen Hyperbilirubinämie und zu einem Ikterus (Gelbsucht). Klinisch werden drei Schweregrade unterschieden (Review: Bosma, 2003):

Das *Crigler-Najjar-Syndrom* ist eine selten auftretende, schwere, rezessiv vererbte Krankheit, die sich durch eine fehlende oder stark eingeschränkte UGT1A1-Enzymaktivität auszeichnet. Es werden zwei Typen unterschieden. Beim Typ I fehlt die Enzymaktivität völlig. Betroffene Säuglinge sterben ohne Behandlung in der Regel nach der Geburt an der Hyperbilirubinämie (Kernikterus). Beim Typ II ist eine Restaktivität vorhanden, die durch Phenobarbital induziert werden kann, die Prognose ist etwas besser. Die Therapieoptionen umfassen u.a. die Phototherapie und die Lebertransplantation. An einer Gentherapie wird derzeit geforscht.

Das *Gilbert-Syndrom* (Synonym: Morbus Meulengracht) ist eine milde, autosomal rezessiv vererbte Hyperbilirubinämie. Das Syndrom tritt ziemlich häufig auf, gemäß neuerer Studien haben 5–10 % der kaukasischen Population leicht erhöhte Serum-Bilirubinwerte. Im Gegensatz zum Crigler-Najjar-Syndrom ist keine Therapie notwendig, da UGT1A1 noch eine Restaktivität von ca. 30 % aufweist. Die molekulare Ursache liegt bei der Mehrheit der Betroffenen bei zwei zusätzlichen Nucleotiden TA, welche in der TATAA-Box im Promotor des *UGT1A1*-Gens eingefügt sind (Allelvariante *UGT1A1*28*). Dies erniedrigt die Bindungsaffinität des Transkriptionsfaktors für den Promotor und vermindert die Transkription des Gens.

Da auch pharmazeutische Wirkstoffe über UGT1A1 konjugiert und inaktiviert werden, ist beim Crigler-Najjar- oder beim Gilbert-Syndrom mit erhöhten Plasmakonzentrationen und mehr unerwünschten Wirkungen oder Toxizität zu rechnen. Das Phänomen ist allerdings noch nicht ausreichend untersucht.

Paracetamol, Ethinylestradiol, Indinavir und ein Metabolit von Irinotecan sind Beispiele von Substraten für UGT1A1. Paracetamol ist beim Gilbert-Syndrom kontraindiziert, da der toxische Metabolit NAPQI vermehrt gebildet werden könnte (Fachinformation). Zur Relevanz der Interaktion liegen jedoch widersprüchliche Resultate vor. Dasselbe gilt auch für Ethinylestradiol. Hingegen wurde eindeutig gezeigt, dass die Toxizität des Zytostatikums Irinotecan bei Patienten mit dem Gilbert-Syndrom erhöht ist.

Beeinflussung der Enzyme durch endo- und exogene Substanzen

Die Funktion der metabolisierenden Enzyme wird nicht nur durch genetische (d.h. vererbte) Faktoren beeinflusst, sondern auch durch endogene und exogene Substanzen.

Dabei unterscheidet man zwischen Substanzen, welche die Enzymaktivität **inhibieren** und solchen, welche die Enzymaktivität **induzieren** können (z.B. Wilkinson, 2005).

Zahlreiche pharmazeutische Wirkstoffe sind Inhibitoren und Induktoren der metabolisierenden Enzyme. Bei der gleichzeitigen Verabreichung von Wirkstoffen, die Substrate für das entsprechende Enzym sind, können pharmakokinetische Arzneimittel-Interaktionen auftreten. Eine Inhibition ist prinzipiell vergleichbar mit der Situation, die beim Poor Metabolizer vorliegt und eine Induktion mit der Situation, die beim Ultrarapid Metabolizer vorliegt.

Induktion. So induzieren zum Beispiel Rifampicin, Barbiturate, Carbamazepin und Johanniskrautextrakte die Genexpression von *CYP3A4* und führen zu einer stark erhöhten Enzymaktivität. Dies hat unter anderem zur Folge, dass Ethinylestradiol, der Wirkstoff der „Pille“, verstärkt abgebaut wird und das Medikament seine Wirksamkeit verliert. Es können Blutungen auftreten und der kontrazeptive Schutz wird beeinträchtigt, was zu einer ungewollten Schwangerschaft führen kann.

Der molekulare Mechanismus der Induktion beruht nicht auf einer direkten allosterischen Aktivierung des Enzyms, sondern auf einer verstärkten Genexpression. Der Induktor bindet z.B. an den nucleären Rezeptor PXR (Pregnan-X-Rezeptor; weitere nucleäre Rezeptoren sind beteiligt), der anschließend mit dem Retinoid-X-Rezeptor dimerisiert. Das Dimer fungiert als Transkriptionsfaktor für *CYP3A4* und verstärkt dessen Expression. Der Effekt tritt nicht sofort ein: Die maximale Enzyminduktion wird erst nach 2–3 Wochen beobachtet und kann noch 4 Wochen nach dem Absetzen des induzierenden Medikaments andauern.

Inhibition. Es sind auch zahlreiche Wirkstoffe bekannt, die metabolisierende Enzyme inhibieren können. Im Gegensatz zur Induktion handelt es sich hier meist um eine reversible, schneller einsetzende kompetitive Inhibition des Enzyms. Eine irreversible Inhibition ist aber auch möglich. Zu den potentesten reversiblen Inhibitoren von CYP3A4 gehören Azol-Antimykotika und HIV-Proteasehemmer (s. Tab. 4.5).

Nicht nur Medikamente, sondern auch andere exogen zugeführte Substanzen beeinflussen die Enzyme in ihrer Aktivität, z.B. Nahrungsmittel (Grapefruitsaft), Rauchen oder Suchtmittel (Ethanol).

Beispiel: Inhibition von CYP3A4 durch Grapefruitsaft

In einer Studie zu Interaktionen zwischen Ethanol und Felodipin, einem Calciumkanalblocker vom Dihydropyridin-Typ, der hauptsächlich zur Behandlung der arteriellen Hypertonie eingesetzt wird, entdeckten Bailey und Kollegen 1989 zufällig, dass Grapefruitsaft die Bioverfügbarkeit von Felodipin stark erhöhte (Bailey *et al.*, 1989 & 1991). Mittlerweile wurde das Phänomen in einigen Untersuchungen studiert (Reviews: z.B. Saito *et al.*, 2005; Dahan & Altman, 2004).

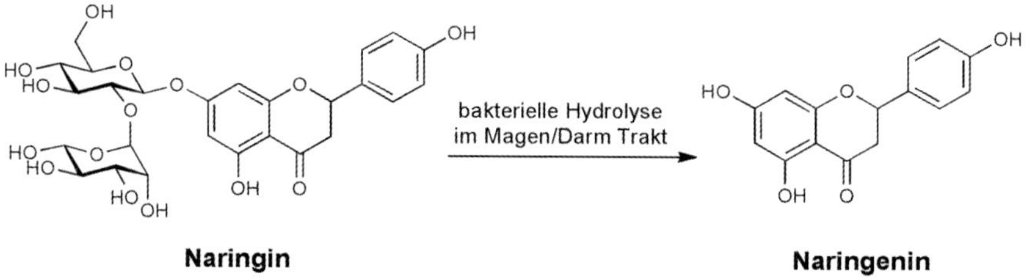

Insbesondere Naringenin, das Aglykon von Naringin, einem flavonoiden Inhaltsstoff des Grapefruitsaft, inhibiert CYP3A4 im Darm. Dadurch wird der präsystemische Metabolismus verabreichter Wirkstoffe und damit deren Bioverfügbarkeit und Plasmakonzentration erhöht. Als Folge besteht das Risiko von verstärkten pharmakodynamischen Effekten, unerwünschten Wirkungen und Toxizität. Bei Felodipin (s. Abb. 4.21) wird beispielsweise der Blutdruck verstärkt gesenkt und die unerwünschten Wirkungen Tachykardie und orthostatische Hypertonie treten vermehrt auf. Felodpin wird als Racemat verabreicht.

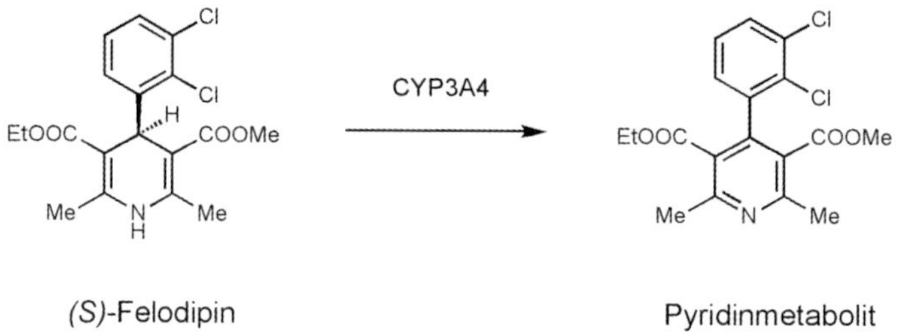

Felodipin wird im Metabolismus durch Ringoxidation zum inaktiven Pyridinmetaboliten.

Bereits ein einziges Glas mit 0,25 bis 0,3l Grapefruitsaft inhibiert den intestinalen Metabolismus klinisch relevant für bis zu 24 Stunden. Der Metabolismus kehrt innerhalb von 3 Tagen wieder zum basalen Wert zurück (Greenblatt *et al.*, 2003).

Interessanterweise wird nur der **intestinale**, nicht jedoch der **hepatische** First-Pass-Metabolismus inhibiert. Der Effekt auf die Bioverfügbarkeit ist deshalb etwas schwächer als bei synthetischen Inhibitoren wie Ketoconazol.

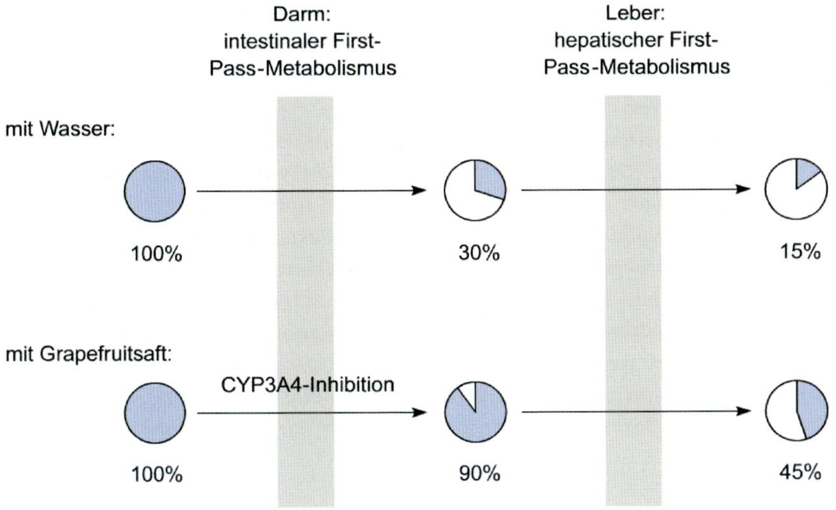

Abb. 4.21 Unterschiede bei der Verabreichung von Felodipin mit Wasser und mit Grapefruitsaft. Mit Wasser (oben): Felodipin hat einen hohen präsystemischen Metabolismus. Bereits im Darm wird 70 % der Dosis von CYP3A4 metabolisiert. In der Leber werden die verbleibenden 30 % um die Hälfte reduziert, so dass nur 15 % der Dosis den Kreislauf erreichen. Mit Grapefruitsaft (unten): Grapefruitsaft inhibiert den intestinalen Metabolismus. Statt 30 % erreichen jetzt 90 % der Dosis die Leber. Da der hepatische Metabolismus durch Grapefruitsaft nicht gehemmt wird, werden diese 90 % ebenfalls auf die Hälfte reduziert. Mit Grapefruitsaft erreichen 45 % der Dosis den systemischen Kreislauf (nach Wilkinson, 2005).

Damit die Bioverfügbarkeit eines Wirkstoffs mit Grapefruitsaft beeinflusst werden kann, müssen folglich einige Voraussetzungen erfüllt sein (Greenblatt *et al.*, 2003). Ein Wirkstoff muss ein Substrat für CYP3A4 sein und eine niedrige Bioverfügbarkeit aufgrund eines hohen präsystemischen Metabolismus haben. Zudem muss der intestinale Metabolismus in relevantem Ausmaß am präsystemischen Metabolismus beteiligt sein.

Neben Calciumkanalblockern wie Felodipin wurden in klinischen Studien zahlreiche weitere Interaktionen von Grapefruitsaft mit pharmazeutischen Wirkstoffen dokumentiert, z.B. mit Benzodiazepinen (Midazolam, Diazepam), Statinen (Simvastatin, Atorvastatin, jedoch nicht Pravastatin), Cyclosporin, Saquinavir und Amiodaron (für ausführliche Listen siehe Saito *et al.*, 2005).

In den letzten Jahren wurde gezeigt, dass Grapefruitsaft offenbar im Darm neben CYP3A4 auch Efflux- (P-gp) und Influx-Transporter (intestinale OATP) inhibiert (Kirby & Unadkat, 2007).

Merksatz

- ***Die Biotransformation ist ein Prozess, der Xenobiotika, zu denen auch die pharmazeutischen Wirkstoffe gehören, zu chemischen Derivaten metabolisiert.***
- ***Bei den chemischen Reaktionen werden Funktionalisierungen als Phase-I-Reaktionen (Oxidationen, Reduktionen, Hydrolysen) und Konjugationen als Phase-II-Reaktionen (z.B. Glucuronidierung) unterschieden.***
- ***Die Metabolite können sich in ihren pharmakodynamischen und toxikologischen Aktivitäten und in ihren pharmakokinetischen Eigenschaften von den ursprünglichen Wirkstoffen signifikant unterscheiden.***
- ***Die Biotransformation unterliegt einer starken intra- und interindividuellen Variabilität, welche durch verschiedene Faktoren begründet ist, unter anderem durch genetische Varianten der metabolisierenden Enzyme und durch die Beeinflussung der Enzymaktivität durch endo- und exogene Substanzen.***

Literatur

Albert A. Chemical aspects of selective toxicity. *Nature*, **1958**, *182*, 421–422.

Arzneimittel-Kompendium der Schweiz, www.kompendium.ch, **2006**.

Åsberg A. Interactions between cyclosporin and lipid-lowering drugs. *Drugs*, **2003**, *63(4)*, 367–378.

Backman J.T., Kyrklund C., Neuvonen M., and Neuvonen P.J. Gemfibrozil greatly increases plasma concentrations of cerivastatin. *Clinical Pharmacology and Therapeutics*, **2002**, *72(6)*, 685–691.

Bailey D.G., Spence J.D., Edgar B., Bayliff C.D. & Arnold J.M. Ethanol enhances the hemodynamic effect of felodipine. *Clinical and Investigative Medicine*, **1989**, *12(6)*, 357–362.

Bailey D.G., Spence J.D., Munoz C. & Arnold J.M.O. Interaction of citrus juices with felodipine and nifedipine. *The Lancet*, **1991**, *337*, 268–269.

Bender R.P., Lindsey R.H., Burden D.A. & Osheroff N. N-Acetyl-*p*-benzoquinone imine, the toxic metabolite of acetaminophen, is a topoisomerase II poison. *Biochemistry*, **2004**, *43*, 3731–3739.

Beyer K-H. Biotransformation der Arzneimittel. Berlin, Heidelberg: Springer, **1990**.

Bodor N. & Buchwald P. Soft drug design: general principles and recent applications. *Medicinal Research Reviews*, **2000**, *20(1)*, 58–101.

Bosma P.J. Inherited disorders of bilirubin metabolism. *Journal of Hepatology*, **2003**, *38*, 107–117.

Charatan F. Bayer decides to withdraw cholesterol lowering drug. *British Medical Journal*, **2001**, *323*, 359.

Chardra P. & Brouwer K.L.R. The complexities of hepatic drug transport: current knowledge and emerging concepts. *Pharmaceutical Research*, **2004**, *21(5)*, 719–735.

Cormack D.H. Ham's Histology. Philadelphia: Lippincott, **1979**.

Crane G.E. The psychiatric side-effects of Iproniazid. *American Journal of Psychiatry*, **1956**, *112*, 494–501.

Cvetkovic M., Leake B., Fromm M.F., Wilkinson G.R. & Kim R.B. OATP and P-glycoprotein transporters mediate the cellular uptake and excretion of fexofenadine. *Drug Metab Dispos*, **1999**, *27*, 866–71.

Dahan A. & Altman H. Food-drug interaction: grapefruit juice augments drug bioavailability – mechanismm extent and relvance. *European Journal of Clinical Nutrition*, **2004**, *58*, 1–9.

Davies N.M., McLachlan A.J., Day R.O. & Williams K.M. Clinical pharmacokinetics and pharmacodynamics of celecoxib. *Clinical Pharmacokinetics*, **2000**, *38(3)*, 225–242.
de Wildt S.N., Kearns G.L., Leeder J.S. & van den Anker J.N. Glucuronidation in humans. Pharmacogenetic and developmental aspects. *Clinical Pharmacokinetics*, **1999**, *36(6)*, 439–452.
Diener U.L., Cole R.J., Sanders T.H., Payne G.A., Lee L.S. & Klich M.A. Epidemiology of aflatoxin formation by *Aspergillus flavus*. *Annual Reviews of Phytopathology*, **1987**, *25*, 249.
Ding X. & Kaminsky L.S. Human extrahepatic cytochromes P450: function in xenobiotic metabolism and tissue-selective chemical toxicity in the respiratory and gastrointestinal tracts. *Annual Reviews of Pharmacology and Toxicology*, **2003**, *43*, 149–173.
Doherty M.M. & Charman W.N. The mucosa of the small intestine. How clinically relevant as an organ of drug metabolism? *Clinical Pharmacokinetics*, **2002**, *41(4)*, 235–253.
Dollery C. (Hrsg.) Therapeutic drugs. Edinburgh: Churchill Livingstone, **1999**.
Dong H., Haining R.L., Thummel K.E., Rettie A.E. & Nelson S.D. Involvement of human cytochrome P450 2D6 in the bioactivation of acetaminophen. *Drug Metabolism and Disposition*, **2000**, *28*, 1397–1400.
DuBuske L.M. The role of P-glycoprotein and organic anion-transporting polypeptides in drug interactions. *Drug Safety*, **2005**, *28(9)*, 789–801.
Elias H. & Pauly J.E. Human microanatomy. Philadelphia: F.A. Davis, **1966**.
Endo A. The discovery and development of HMG-CoA reductase inhibitors. *Journal of Lipid Research*, **1992**, *33*, 1569–1582.
Endo A. The origin of the statins. *Atherosclerosis Supplements*, **2004**, *5*, 125–130.
Ettmayer P., Amidon G.L., Clement B. & Testa B. Lessons learned from marketed and investigational prodrugs. *Journal of Medicinal Chemistry*, **2004**, *47(10)*, 2393–2404.
Evans W.E. & Johnson J.A. Pharmacogenomics: the inherited basis for interindividual differences in drug response. *Annual Review of Genomics and Human Genetics*, **2001**, *2*, 9–39.
Fattinger K. & Meier-Abt P. Klinische Pharmakologie: Arzneimittel-Interaktionen – neben den P450-Cytochromen auch auf Arzneimitteltransporter achten! *Schweizerisches Medizin-Forum*, **2004**, *4*, 1306–1307.
Fawcett D.W. Bloom and Fawcett – A textbook of histology. New York, London: Chapman & Hall, **1994**.
Ferenci P., Zollner G. & Trauner M. Hepatic transport systems. *Journal of Gastroenterology and Hepatology*, **2002**, *17* (Supp), S105–S112.
Flockhart's Cytochrome P450 Drug-Interaction Table (Stand 17.10.**2006**) http://medicine.iupui.edu/flockhart/table.htm.
Geha R.S. & Meltzer E.O. Desloratadine: a new, nonsedating, oral antihistamine. *The Journal of Allergy and Clinical Immunology*, **2002**, *107 (4)*, 751–762.
Gibson G.G. & Skett P. Introduction to drug metabolism. London (etc.): Chapman & Hall, **1994**.
Glass C.K. & Witztum J.L. Atherosclerosis: The Road Ahead. *Cell*, **2001**, *104*, 503–516.
Gould AL., Rossouw J.E., Santanello N.C., Heyse J.F. & Furberg C.D. Cholesterol reduction yields clinical benefit. *Circulation*, **1998**, *97*, 946–952.
Graham D.J., Staffa J.A., Shatin D., Andrade S.E., La Grenade L., Gurwitz J.H. Chan K.A., Goodman M.J. & Platt R. Incidence of hospitalized rhabdomyolysis in patients treated with lipid-lowering drugs. *Journal of the American Medical Association*, **2004**, *292(21)*, 2585–2590.
Greenblatt D.J., von Moltke L.L., Harmatz J.S., Chen G., Weemhoff J.J., Jen C., Kelley C.J., LeDuc B.W. & Zinny M.A. Time course of recovery of cytochrome P450 3A function after single doses of grapefruit juice. *Clinical Pharmacology and Therapeutics*, **2003**, *74*, 121–129.
Grundy *et al.* Primary prevention of coronary heart disease: guidance from Framingham. *Circulation*, **1998**, *97*, 1876–1887.
Guengerich F.P. Cytochrom P450 and other enzymes in drug metabolism and toxicity. *The AAPS Journal*, **2006**, *8(1)*, E101–E111.

Guengerich F.P. Cytochrome P-450 3A4: regulation and role in drug metabolism. *Annual Reviews of Pharmacology and Toxicology*, **1999**, *39*, 1–17.

Guengerich F.P. Cytochromes P450, drugs, and diseases. *Molecular Interventions*, **2003**, *3(4)*, 194–204.

Hagenbuch B. & Meier P.J. Organic anion transporting polypeptides of the OATP/*SLC21* family: phylogenetic classification as OATP/*SLCO* superfamily, new nomenclature and molecular/functional properties. *Pflugers Arch – Eurpean Journal of Physiology*, **2004**, *447*, 653–665.

Hagenbuch B. & Meier P.J. The superfamily of organic anion transporting polypeptides. *Biochimica et Biophysica Acta*, **2003**, *1609*, 1–18.

Harris P.A. & Riegelman S. Influence of the route of administration on the area under the plasma concentration-time curve. *Journal of Pharmaceutical Sciences*, **1969**, *58(1)*, 71–75.

Iwai M., Suzuki H., Ieiri I., Otsubo K. & Sugiyama Y. Functional analysis of single nucleotide polymorphisms of hepatic organic anion transporter OATP1B1 (OATP-C). *Pharmacogenetics*, **2004**, *14*, 749–757.

Jacquemin E., Hagenbuch B., Stieger B., Wolkoff A.W. & Meier P.J. Expression cloning of a rat liver Na^+-independent organic anion transporter. *Proceedings of the National Academy of Science*, **1994**, *91*, 133–137.

Kiang T.K.L., Ensom M.H.H. & Chang T.K.H. UDP-Glucuronosyltransferases and clinical drug-drug interactions. *Pharmacology & Therapeutics*, **2005**, *106*, 97–132.

König J., Cui Y., Nies A.T. & Keppler D. A novel human organic anion transporting polypeptide localized to the basolateral hepatocyte membrane. *Am. J. Physiol. Gastrointest. Liver Physiol.*, **2000**, *278*, 156–161.

Kriby B.J.. & Unadkat J.D. Grapefruit juice, a glass full of drug interactions? *Clinical Pharmacology & Therapeutics*, **2007**, *81(5)*, 631–633.

Kullak-Ublick G.A., Stieger B. & Meier P.J. Enterohepatic bile salt transporters in normal physiology and liver disease. *Gastroenterology*, **2004**, *126*, 322–342.

Lee W.M. Acetaminophen and the U.S. acute liver failure study group: lowering the risks of hepatic failure. *Hepatology*, **2004**, *40(1)*, 6–9.

Lennernäs H. Clinical pharmakokinetics of atorvastatin. *Clinical Pharmacokinetics*, **2003**, *42(13)*, 1141–1160.

Lippert H. Lehrbuch Anatomie. München, Jena: Urban & Fischer, **2003**.

Lötsch J. Opioid metabolites. *Journal of Pain and Symptom Management*, **2005**, *29(5)*, S10–S24.

Mackenzie P.I. *et al.* Nomenclature update for the mammalian UDP glycosyltransferase (*UGT*) gene superfamily. *Pharmacogenetics and Genomics*, **2005**, *15*, 677–685.

Mackenzie P.I. *et al.* The UDP glycosyltransferase gene superfamily: recommended nomenclature based on evolutionary divergence. *Pharmacogenetics*, **1997**, *7(4)*, 255–269.

Marzolini C., Tirona R.G. & Kim R.B. Pharmacogenomics of the OATP and OAT families. *Future Medicine*, **2004**, *5(3)*, 273–282.

McLean M. & Dutton M.F. Cellular interactions and metabolism of aflatoxin: an update. *Pharmacology & Therapeutics*, **1995**, *65*, 163–192.

Miners J.O. & MacKenzie P.I. Drug glucuronidation in humans. *Pharmacology & Therapeutics*, **1991**, *51*, 347–369.

Miyazaki H., Sekine T. & Endou H. The multispecific organic anion transporter family: properties and pharmacological significane. *Trends in Pharmacological Sciences*, **2004**, *25(12)*, 654–662.

Mück W. Rational assessment of the interaction profile of cerivastatin supports its low propensity for drug interactions. *Drugs*, **1998**, *56(Suppl. 1)*, 15–23.

Mück W., Mai I., Fritsche L., Ochmann K., Rohde G., Unger S., Johne A., Bauer S., Budde K., Roots I., Neumayer H. & Kuhlmann J. Increase in cerivastatin systemic exposure after single and multiple dosing in cyclosporine-treated kidney transplant recipients. *Clinical Pharmacology and Therapeutics*, **1999**, *65(3)*, 251–61.

Nebert D.W. Suggestions for the nomenclature of human alleles: relevance to ecogenetics, pharmacogenetics and molecular epidemiology. *Pharmacogenetics*, **2000**, *10(4)*, 279–290.

Nelson *et al.* P450 superfamily: update on new sequences, gene mapping, accession numbers and nomenclature. *Pharmacogenetics*, **1996**, *6(1)*, 1–42.

Niemi M., Backman J.T., Kajosaari L.I., Leathart J.B., Neuvonen M., Daly A.K., Eichelbaum M., Kivistö K.T. & Neuvonen P.J. Polymorphic organic anion transporting polypeptide 1B1 is a major determinant of repaglinide pharmacokinetics. *Clinical Pharmacology and Therapeutics*, **2005**, *77*, 468–478.

Niemi M., Kivistö K.T., Hofmann U., Schwab M., Eichelbaum M. & Fromm M.F. Fexofenadine pharmakokinetics are associated with a polymorphism of the *SLCO1B1* gene (encoding OATP1B1). *British Journal of Clinical Pharmacology*, **2005**, *59(5)*, 602–604.

Niemi M., Schaeffeler E., Lang T., Fromm M.F., Neuvonen M., Kyrklund C., Backman J.T., Kerb R., Schwab M., Neuvonen P.J., Eichelbaum M. & Kivistö K.T. High plasma pravastatin concentrations are associated with single nucleotide polymorphisms and haplotypes of organic anion transporting polypeptide-C (*OATP-C, SLCO1B1*). *Pharmacogenetics*, **2004**, *14*, 429–440.

Nishizato *et al.* Polymorphisms of OATP-C (SLC21A6) and OAT3 (SLC22A8) genes: consequences for pravastatin pharmacokinetics. *Clinical Pharmacology and Therapeutics*, **2003**, *73(6)*, 554–565.

Owen D.R. Repaglinide – prandial glucose regulator: a new class of oral antidiabetic drugs. *Diabetic Medicine*, **1998**, *15 (Suppl. 4)*, S28–S36.

Paine M.F., She D.D., Kunze K.L., Perkins J.D., Marsh C.L., McVicar J.P., Barr D.M., Gillies B.S. & Thummel K.E. First-pass metabolism of midazolam by the human intestine. *Clinical Pharmacology & Therapeutics*, **1996**, *60(1)*, 14–24.

Regazzi M.B., Iacona I., Campana C., Raddato V., Lesi C., Perani G., Gavazzi A. & Vigano M. Altered disposition of pravastatin following concomitant drug therapy with cyclosporin A in transplant recipients. *Transplant Proceedings*, **1993**, *25(4)*, 2732–2734.

Ritter C.A. & Kroemer H.K. Interaktions- und Nebenwirkungspotential der Statine. *Pharmazie in unserer Zeit*, **2003**, *32(6)*, 490–497.

Saito M., Hirata-Koizumi M., Matsumoto M., Urano T. & Hasegawa R. Undesirable effects of citrus juice on the pharmacokinetics of drugs. *Drug Safety*, **2005**, *28(8)*, 677–694.

Shitara Y., Hitoshi H. & Yuichi S. Evaluation of drug-drug interaction in the hepatobiliary and renal transport of drugs. *Annual Review of Pharmacology and Toxicology*, **2005**, *45*, 689–723.

Shitara Y., Itoh T., Sato H., Li A.P. & Sugiyama Y. Inhibition of transporter-mediated hepatic uptake as a mechanism for drug-drug interaction between cerivastatin and cyclosporin A. *The Journal of Pharmacology and Experimental Therapeutics*, **2003**, *304(2)*, 610–616.

Shitara Y., Masaru H., Hitoshi S. & Yuichi S. Gemfibrozil and its glucuronide inhibit the organic anion transporting polypeptide 2 (OATP2/OATP1B1:*SLC21A6*)-mediated hepatic uptake and CYP2C8-mediated metabolism of cerivastatin: analysis of the mechanism of the clinically relevant drug-drug interaction between cerivastatin and gemfibrozil. *The Journal of Pharmacology and Experimental Therapeutics*, **2004**, *311(1)*, 228–236.

Simonson S.G., Raza A., Martin P.D., Mitchell P.D., Jarcho J.A., Brown C.D., *et al.* Rosuvastatin pharmacokinetics in heart transplant recipients administered an antirejection regimen including cyclosporine. *Clinical Pharmacology and Therapeutics*, **2004**, *76*, 167–77.

Smith N.F., Acharya M.R., Desai N., Figg W.D. & Sparreboom A. Identification of OATP1B3 as a High-Affinity Hepatocellular Transporter of Paclitaxel. *Cancer Biology and Therapy*, **2005**, *4(8)* 815–818.

Spear B.B., Heath-Chiozzi M. & Huff J. Clinical application of pharmacogenetics. *Trends in Molecular Medicine*, **2001**, *7(5)*, 201–204.

Staffa J.A., Chang J. & Green L. Cerivastatin and reports of fatal rhabdomyolysis. *New England Journal of Medicine*, **2002**, *346(7)*, 539–540.

Stark H. Medizinisch-chemische Aspekte von Statinen. *Pharmazie in unserer Zeit*, **2003**, *32(6)*, 464–469.

Testa B. & Krämer S.D. The biochemistry of drug metabolism: an introduction part 1. Principles and overview. *Chemistry & Biodiversity*, **2006**, *3(10)*, 1053–1101.
Testa B. & Mayer J.M. Design of intramolecularly activated prodrugs. *Drug Metabolism Reviews*, **1998**, *30(4)*, 787–807.
Testa B. & Mayer J.M. Hydrolysis in drug and prodrug metabolism: chemistry, biochemistry and enzymology. Zürich: Helvetica Chimica Acta, **2003**.
Testa B. Drug Metabolism. In: Wolff M.E (Hrsg.) Burger's Medicinal chemistry and drug discovery, Volume 1: Principles and practice. New York (etc.): John Wiley & Sons, **1995**.
Thummel E.K., Kunze K.L. & Shen D.D. Enzyme-catalyzed processes of first-pass hepatic and intestinal drug extraction. *Advanced Drug Delivery Reviews*, **1997**, *27*, 99–127.
Thummel E.K., Kunze K.L. & Shen D.D. Enzyme-catalyzed processes of first-pass hepatic and intestinal drug extraction. *Advanced Drug Delivery Reviews*, **1997**, *27*, 99–127.
Tirona R.G., Leake B.F., Merino G. & Kim R.B. Polymorphisms in OATP-C. *The Journal of Biological Chemistry*, **2001**, *276(38)*, 35669–35675.
Tirona R.G., Leake B.F., Wolkoff A.W. & Kim R.B. Human organic anion transporting polypeptide-C(SLC21A6) is a major determinant of rifampin-mediated pregnane X receptor activation. *The Journal of Pharmacology and Experimental Therapeutics*, **2003**, *304(1)*, 223–228.
Tukey R.H. & Strassburg C.P. Human UDP-Glucuronosyltransferases: metabolism, expression, and disease. *Annual Reviews of Pharmacology and Toxicology*, **2000**, *40*, 581–616.
van Dorp E.L.A., Romberg R., Sarton E., Bovill J.G. & Dahan A. Morphine-6-glucuronide: morphine's successor for postoperative pain relief? *Anaesthesia & Analgesia*, **2006**, *102*, 1789–1797.
Vogt A. & Steinhagen-Thiessen E. Welchen Einfluss hat die Ernährung auf die Lipide? *Pharmazie in unserer Zeit*, **2003**, *32(6)*, 452–457.
Wang J-S., Neuvonen M., Wen X., Backman J.T. & Neuvonen P.J. Gemfibrozil inhibits CYP2C8-mediated cerivastatin metabolism in human liver microsomes. *Drug Metabolism and Disposition*, **2002**, 30(12), 1352–1356.
Warren J.D., Blumbergs P.C. & Thompson P.D. Rhabdomyolysis: a review. *Muscle and Nerve*, **2002**, *25*, 332–347.
Watkins P.B. Role of cytochromes P450 in drug metabolism and hepatotoxicity. *Seminars in Liver Disease*, **1990**, *10(4)*, 235–250.
Welsch U. Sobotta – Lehrbuch Histologie. München, Jena: Urban & Fischer, **2006**.
Wester M.R., Yano J.K., Schoch G.A., Yang C., Griffin K.J., Stout C.D., Johnson E.F. The structure of human cytochrome P450 2C9 complexed with flurbiprofen at 2.0-A resolution. *Journal of Biological Chemistry*, **2004**, *279 (34)*, 35630–35637.
Wilkinson G.R. Drug metabolism and variability among patients in drug response. *The New England Journal of Medicine*, **2005**, *352 (21)*, 2211–2221.
Woosley R.L., Chen Y., Freiman J.P., Gillis R.A. Mechanism of the cardiotoxic actions of terfenadine. *Journal of the American Medical Association*, **1993**, *269(12)*, 1532–1536.
Zanger U.M., Raimundo S. & Eichelbaum M. Cytochrome P450 2D6: overview and update on pharmacology, genetics, biochemistry. *Naunyn Schmiedeberg's Archives of Pharmacology*, **2004**, *369*, 23–27.
Zhang Q-Y., Dunbar D., Ostrowska A., Zeisloft S., Yang J. & Kaminsky L. Characterization of human small intestinal cytochromes P-450. *Drug Metabolism and Dispostion*, **1999**, *27(7)*, 804–809.

5
Verteilung zum Target

Nach der erfolgreichen intestinalen Absorption und der ersten Leberpassage gelangt ein pharmazeutischer Wirkstoff mit dem venösen Blut über die untere Hohlvene zum Herzen und wird von dort aus über den Blutkreislauf in den ganzen Körper zu seinen molekularen Targets verteilt.

Um aus den Blutkapillaren in das Gewebe und zu den entsprechenden Rezeptoren zu gelangen, muss der Wirkstoff zelluläre Barrieren passieren. Dabei spielen erneut Membranen und die bereits diskutierten Transportprozesse eine entscheidende Rolle dafür, ob der Wirkstoff sein Ziel erreichen kann. Besonders stark reguliert ist die Verteilung in das zentrale Nervensystem. Die Blut-Hirn-Schranke stellt eine Hürde dar, die nur wenige Wirkstoffe überwinden können. Dies ist für die Behandlung von Erkrankungen des Nervensystems wie zum Beispiel Psychosen, Infektionskrankheiten oder Demenzerkrankungen ein signifikantes Problem.

5.1
Verteilung ins Gehirn

Andrea Dür

5.1.1
Die Blut-Hirn-Schranke

Unser Gehirn stellt nur etwa 2 % der Körpermasse dar (s. Abb. 5.1), ist jedoch für alle wichtigen Funktionen unseres Körpers verantwortlich: Es ist der Ursprung unserer Gedanken, unserer Handlungen und kontrolliert unseren Körper. Es kann als das wichtigste Organ von allen betrachtet werden – die Steuerzentrale des Körpers (Paulson, 2002).

Die Komplexität der Funktionen spiegelt sich auch in seinem Aufbau wider. Neuronen (Nervenzellen) und Gliazellen, im Speziellen die Astrozyten, sind die wichtigsten Zellen des zentralen Nervensystems. Unser Gehirn besteht aus der unglaublichen Anzahl von etwa 10^{11} Neuronen (Paulson, 2002). Zudem kann jedes Neuron bis zu 10 000 Verbindungen eingehen. Die Neuronen inter-

Moderne Pharmakokinetik. Beat Ernst, Alexander Vögtli

ISBN: 978-3-527-32376-0

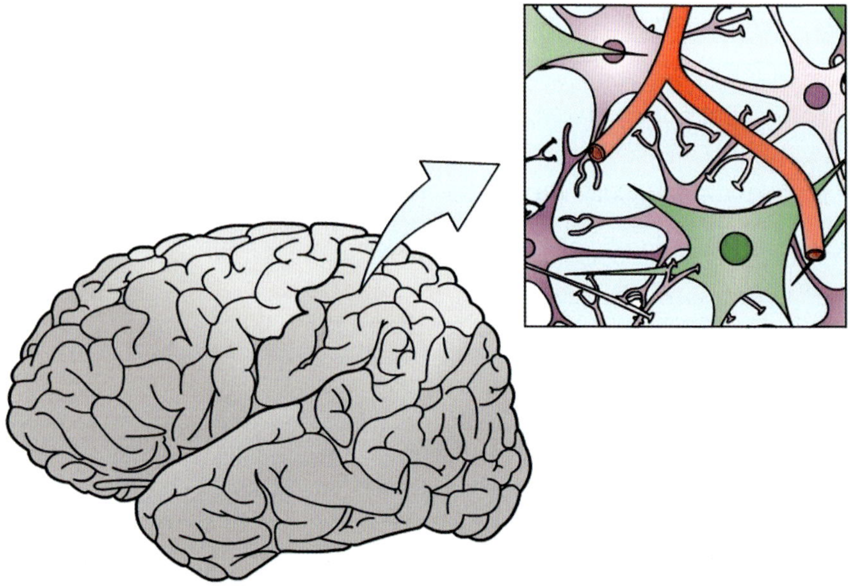

Abb. 5.1 Gehirn und Hirngewebe: Neuronen (grün), Astrozyten (violett), Blutgefäß (rot) (nach Abbott, Rönnbäck & Hansson, 2006).

agieren nicht nur untereinander, sondern auch mit Gliazellen und somit indirekt, wie wir später sehen werden, mit den Endothelzellen der Gehirnkapillaren.

Obwohl das Gehirn nur ein Gewicht von ~1200 g (Frau) und ~1350 g (Mann) aufweist (Lippert, 2003, 2), wird es mit 15 % des kardialen Auswurfs versorgt (Thews, Mutschler & Vaupel, 1991). Dies demonstriert den enormen Bedarf des Gehirns an Nährstoffen, Energie und Sauerstoff, um seine Funktionen aufrecht erhalten zu können (Abbott, Rönnbäck & Hansson, 2006).

Die Versorgung des Gehirns erfolgt durch 4 Arterien: zwei *Aa. carotides internae* (innere Kopfarterien) und zwei *Aa. vertebrales* (Wirbelarterien), wobei sich diese über Verbindungsarterien zum *Circulus arteriosus* zusammenschließen. Von dieser Struktur zweigen viele verschiedene Äste ab, wodurch das Gehirn durch ein erstaunlich großes Netzwerk an Blutgefäßen versorgt wird (Lippert, 2003, S. 512–515). Die Länge aller Hirnkapillaren beträgt ~643 km (etwa die Distanz von Basel bis Nizza) und die Fläche ~20 m^2. Es ist somit auch nicht verwunderlich, dass Hirnkapillaren und Nervenzellen unmittelbar nebeneinander liegen. Ein Neuron ist zwischen 8–20 μm vom nächstgelegenem Blutgefäß entfernt (Pardridge, 2002; Abbott, Rönnbäck & Hansson, 2006).

Treiben wir Sport, geht unter anderem Wasser durch Schwitzen verloren, nehmen wir Nahrung zu uns, werden Nährstoffe aufgenommen. Dadurch verändert sich die Zusammensetzung des Körpers, seine Ionenzusammensetzung wird beeinflusst (Abbott, Rönnbäck & Hansson, 2006). Weshalb wird die Signalübertragung in unserem Gehirn durch die veränderte Ionenkonzentration im Körper nicht gestört? Die Erklärung liefert die genaue Betrachtung der Versorgung des Gehirns mit Blut. Der Austausch zwischen dem Blut und dem neuronalen Gewebe oder den Flüssigkeitsräumen des Gehirns wird durch drei Barrieren reguliert: Die Blut-Hirn-Schranke, die Blut-Liquor-Schranke und das Arachnoid-Epithelium der Hirnhaut.

- Die **Blut-Hirn-Schranke (BHS)** befindet sich zwischen dem Blut und der interstitiellen Flüssigkeit des Gehirns – Tight Junctions sind zwischen den Endothelzellen der Gehirnkapillaren lokalisiert und führen dadurch zu einer starken Abdichtung des kapillaren Lumens (Kim *et al.*, 2006).
- Die **Blut-Liquor-Schranke** befindet sich zwischen dem Blut und der Zerebrospinalflüssigkeit. Sie weist Tight Junctions zwischen den Epithelzellenzellen des *Plexus choroideus* auf; hingegen sind die Gehirnkapillaren fenestriert (Kim *et al.*, 2006).
- **Das Arachnoid-Epithelium** befindet sich zwischen dem Blut und der subarachnoidalen Zerebrospinalflüssigkeit und weist Tight Junctions zwischen den Meningealzellen auf (Welsch, 2006, 202).

Diese Barrieren regulieren die ionische Homöostase im Gehirn, indem sie die parazelluläre Diffusion stark unterbinden und der Einlass von Ionen über Transportproteine an den Zellmembranen selektiv kontrolliert wird (Abbott, 2004). Wir werden uns in diesem Kapitel ausschließlich mit der Blut-Hirn-Schranke befassen, weil sie für die Verteilung von Medikamenten zum zentralen Nervensystem (ZNS) eine zentrale Rolle spielt.

Auch unser Gehirn bleibt nicht von Krankheiten unversehrt – die WHO prognostiziert, dass die ZNS-Erkrankungen im 21. Jahrhundert zunehmen werden (Palmer & Stephenson, 2005). Damit diese Krankheiten mit Medikamenten gelindert werden können, müssen diese an ihren Zielort im Gehirn gelangen. Dazu müssen die Pharmaka die Blut-Hirn-Schranke passieren. Dies ist jedoch eine große Herausforderung, da die Blut-Hirn-Schranke sehr selektiv ist und ~100 % der großen Moleküle und ~98 % der kleinen Moleküle die Blut-Hirn-Schranke nicht überwinden können (Pardridge, 2005).

Einflüsse bei der Überquerung der BHS

Ziel dieses Kapitels ist es, durch Kenntnis der verschiedenen Faktoren, welche die Aufnahme von Medikamenten ins Gehirn beeinflussen (s. Abb. 5.2), die Gehirngängigkeit eines pharmazeutischen Wirkstoffes über die BHS abschätzen zu lernen.

Geschichte. Die Existenz der BHS wurde vor über 100 Jahren von Paul Ehrlich und Edwin E. Goldman nachgewiesen. Wenn Farbstoffe in die periphere Blutzirkulation gespritzt wurden, konnte eine schnelle Verteilung in alle Organe nachgewiesen werden. Nur das Gehirn und das Rückenmark blieben ungefärbt (Ehrlich, 1885). Ehrlich begründete diese Beobachtung mit einer fehlenden Affinität des Nervengewebes gegenüber dem Farbstoff. Erst Lewandowsky führte zur Beschreibung dieses Phänomens die eigentliche Bezeichnung Blut-Hirn-Schranke

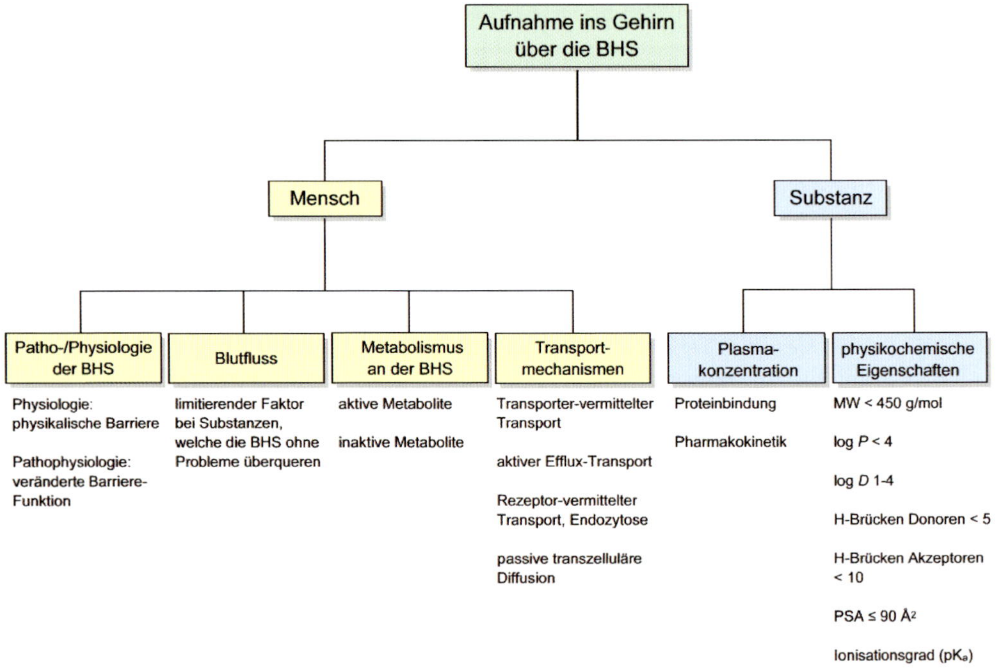

Abb. 5.2 Einflussfaktoren bei der Aufnahme eines Medikamentes ins Gehirn. Die Einflussfaktoren können in zwei miteinander interagierende Gruppen unterteilt werden: vom Menschen abhüngige oder von der Substanz abhängige Faktoren.

(engl.: blood brain barrier, BBB) ein (Lewandowsky, 1900). Einige Jahre später fand Goldman, dass die Injektion von Tryptan-Blau in die Zerebrospinalflüssigkeit eine Färbung des Gehirns hervorrief, der Farbstoff aber nicht in die Peripherie gelangte (Goldman, 1909). Umgekehrt führte die intravenöse Injektion zu einer Färbung des Choroid-Plexus und der Hirnhaut, jedoch nicht des Gehirns (Goldman, 1913). Aufgrund dieser Beobachtungen wurde angenommen, dass eine Barriere zwischen dem Zentralnervensystem und der peripheren Blutzirkulation für die Farbstoffe existiert. Diese Erkenntnisse waren die Geburtsstunde des Konzeptes der BHS.

Lokalisation. Die BHS erstreckt sich entlang des ZNS – Gehirn und Rückenmark (s. Abb. 5.3). Die Lokalisation der BHS konnte unter anderem mittels [^{14}C]-Histamin, das intravenös in eine Maus appliziert worden war, aufgezeigt werden. Ein kleines Molekül wie Histamin (MW 114,14) kann die porösen Endothelzellen der peripheren Kapillaren ungehindert überqueren, jedoch nicht die BHS im Gehirn und im Rückenmark (Pardridge *et al.*, 1986). Dieses Ergebnis zeigt exemplarisch die Problematik der BHS in der Entwicklung von ZNS-gängigen Medikamenten.

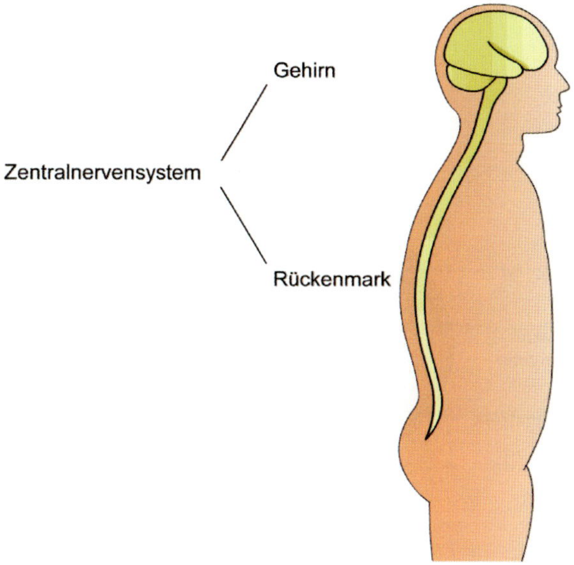

Abb. 5.3 Lokalisation der Blut-Hirn-Schranke. Die BHS umgibt das Zentralnervensystem: Gehirn und Rückenmark.

Dimensionen der BHS (Pardridge, 2002; Abbott, Rönnbäck & Hansson, 2006):

- Oberfläche: ~20 m^2
- Totale Kapillarlänge: ~643 km
- Volumen der BHS: ~1,2 ml, entspricht 0,1 % des Gehirnvolumens (bezogen auf ein durchschnittliches Gewicht von 1200 g eines humanen Gehirns)
- Distanz zwischen den Neuronen und den Kapillaren im Gehirn: ~8–20 µm.

Aufbau. Die BHS ist nicht starr, sondern eine komplexe und dynamische Struktur, die durch die Interaktionen ihrer zellulären Bestandteile bestimmt wird (Balabanov & Dore-Duffy, 1998). Eine Hirnkapillare ist aus drei zellulären Elementen aufgebaut (s. Abb. 5.4; Pardridge, 2002):

- Endothelzellen
- Perizyten
- Astrozyten-Endfüßchen.

Sie ist von innen nach außen wie folgt aufgebaut: Das Lumen der Hirnkapillare ist durch Endothelzellen begrenzt. Diese bilden eine einheitliche, dünne Schicht ohne Fenestrationen – eine Kapillare vom kontinuierlichen Typ. An die basolaterale Membran der Endothelzellen fügen sich die Perizyten an. Beide Zelltypen – die Endothelzellen und die Perizyten – werden von einer Basalmembran umgeben (Kim *et al.*, 2006; Hawkins & Davis, 2005). Die Basalmembran wird zu über 99 % von Astrozyten-Endfüßchen umschlossen (Pardridge, 2002). Im perivaskulären Raum befinden sich zusätzlich noch Mikrogliazellen und Neuronen (Abbott, Rönnbäck & Hansson, 2006).

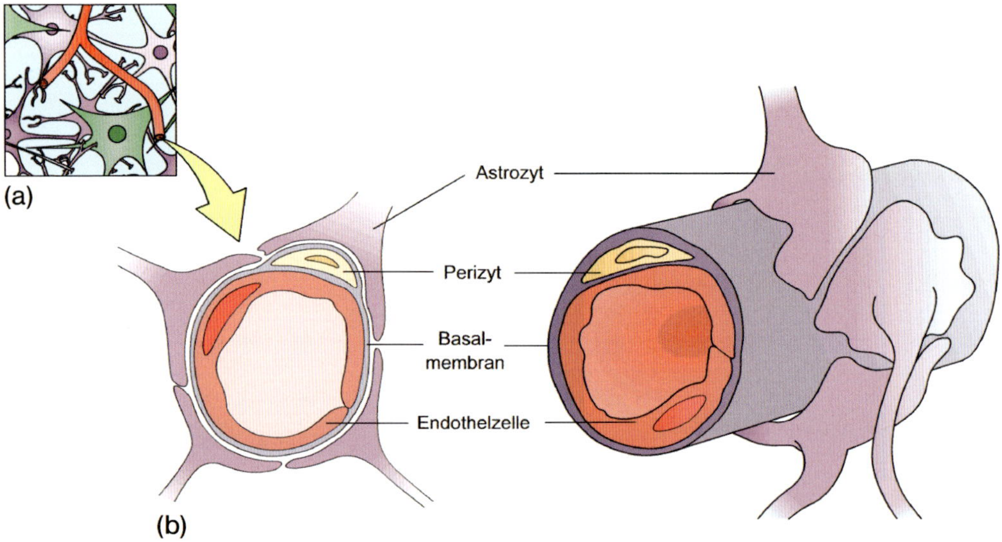

Abb. 5.4 (a) Aufbau des Hirngewebes. Die zwei wichtigsten Zelltypen, die das Gehirn aufbauen, sind die Neuronen (grün) und die Gliazellen, im Speziellen die Astrozyten (violett). Der Ort des Stoffaustausches zwischen dem Blut und der Hirnsubstanz ist in den Hirnkapillaren (nach Abbott, Rönnbäck & Hansson, 2006). (b) Querschnitt einer Hirnkapillare. Die Hirnkapillare wird als Blut-Hirn-Schranke bezeichnet, welche eine selektiv durchlässige Barriere bildet. Die BHS ist der wichtigste limitierende Faktor beim Übertritt eines Medikamentes aus dem Blut ins Gehirn und erschwert die Entwicklung von gehirngängigen Medikamenten (nach Allt & Lawrenson, 2001).

Funktion. Die Regulation eines konstanten Milieus, die Versorgung des Gehirns mit Nährstoffen und der Abtransport von Abbauprodukten sind die Hauptaufgaben der BHS (s. Abb. 5.5; Abbott, Rönnbäck & Hansson, 2006; Bickel, Yoshikawa & Pardridge, 2001). Fast 100 % der großen Moleküle (> 400 Da) und mehr als 98 % der kleinen Moleküle können die BHS nicht überqueren (Pardridge, 2005). Damit wird eine präzise regulierte neuronale Mikroumgebung sichergestellt, welche für die richtige Funktion der Neuronen entscheidend ist (Kim *et al.*, 2006). Eine hermetische Abriegelung des Gehirns gegenüber der Peripherie und selektive Transportmechanismen an der luminalen und basolateralen Endothelzellmembran der Gehirnkapillaren tragen zur Erfüllung der Funktion bei.

Die physikalische Trennung von Gehirn und Blut macht die Unterscheidung zwischen den peripher und zentral wirksamen neuroaktiven Substanzen möglich. Zudem wird die Beeinträchtigung der Signalprozesse durch Fluktuationen in der Ionenzusammensetzung des Gehirns verhindert.

Die Blut-Hirn-Schranke: eine Diffusionsbarriere. Die Diffusionsbarriere der Hirnkapillaren, welche für die meisten Verbindungen unüberwindbar ist, wird durch die Tight Junctions (s. Abb. 5.7) und die Endothelzellen gebildet. Die Tight Junctions, welche sich zwischen den Endothelzellen befinden, bewirken

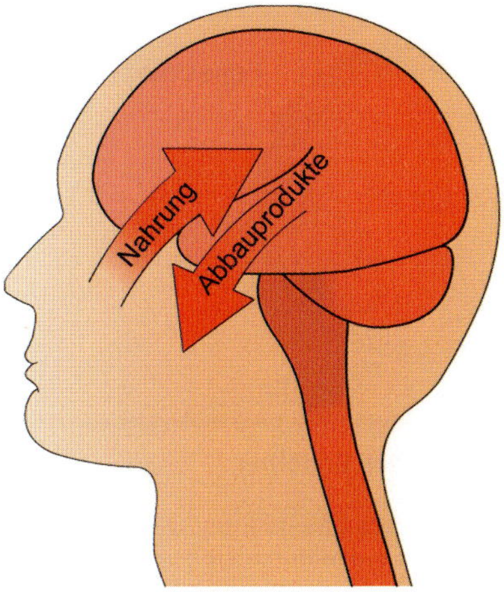

Abb. 5.5 Funktionen der BHS. Die BHS übt drei wichtige Funktionen aus: 1. Regulation eines konstanten Milieus 2. Versorgung des Gehirns mit Nährstoffen und 3. Abtransport von Abbauprodukten aus dem Gehirn ins Blut.

eine starke Abdichtung des kapillaren Lumens, wodurch die parazelluläre Diffusion vermindert wird. Die Diffusion erfolgt deshalb hauptsächlich auf dem transendothelialen Weg (Kim *et al.*, 2006; Abbott, Rönnbäck & Hansson, 2006). Somit bilden die Endothelzellen die Hauptdiffusionbarriere aus (Bickel, Yoshikawa & Pardridge, 2001; Hawkins *et al.*, 2006). Kleine Gasmoleküle, wie zum Beispiel O_2 oder CO_2, können frei durch die Lipidmembranen diffundieren. Auf dem gleichen Weg können auch kleine lipophile Substanzen die BHS überwinden, u.a. Barbiturate oder Ethanol (Abbott, Rönnbäck & Hansson, 2006).

Endothelzellen. Die Endothelzellen der BHS (s. Abb. 5.6 a) kleiden die Hirnkapillaren aus und haben folgenden Aufbau/Funktion (Kim *et al.*, 2006):

- Fehlen von Fenestrierungen
- Tight Junctions zwischen den Endothelzellen
- geringe Anzahl an Pinozytose-Vesikeln
- aktiver Metabolismus
- hoher Gehalt an Mitochondrien (8–11 % des gesamten Volumen der Endothelzellen; es wird vermutet, dass sie die Energie für die Ausbildung der Tight Junctions und für Transportprozesse liefern; Prat *et al.*, 2001).

Wie sind die Endothelzellen miteinander verbunden? Die Endothelzellen werden durch Tight Junctions und Adherens Junctions miteinander verknüpft, welche auf zellulärer Ebene miteinander in Kontakt stehen (s. Abb. 5.7; Ballabh, Braun & Nedergaard, 2004).

Adherens Junctions (AJ). Die AJ sind in den Hirnkapillaren zwischen den Endothelzellen in der Nähe der Hirn-zugewandten Plasmamembranseite lokalisiert (Brown & Davis, 2002). Eine sehr wichtige Funktion der AJ ist die Ausbildung des ersten Kontaktes zwischen zwei angrenzenden Endothelzellen, da dies für die richtige Bildung der Tight Junctions entscheidend ist. Es konnte gezeigt wer-

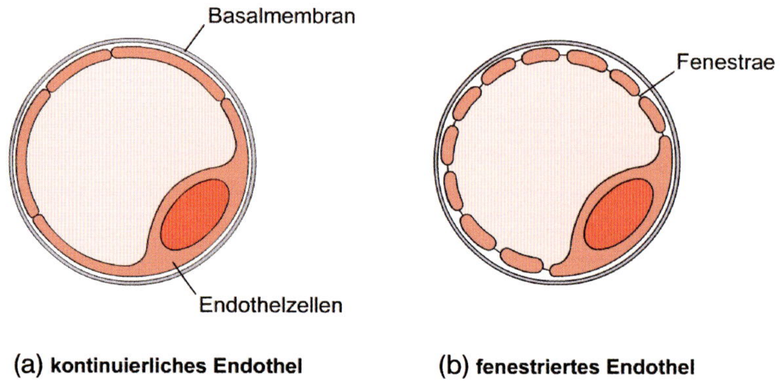

Abb. 5.6 (a) Die Gehirnkapillaren weisen ein kontinuierliches Endothel auf, wodurch das kapillare Lumen stark abgedichtet wird. Der unkontrollierte Übertritt von Substanzen aus dem Blut ins Gehirn oder umgekehrt wird dadurch erschwert. (b) Ein fenestriertes Endothel, welches unter anderem in der Darmschleimhaut vorzufinden ist, weist Fenestrationen, *Fenestrae* genannt, auf. Diese sind porenähnlich und haben einen Durchmesser von etwa 80–100 nm. Die kleinen Öffnungen werden durch ein Diaphragma verschlossen. Dieses Diaphragma ist durchlässig für Substanzen. Deshalb führt ein fenestriertes Endothel zu einer verringerten Abdichtung des kapillaren Lumens. Die Basalmembran ist kontinuierlich und erstreckt sich über die *Fenestrae* hinweg (nach Cleaver & Melton, 2003).

den, dass bei einem Bruch der AJ die Tight Junctions eine erhöhte Permeabilität aufweisen. AJ leisten nur einen geringen Beitrag zur Einschränkung der parazellulären Diffusion (Staddon & Rubin, 1996).

Tight Junctions (TJ). TJ verschließen den Zellraum zwischen zwei Endothelzellen auf der Blut-zugewandten Plasmamembranseite. Sie sind verantwortlich für die Ausbildung der physikalischen Barriere, welche die parazelluläre Diffusion und damit den unkontrollierten Übertritt von Ionen, Aminosäuren und Peptiden über Endothelzellen ins Gehirn verhindert. Sie zwingt die meisten Moleküle, die BHS transzellulär zu überwinden (Kim *et al.*, 2006; Abbott, Rönnbäck & Hansson, 2006; Brown & Davis, 2002).

Die TJ sind nicht nur für die Verminderung der parazellulären Permeabilität zuständig (gate function), sondern führen zudem zu einer Polarisierung der Endothelzellen (fence function). Dies erfolgt durch die Unterteilung der apikalen (Blut-zugewandten) und basalen (Blut-abgewandten) Domänen der Zellmembran (Abott, Rönnbäck & Hanssson, 2006). Die TJ im Gehirn unterscheiden sich von anderen TJ, z.B. jenen im Darm, durch ihre starke Abdichtung (Abbott, Rönnbäck & Hanssson, 2006; Butt *et al.*, 1990).

Der Aufbau der TJ soll hier nur kurz beschrieben werden (s. Abschnitt „Parazellulärer Transport“). Der TJ-Komplex setzt sich zusammen aus drei integralen Proteinen: Occlaudin (Regulation der TJ), Claudin (Erstellung der Barrierefunktion) und Junctional Adhesions Molekülen (JAM, Organisation der Struktur

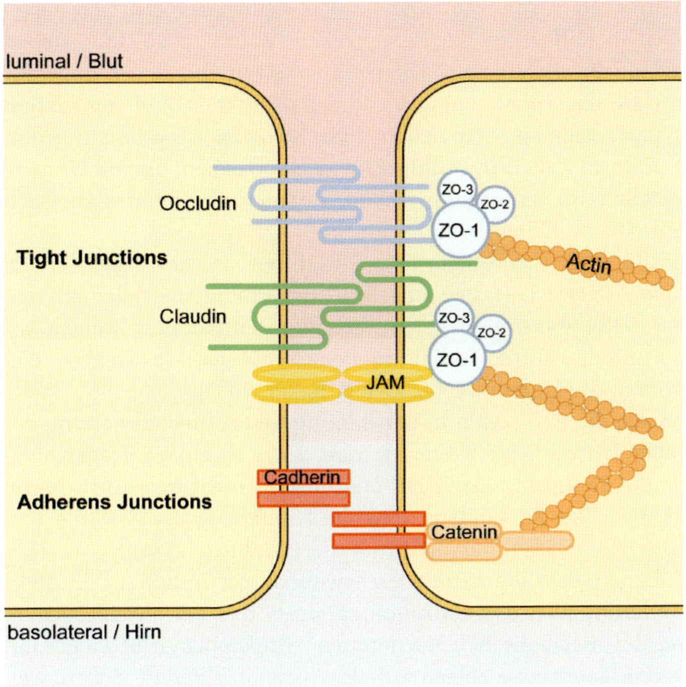

Abb. 5.7 Verbindungskomplex der Endothelzellen der BHS. Adherens Junctions bilden den ersten Zellkontakt zwischen zwei angrenzenden Endothelzellen aus. Dieser Vorgang ist essentiell für die richtige Ausbildung der Tight Junctions und erfolgt durch Cadherin. Tight Junctions üben die physikalische Blockade der parazellulären Diffusion aus, folglich unterbinden sie den unkontrollierten Übertritt von Substanzen.

und der Erhaltung der TJ) sowie einer Reihe von zytoplasmatischen Proteinen unter anderem ZO-1, ZO-2, ZO-3 und Cingulin. Die zytoplasmatischen Proteine verbinden auf der intrazellulären Seite die transmembranären Proteine mit dem Zytoskelett der Endothelzelle (Wolburg & Lippoldt, 2002).

Modulation der Barrierefunktion. Die Barrierefunktion der Endothelzellen des Gehirns kann durch verschiedene endogene und exogene Stoffe moduliert werden – unter anderem Zytokine, reaktive Sauerstoff-Spezies (ROS) und vasoaktive Substanzen. Die Dichtigkeit der BHS ist also nicht konstant: Zum Beispiel führt ein erhöhter Calcium-Spiegel zur Öffnung der TJ und eine Verstärkung der Barrierefunktion kann mittels zyklischem AMP erfolgen.

Die Modulationfähigkeit der Permeabilität der Endothelzellen, kann als Ansatz für eine Therapie ausgenutzt werden, zum Beispiel durch „Öffnen“ der BHS zur Erhöhung des Medikamenten-Transportes ins Gehirn (Abbott, Rönnbäck & Hansson, 2006; Butt *et al.*, 1990).

Astrozyten. Die Astrozyten (s. Abb. 5.8) sind Neurogliazellen des ZNS und haben wichtige Funktionen als Hilfszellen der Nervenzellen (Welsch, 2006, 182). Neben den Neuronen sind sie die wichtigsten Zelltypen im Gehirn und stellen ungefähr 90 % der Gehirnmasse dar. In Abhängigkeit ihrer Lokalisation und Assoziation mit anderen Zelltypen zeigen sie verschiedene Morphologien. Als große, sternförmige (lat.: *astrum* = Stern) Zellen mit zahlreichen Zellfortsätzen, die mit Nervenzellen und Blutgefäßen in Verbindung stehen, nehmen sie einen strategisch wichtigen Platz ein (Gee & Keller, 2005).

Astrozyten-Endfüße bilden rosettenartige Strukturen an der basolateralen Membran, wobei ein Astrozyt Fortsätze zu verschiedenen Endothelzellen aussendet (Kacem *et al.*, 1998). Astrozyten haben vielfältige Funktionen, welche vor allem dem Aufbau und der Aufrechterhaltung der Homöostase des Gehirns dienen (Abbott, Rönnbäck & Hansson, 2006; Gee & Keller, 2005).

Welche Rolle spielen die Astrozyten in der Bildung und Aufrechterhaltung der BHS? In den 1980er Jahren zeigten Stewart und Wiley in einem Transplantationsversuch, dass die Fähigkeit, eine BHS auszubilden nicht eine intrinsische Fähigkeit der Endothezellen ist, sondern, dass die Umgebung des ZNS die Barrierefunktion in den Blutgefäßen hervorruft (Stewart & Wiley, 1981).

Es gibt starke Indizien, dass die Astrozyten sowohl an der Induktion der BHS als auch an der Änderung aller drei Barrierefunktionen, d.h. der physikalischen, der Transport- und der metabolischen Barriere der Hirnkapillaren beteiligt sind (s. Abb. 5.9). Neuere Erkenntnisse zeigen auf, dass sich auch andere Zellen, wel-

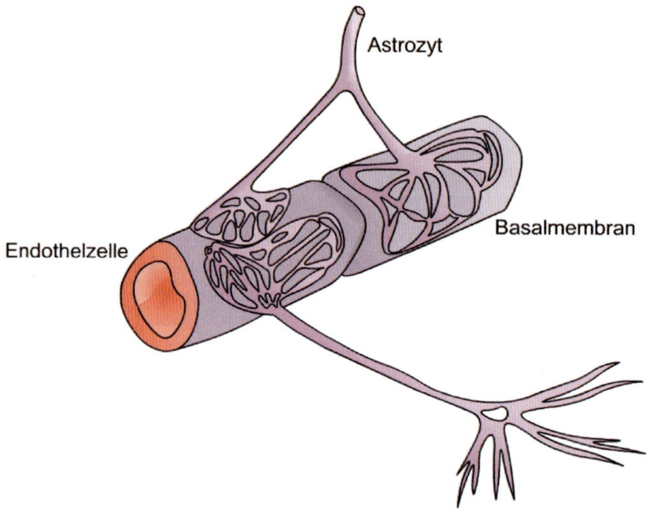

Abb. 5.8 Rosettenartige Strukturen der Astrozyten-Endfüßchen. Die Endothelzelle kann zu mehreren Astrozyten-Ausläufern Kontakt haben, wobei die rosettenartigen Strukturen sich durchmischen können. Wie in diesem Bild dargestellt, bedeckt ein Astrozyten-Endfüßchen nur eine einzelne Endothelzelle. Es kann jedoch nicht ausgeschlossen werden, dass Astrozyten-Endfüße sich auch auf angrenzende Zellen ausbreiten (nach Kacem *et al.*, 1998).

che sich in der Umgebung der BHS befinden, wie die Perizyten, perivaskuläre Makrophagen und Neuronen, an der Induktion der BHS beteiligen. Somit wird die komplexe Barrierefunktion nicht nur durch Zelltypen beeinflusst, sondern durch ein Zusammenspiel mehrerer Zellen (Abbott, Rönnbäck & Hansson, 2006).

Perizyten. Bis heute ist wenig über den Einfluss der Perizyten (s. Abb. 5.4) an der BHS bekannt. Die Perizyten (lat.: *peri* = um, *zytos* = Zelle) sind Bindegewebszellen und weisen eine große strukturelle und funktionelle Heterogenität auf. Ihre Morphologie ist gewebs- und gefäßspezifisch. Perizyten im ZNS zeichnen sich durch einen sphärischen Zellkörper, einen stark ausgeprägten Kern, ein Zytoplasma mit reichlich Lysosomen und zahlreiche zytoplasmatische Fortsätze aus. Die hohe Anzahl an Lysosomen ist spezifisch für die Phagozytosefunktion der Perizyten im ZNS (Balabanov & Dore-Duffy, 1998).

Die Perizyten sind an der basolateralen Seite der kleinen Blutgefäße lokalisiert und befinden sich innerhalb der Basalmembran, welche die Perizyten von den Endothelzellen und den Astrozyten-Endfüßchen trennt. Zytoplasmatische Fortsätze der Perizyten durchdringen die Basalmembran und bedecken die Oberfläche der Endothelzellen zu einem beachtlichen Teil. Sie bilden die engste Assoziation mit den Endothelzellen aus (Allt & Lawrenson, 2001).

Es scheint, dass die Perizyten in viele Prozesse der BHS involviert sind, der Mechanismus ist jedoch oft unklar. Es wird angenommen, dass die Perizyten unter anderem eine Rolle in der Angiogenese, in der Bildung von endothelialen TJ, in der Bildung der Basalmembran, in der Differenzierung der BHS und in der Kontraktilität der Blutgefäße und Kontrolle des Blutflusses spielen. Aufgrund ihrer Phagozytose-Eigenschaft spielen die Perizyten auch eine Rolle in der Immunabwehr an der BHS (Balabanov & Dore-Duffy, 1998; Kim *et al.*, 2006).

Basalmembran. Die Basalmembran (s.Abb. 5.4) ist 30–40 nm dick, sehr komplex und wird durch die Endothelzellen, Gliazellen und durch die Mitwirkung der Perizyten ausgebildet. Die Hauptbestandteile der Basalmembran sind: Kollagen Typ IV, Proteoglykane, Laminin und Fibronectin. Neben der Funktion als mechanische Unterstützung der Kapillarwandstrukturen bildet die Basalmembran aufgrund ihrer zellulären Bestandteile eine negativ geladene Barriere aus, wodurch sie möglicherweise eine Funktion im selektiven Transport von stark geladenen Molekülen ausübt (Prat *et al.*, 2001; Drin *et al.*, 2002).

Metabolismus. Die BHS stellt neben der physikalischen auch eine metabolische Barriere dar (s. Abb. 5.9). Diese setzt sich aus verschiedenen extrazellulären und intrazellulären Enzymen zusammen. Substrate dieser Enzyme werden metabolisiert und dadurch in ihrer Aufnahme vermindert oder gehindert – im Falle von Prodrugs kann es auch zu einer Aktivierung kommen (Minn *et al.*, 1991). Die Enzyme innerhalb und außerhalb der Endothelzellen können zu einem Phase-I- und Phase-II-Abbau von Substanzen führen, welche wiederum Substrate von Efflux-Transportern darstellen können. Somit wird das innere Milieu des Ge-

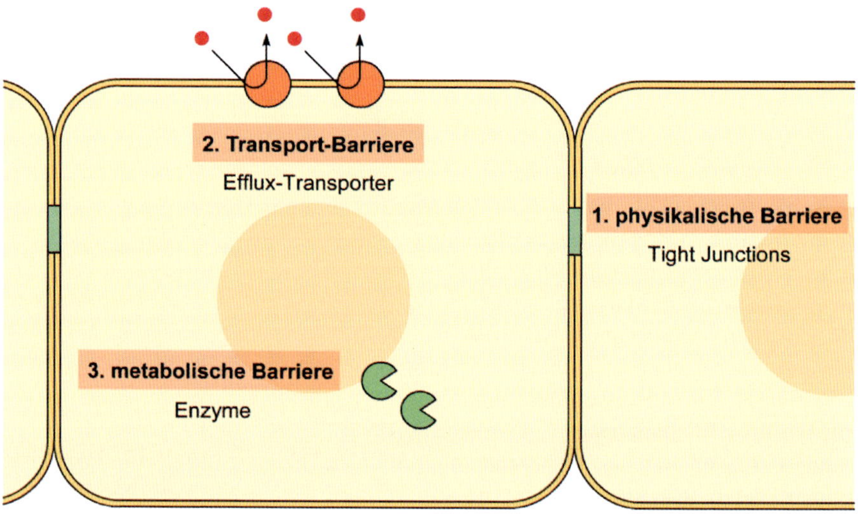

Abb. 5.9 Barrierefunktionen der BHS. Die BHS zeichnet sich durch drei Barrieren aus. 1. Eine physikalische Barriere, welche durch die Tight Junctions erstellt wird. 2. Efflux-Transporter an der apikalen Plasmamembran der Endothelzellen stellen die Transportbarriere dar. 3. Extra- und intrazelluläre Enzyme bilden die metabolische Barriere.

hirns durch die Fähigkeit, viele neuroaktive und toxische Verbindungen abzubauen, geschützt (Abbott, Rönnbäck & Hansson, 2006; Dallas, Miller & Bedayan, 2006).

Es wurde gezeigt, dass das Gehirnparenchym eine geringere Menge an Enzymen enthält als die Gehirnkapillaren. Die Enzymsysteme sind sättigbar. Erreichen die Substrate eine genügend hohe Konzentration, ist es ihnen möglich, die BHS zu überqueren – dies kann zu toxischen Effekten führen (L-Dopa; s. Abb. 5.12), kann aber auch therapeutisch genutzt werden (Minn *et al.*, 1991).

5.1.2
Transportmechanismen an der BHS

Um abschätzen zu können, ob ein pharmazeutischer Wirkstoff die BHS überqueren kann, müssen zu Beginn alle Möglichkeiten evaluiert werden, welche für eine Substanz bestehen, die Endothelzellen der Gehirnkapillaren zu überwinden. Die verschiedenen Transportformen an der BHS können in vier Hauptkategorien unterteilt werden (s. Abb. 5.10; Pardridge, 2003):

- Transporter-vermittelter Transport (carrier-mediated transport, CMT)
- Aktiver Efflux-Transport
- Rezeptor-vermittelter Transport (receptor-mediated transport, RMT)
- Passive transzelluläre Diffusion.

Bis zum heutigen Zeitpunkt wurde die Existenz einer Vielzahl von Transportwegen über die BHS aufgezeigt. Viele dieser Transportmechanismen wurden zunächst bei anderen Spezies identifiziert. Es wird aber vermutet, dass sie auch an der humanen BHS vorhanden sind. In diesem Kapitel werden wir uns jedoch vor allem mit Transportmöglichkeiten befassen, welche bis zu diesem Zeitpunkt der menschlichen BHS zugeordnet werden konnten. Die Transportmechanismen liegen an der BHS aufgrund der Tight Junctions polarisiert vor, d.h., sie unterscheiden sich auf der apikalen (Blut-zugewandten) und der basolateralen (Hirn-zugewandten) Seite.

Antrieb der Transportprozesse. Die Antriebskraft für den Transport von Substanzen über die BHS liefert der Na^+-Konzentrationsgradienten über die Plasmamembran (Gehirn > Zytoplasma der Endothelzelle). Dem primär aktiven Transporter Na^+/K^+-ATPase (3 Na^+-Ionen aus der Zelle, 2 K^+-Ionen in die Zelle) wird eine wichtige Funktion bei der Aufrechterhaltung des Gradienten zuge-

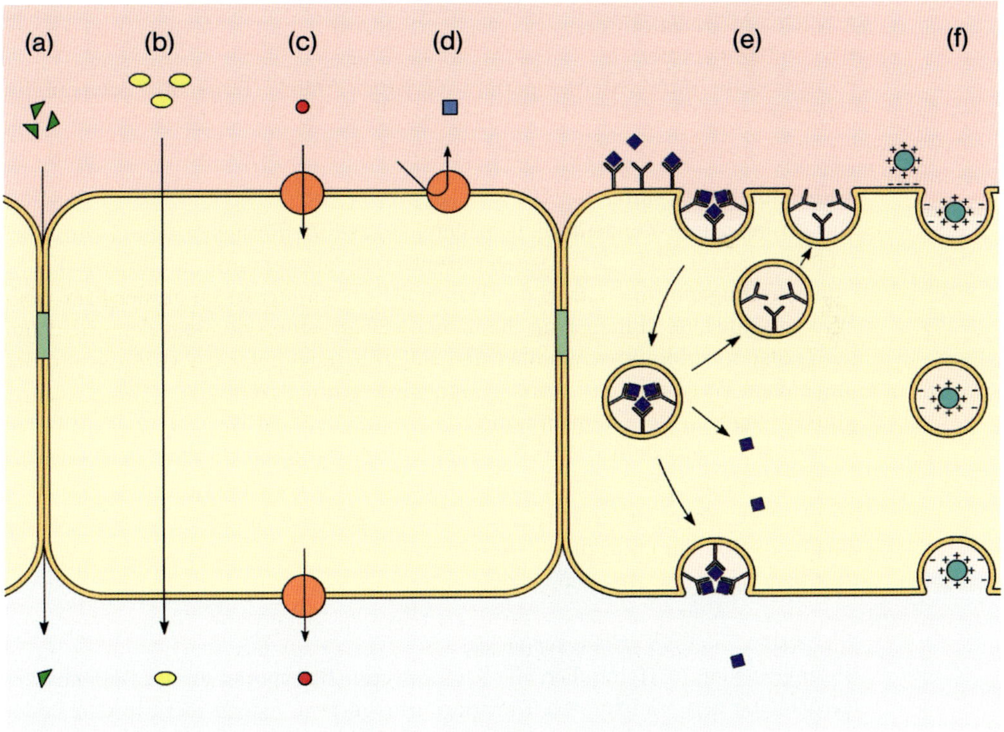

Abb. 5.10 Transportmechanismen an der BHS. Die verschiedenen Transportformen an der BHS können hauptsächlich in vier Kategorien unterteilt werden: (a) Parazellulärer Transport, (b) passive transzelluläre Diffusion für lipidlösliche Substanzen, (c) Transporter-vermittelter Transport, (d) aktiver Efflux-Transport und (e) Rezeptor-vermittelter Transport. (f) In einem geringeren Ausmaß ist der adsorptive-mediated transport an der BHS gegenwärtig. Die passive parazelluläre Diffusion für wasserlösliche Substanzen ist an der BHS sehr stark unterbunden.

schrieben. Die Lokalisation der Na^+/K^+-ATPase wird kontrovers diskutiert, wobei viele Tierstudien eine basolaterale Existenz nahelegen (Manoonkitiwongsa *et al.*, 2000). Eine andere wichtige Energiequelle für viele Transportprozesse an der BHS stellen die Mitochondrien in den Endothelzellen der Gehirnkapillaren dar (s. Abschnitt „Endothelzellen"; Hawkins *et al.*, 2006).

Transporter-vermittelter Transport (carrier-mediated transport, CMT)

CMT erfolgt mittels Transportern, welche in der Plasmamembran lokalisiert sind. Dieser Transportmechanismus ist sättigbar und durch andere Substanzen inhibierbar. Die Substrate weisen meist eine ähnliche Größe und ein Molekulargewicht unter 500–600 Da auf (de Boer, van der Sandt & Gaillard, 2003).

Zum CMT können die folgenden Transporter gezählt werden (Pardridge, 2003):

- Aminosäuren-Transporter
- Monocarbonsäuren-Transporter (Monocarboxylic Acid Transporters)
- Organische Kationen-Transporter (Organic Cation Transporters)
- Glucose-Transporter
- Nucleosid-Transporter
- Peptid-Transporter
- Organische Anionen-Transporter (Organic Anion Transport Polypeptides OATP).

Aminosäuren-Transporter

Die Aminosäuren-Konzentration in der Extrazellulärflüssigkeit des Gehirns beträgt nur gerade 10 % der Plasmakonzentration (ausgenommen Glutamin).

Es wird angenommen, dass der Transport von Aminosäuren an der BHS über zwei verschiedene Transportmechanismen erfolgt: einerseits über den erleichterten Transport und anderseits über den Na^+-abhängigen Transport. Aufgrund der ungleichen Verteilung der Aminosäuren wird vermutet, dass die meisten Aminosäuren entgegen dem Konzentrationsgradienten mittels Na^+-abhängigen Transportprozessen aus dem Gehirn ins Blut befördert werden (O'Kane *et al.*, 2004).

Die Versorgung des Gehirns mit Aminosäuren erfolgt über die Aminosäuren-Transporter, wobei unser Hirn nur wenig mehr an Aminosäuren erhält, als es auch für seine Funktion (u.a. Synthese von Neurotransmittern) und sein Wachstum benötigt (Hawkins *et al.*, 2006).

Erleichterter Transport (Na+-unabhängig)

Bislang wurden in Tierstudien vier Aminosäuren-Transporter an der BHS charakterisiert, die den erleichterten Transport ermöglichen, jedoch nicht in den Endothelzellen der Gehirnkapillaren des Menschen (ausgenommen System L).

Dazu gehören das **System y+** (luminal und v.a. basolateral, transportiert kationische Aminosäure: Lysin, Arginin, Ornithin und Homoarginin, Transporter CAT-1), das **System N** (luminal, transportiert Glutamin, Asparagin und Histidin) und das **System χG-** (luminal, transportiert saure Aminosäuren, wie Glutamat und Aspartat) (Hawkins *et al.*, 2006).

System L (leucin preferring). System L (Transporter an der BHS LAT1 (large neutral amino acid transporter) stellt den wichtigsten Versorgungsmechanismus des Gehirns mit großen, neutralen, verzweigten oder aromatischen Aminosäuren (LNAA) dar. Nebst der Anwesenheit des LAT1-Transporters im humanen Gehirn konnten *In-vitro*-Studien an humanen Gehirnendothelzellen das Vorhandensein des L-Systems aufzeigen (Yanagida *et al.*, 2001; Hargreaves & Pardridge, 1988). Sowohl die luminale als auch die basolaterale Lokalisation des LAT1-Transporters wurde in unzähligen Tierstudien bestätigt (Hawkins *et al.*, 2006).

Der LAT1 Transporter ist ein Antiporter, der eine Aminosäure im Gegentransport mit einer anderen transportiert (1:1). Es scheint, als würde die Aufnahme einer Aminosäure mit hoher Affinität (v.a. essentielle Aminosäuren) im Gegenzug zu einer Aminosäure mit niedriger Affinität am LAT1-Rezeptor erfolgen. Dies würde zu einer Aufnahme von essentiellen Aminosäuren führen (essentielle Aminosäuren: Lysin, Histidin, Threonin, Cystein, Methionin, Valin, Leucin, Isoleucin, Phenylalanin, Tyrosin, Tryptophan (Hawkins *et al.*, 2006)) (Yanagida *et al.*, 2001). Die parallele Expression eines undirektionalen Transporters, welcher die Aminosäuren zum Gegentransport rezykliert, ist somit wichtig für die Funktion des LAT1-Transporters (Verrey, 2003).

Substrate von LAT1 sind sowohl Leucin (D- und L-Form), Isoleucin, Phenylalanin (D- und L-Form), Methionin, Tyrosin, Histidin, Tryptophan, Valin als auch Glutamin und Asparagin (beide mit geringer Affinität; Yanagida *et al.*, 2001). Die neutralen Aminosäuren konkurrieren um die Aufnahme ins Gehirn über das System L (Hargreaves & Pardridge, 1988). Die Konkurrenz um die Aufnahme ist bei der Erstellung eines Einnahmeschemas von Medikamenten mit zu berücksichtigen (vgl. Abschnitt Transporter, Prodrug – Levodopa).

Na^+-abhängiger Transport

In Tierstudien konnten 5 verschiedene Na^+-abhängige Transporter mit basolateraler Lokalisation identifiziert werden, welche Aminosäuren aus dem Gehirn in die Endothelzellen transportieren. Dazu gehören das **System A** (transportiert kleine, nicht-essentielle Aminosäuren wie Alanin, Serin, Prolin, Asparagin, Glutamin und eventuell Glycin, Transport ist spannungsabhängig), das **System N** (transportiert Aminosäuren, wie Glutamin, Asparagin, Histidin und Serin, Na^+ kann durch Li^+ substituiert werden; O'Kane *et al.*, 2004) und **Na^+-LNAA** (transportiert annähernd die gleichen Substrate wie das System L, außer Glycin und Alanin, welche ausschließlich Substrate von Na^+-LNAA sind, spannungsabhängiger Mechanismus; Hawkins *et al.*, 2006).

In *In-vitro*-Versuchen an humanen Endothelzellen konnte ein Transportsystem ermittelt werden, welches dem **Transportsystem ASC** für neutrale Aminosäuren (**A**la, **S**er, **C**ys, Bussolati *et al.* 1992) entspricht. In Endothelzellen von Mäusen konnte der ASCT-1- und der ASCT-2-Transporter identifiziert werden, wobei ASCT-2 stärker vorhanden ist (Ohtsuki, 2004). Wichtige Substrate des System ASC sind Alanin, Serin, Cystein und Glycin. Bei einigen essentiellen Aminosäuren herrscht Unklarheit über ihre Substratzugehörigkeit: Methionin, Valin, Leucin, Iosleucin und Threonin (Hawkins *et al.*, 2006).

EAAT-Familie (Excitatory Amino Acid Transporters). Während die Existenz der EAAT im humanen Gehirn gezeigt wurde, konnte deren Lokalisation an der BHS bisher nur in anderen Spezies bestätigt werden (Arriza *et al.*, 1994). Drei spannungsabhängige Transporter (EAAT1, 2 und 3) wurden bisher an der basolateralen Plasmamembran der Gehirnkapillaren von Nagern identifiziert. Ihre Substrate sind Glutamat und Aspartat. Die Regulation der Konzentration von Glutamat in der Extrazellulärflüssigkeit des Gehirns ist enorm wichtig, da ein Anstieg der Glutamat-Konzentration neurotoxische Auswirkungen haben kann (O'Kane *et al.*, 1999).

Monocarbonsäuren-Transporter (Monocarboxylic Acid Transporters, MCT)

Monocarbonsäuren wie Milchsäure, Pyruvat und Ketonkörper scheinen eine wichtige, aber noch nicht vollständig geklärte Rolle in der Energieversorgung des Gehirns, insbesondere als Energiequelle für Neuronen zu spielen. Glucose ist unter normalen Bedingungen der wichtigste Energieträger im Gehirn, jedoch unter bestimmten Umständen (z. B. bei Hungerzuständen, Diabetes) gewinnen die Monocarbonsäuren an Wichtigkeit und im sich entwickelnden Gehirn scheinen sie eine wesentliche Energiequelle darzustellen (Halestrap & Price, 1999; Pierre & Pellerin, 2005).

Laktat wird im Gehirn synthetisiert und in großen Mengen freigesetzt. In Hungerzuständen werden Laktat und andere Monocarbonsäuren aus dem Blut ins Gehirn transportiert.

Die hydrophilen Monocarbonsäuren haben Schwierigkeiten, die BHS zu überqueren. Deshalb besteht die starke Vermutung, dass die Aufnahme durch Transporter erfolgt, welche zur Monocarboxylic Acid Transporter Family gehören. Bisher wurden Daten über die Lokalisation von MCT nur von Nagern erhalten. Unter den MCT transportieren nur MCT1–4 Monocarbonsäuren im Cotransport mit Protonen (1:1) (Pierre & Pellerin, 2005). Bei Nagern konnte gezeigt werden, dass MCT1 in der luminalen und basolateralen Membran der Endothelzellen von Gehirnkapillaren lokalisiert sind, und es wird vermutet, dass MCT1 einen bidirektionalen Transport ausübt (Gerhart *et al.*, 1997; Tsuji, 2005).

Organische Kationen-Transporter (Organic Cation/Carnitine Transporters)

OCTN2 ist ein Na^+-abhängiger Transporter in den Endothelzellen der Gehirnkapillaren mit hoher Affinität für Carnitin. In *In-vitro*-Studien konnte OCTN2 in humanen Endothelzellen der Gehirnkapillaren nachgewiesen werden. Ihre Lokalisation, d.h. luminal oder basolateral, ist aber noch nicht bekannt (Kido *et al.*, 2001). OCTN2 transportiert in einer Na^+-abhängigen Weise neben Carnitin auch Acetyl-Carnitin (Kido *et al.*, 2001). Nebst Carnitin und Acetyl-Carnitin können mittels OCTN2 auch organische Kationen transportiert werden (pH-abhängig oder Na^+-unabhängig). Obwohl die Funktion von OCTN2 noch ungeklärt ist, wurden einige Pharmaka (organische Kationen) als Substrat von OCTN2 beschrieben (Tsuji, 2005).

Glucose-Transporter

Glucose, ein sehr hydrophiles Molekül, ist das bedeutendste Substrat für unser Gehirn – es stellt die primäre Energiequelle dar und ist somit essentiell für die Aufrechterhaltung der normalen Gehirnfunktion (Maher, Vannucci & Simpson, 1994). Der Transport von Glucose über die BHS ist eng mit dessen Gebrauch verknüpft (Farrell & Pardridge, 1991). Im Gegensatz zu anderen Transportmechanismen an der BHS weisen die Glucose-Transporter eine enorme Transportkapazität auf, die für den Transport von Medikamenten ausgenutzt werden könnte. So konnte gezeigt werden, dass Zuckeranaloga diesen Mechanismus benützen, um ins Gehirn zu gelangen (Tsuiji, 2005).

Der Haupttransportweg des Glucosemoleküls über die Endothelzellen der Gehirnkapillaren erfolgt durch erleichterten Transport – mit dem GLUT1-Transporter (Tamai & Tsuji, 2000). GLUT1 ist ein bidirektionaler Transporter, welcher sowohl in der luminalen als auch in der basolateralen Plasmamembran lokalisiert ist. Der Glucose-Transporter ist nebst der Regulation der Glucoseaufnahme auch für den Cotransport von Wasser in Abwesenheit eines osmotischen Gradienten ins Gehirn verantwortlich (Cornford & Hyman, 2005).

Nucleosid-Transporter

Nucleoside sind für unser Gehirn von großer Wichtigkeit. Das Gehirn kann Nucleoside nicht synthetisieren, jedoch werden sie für viele Prozesse, unter anderem für die Neusynthese von DNA und RNA benötigt (de Boer, van der Sandt & Gaillard, 2002). Es gibt viele Studien, welche den Transport von Nucleosiden – hydrophile Verbindungen – an Hirnkapillaren aufzeigten. Purine werden besser transportiert als Pyrimidine (Tamai & Tsuji, 2000). Welche Transporter in der menschlichen BHS vorhanden sind und wo sie lokalisiert sind, ist bisher noch nicht geklärt. In den Hirnkapillaren von Ratten wurde ein Na^+-abhängiger Transporter – CNT2 – für Purine entdeckt (Cansev, 2006). Dies könnte ein attraktiver Transportmechanismus für Medikamente ins Gehirn sein, z.B. für Nucleosid-Mimetika (Tamai & Tsuji, 2000).

Peptid-Transporter

Aufgrund des Aufbaus von Peptiden – hydrophil, biologisch unstabil, große Moleküle – ist es für sie schwierig, die BHS zu überqueren. Es stehen verschiedene Transportmechanismen zur Verfügung (CMT, RMT, AMT). Spezifische Transporter für die Aufnahme der Peptide ins Gehirn wurden bisher noch nicht charakterisiert, jedoch weisen Studien darauf hin, dass Peptid-Transporter an der BHS vorhanden sein müssen (Tamai & Tsuji, 2000).

Auch in der Therapie mit Peptiden entstehen neue Ansätze um ZNS-gängige Medikamente zu entwickeln. So können Peptide gekoppelt an Vektoren oder in Liposomen/Nanopartikel verpackt die BHS überwinden (Bickel, Yoshikawa & Pardridge, 2001).

Organische Anionen-Transporter (Organic Anion Transport Polypeptides, OATP)
OATP ermöglichen die erleichterte Aufnahme als Na^+-unabhängige Transporter (s. Abschnitt 4.2 „OATP"). Sie weisen eine breite Substratspezifität auf: verschiedene amphiphile, anionische Verbindungen, unter anderem endogene Substanzen, wie Gallensalze, Schilddrüsenhormone und ihre Konjugate, Thyroidhormone, anionische Peptide, aber auch Xenobiotika (z.B. Fexofenadin) (Lee *et al.*, 2005; Bronger *et al.*, 2005). Die genaue Lokalisation der Transporter an der Endothelzellmembran ist noch nicht geklärt. Bisher wurde OATP1A2 (*SLCO1A2*) in den humanen Endothelzellen der Gehirnkapillaren identifiziert (Gao *et al.*, 2000; Lee *et al.*, 2005). OATP1A2 könnte ein wichtiger Transporter für die Aufnahme von Medikamenten und neuroaktiven Peptiden (Opioid-Peptide), aber auch für die Entfernung von organischen Metaboliten aus dem Hirn sein (Lee *et al.*, 2005). Verschiedene OATP und OAT (Organic Anion Transporter Family) werden zum jetzigen Zeitpunkt auf ihre Rolle an der BHS untersucht.

Aktiver Efflux-Transport: ABC-Transporter
An der BHS sind viele verschiedene ATP-abängige Efflux-Transporter der ABC-Superfamilie vorhanden, unter anderem P-Glykoprotein und Mitglieder der MRP-Familie, welche die Konzentration von Xenobiotika gering halten (s. Abb. 5.11). Diese Transporter spielen bei der Entwicklung von ZNS-gängigen Stoffen eine enorm wichtige Rolle, da sie eine breite Substratspezifität aufweisen und deshalb den Übertritt vieler Medikamente ins Gehirn unterbinden bzw. verrin-

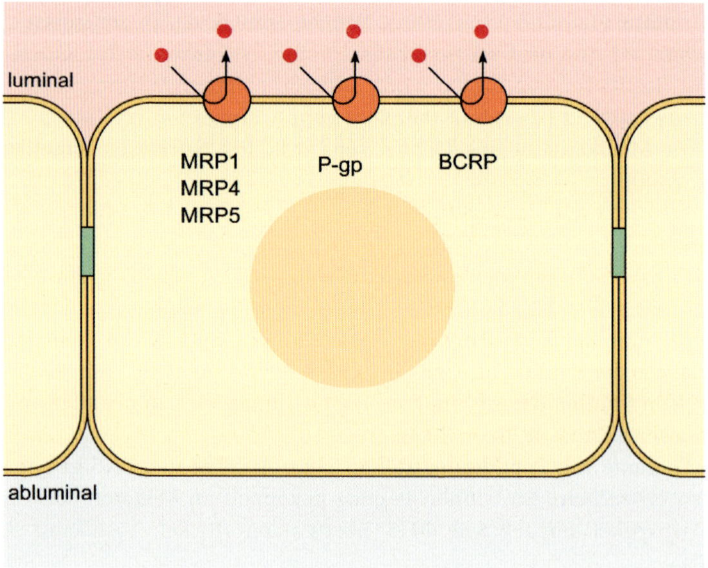

Abb. 5.11 Efflux-Transporter an der Blut-Hirn-Schranke. Die luminale Lokalisation der Efflux-Transporter an der Plasmamembran der BHS zeigt auf, dass diese Transporter an der Barrierefunktion der BHS teilnehmen.

gern können. Viele therapeutisch verwendete Medikamente sind Substrate von Efflux-Pumpen. Da diese Pumpen sättigbar sind, können sie bei genügend hoher Medikamentenkonzentration überwunden werden. Ein anderer Ansatz, um den Effekt der Efflux-Pumpen auf die Gehirngängigkeit zu minimieren, wäre die Verabreichung des Wirkstoffes mit *Codrugs*, welche die Aktivität der Efflux-Pumpe inhibieren.

Neuere Ergebnisse zeigen, dass viele gleiche Efflux-Transporter nebst der Lokalisation in der BHS auch in den Gehirnzellen vorkommen und dadurch eine zusätzliche Barriere bilden können (Dallas, Miller & Bendayan, 2006).

P-Glykoprotein (*ABCB1*). (P-gp, *MDR1*, s. Abschnitt 3.9 „P-gp") P-gp konnte in den humanen Gehirnkapillaren nachgewiesen werden (s. Abb. 5.10 d; Dombrowski *et al.*, 2001), seine zelluläre Lokalisation ist jedoch umstritten. Bisher wurde angenommen, dass P-gp in der luminalen Membran der Endothelzellen lokalisiert ist (Sugawara *et al.*, 1990). Ein neuer Ansatz zeigt hingegen die Lokalisation von P-gp an der Plasmamembran der Astrozyten-Endfüße auf. Dieses neue Modell würde bei einer Inhibition von P-gp nicht zu einem erhöhten Übertritt eines Substrats an der BHS führen, sondern zu einem erhöhten Verteilungsvolumen im Gehirn. Dies gilt für Substanzen, welche die BHS gut überqueren können. Für jene Substanzen mit einer geringen intrinsischen Fähigkeit, die BHS zu überqueren, würde die Inhibition des P-gp an den Astrozyten-Endfüßen keinen starken Einfluss auf die Substanzkonzentration im Gehirn ausüben (Golden & Pardridge, 2000).

P-gp weist eine hohe Transportkapazität und eine breite Substratspezifität (Multispezifität) auf: viele Medikamente (u.a. Loperamid, Fexofenadin (Tsuji, 2005)) und toxische Substanzen (Leslie, Deeley & Cole, 2005; Dallas, Miller & Bendayan, 2006) werden transportiert. Die Substrate von P-gp zeichnen sich durch Lipophilie und durch eine positive Ladung aus.

Multidrug Resistance-Associated Proteins MRP. (s. Abb. 5.12) Bisher konnten nur drei Isoformen eindeutig der luminalen Seite der Endothelzellen der humanen BHS zugeordnet werden: MRP1 (*ABCC1*), MRP4 (*ABCC4*), MRP5 (*ABCC5*) und eventuell MRP2 (*ABCC2*), wobei bei MRP2 die Meinungen über das Vorkommen an der BHS gespalten sind (Potschka, Fedrowitz & Löscher, 2003; Dallas, Miller & Bendayan, 2006). MRP3 konnte im humanen Gehirngewebe nachgewiesen werden, hingegen besteht Unklarheit über das Vorhandensein von MRP6 (Nies *et al.*, 2004). Die MRP sind wie P-gp ATP-abhängig (Dallas, Miller & Bendayan, 2006). MRP transportieren organische Anionen aus der Zelle. MRP1 und MRP2 bevorzugen lipophile Verbindungen, die mit Gluthation, Glucuronsäure oder Sulfonsäure konjugiert sind. MRP4 und MRP5 bevorzugen Nucleotid-Analoga, cAMP und cGMP (Nies *et al.*, 2004).

Breast Cancer Resistance Proteins BCRP (*ABCG2*). BCRP (s. Abb. 5.11) sind vor allem an der luminalen Plasmamembran der Endothelzelle lokalisiert. BCRP haben ähnliche Substrate wie P-gp (Cooray *et al.*, 2002).

Rezeptor-vermittelter Transport (receptor-mediated transport, RMT)
Dieser Transportmechanismus kann ausgenutzt werden, um größere Moleküle, wie Peptide, über die BHS zu befördern. RMT erfolgt via Rezeptoren, die sich in der Zellmembran befinden. Sie werden zusammen mit ihren Liganden internalisiert. Dies ist ein energieabhängiger, temperaturempfindlicher und sättigbarer Prozess (s. Abb. 5.10 e; de Boer, van der Sandt & Gaillard, 2003).

Bis jetzt wurden viele verschiedene Rezeptoren an der BHS lokalisiert, u.a. der Leptin-Rezeptor (Golden, Maccagnan & Pardridge, 1997), der Insulin-Rezeptor (Pardridge, Eisenberg & Yang, 1985), der Insulin-like-growth-factor-Rezeptor (Duffy, Pardridge & Rosenfeld, 1988) und der Transferrin-Rezeptor (Pardridge & Eisenberg, 1987; Jefferies *et al.*, 1984). Die Lokalisation der Rezeptoren an der Plasmamenbran der Endothelzellen der Gehirnkapillaren kann unterschiedlich sein (Pardridge, 2003). In Gehirnkapillaren von Ratten ist der Transferrin-Rezeptor z.B. luminal und basolateral und der neonatale Fc-Rezeptor (Fc-Rezeptoren binden Antikörper durch Bindung der Fc-Region) nur basolateral lokalisiert (Zhang & Pardridge, 2001).

Transferrin-Rezeptor. Unser Gehirn braucht Eisen für metabolische Zwecke. Eine veränderte Eisenversorgung, sei es eine Unterversorgung oder ein Überschuss an Eisen, kann einen schädlichen Einfluss auf das Gehirn ausüben.

Eisen liegt in der extrazellulären Flüssigkeit gebunden an Transferrin vor. Aufgrund der Schwierigkeiten von Proteinen, die BHS zu überwinden, erfolgt der Transport von Eisen gekoppelt an Transferrin durch einen Rezeptor-vermittelten Mechanismus (Moos & Morgan, 2000). In humanen Hirn-Kapillaren wurde die Lokalisation von Transferrin-Rezeptoren aufgezeigt (Pardridge & Eisenberg, 1987; Jefferies *et al.*, 1984).

Der genaue Transportmechanismus von Eisen gekoppelt an Transferrin ist bis jetzt noch nicht geklärt (Zhang & Pardridge, 2001; Moos & Morgan, 2000). Es wird angenommen, dass Eisen entweder über Transzytose (Holo-Tf gekoppelt an den Transferrin-Rezeptor gelangt in die interstitielle Flüssigkeit des Gehirns) oder anderseits über *Retro*-Endozytose (nur das Eisen gelangt aus den Endothelzellen ins Gehirn) ins Gehirn gelangt (s. Abb. 10 e; Zhang & Pardridge, 2001). Für die Transzytose wäre das Vorhandensein des Transferrin-Rezeptors sowohl an der luminalen als auch an der basolateralen Membran essentiell, da Transferrin aus dem Gehirn wieder ins Blut befördert werden muss. Die luminale und basolaterale Lokalisation konnte in Gehirnkapillaren von Ratten aufgezeigt werden (Huwyler & Pardridge, 1998).

Adsorptiv-vermittelter Transport (adsorptive-mediated Transport AMT). AMT zeichnet sich durch eine elektrostatische Wechselwirkung zwischen einem positiv geladenen Molekül und der negativ geladenen Plasmamembran aus, wodurch es zu einer Oberflächenbindung und einer anschließenden Aufnahme in die Zelle kommen kann. Ein Beispiel hierfür wäre die Aufnahme des kationisierten Albumin über die BHS im Gegensatz zum nicht-kationisierten Albumin, welches nicht ins Gehirn gelangt (s. Abb. 5.10 f). AMT ist ein eher unspezifischer und sättigbarer Prozess. Wie die zu transportierenden Substanzen auf der basolateralen Seite exportiert werden, ist noch nicht bekannt (Drin *et al.*, 2002). Bislang konnte nur die luminale Aufnahme mittels AMT aufgezeigt werden, es besteht jedoch die Vermutung, dass derselbe Mechanismus auch an der basolateralen Membran erfolgen kann (Kumagai, Eisenberg & Pardridge, 1987).

Es wird angenommen, dass AMT nur in geringem Maße an der BHS möglich ist, dennoch ist dieser Mechanismus ein Ansatzpunkt für den Transport von Medikamenten über die BHS, indem Verbindungen gekoppelt an einen Vektor, welcher positive Ladungen aufweist (u.a. kationisiertes Albumin), aufgenommen werden könnten. In *In-vivo*-Versuchen an Ratten und Mäusen wurde das Zytostatikum Doxorubicin über einen Linker an den Vektor SynB (Peptid mit 6+ Netto-Ladung) gekoppelt. Damit konnte die Aufnahme gegenüber freiem Doxorubicin ins Gehirn um den Faktor 20 bis 50 verbessert werden (Drin *et al.*, 2002; de Boer, van der Sandt & Gaillard, 2003).

Passive transzelluläre Diffusion

Jede biologische Membran weist ihre eigenen typischen biochemischen und physikochemischen Eigenschaften auf. Deshalb werden unterschiedliche Anforderungen an ein Pharmakon gestellt, damit eine spezifische Membran überwunden werden kann (s. Abb. 10b; van de Waterbeemd *et al.*, 1998). Nicht nur bei der oralen Verabreichung von Medikamenten existieren Richtlinien für ein gut absorbierbares Pharmakon (s. Abschnitt 3.2.3 „Lipinskis Rule of Five"), sondern auch beim Design eines ZNS-gängigen Medikamentes.

Der Distribution coefficient (log *D*), das Molekulargewicht (MW) und die Polar Surface Area (PSA, beschreibt die H-Brücken Kapazität; van de Waterbeemd *et al.*, 1998) sind die grundlegenden Parameter bei der Bestimmung des Potentials der Gehirngängigkeit eines Medikamentes. Die in Tabelle 5.1 aufgelisteten Werte sind Richtlinien bezüglich der molekularen Eigenschaften eines Pharmakons, welche die Gehirnpenetration positive beeinflussen sollen.

Wie wir erkennen können, gelten striktere Vorgaben für eine gute Aufnahme ins Gehirn als für eine gute orale Aufnahme.

Tabelle 5.1 Physikochemische Richtwerte für eine gute passive transzelluläre Aufnahme einer Substanz ins Gehirn (van de Waterbeemd *et al.*, 1998; Clark, 2003; Waterhouse, 2003; Pardridge, 2005).

	ZNS	Oral
Molekulargewicht (MW)	<450 g/mol	<500 g/mol
log *P*	<4	<5
log *D*	1–4	
H-Brücken-Donor (HD)	<5	<5
H-Brücken-Akzeptor (HA)	<10 oder insgesamt HD & HA <8–10 H-Brücken	<10
PSA	<60 $Å^2$	<140 $Å^2$

Kurze Einsicht in die wichtigsten Parameter

Lipophilie. Zwischen der Gehirngängigkeit und der Lipophilie besteht oftmals eine parabolische Beziehung. Es wurde gezeigt, dass der optimale Wert sich bei einem log *D* von ~2 oder einem log *P* von 2–3,5 befindet (van de Waterbeemd, 1998; Waterhouse, 2003). Eine ideale BHS-Penetration zeigen Substanzen mit einer mittleren Lipophilie. Jene mit einer hohen Lipophilie binden vermehrt an nicht-spezifische Plasmaproteine und können einem erhöhten Metabolismus unterliegen. Hydrophile Substanzen werden verstärkt ausgeschieden und durch ionisierte Gruppen kann die BHS-Überquerung behindert werden (Waterhouse, 2003).

H-Brücken – PSA. Die Anzahl und Qualität der möglichen H-Brücken (eine Vergrößerung der PSA) wirkt sich negativ auf die Gehirngängigkeit aus. Es wurde gezeigt, dass stark polare Verbindungen, welche viele H-Brücken eingehen können, Schwierigkeiten haben, Membranen zu überqueren (Clark, 2003). Gründe hierfür sind unter anderem eine verstärkte Interaktion des Pharmakons mit dem polaren Lösungsmittel (Plasma) und somit ein verringerter Übertritt in die weniger polare Phase (Plasmamembran) der Endothelzelle. Wie stark jedoch eine Verbindung in der polaren Phase zurückgehalten wird, ist neben der Anzahl an H-Brücken auch abhängig von der relativen Stärke der H-Brücken (Habgood, Begley & Abbott, 2000).

Molekulare Größe. Welchen Einfluss die molekulare Größe als eigenständiger Parameter ausübt, ist unklar. Es scheint jedoch, dass nicht die Diffusion, sondern der Übertritt in die Plasmamembran der wichtigste Schritt in der Passage der BHS darstellt. Wäre es die Diffusion, würde ein vergrößertes Molekulargewicht zu einer verringerten Gehirngängigkeit führen (Stokes-Einstein-Beziehung).

Der Übertritt in die Zellmembran wird voraussichtlich von zwei Faktoren, der Lipidlöslichkeit und der Molekülgröße bestimmt, wobei eine erhöhte Molekülgröße zu einer erhöhten Lipidlöslichkeit führen kann und somit zu einer verbesserten BHS-Gängigkeit (Habgood, Begley & Abbott, 2000). Proportional zum molekularen Volumen wird die hydrophobe, gelöste Substanz durch die kohäsiven Kräfte des Lösungsmittels in die weniger polare Phase gestoßen (Clark, 2003). Deshalb kann die Zunahme der Molekülgröße bis zu einem gewissen Punkt (<450) einen positiven Effekt auf die Aufnahme ins Gehirn ausüben.

Molekulare Ladung. Neben den neutralen Verbindungen sind positiv geladene Substanzen im Allgemeinen besser gehirngängig als negativ geladene. Deshalb können Säuren die BHS in einem geringeren Ausmaß überqueren als Basen (Clark, 2003). Mit über 80 % Sicherheit können heutzutage ZNS-gängige und nicht-ZNS-gängige Medikamente korrekt klassifiziert werden (Clark, 2003).

Dennoch dürfen wir nicht vergessen, dass neben den physikochemischen Eigenschaften noch andere Parameter (biologische und physiologische) die Gehirngängigkeit und die ZNS-Aktivität mitbestimmen (s. Abschnitt 5.11 „Einflüsse bei der Überquerung der BHS“).

Die physikochemische Betrachtung eines Stoffes erlaubt eine erste und grobe Abschätzung des Potentials zur Überquerung der BHS. Um den Einfluss anderer Faktoren wie Transportmechanismen bestimmen zu können, sind jedoch weitere Untersuchungen notwendig (van de Waterbeemd *et al.*, 1998).

5.1.3 Medikamente

Eine gute Überwindung der BHS weist ein Medikament mit den folgenden Kriterien auf (Waterhouse, 2003; van de Waterbeemd *et al.*, 1998; Pardridge, 2005):

- Molekulargewicht $<$450
- log D zwischen 1 und 4
- log $P < 4$
- H-Brücken weniger als 8–10
- PSA unter 60 $Å^2$
- Keine funktionellen Gruppen, die bei physiologischem pH stark ionisiert vorliegen
- Kein Substrat von Efflux-Pumpen
- Kein Substrat für Enzyme an der BHS (außer Prodrugs, welche dadurch aktiviert werden können)
- Keine spezifisch hohe (Plasma-)Proteinbindung.

Passive Diffusion – Atenolol versus Propranolol

Betablocker werden bei hohem Blutdruck und Herzinsuffizienz, sowie zahlreichen weiteren Indikationen eingesetzt. Sie senken durch ihren Effekt auf das Herz den Blutdruck, vermindern die Herzfrequenz und die Herzkontraktilität. Eine verstärkte Aufnahme von Betablockern ins Gehirn kann zu erhöhten ZNS-Nebenwirkungen wie Schläfrigkeit, Schlafstörungen, Alpträumen und Halluzinationen führen (McAinch & Cruickshank, 1990). Das unterschiedliche Ausmaß in der Aufnahme von Betablockern ins Gehirn, ist abhängig vom Grad ihrer Lipophilie (Drayer, 1987).

Als Beispiel werden wir uns eingehender mit Atenolol (hydrophil) und mit Propranolol (lipophil) beschäftigen, da Atenolol nur geringe und Propranolol die stärksten ZNS-Nebenwirkungen hat (McAinsh & Cruickshank, 1990).

Propranolol. Propranolol (s. Tab. 5.2) ist der lipophilste aller Betablocker (Drayer, 1987). Er wird rasch und vollständig absorbiert ($>$95 %) und unterliegt einem starken First-Pass-Metabolismus (bis zu 90 % metabolisiert). Propranolol verteilt sich weitgehend in die Gewebe und weist eine hohe Plasmaproteinbindung von 80–95 % auf (Dollery, 1999, P259).

Tabelle 5.2 Physikochemische Werte von Propanolol (McAinsh & Cruickshank, 1990[1]). Die Anzahl der H-Brücken wurde gemäß der Rule of Five ermittelt, d.h. am neutralen Molekül.

	Propranolol	Richtwerte
MW	259,3 g/mol	<450 g/mol
log P	2,967	<4
log D	1.305[1]	1–4
H-Donoren	2	<5
H-Akzeptoren	3	<10
PSA	41,489 Å^2	<60–90 Å^2

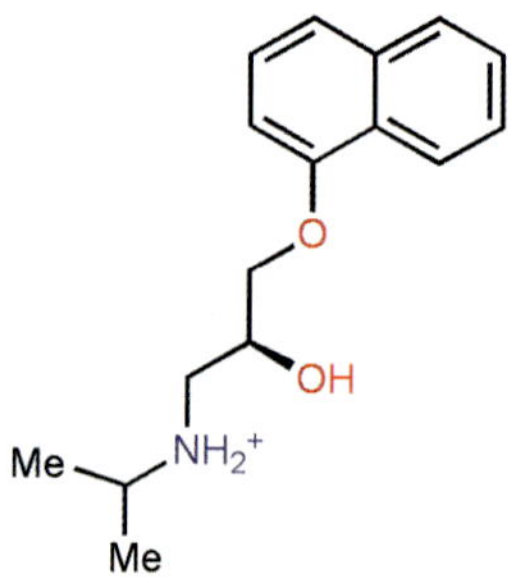

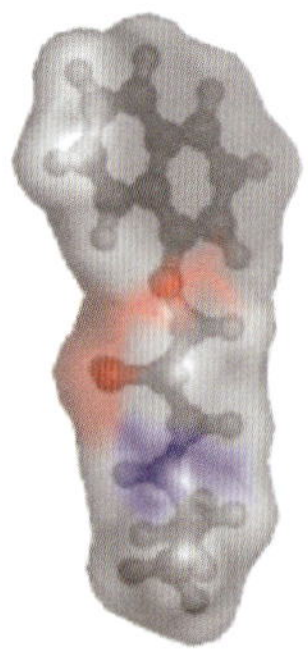

Propranolol

Propranolol liegt im Blut einfach positiv geladen vor, als ein lipophiles kationisches Pharmakon (sekundäres Amin, pK_a: 9,5) (Dollery, 1999, P259).

Die physikochemischen Eigenschaften von Propranolol entsprechen den Vorgaben für eine gute Aufnahme über die BHS. In Studien konnte eine hohe Konzentration von Propranolol im Gehirn von Menschen nachgewiesen werden. Die Konzentration von Propranolol in der CSF (Gehirn-Rückenmarks-Flüssigkeit) ist etwa gleich groß wie die freie Arzneistoffkonzentration im Plasma. Eine Erklärung könnte die rasche Einstellung eines Gleichgewichts über die BHS sein (McAinsh & Cruickshank, 1990).

Zusammenfassend kann gesagt werden, dass Propranolol in ungebundener und unionisierter Form mittels passiver transzellulärer Diffusion die BHS gut überqueren kann, obwohl Propranolol einem starken Metabolismus und einer hohen Plasmaproteinbindung unterliegt (Summerfield *et al.*, 2006).

Welche Rolle spielen bei der Aufnahme von Propranolol die Transportmechanismen an der BHS? Lipophile kationische Arzneistoffe haben die zusätzliche Möglichkeit, die BHS mittels CMT zu überqueren. Es wird vermutet, dass Propranolol neber der passiven Diffusion auch durch organischen Kationen-Transport ins Gehirn gelangt (Tamai & Tsuji, 2000).

Schließlich scheint Propranolol kein Substrat von P-gp zu sein (Polli *et al.*, 2001).

Atenolol. Wir vermuten aufgrund der verminderten ZNS-Nebenwirkungen, dass der hydrophile Betablocker Atenolol reduziert ins Gehirn aufgenommen wird. Die Aufnahme von Atenolol nach oraler Gabe erfolgt unvollständig und weist keinen signifikanten, hepatischen Metabolimus auf (mehr als 90 % unverändert). Atenolol weist ein geringes Verteilungsvolumen und eine geringe Plasmaproteinbindung von weniger als 5 % auf (Dollery, 1999, A224).

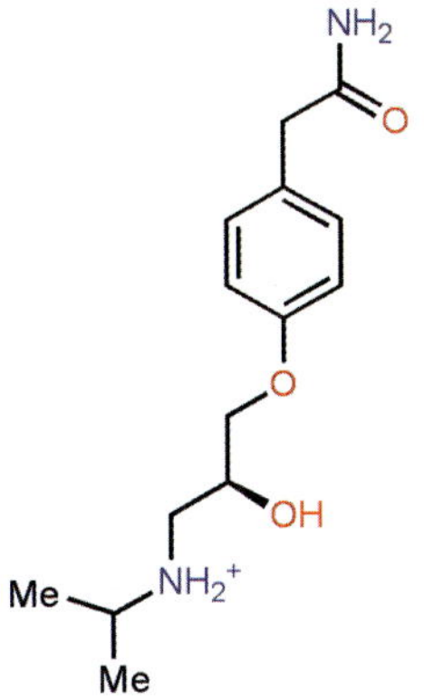

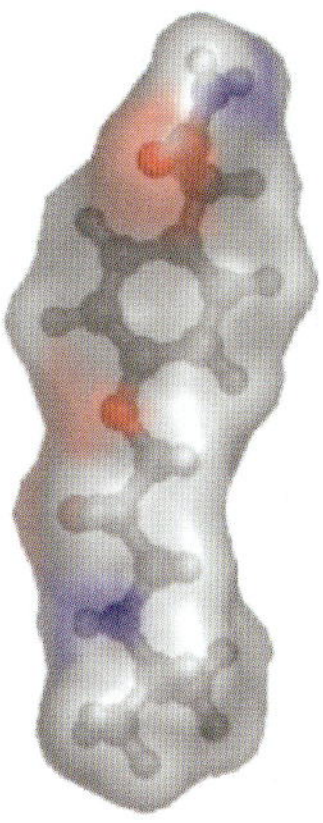

Atenolol

Atenolol liegt bei physiologischem pH als einfach geladenes, organisches Kation (sekundäres Amin, pK_a: 9,6) vor (Dollery, 1999).

Obwohl Atenolol einen geringen Metabolismus und eine geringe Plasmaproteinbindung aufweist, ist die Konzentration im Gehirn sehr niedrig. Im Gegensatz zu Propranolol erfolgt das Erstellen eines Gleichgewichts zwischen der CSF und dem Blutplasma nur sehr langsam. Aufgrund der physikochemischen Eigenschaften ist ersichtlich, dass Atenolol zu hydrophil ist, um die BHS in einem beachtlichen Ausmaß passiv transzellulär zu überqueren (s. Tab. 5.3). Dies ist übereinstimmend mit den Erkenntnissen aus Studien, bei welchen Atenolol nur in geringen Mengen im humanen Gehirn gefunden wurde (McAinsh & Cruickshank, 1990).

Zusammenfassend kann gesagt werden, dass die Gehirnkonzentration von Propranolol beim Menschen 10–20-mal höher ist als die Konzentration von Atenolol (McAinsh & Cruickshank, 1990).

Tabelle 5.3 Physikochemische Richtwerte von Atenolol (McAinsh & Cruickshank, 1990[1)]).

MW	266,341 g/mol	<450 g/mol
log P	0,718	< 4
log D	−1,8 [1)]	1–4
H-Donoren	4	<5
H-Akzeptoren	5	<10
PSA	84,58 Å²	<60–90 Å²

Transporter, Prodrug – Levodopa

Die Parkinson-Krankheit ist eine fortschreitende Krankheit des ZNS und wird durch eine Degeneration der dopaminergen Neuronen in der *Substantia nigra* verursacht, wodurch die Produktion von Dopamin abnimmt (Hawkins, Mokashi & Simpson, 2005). Das Ziel in der Parkinson-Therapie ist unter anderem, die ungenügende Dopamin-Konzentration zu erhöhen.

Die BHS verhindert die Aufnahme von Neurotransmittern ins ZNS. Der Neurotransmitter Dopamin, ein biogenes Amin, passiert die BHS kaum und falls doch, erfolgt bereits in den Endothelzellen oder in den Perizyten eine Desaminierung (s. Abb. 5.12; Hardebo & Owman, 2004).

Anstelle von Dopamin kann aber die entsprechende Aminosäure, Levodopa (L-3,4-Hydroxyphenylalanin), die BHS mit dem LAT1-Transporter (für large neutral amino acids) überqueren (Yanagida *et al.*, 2001; Hawkins, Mokashi & Simpson, 2005).

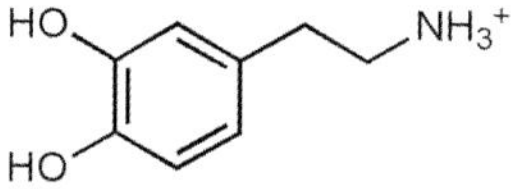

Dopamin

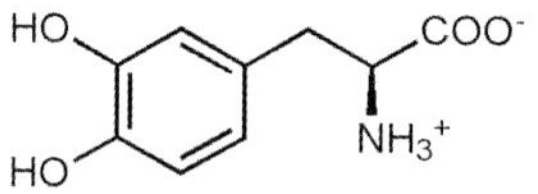

Levodopa

Sowohl die Aufnahme aus dem Dünndarm als auch die ins Gehirn erfolgen mit dem System L, wobei Levodopa mit anderen Aminosäuren um die Aufnahme konkurriert. Die gleichzeitige Einnahme einer proteinreichen Mahlzeit kann deshalb zu einer verminderten und verlangsamten Absorption von Levodopa führen (Nyholm, 2006).

Levodopa ist ein Prodrug und muss vor Ausübung seiner Wirkung von der Aromatische-L-Aminosäuren-Decarboxylase in die aktive Form Dopamin umgewandelt werden. Die Enzyme zur Metabolisierung von Levodopa und Dopamin befinden sich sowohl innerhalb als auch außerhalb des Gehirns (Ogawa, 2000). Somit beträgt die Bioverfügbarkeit von Levodopa nach oraler Gabe ohne Enzyminhibitoren nur gerade 5 % und nur 1 % gelangt ins Gehirn (Hawkins, Mokashi & Simpson, 2005). Wenn aber Levodopa in Kombination mit einem peripher aktiven Dopadecarboxylase-Inhibitor (Carbidopa oder Benserazid) eingenommen wird, beträgt die Bioverfügbarkeit fast 100 % (Ogawa, 2000).

Ein neues Target in der Parkinsontherapie könnte der Na^+-abhängige Transport von Levodopa aus dem Gehirn ins Blut darstellen. In einem *In-vitro*-Versuch konnte gezeigt werden, dass Levodopa hauptsächlich mit dem Na^+-LNAA-Transporter aus dem Gehirn ins Blut transportiert werden kann und dass der Export mit einer höheren Kapazität erfolgt als der Import. Durch die Hemmung dieses Transporters würde die Levodopa Konzentration im Gehirn erhöht und somit eine effizientere Therapie erzielt werden (Hawkins, Mokashi & Simpson, 2005).

Efflux-Transporter – Antihistaminika

Antihistaminika der 1. Generation üben einen sedierenden Effekt aus, welcher bei den Antihistaminika der 2. Generation geringer oder nicht vorhanden ist. Die Sedation, welche durch die Blockade von zentralen H_1-Rezeptoren erfolgt,

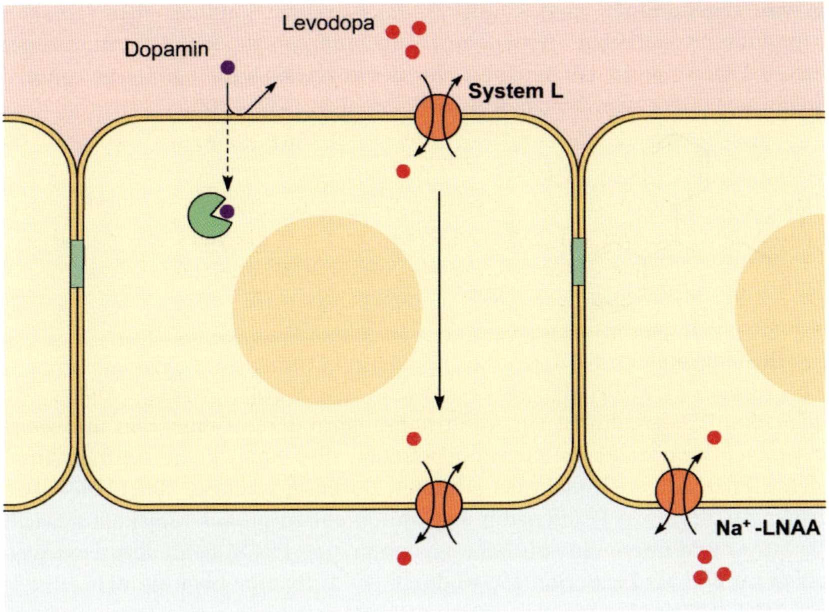

Abb. 5.12 Die BHS verhindert den Übertritt von Dopamin aus dem Blut ins Gehirn. Passiert Dopamin dennoch die BHS, erfolgt sein enzymatischer Abbau. Levodopa hingegen gelangt mit dem Aminosäuren-Transport-System L ins Gehirn. Neue Ergebnisse zeigen auf, dass neben dem Transporter-vermittelten Transport von Levodopa aus dem Blut ins Gehirn ein Na^+-abhängiger Transport von Levodopa aus dem Gehirn ins Blut existiert.

ist ein Indiz für das Potential, die BHS zu überqueren (Timmermann, 2000; Simons, 2004). Weder die physikochemischen Eigenschaften noch die Plasmaproteinbindung und die Affinität gegenüber den H_1-Rezeptoren führen zu einer klaren Auftrennung der zwei Generationen bezüglich ihrer Fähigkeit, einen sedierenden Effekt hervorzurufen (Obradovic *et al.*, 2007, Chen *et al.*, 2003).

Welche Parameter könnten eine zusätzliche Verminderung der BHS-Gängigkeit herbeiführen? Es wurde gezeigt, dass einige Antihistaminika der 2. Generation Substrate von Efflux-Pumpen sind und somit wenig oder gar nicht ins Gehirn aufgenommen werden (Chen *et al.*, 2003). Andere Studien zeigten hingegen auf, dass sowohl Anthistaminika der 1. als auch der 2. Generation Substrate von Efflux-Pumpen sind (Obradovic *et al.*, 2007). Eine mögliche Erklärung ist ein Zusammenspiel verschiedener Faktoren (physikochemische Eigenschaften, Substrat von Efflux-Pumpen etc.).

Diphenhydramin. Diphenhydramin ist das älteste Antihistaminikum auf dem Markt, entspricht den Richtwerten für ZNS-gängige Substanzen (log *P*: 3,3 und MW: 255,4) und konnte in *In-vitro-* und *In-vivo-*Studien an Mäusen nicht als Substrat von P-gp identifiziert werden. Es ist es nicht ausgeschlossen, dass es über andere Efflux-Transporter eliminiert wird (Obradovic *et al.*, 2007).

Es wird angenommen, dass Antihistaminika zusätzlich mittels eines Transporters (organischer Kationen-Ttransporter) aufgenommen werden. Aufgrund seiner positiven Ladung weist Diphenhydramin bei physiologischem pH eine erhöhte Affinität gegenüber dem Transporter auf (Tamai & Tsuji, 2000).

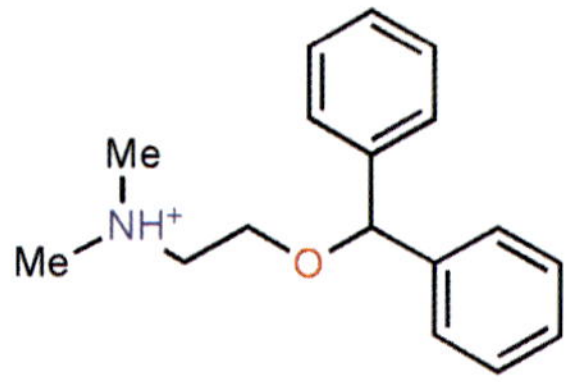

Diphenhydramin

Fexofenadin. Fexofenadin ist ein Antihistaminikum der 2. Generation und weist eine vernachlässigbar kleine Gehirnpenetration und somit keine zentral dämpfenden Effekte auf, auch nicht bei erhöhten Dosen (Obradovic, 2007). Die Überquerung der BHS von Fexofenadin wird durch ein zu großes Molekulargewicht (MW: 501,6) und durch eine zu hohe Lipophilie (log *P*: 4,8) behindert. Fexofenadin liegt im Blut als Zwitterion vor, wodurch die Aufnahme über die BHS mittels Transporter aufgrund einer geringeren Affinität verringert wird (Tamai & Tsuji, 2000). Neben den einschränkenden physikochemischen Eigenschaften ist Fexofenadin ein Substrat von P-gp, was die BHS-Überquerung zusätzlich vermindert (Molimard, Diquet & Strolin Benedetti, 2004).

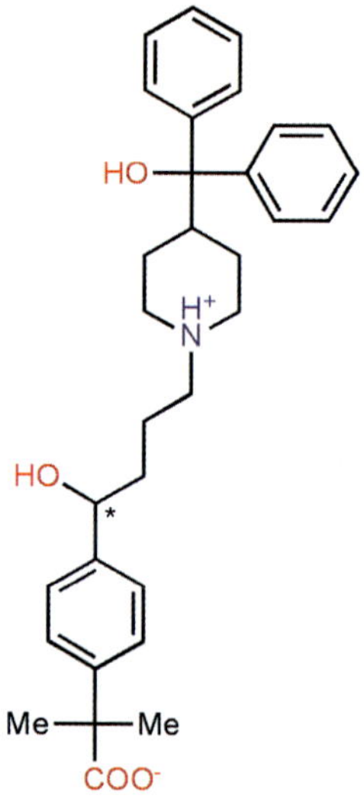

Fexofenadin

Zusammenfassend kann gesagt werden, dass Diphenhydramin eine hohe intrinsische Fähigkeit besitzt, die BHS zu überqueren und kein Substrat von Efflux-Pumpen darstellt, während Fexofenadin die BHS aufgrund seiner physikochemischen Eigenschaften nur in geringem Maß überwinden kann. Durch die Interaktion mit P-gp wird dieser Prozess zusätzlich erschwert (Obradovic *et al.*, 2007).

Molekulares Chamäleon – Morphin-6-Glucuronid

Morphin-6-Glucuronid (M6G) ist der aktive Metabolit von Morphin. M6G wird zu 6–10 % in der Leber gebildet (van Dorp *et al.*, 2006). In Tierstudien wurde beobachtet, dass M6G einen analgetischen Effekt am μ-Rezeptor ausübt. Die Affinität gegenüber dem Rezeptor entspricht annähernd jener von Morphin. Es wird angenommen, dass M6G einen wesentlichen Beitrag in der Schmerztherapie von Morphin ausübt (Lötsch, 2005).

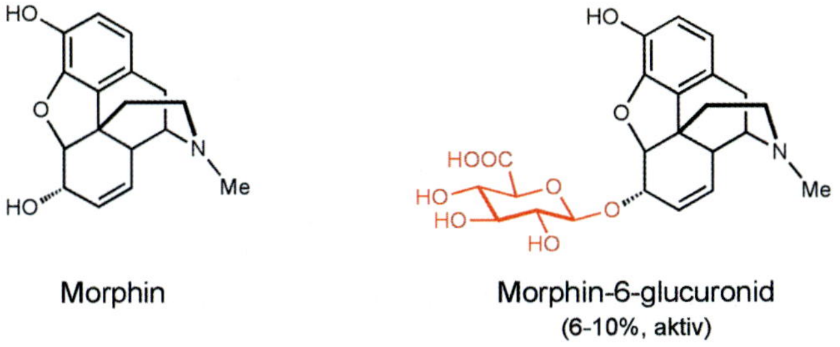

Weshalb gelangt M6G ins Gehirn, obwohl Glucuronide im Allgemeinen als hoch polar gelten und über die Niere eliminiert werden? Es konnte gezeigt werden, dass M6G viel lipophiler ist als ursprünglich angenommen. M6G weist einen log D_{7-8} von 0,32–0,87 auf und das ZNS-gängige Morphin hat einen log D_{7-8} von 0,97–1,5 (Carrupt *et al.* 1991).

Der Grund für die unerwartet hohe Lipophilie konnte in theoretischen Konformations-Studien aufgeklärt werden. M6G existiert in einem konformationellen Gleichgewicht zwischen ausgestreckter und gefalteter Struktur, wobei die ausgestreckte Struktur aufgrund der polaren Gruppen stark hydrophil und die gefaltete lipophiler ist (s. Abb. 5.13).

In der gefalteten Konformation können Teile der polaren Gruppen maskiert werden. Die Bezeichnung **molekulares Chamäleon** impliziert, dass M6G die Fähigkeit besitzt, sich an die Polarität der Umgebung anzupassen – deshalb weist M6G eine relativ gute BHS-Gängigkeit auf (Carrupt *et al.*, 1991).

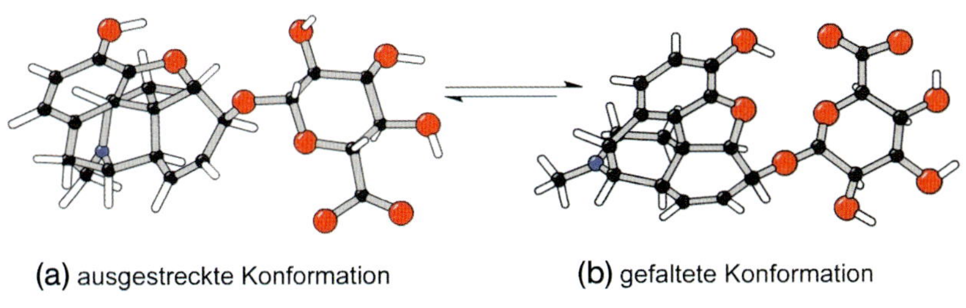

Abb. 5.13 Morphin-6-Glucuronid. M6G existiert sowohl in einer ausgestreckten (stark hydrophil) als auch einer gefalteten Konformation (lipophiler), wobei M6G bevorzugt in der gefalteten Struktur existiert (nach Carrupt *et al.*, 1991).

M6G ist ein Beispiel dafür, dass die pharmakokinetischen Eigenschaften nur einen ersten Eindruck über die Eigenschaften des Pharmakon und über seine Fähigkeit die BHS zu überqueren liefern, jedoch nicht alle Aspekte einbeziehen.

Merksatz

- ***Die BHS umgibt das Zentralnervensystem (Gehirn und Rückenmark).***
- ***Die Hauptaufgabe der BHS ist die Regulation eines konstanten Milieus, die Versorgung des Gehirns mit Nährstoffen und der Abtransport von Abbauprodukten aus dem Gehirn ins Blut.***
- ***Die BHS bildet drei Barrieren: eine physikalische (Tight Junctions), eine metabolische (Enzyme) und eine Transportbarriere (Efflux-Transporter).***
- ***Die Transportmechanismen an der BHS sind für die selektive Aufnahme/Abtransport von Substanzen ins/aus dem Gehirn zuständig und können in vier Hauptgruppen unterteilt werden: carrier-mediated transport, Efflux-Transporter, receptor-mediated transport und passive transzelluläre Diffusion.***
- ***Passive transzelluläre Diffusion: Richtlinien für eine gute Aufnahme einer Verbindung über die BHS:***
  - ***log D: 1–4***
  - ***MW <450 g/mol***
  - ***PSA <60 Å^2***
  - ***H-Brücken <8–10***
- ***Die Überquerung der BHS ist nicht nur von den physikochemischen Eigenschaften eines Stoffes abhängig. Es müssen weitere Aspekte mit in Betracht gezogen werden – u. a. P-Glykoprotein, Metabolismus und Plasmaproteinbindung.***

5.2 Targets im ZNS: Neurotransmitter-Transporter

5.2.1 Entdeckung der chemischen Signalübertragung

„The night before Easter Sunday of that year [1921] I awoke, turned on the light, and jotted down a few notes on a tiny slip of paper. Then I fell asleep again. It occured to me at six o'clock in the morning that during the night I had written down something most important, but I was unable to decipher the scrawl. The next night at three o'clock the idea returned. It was the design of an experiment to determine whether or not the hypothesis of chemical transmission that I had uttered seventeen years ago was correct. I got up immediately, went to the laboratory and performed a single experiment on a frog heart according to the nocturnal design." Otto Loewi (1960, S. 17)

Das nächtliche Experiment, das der Nobelpreisträger Otto Loewi (1873–1961) hier beschreibt, war der erste schlüssige Beweis für die chemische Signalübertragung vom Neuron auf ein Effektorgan. Zuvor war davon ausgegangen worden, dass die Signale elektrisch übertragen würden. Loewi hatte 1921 in seinem Experiment das Herz eines Froschs über den *Vagus* und *Sympathikus* stimuliert und die Lösung, in der das Herz lag, gesammelt. Diese Lösungen wurden einem zweiten Froschherzen appliziert. Bei der Zugabe der ersten Lösung (Vagus) verlangsamte sich die Herzfrequenz, bei der Zugabe der zweiten (Sympathicus) beschleunigte sie sich. Damit war gezeigt, dass die Übertragung des Signals von den Nervenfasern nicht direkt, sondern über chemische Substanzen erfolgte, welche in die Flüssigkeiten übergetreten waren. Der „Vagusstoff" wurde wenig später als Acetylcholin identifiziert, der reizende Stoff des Sympathikus als Adrenalin (Loewi, 1960; Stjärne, 1999).

Nicht nur zwischen Nerv und Organ, auch zwischen zwei Nervenzellen werden Reize chemisch übertragen. 30 Jahre vor Loewi hatte Cajal, basierend auf Golgis Färbetechniken gezeigt, dass das Nervensystem wie das Gefäßsystem nicht ein zusammenhängendes System ist, sondern aus einzelnen Nervenzellen besteht, die untereinander über Ausläufer in Kontakt stehen (Shepard & Erulkar, 1997).

Diese Verbindungen zwischen den Nervenzellen wurden 1897 von Sherrington erstmals als *Synapsen* bezeichnet (Sherrington, 1897; Kommentar bei Tansey, 1997). Die Ultrastruktur der Synapsen wurde in den 50er Jahren aufgeklärt (s. Abb. 5.14). Das Elektronenmikroskop erlaubte nun eine detaillierte Ansicht der Nervenverbindungen. Dabei wurden die grundlegenden Strukturelemente der Synapse definiert (Review: De Robertis, 1959; Shepard & Erulkar, 1997). Es wurde gezeigt, dass zwischen zwei Nervenzellen eine Lücke besteht, der sogenannte *synaptische Spalt*. Das Zytoplasma der einen Zelle ist also nicht mit dem der anderen Zelle verbunden. Die *prä-* und *postsynaptische Membran* liegen etwa 10 bis 50 nm voneinander entfernt.

De Robertis und Bennett zeigten 1954 die Anwesenheit von *synaptischen Vesikeln* in der präsynaptischen Nervenendigung. Die Vesikel oder Bläschen sind normalerweise nahe der präsynaptischen Membran konzentriert und enthalten die Neurotransmitter.

In den 50er Jahren wurden neben den strukturellen auch die grundlegenden funktionellen Eigenschaften der Synapse aufgeklärt. Die Prozesse der Signalübertragung können folgendermaßen zusammengefasst werden (Fatt & Katz, 1951; Eccles & Jaeger, 1958):

1. Ein Nervenimpuls führt zur Freisetzung der Transmitter aus dem präsynaptischen Neuron in den synaptischen Spalt. Die Freisetzung erfolgt in definierter Menge (gequantelt), da pro Vesikel eine bestimmte Anzahl Transmittermoleküle zusammen freigesetzt wird.
2. Der freigesetzte Transmitter diffundiert zur Membran des postsynaptischen Neurons.
3. Der Transmitter bindet an Rezeptoren auf der Membran.

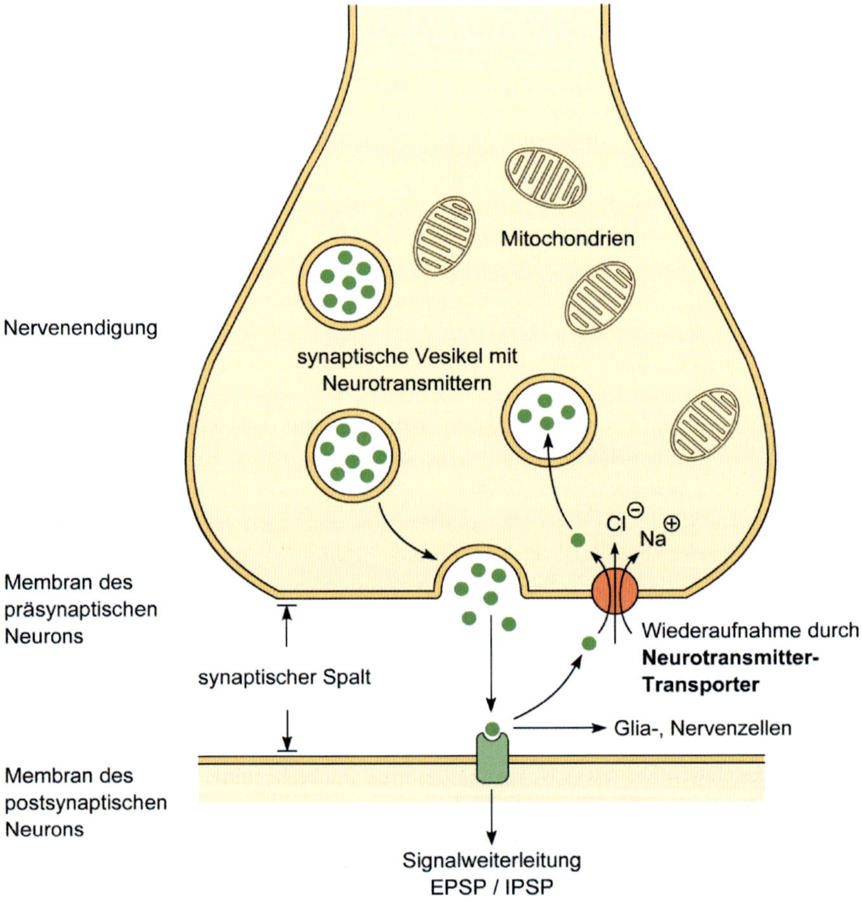

Abb. 5.14 Allgemeines Schema einer Synapse. Aus synaptischen Vesikeln werden an der präsynaptischen Membran Neurotransmitter freigesetzt. Diese diffundieren über den synaptischen Spalt zur postsynaptischen Membran und leiten so ein Signal chemisch weiter. Die Inaktivierung der Neurotransmitter erfolgt durch die Wiederaufnahme des Neurotransmitters durch Neurotransmitter-Transporter. Die Neurotransmitter gelangen über vesikuläre Transporter wieder in die synaptischen Vesikel (nach Masson *et al.*, 1999).

4. Die Bindung führt zu einer Änderung der Permeabilität für Ionen und damit entweder zu einer Depolarisation (sog. EPSP, exzitatorisches post-synaptisches Potential) oder einer Hyperpolarisation (IPSP, inhibierendes post-synaptisches Potential).

Bei der Signalübertragung an der Synapse werden also an der präsynaptischen Membran Neurotransmitter aus Vesikeln freigesetzt, die anschließend an der postsynaptischen Membran an Rezeptoren binden und so das Signal weiterleiten.

Die Signalübertragung an der Synapse erfordert eine präzise Kontrolle der Länge und der Intensität des Signals. Nach Beendigung der Übertragung ist es deshalb notwendig, die Neurotransmitter aus dem synaptischen Spalt zu entfernen. Dies ist einerseits enzymatisch möglich. Otto Loewi hatte bereits gezeigt, dass der Effekt des Vagusstoffes (Acetylcholin) nach Zugabe eines Ester-spaltenden Enzyms rasch nachlässt. Die Acetylcholinesterase hydrolysiert Acetylcholin in Essigsäure und Cholin und beendet so die Signalübertragung. Auch diffundiert der Neurotransmitter in die interstitielle Flüssigkeit.

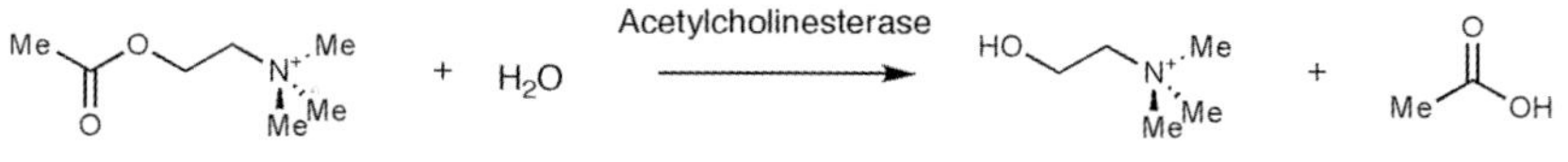

Acetylcholin Cholin Essigsäure

Zu Beginn der 60er Jahre wurde ein weiterer Mechanismus entdeckt: Die Wiederaufnahme der Transmitter in die Nervenendigung oder benachbarte Gliazellen (Hertting & Axelrod, 1961). In der Folge wurde gezeigt, dass es sich um einen hoch affinen, selektiven und sättigbaren Transport handelte. Die Wiederaufnahme erfolgt sekundär aktiv über die *Neurotransmitter-Transporter* (Iversen, 1967).

5.2.2 Neurotransmitter-Transporter

Als erster Neurotransmitter-Transporter wurde 1990 der GABA-Transporter 1 (GAT1) der Ratte kloniert und charakterisiert (Guastella *et al.*, 1990). Kurz darauf wurde der Noradrenalin-Transporter NET kloniert (Pacholczyk, Blakely & Amara, 1991). Es folgten zahlreiche weitere Vertreter der Transporter-Familie.

Familie. Die Neurotransmitter-Transporter gehören zur *SLC6*-Genfamilie (s. Tab. 5.4; Reviews: Chen, Reith & Quick, 2004; Masson *et al.*, 1999). Eine Ausnahme stellt der Glutamat-Transporter dar, der zur *SLC1*-Familie gehört, sich strukturell und mechanistisch unterscheidet und in diesem Kapitel nicht besprochen wird (Review zum Glutamat-Transporter siehe Kanai & Hediger, 2004).

Substrate. Die Neurotransmitter-Transporter transportieren u.a. GABA (GAT: **GA**BA-**T**ransporter), Noradrenalin (NET, abgeleitet von **N**or**e**pinephrine **T**ransporter), Dopamin (DAT), Serotonin (SERT) und Glycin (GLYT). Es existieren verschiedene Isoformen der Transporter.

Transportmechanismus. Die Neurotransmitter werden unter dem Cotransport von Na^+ und Cl^- in die Präsynapse transportiert (bei SERT zusätzlich K^+). Der Transport erfolgt sekundär aktiv gegen den Gradienten. Die Energie stammt wahrscheinlich in erster Linie aus dem Natriumgradienten, der durch die Na^+/K^+-ATPase aufrecht erhalten wird.

Tabelle 5.4 Übersicht über eine Auswahl der Neurotransmitter-Transporter der *SLC6*-Familie (nach Chen, Reith & Quick, 2004).

Transporter *Gensymbol*	**Substrat**	**Struktur**	**Cotransport**
GAT1 *SLC6A1*	GABA		Na^+, Cl^-
GAT2 *SLC6A13*	GABA	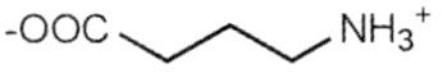	Na^+, Cl^-
GAT3 *SLC6A11*	GABA		Na^+, Cl^-
GAT4 (?)	GABA	siehe Iversen, 2006	
NET *SLC6A2*	Noradrenalin (Dopamin)	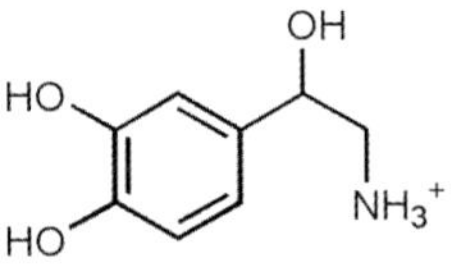	Na^+, Cl^-
DAT *SLC6A3*	Dopamin	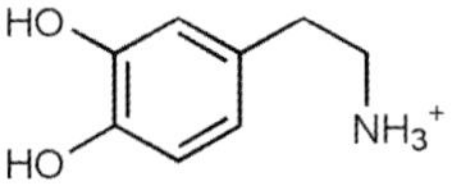	Na^+, Cl^-
SERT *SLC6A4*	Serotonin	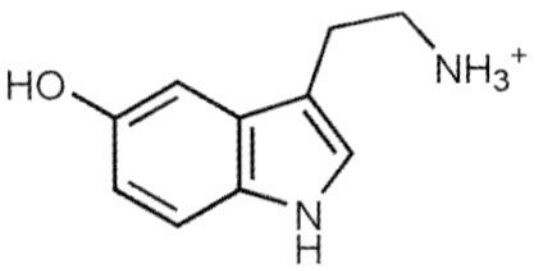	Na^+, Cl^-, K^+
GLYT1 *SLC6A9*	Glycin	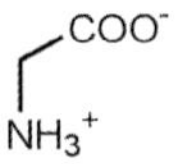	Na^+, Cl^-
GLYT2 *SLC6A5*	Glycin		Na^+, Cl^-

Struktur. Aufgrund der Aminosäuresequenz wurde eine Struktur mit 12 transmembranären Domänen vorhergesagt, deren N- und C-Terminus intrazellulär liegen. Im Jahr 2005 wurde die Kristallstruktur des bakteriellen Homologons $LeuT_{Aa}$ aus *Aquifex aeolicus* bestimmt (Yamashita *et al.*, 2005; Kommentar: Kanner, 2005). Dabei handelt es sich um einen bakteriellen *SLC*-Transporter, der Leucin transportiert.

Lokalisation. Neurotransmitter-Transporter sind nicht nur an der Membran der Nervenzellen, sondern auch an Gliazellen lokalisiert, die auch Neurotransmitter aufnehmen können. Mitglieder der Familie finden sich auch im peripheren Gewebe, z.B. in der Niere (Masson *et al.*, 1999).

5.2.3
Pharmakodynamik

Depression als Mangel von Monoaminen im synaptischen Spalt?

In den 50er Jahren wurde zufällig entdeckt, dass das Antibiotikum Iproniazid bei depressiven Patienten zu einer Stimmungsaufhellung führt (z.B. Crane, 1956; siehe Sandler, 1990). Wenig später zeigte Zeller, dass Iproniazid und ähnliche Substanzen das Enzym Monoaminooxidase in Mitochondrien inhibiert und den Abbau der Monoamine Noradrenalin, Serotonin und Dopamin hemmen (Zeller, 1955). Die Wirkstoffklasse wurde als *Monoaminooxidase-Inhibitoren* (MAOI) bezeichnet. Die MAOI waren die ersten Antidepressiva und werden auch heute noch bei Depressionen verwendet (z.B. Moclobemid).

Ende der 50er Jahre wurde mit den trizyklischen Antidepressiva eine zweite Wirkstoffklasse entdeckt, die bei der Therapie der Depression gut wirksam ist (Kuhn, 1958). Imipramin unterscheidet sich von den MAOI in seinem Wirkmechanismus: Im Gegensatz zu Iproniazid inhibiert es die MAO nicht. Zu Beginn der 60er Jahre wurde gezeigt, dass Imipramin die Wiederaufnahme von Noradrenalin (u.a. Monoaminen) aus dem synaptischen Spalt in das Gewebe hemmt, also z.B. in die Nervenendigungen (Gruppe von Axelrod; z.B. Glowinski & Axelrod, 1964). Imipramin ist ein Inhibitor der Neurotransmitter-Transporter und hemmt die Wiederaufnahme der Monoamine in Nerven- und Gliazellen.

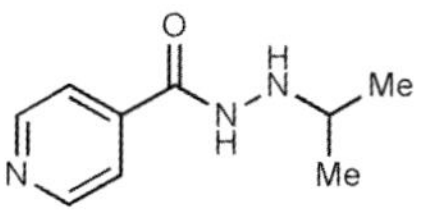

Iproniazid

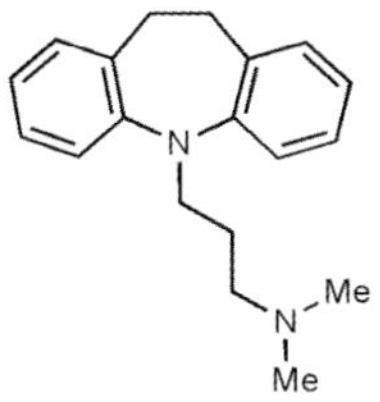

Imipramin

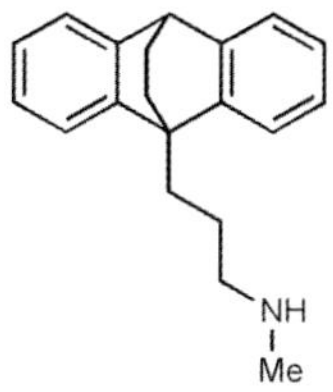

Maprotilin

Gestützt auf diese und weitere Beobachtungen entstand die Catecholamin-Hypothese der Depression (Synonym: Monoamin-Hypothese), die Schildkraut 1965 in einem Artikel zusammenfasste (Schildkraut, 1965, S.509):

> „This hypothesis, which has been designated the ‚catecholamine hypothesis of affective disorders,' proposes that some, if not all, depressions are associated with an absolute or relative deficiency of catecholamines, particularly norepinephrine, at functionally important adrenergic receptor sites in the brain."

Die Catecholamin-Hypothese beschreibt Depressionen als einen Mangelzustand der Monoamine (zunächst v.a. Noradrenalin, später auch Serotonin) an funktionell wichtigen Lokalisationen. Dieser Mangel kann mit Antidepressiva ausgeglichen werden, da diese die Konzentration der Monoamine durch Hemmung ihres Abbaus (MAOI) oder Hemmung der Wiederaufnahme (Beispiel Imipramin) erhöhen.

Dieser Mechanismus der Depression wurde *ex juvantibus* aus dem hypothetischen Mechanismus der Antidepressiva erschlossen: Weil Antidepressiva die Konzentration der Monoamine an bestimmten Stellen im Gehirn erhöhen, wurde spekuliert, die Depression sei ein Mangelzustand dieser Neurotransmitter (vgl. Lacasse & Leo, 2005).

Die Neurotransmitter-Transporter als Targets von Antidepressiva

Im Rahmen der Catecholamin-Mangel-Hypothese waren die Neurotransmitter-Transporter in der Vergangenheit attraktive Zielstrukturen für die Entwicklung von Antidepressiva. Alle Antidepressiva, die heute auf dem Markt sind, leiten sich von den zufälligen Entdeckungen in den 50er Jahren ab und sind auf eine Erhöhung der Monoamine ausgerichtet (Berton & Nestler, 2006).

Ausgehend von Imipramin wurden weitere, insbesondere selektivere Wirkstoffe entwickelt. Im Zentrum dabei standen der Noradrenalin-Transporter NET und der Serotonin-Transporter SERT. Imipramin ist relativ unselektiv und inhibiert beide Transporter. Es hat zudem Effekte auf eine Reihe zentraler Rezeptoren, es ist u.a. ein Antagonist von Acetylcholin an Muscarinrezeptoren und von Histamin an Histaminrezeptoren. Dies führt zu unerwünschten Effekten wie Mundtrockenheit, Sehstörungen, Obstipation und Gewichtszunahme. Imipramin gehört zu der Klasse der NSRI, der *Non-Selective Reuptake Inhibitors* (s. Tab. 5.5).

Tabelle 5.5 Beispiele selektiver und unselektiver Antidepressiva. Die älteren Antidepressiva werden strukturell in tri- und tetrazyklische Antidepressiva gegliedert (Einteilung nach Delgado, 2004).

Wirkstoffgruppe und Beispiele	Struktur
Nicht-selektive Reuptake-Inhibitoren (NSRI)	
Imipramin (Trizyklisches Anitdepressivum)	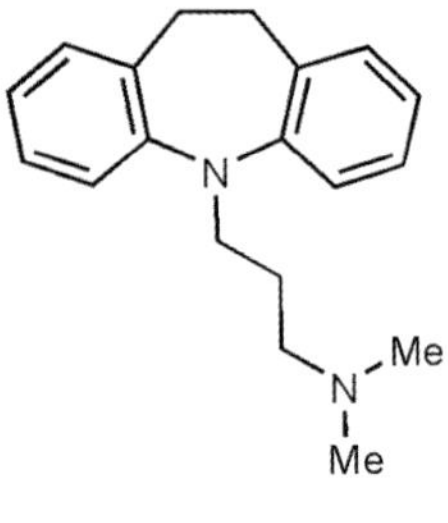
Trimipramin (Trizyklisches Anitdepressivum)	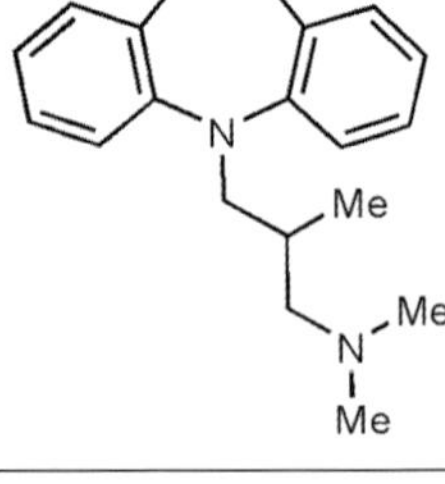

Tabelle 5.5 Fortsetzung.

Wirkstoffgruppe und Beispiele	Struktur
Selektive Serotonin und Noradrenalin Reuptake-Inhibitoren (SSNRI)	
Venlafaxin	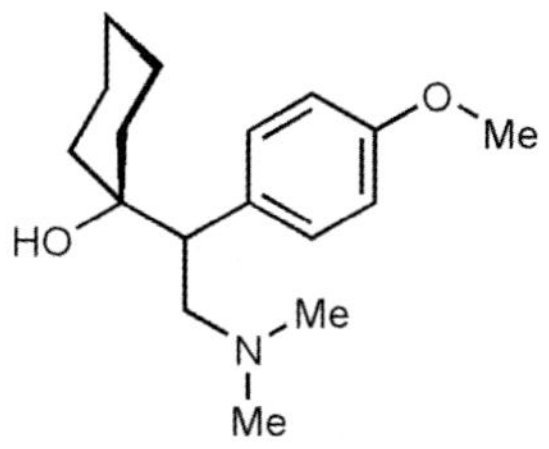
Duloxetin	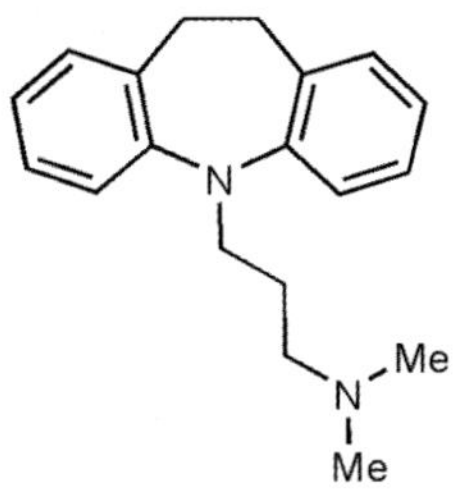
Selektive Serotonin Reuptake-Inhibitoren (SSRI)	
Fluoxetin	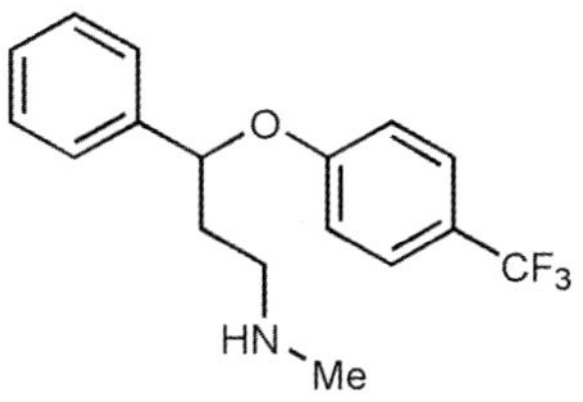
Sertralin	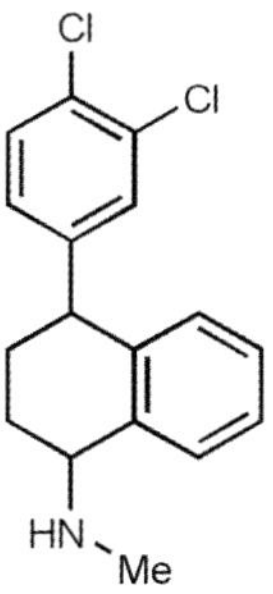

Tabelle 5.5 Fortsetzung.

Wirkstoffgruppe und Beispiele	Struktur
Paroxetin	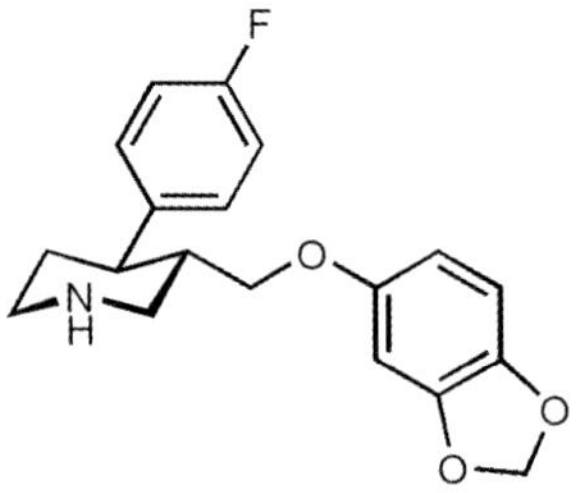
Citalopram (Escitalopram: *S*-Enantiomer)	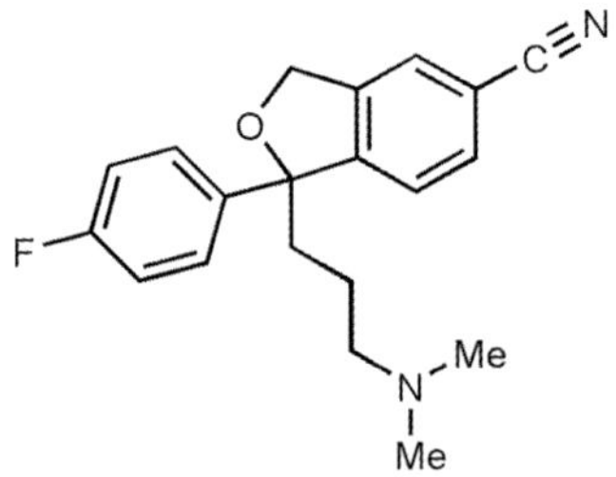
Selektive Noradrenalin Reuptake-Inhibitoren (SNRI)	
Desipramin (Trizyklisches Anitdepressivum)	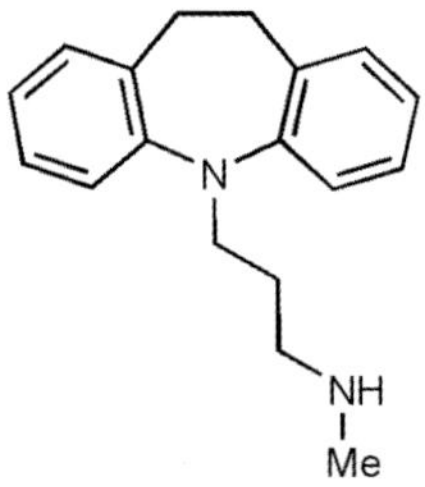
Maprotilin (Tetrazyklisches Anitdepressivum)	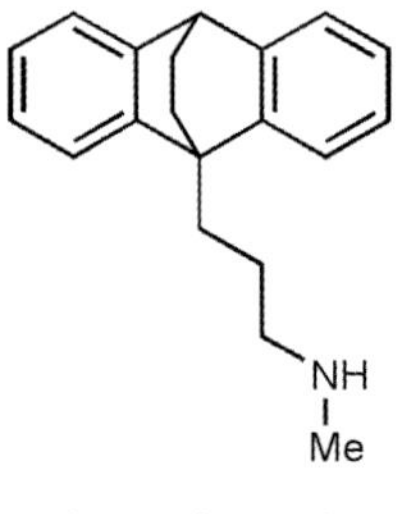
Reboxetin	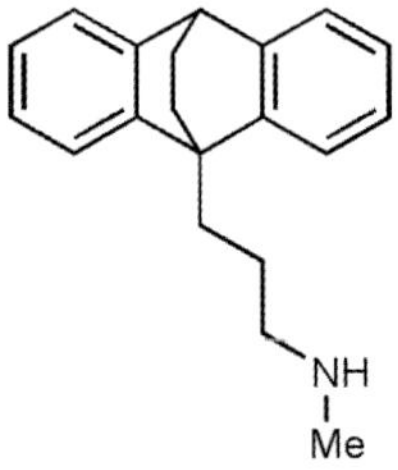

Durch eine Erhöhung der Selektivität für NET und SERT wurde versucht, die unerwünschten Wirkungen von Imipramin zu vermindern und die Wirksamkeit zu erhöhen.

In den 70er Jahren wurde mit Maprotilin eine erste NET-selektive Substanz entwickelt. Maprotilin wird in der strukturellen Einteilung als tetrazyklisches Antidepressivum bezeichnet. Substanzen dieser Wirkstoffklasse werden als *Selective Noradrenaline Reuptake Inhibitors* (SNRI) bezeichnet. Maprotilin hat jedoch auch Effekte auf zentrale Rezeptoren. Eine neuere und selektivere Substanz dieser Klasse ist Reboxetin (Edronax®).

Der große kommerzielle Durchbruch kam jedoch erst mit den SERT-selektiven Antidepressiva in den 90er Jahren. Prototyp der sogenannten *Selective Serotonin Reuptake Inhibitors* (SSRI) ist Fluoxetin (USA: Prozac®). Zu dieser Klasse gehören auch Paroxetin (Deroxat®), Sertralin (Zoloft®), Citalopram und das *S*-Enantiomer von Citalopram, Escitalopram (Cipralex®).

Eine weitere Klasse sind die SSNRI, die *Selective Serotonin Noradrenaline Reuptake Inhibitors*. Beispiele sind Venlafaxin (Efexor®) und Duloxetin (Cymbalta®).

Für die antidepressive Wirksamkeit scheint eine Inhibition von NET und/oder SERT auszureichen. Eine Inhibition zentraler Rezeptoren wie bei Imipramin scheint nicht notwendig zu sein. In den vergangenen Jahrzehnten rückte alternierend die selektive Inhibition von NET und SERT ins Zentrum des Interesses (Iversen, 2006). SNRI und SSRI scheinen etwa gleich gut wirksam zu sein (Delgado, 2004).

Tabelle 5.6 verdeutlicht die unterschiedlichen Angriffspunkte der verschiedenen antidepressiv wirkenden Substanzklassen.

Tabelle 5.6 Inhibitionskonstanten der wichtigsten Antidepressivaklassen.

Name	NA-Aufnahme	5-HT-Aufnahme	H_2-Rezeptor	5-HT_2-Rezeptor	α_1-Rezeptor	α_2-Rezeptor
	Noradrenalin	Serotonin	Histamin	Serotonin	Adrenalin, Noradrenalin	
Trizyklische Antidepressiva						
Imipramin	14	41	37	150	32	>1000
Tetrazyklische Antidepressiva						
Mianserin	42	> 1000	0,4	7	34	73
Selektive Serotonin-Wiederaufnahme Hemmer SSRI						
Sertralin	220	3	>1000	>1000	380	>1000
Selektive Noradrenalin-Wiederaufnahme Hemmer (SNRI)						
Reboxetin	8	1000	>1000	>1000	>1000	>1000
Selektive Serotonin- und Noradrenalin-Wiederaufnahme Hemmer (SSNRI)						
Venlafaxin	210	39	>1000	>1000	>1000	>1000

Eine Inhibitionskonstante >1000 bedeutet, dass dieser Rezeptortyp nicht beeinflusst wird (adaptiert gem Steinhilber *et al.*).

Wie wirken Antidepressiva?

Heute ist klar, dass die Monoamin-Hypothese von 1965 der Komplexität der Ursachen und der Entstehung einer Depression und der Erklärung des Wirkmechanismus der Antidepressiva nicht gerecht wird. Insbesondere in der Populärwissenschaft und in der Werbung wird häufig ein zu einfaches Bild eines Mangels an Monoaminen bei Depression gezeichnet, der durch die Gabe von Antidepressiva ausgeglichen oder „substituiert" werden kann. Diese einfachen Erklärungen wurden in den letzten Jahren vermehrt kritisiert (z.B. Lacasse & Leo, 2005).

Tatsache ist, dass die Antidepressiva die Neurotransmitter-Transporter inhibieren, zu einer Erhöhung der Monoamine führen und wirksam gegen Depressionen sind. Wie diese Effekte aber im Detail mit der antidepressiven Wirkung in Zusammenhang stehen, ist hingegen nicht geklärt.

Ein vielzitiertes Problem der Hypothese ist die Tatsache, dass die Wirkung von Antidepressiva erst nach einigen Wochen eintritt, obwohl die Wiederaufnahme der Monoamine bereits Stunden nach Einnahme der Medikamente effektiv gehemmt und somit die Konzentration der Neurotransmitter beinahe sofort erhöht wird (z.B. Iversen, 2006; Delgado, 2004).

Dies deutet darauf hin, dass die Hemmung der Wiederaufnahme komplexe, adaptive Veränderungen zur Folge hat (z.B. Genexpression, morphologische Veränderungen), welche schließlich zur Wirkung führen (Delgado, 2004). Möglicherweise könnte eine solche Kaskade auf einen gemeinsamen Zielpfad münden (Holsboer, 2000).

Ein solcher Zielpfad könnte in der Beeinflussung des hypothalamisch-hypophysären adrenocorticalen (HPA) Systems liegen. Die Freisetzung von CRF (Corticotropin-releasing factor) aus dem Hypothalamus führt zur Ausschüttung von ACTH (Adrenocorticotropes Hormon) aus der Adenohypophyse. ACTH stimuliert die Freisetzung von Glucocorticoiden aus der Nebennierenrinde. Die Corticoid-Rezeptor-Hypothese (auch „Stress-Hypothese") der Depression beschreibt die Hyperaktivität des HPA-System als eine Ursache der Depression (Review: Holsboer, 2000). Die Hyperaktivität besteht unter anderem in erhöhten Spiegeln von CRH (Corticotropin-releasing Hormone) und in einem erniedrigten Feedback der Glucocorticoide (z.B. Cortisol) auf die CRH-Produktion im Hypothalamus.

Die Aufklärung der molekularen Ursachen der Depression und des Wirkmechanismus der Antidepressiva werden es erlauben, neuartige antidepressive Wirkstoffe mit alternativen Angriffspunkten zu entwickeln. Ein Beispiel sind CRF_1-Rezeptor-Antagonisten zur Hemmung des hyperaktiven HPA-Systems (Review: Berton & Nestler, 2006).

Weitere Neurotransmitter-Transporter als Targets

GAT. Der Wirkstoff Tiagabin (Gabitril®) hemmt den GABA-Transporter GAT und wird bei Epilepsie verwendet.

DAT. DAT ist ein mögliches Target bei Morbus Parkinson zur Erhöhung der Dopamin-Konzentration.

Merksatz

- ***Die Signalübertragung an der Synapse wird u.a. durch den Abbau und/oder die Wiederaufnahme der Neurotransmitter beendet.***
- ***Die Wiederaufnahme erfolgt über Vertreter der Familie der Neurotransmitter-Transporter (Gensymbol SLC6).***
- ***Zu den wichtigsten Vertretern gehören GAT (GABA), DAT (Dopamin), NET (Noradrenalin) und SERT (Serotonin).***
- ***Antidepressiva, mit Ausnahme der MAOI sind selektive oder unselektive Inhibitoren von NET und/oder SERT.***

Fazit

Durch Wiederaufnahme der Neurotransmitter in die Nerven- und Gliazellen wird die Signalübertragung an der Synapse beendet. Der sekundär aktive Transport gegen den Gradienten erfolgt über die große Familie der Neurotransmitter-Transporter (Gensymbol *SLC6*). Zu dieser Familie gehören u.a. der GABA-Transporter GAT, der Dopamin-Transporter DAT, der Noradrenalin-Transporter NET und der Serotonin-Transporter SERT. Es handelt sich um Cotransporter, die neben den Neurotransmittern Na^+- und Cl^--Ionen (z.T. auch K^+) transportieren. Die Energie stammt aus dem Cotransport von Na^+.

Mit Ausnahme der Monoaminooxidase-Inhibitoren sind die Antidepressiva Inhibitoren der Neurotransmitter-Transporter und führen zu einer erhöhten Konzentration der Neurotransmitter im synaptischen Spalt. Die antidepressive Wirkung wird durch die Hemmung von NET und/oder SERT erreicht. Die unterschiedlichen Wirkstoffklassen unterscheiden sich in ihrer Selektivität gegenüber NET und SERT und zentralen Rezeptoren wie H_2-, $5HT_2$- und α_1- und α_2-Rezeptoren.

Aus der Tatsache, dass die Antidepressiva die Konzentration der Monoamine Noradrenalin und Serotonin im synaptischen Spalt erhöht, wurde in den 60er Jahren geschlossen, eine Depression sei ein Zustand eines Mangels oder Ungleichgewichts der Monoamine. Dieser Mangel oder das Ungleichgewicht würde folglich mit den Antidepressiva korrigiert.

Es gibt allerdings Hinweise darauf, dass die Hemmung der Neurotransmitter-Transporter lediglich der erste Schritt in einer komplexen Kaskade darstellt, die schließlich zur antidepressiven Wirkung führt. Die Aufklärung der molekularen Ursachen der Depression und des genauen Wirkmechanismus der Antidepressiva könnte zur Entwicklung neuer, effizienter antidepressiver Wirkstoffe führen, die nicht in die Monoamin-Wiederaufnahme eingreifen.

5.3 Verteilung zum ungeborenen Kind: Placenta

Einleitung

Die Placenta ist ein Organ fetaler Herkunft, das zwei genetisch unterschiedliche Individuen, die Mutter und den Fetus, miteinander verbindet. Sie wird sowohl vom Blutkreislauf der Mutter als auch vom Fetus durchblutet. Das Blut steht dabei jedoch nicht in direktem Kontakt, sondern ist durch Zellen und Bindegewebe voneinander getrennt.

Die wichtigste Funktion der Placenta ist die Versorgung des Kindes mit Sauerstoff und Nährstoffen, z.B. mit Glucose, Nucleosiden, Fettsäuren, Aminosäuren, Vitaminen und Mineralien (z.B. Knipp *et al.*, 1999). Dies ermöglicht sein Wachstum und seine Entwicklung. Umgekehrt sorgt die Placenta auch für den Transport von Kohlenstoffdioxid und metabolischen Abfallprodukten, z.B. Harnstoff und Bilirubin, aus dem Fetus in den mütterlichen Kreislauf. Der Stofftransport ist also bidirektional. Die Placenta ist zudem ein endokrines Organ, das Steroidhormone (z.B. Östrogene und Progesteron) und Peptidhormone (z.B. Gonadotropin, HCG) produziert und damit die Schwangerschaft aufrecht erhält. Zur Synthese dieser Hormone enthält sie auch metabolische Enzyme.

Neben der erwünschten Versorgung des Kindes mit essentiellen Nährstoffen können auch Xenobiotika – Substanzen ohne physiologische Funktion – zum Kind gelangen. So ist zum Beispiel beim Konsum von Genussmitteln (Kaffee, Alkohol, Rauchen), von Drogen (Cannabis, Cocain, Opiate) oder bei der Einnahme von Medikamenten mit einer Verteilung dieser Stoffe zum Fetus zu rechnen (Placenta und Xenobiotika: z.B. Myllynen *et al.*, 2005).

Bis zur Mitte des letzten Jahrhunderts galt bei vielen Ärzten die Auffassung, die Placenta bilde eine effektive Barriere gegen Xenobiotika (Yaffe, 1998). Seit der Thalidomid-Katastrophe ist jedoch klar, dass einige Xenobiotika – und dazu gehören auch die pharmazeutischen Wirkstoffe – die sogenannte „Placentaschranke" überwinden und im schlimmsten Fall zu Schädigungen des Fetus führen können (sog. *Teratogenese*, z.B. McElhatton, 1999).

Bei bekannter Schwangerschaft kann einer möglichen Schädigung des Fetus durch bekannte Teratogene mit Expositionsprophylaxe vorgebeugt werden. Bei Arzneimitteln ist ein Verzicht jedoch nicht immer möglich. Grunderkrankungen der Mutter (z.B. Epilepsie, Asthma, HIV, Diabetes) können eine medikamentöse Therapie zwingend erfordern. Auch Krankheiten oder Auswirkungen physiologischer Veränderungen, die während der Schwangerschaft auftreten (z.B. Infekte, Schwangerschaftserbrechen) sollen behandelt werden können, weil das Wohlbefinden des Kindes direkt von dem der Mutter abhängt. Ein obligater Verzicht auf Arzneimittel ist aber nicht notwendig, da nur einige Wirkstoffe tatsächlich teratogen sind. Paracetamol beispielsweise wird in allen Stadien der Schwangerschaft gegen Schmerzen und Fieber verschrieben und scheint – obwohl es in den Fetus verteilt wird – bei moderater Einnahme relativ sicher zu sein (Briggs *et al.*, 1998). Auch führt die Einnahme einer teratogenen Substanz nicht direkt zu einer Schädigung, die Teratogenese ist multifaktoriell und die Empfindlichkeit gegenüber Teratogenen genetisch variabel (McElhatton, 1999).

Die Einnahme von Medikamenten in der Schwangerschaft und die Teratogenese sind komplexe Themen (Briggs *et al.*, 2003). In diesem Kapitel konzentrieren wir uns auf die Frage der Transportprozesse an der Placenta:

- Welche histologischen Strukturen verbinden den mütterlichen und fetalen Blutkreislauf?
- Wie werden Nähr- und Wirkstoffe über diese transportiert?
- Welche Faktoren beeinflussen die Verteilung in den Fetus?
- Ist es möglich, Wirkstoffe zu entwickeln, die nicht über die Placenta verteilt werden, um eine Schädigung auszuschließen?

5.3.1
Histologie der Placentaschranke

Entwicklung

Nach der Befruchtung der Eizelle entsteht zunächst ein runder Zellhaufen, die *Morula*, welcher sich weiter zur *Blastozyste* entwickelt. Während der Entwicklung wandert der Keim vom Ovar über den Eileiter zur Gebärmutter (*Uterus*). Die Blastozyste, eine hohlkugelförmige Struktur, besteht aus einer äußeren Zellschicht, dem *Trophoblasten* und einer inneren Zellmasse, dem *Embryoblasten*.

Bei der *Implantation*, d.h. der Einnistung der Blastozyste in die Uterusschleimhaut, dringen die Trophoblastzellen invasiv in die mütterliche Schleimhaut ein und stellen einen engen Kontakt zum mütterlichen Gewebe her. Der Trophoblast differenziert aus, es entstehen primäre, sekundäre und schließlich tertiäre Zotten mit einer äußeren Trophoblastschicht. Der Stoffaustausch erfolgt über diese Zotten (zur Histologie der Placenta siehe z.B. Welsch, 2003).

Reife Placenta und Stoffaustausch

Die reife Placenta besteht aus drei Anteilen: der Chorionplatte, einem System aus Placentazotten und der Basalplatte (s. Abb. 5.15).

1. Die *Chorionplatte* ist nach innen, gegen den Fetus gerichtet und dort vom Epithel der Fruchtblase überzogen (*Amnionepithel*). Von ihr geht die Nabelschnur aus, welche Gefäße des Fetus enthält, zwei *Arteriae umbilicales* (sauerstoffarmes Blut vom Fetus zur Mutter) und die *Vena umbilicalis* (sauerstoffreiches Blut von der Mutter zum Fetus). Zwischen dem mütterlichen und dem fetalen Blutkreislauf liegt eine Gewebeschicht, die jede Substanz überwinden muss, welche vom einen in den anderen Blutkreislauf gelangen soll (s. Abb. 5.16). Die erste Zellschicht, welche die Substanz ausgehend vom mütterlichen Blut passiert, ist der kontinuierliche Synzytiotrophoblast. Diese vielkernige Zellmasse ohne Zellgrenzen geht aus Zytotrophoblastzellen hervor, Stammzellen, die unterhalb des Synzytiotrophoblasten gelegen sind. Der Zytotrophoblast bildet zunächst eine kontinuierliche Zellschicht, die aber im Verlauf der Schwangerschaft zu-

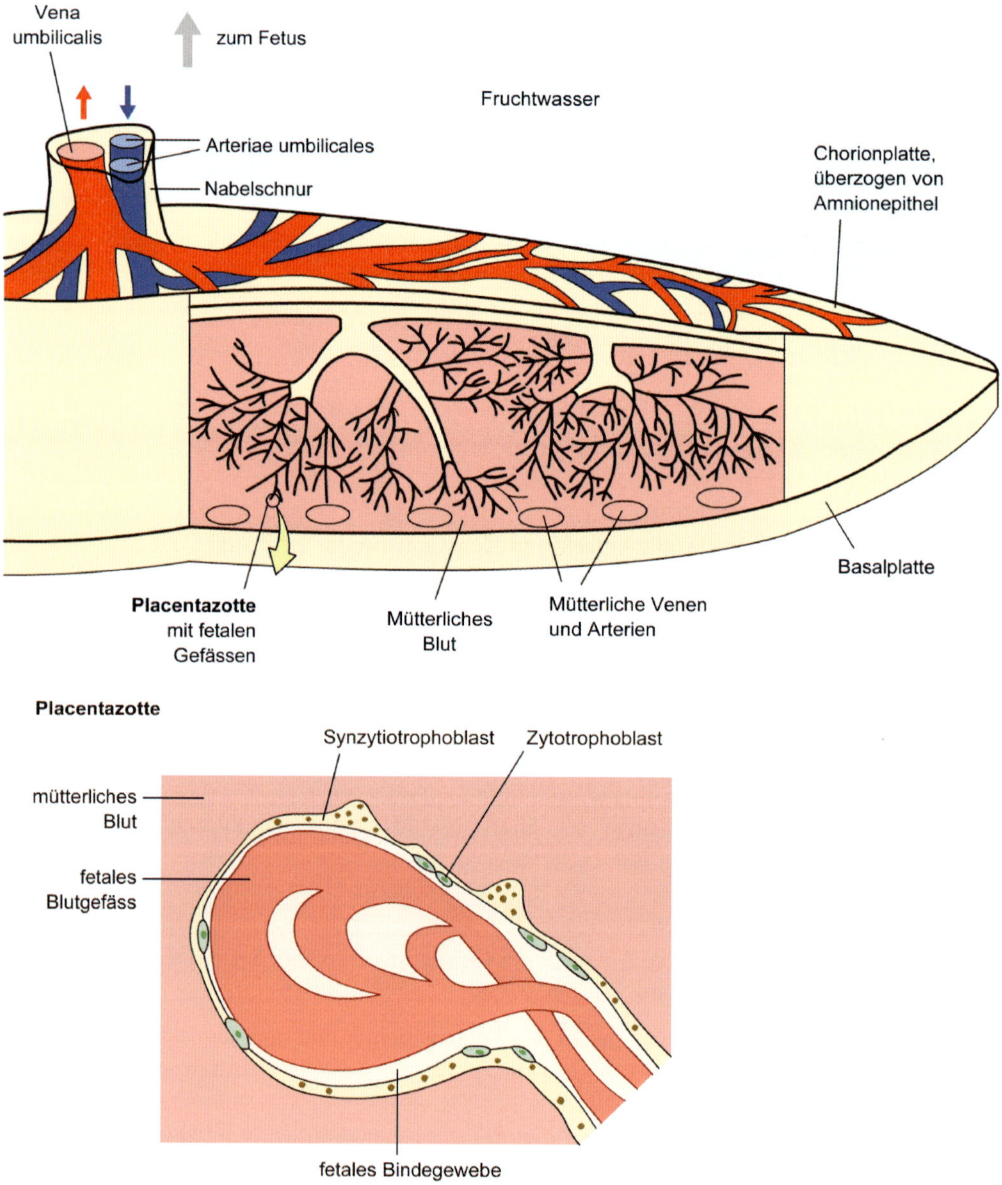

Abb. 5.15 Aufbau der Placenta und der Placentazotte (Bild nach Ala-Kokko, 2000).

nehmend ausgedünnt wird. Nach der Diffusion über die Basallamina der Trophoblasten und durch das Bindegewebe der Zotten gelangen die Substanzen über die Endothelzellen und die Basallamina der fetalen Kapillaren in das fetale Blut.

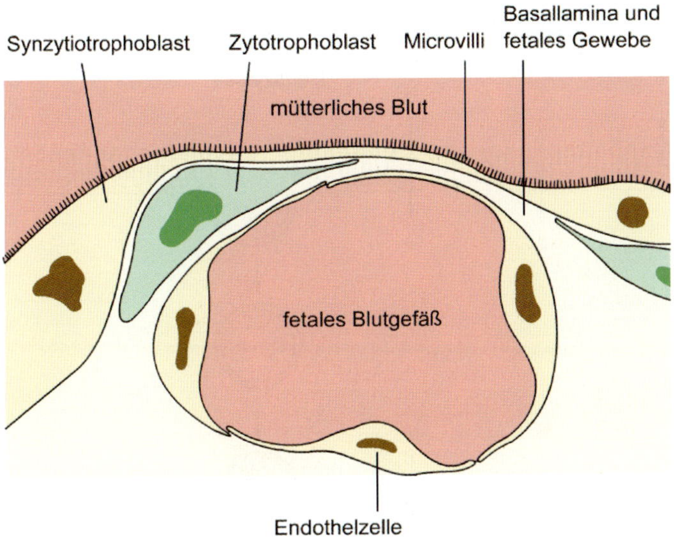

Abb. 5.16 Placentazotte, vergrößert (Bild nach Ala-Kokko, 2000).

2. Von der Chorionplatte gehen Placentazotten aus, welche sich baumartig verzweigen. Sie sind zum mütterlichen Gewebe hin gerichtet und in das Blut der Mutter getaucht. Das mütterliche Blut ist jedoch nie in direktem Kontakt mit den fetalen Blutgefäßen, welche innerhalb der Zotten gelegen sind. Spezialisierte Haftzotten sind mit der Basalplatte verbunden.
3. Die Basalplatte ist der mütterliche Anteil der Placenta und geht aus der Gebärmutterschleimhaut hervor. Sie enthält Arterien, welche den intervillösen Raum mit dem mütterlichen Blut versorgen. Venen in der Uteruswand nehmen das Blut wieder auf. Von der Basalplatte gehen Placentasepten aus, welche in den intervillösen Raum gerichtet sind und ihn strukturieren.

5.3.2
Transport von Nähr- und Wirkstoffen über die Placenta

Placentaschranke

Zwischen dem Blutkreislauf der Mutter und dem des Kindes liegt eine Gewebeschicht, die eine Substanz überwinden muss, wenn sie vom einen in den anderen Blutkreislauf gelangen soll. **Diese Barriere gegen die freie Diffusion wird vorwiegend vom Synzytiotrophoblasten ausgebildet.** Die Passage der Substanzen erfordert den transzellulären Transport über die apikale, durch Microvilli vergrößerte Plasmamembran, das Zytoplasma und die Freisetzung an der basolateralen Membran. Die anderen Strukturen gelten als relativ gut permeabel.

Demnach lässt sich, wie im Darm, in der Leber, in der Niere und im Gehirn, die Placentaschranke vereinfacht betrachtet auf eine einzelne Zellschicht, den Synzytiotrophoblasten, reduzieren (s. Abb. 5.17). Erneut determinieren die ver-

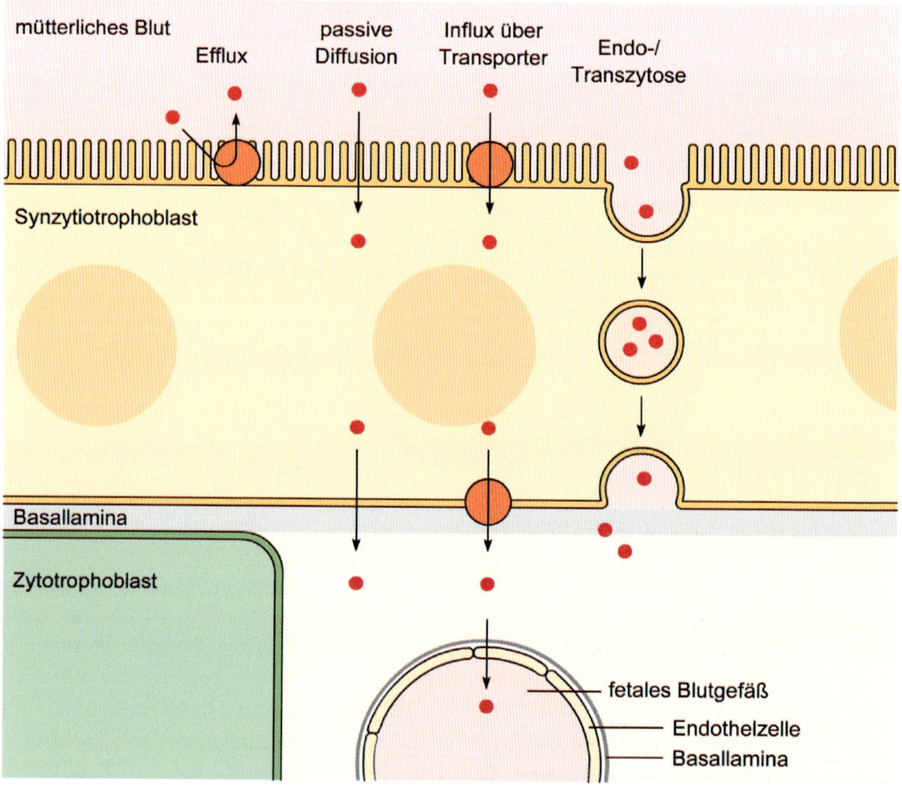

Abb. 5.17 Transportprozesse am Synzytiotrophoblasten. Ein pharmazeutischer Wirkstoff wird aus dem mütterlichen Blut (apikal) durch Transportprozesse über den Synzytiotrophoblasten transportiert und gelangt basolateral nach der Diffusion über das Gewebe in den fetalen Blutkreislauf.

schiedenen Transportwege über Zellmembranen und Einflussfaktoren von Mensch und Substanz, welche Substanzen zum Fetus gelangen.

Im Folgenden werden die einzelnen Transportwege spezifisch für die Placenta diskutiert.

Passive transzelluläre Diffusion. Die passive transzelluläre Diffusion über den Synzytiotrophoblasten gehört auch an der Placenta zu den wichtigsten Transportwegen. Sie erfolgt über die Zellmembranen, entlang eines Konzentrationsgradienten zwischen den zwei Blutkreisläufen. Wie bei der Diffusion über die Blut-Hirn-Schranke ist sie einerseits von der Plasmakonzentration des Wirkstoffs und andererseits von physikochemischen Eigenschaften der Substanz abhängig. Faktoren, welche die passive Diffusion einer Substanz über die Placenta begünstigen sind also:

- ein Konzentrationsgradient zwischen den Blutkreisläufen, d.h. eine hohe Konzentration im mütterlichen Blut (abhängig von der Pharmakokinetik der Mutter)
- eine niedrige Proteinbindung
- geeignete physikochemische Eigenschaften, u.a. eine moderate Lipophilie, eine geringe Ionisation (pK_a) und ein geringes Molekulargewicht.

Transporter. Zum Transport der Nährstoffe dienen eine Reihe von Transportern an der apikalen und basolateralen Membran des Synzytiotrophoblasten. Die hydrophile Glucose beispielsweise, aus der im Fetus ATP zur Energieversorgung gebildet wird, überquert das Synzytium über den Glucose-Transporter GLUT1. GLUT1 ist sowohl an der apikalen als auch an der basolateralen Membran lokalisiert, wobei die apikale Membran eine höhere Dichte aufweist. GLUT1 ist ein Uniporter und vermittelt eine erleichterte Diffusion entlang des Konzentrationsgradienten (Review: Takata & Hirano, 1997).

Weitere Transporter wurden am Synzytium identifiziert, u.a. Transporter für Monoamine (Serotonin, Noradrenalin), Carnitin, Nucleoside, Monocarboxylate, Fettsäuren, organische Anionen und Vitamine. Darunter finden sich auch aktive Transporter, die natriumabhängig sind und gegen den Gradienten transportieren können (Reviews: Gedeon & Koren, 2006; Ganapathy *et al.*, 2000; Ganapathy & Prasad, 2005; Knipp *et al.*, 1998; Syme *et al.*, 2004). Auch hier gilt, dass pharmazeutische Wirkstoffe transportiert werden können, sofern diese den strukturellen Anforderungen der Transporter entsprechen.

Efflux. An der apikalen Membran des Synzytiums sind Efflux-Transporter der ABC-Superfamilie lokalisiert: P-Glykoprotein (P-gp), Breast Cancer Resistance Protein (BCRP) und Multidrug Resistance-Associated Proteins (MRP; Young *et al.*, 2003). Diese können eine Barriere gegen die Verteilung ihrer Substrate ausbilden. Ihre Inhibition führt zu einer verstärkten Verteilung zum Fetus (z.B. Mölsä *et al.*, 2005).

Endozytose. Schließlich werden Substanzen auch über den vesikulären Transport durch das Synzytium geschleust (s. Abb. 5.17).

Bedeutung der Transportprozesse für die Pharmakotherapie: Placenta als Barriere?
Inwiefern stellt die Placenta eine Barriere oder Schranke gegen die Verteilung von Wirkstoffen zum Fetus dar? Drei mögliche Barrieren können den Substanztransport zum Fetus behindern oder verringern. Erstens können hydrophile und geladene Wirkstoffe, Substanzen mit ungeeigneten physikochemischen Eigenschaften also, die Membran des Synzytiums schlecht passiv überqueren. Zweitens kann die Diffusion von Substanzen durch Efflux-Transporter limitiert werden und drittens führt die metabolische Aktivität der Placenta möglicherweise zum Abbau pharmazeutischer Wirkstoffe. Für bestimmte Substanzen stellt die Placenta also tatsächlich eine Barriere dar.

Andererseits können Substanzen mit geeigneten Eigenschaften gut über die Placenta diffundieren. Sind Wirkstoffe Substrate von Transportern, können sie durch aktiven Transport sogar im Fetus angereichert werden!

Teratogenese

Da die Placenta den Transport von Substanzen zum Fetus kontrolliert, spielt sie eine wichtige Rolle bei der Teratogenese. Ein pharmazeutischer Wirkstoff ist ein Teratogen, wenn er direkt oder indirekt strukturelle oder funktionelle Anomalien beim Fetus oder beim Neugeborenen hervorruft, die oft auch erst später im Leben erkannt werden (McElhatton, 1999). Einige bekannte teratogene Arzneimittel sind in Tabelle 5.7 dargestellt. Im Folgenden werden allgemeine Prinzipien der Teratogenese diskutiert.

Teratogenes Risiko. Die Exposition der Mutter mit einer teratogenen Substanz führt nicht zwingend zu einer Schädigung des Fetus. Die Teratogenese ist multifaktoriell. Eine Ursache sind zum Beispiel interindividuelle, genetische Unterschiede. So können die Plasmakonzentrationen eines Teratogens bei einem Poor Metabolizer erhöht sein (s. Abschnitt 4.3 „Biotransformation“). Auch wird bezüglich der Stärke der Teratogene unterschieden, denn nicht alle Teratogene erhöhen das Risiko für eine Fehlbildung im gleichen Ausmaß. Thalidomid und die Retinoide gehören zu den Arzneimitteln mit dem stärksten teratogenen Potential.

Aussagekraft von Tierexperimenten. Die Durchführung kontrollierter klinischer Studien mit schwangeren Frauen zur Aufklärung der teratogenen Wirkung von Arzneimitteln ist ethisch nicht vertretbar (Möglichkeiten werden diskutiert, siehe Briggs *et al.*, 2003). Eine Methode zur Bestimmung des teratogenen Potentials sind Tierexperimente. Allerdings stellt sich hier die Frage nach der Übertragbarkeit der Resultate von der einen auf die andere Spezies. Tatsächlich hat sich gezeigt, dass im Tierversuch sowohl falsch positive als auch falsch negative Resultate erhalten werden. Verantwortlich für solche Diskrepanzen sind auch genetische Unterschiede. Methotrexat ist beispielsweise beim Kaninchen nur mäßig teratogen, weil es schnell über die Aldehydoxidase hydroxyliert und eliminiert werden kann. Bei der Ratte hingegen ist es ein starkes Teratogen, weil die Art das Zytostatikum nicht über diesen Weg abbauen kann (McElhatton, 1999). Weitere Unterschiede zwischen den Spezies spielen ebenfalls eine Rolle, zum Beispiel

Tabelle 5.7 Beispiele teratogener Arzneimittel.

ACE-Hemmer, AT_2-Rezeptor-Antagonisten
Alkohol
Aminoglykoside
Klassische Antiepileptika (z.B. Phenytoin, Phenobarbital, Valproat, Carbamazepin)
Androgene
Coumarin-Antikoagulantien (z.B. Warfarin)
Diethylstilböstrol
Drogen (z.B. Cocain, Morphin)
Lithium
Methotrexat
Retinoide (z.B. Isotretinoin)
Tetrazykline
Thalidomid

ein unterschiedlicher Aufbau der Placenta. Koren *et al.* (1998) weisen allerdings darauf hin, dass die meisten bekannten teratogenen Wirkstoffe auch ähnliche Effekte bei Tieren zeigen. Sie stellen jedoch auch fest, dass eine Übertragung der Resultate schwierig ist.

Dosis. Bei steigender Dosis steigt in der Regel auch das teratogene Risiko. Es scheint eine kritische Schwellendosis benötigt zu werden. Dies wurde zum Beispiel für Valproat gezeigt (McElhatton, 1999).

Zeitpunkt der Einnahme. Das ungeborene Kind kann zu jedem Zeitpunkt der Schwangerschaft durch Teratogene geschädigt werden. Aufgrund der verschiedenen Entwicklungsstadien können bestimmte Schädigungen jedoch nur innerhalb bestimmter Zeitabschnitte erfolgen. So ist die Einnahme von Valproat besonders während des Neuralrohrverschlusses gefährlich (ca. Tag 17–28 nach der Empfängnis). Als besonders empfindliche Phase gilt die Embryogenese (Tag 18–55), während der alle wichtigen Organsysteme gebildet werden. Acetylsalicylsäure ist ein bekanntes Beispiel für einen Wirkstoff, dessen teratogene Wirkung abhängig vom Stadium der Schwangerschaft ist. Der Wirkstoff kann erst in der späten Schwangerschaft (3. Trimenon) zu einem vorzeitigen Verschluss des *Ductus arteriosus* führen.

Unabhängigkeit vom Transport über die Placenta. Der Transport eines Teratogens über die Placenta ist keine notwendige Bedingung für den teratogenen Effekt eines Wirkstoffs. So können auch pharmakologische oder toxische Effekte, welche Gewebe oder Organe der Mutter betreffen, zu Schädigungen des Fetus führen. Auch eine Beeinträchtigung der Funktion der Placenta ist möglich, was ebenfalls zu einer schädigenden Wirkung führen kann. So führt zum Beispiel das Rauchen zu struktruellen Veränderungen in der Placenta (Syme *et al.*, 2004).

Teratogene: Fallbeispiel Thalidomid

Ende der 50er Jahre kam es in Deutschland zu einer starken Häufung von *Phocomelie* bei Neugeborenen. Dabei handelt es sich um eine seltene Missbildung, bei der die Länge der Röhrenknochen von Armen und/oder Beinen stark reduziert ist, was zur Ausbildung verkürzter Extremitäten führt (Review: Taussig, 1962; McBride, 1977).

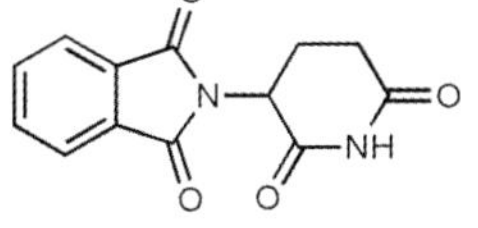

Thalidomid

Im Herbst 1961 zeigten Lenz in Deutschland (Lenz, 1961) und McBride in Australien (McBride, 1961), dass die Phocomelie durch die Einnahme von Thalidomid während der Schwangerschaft verursacht wurde.

Thalidomid war 1957 in Deutschland als Beruhigungsmittel eingeführt worden (Contergan®) und wurde in zahlreichen Ländern vermarktet, mit Ausnahme der USA, wo es von der FDA glücklicherweise nicht zugelassen wurde, was eine noch größere Katastrophe verhinderte. In Deutschland war es zunächst ohne ärztliches Rezept erhältlich und erreichte im Jahr 1960 und 1961 große Popularität. Es erwies sich auch bei Schwangerschaftserbrechen als sehr gut wirksam.

Lenz führte Befragungen mit Müttern von Kindern mit Phocomelie durch. Viele der Mütter konnten sich daran erinnern, in der Schwangerschaft Thalidomid eingenommen zu haben. Im November 1961 wurde der Wirkstoff in Deutschland und wenig später in weiteren Ländern vom Markt genommen und die Assoziation mit Phocomelie untersucht.

Es konnte gezeigt werden, dass eine einzige Dosis Thalidomid, verabreicht in einer empfindlichen Zeitspanne zwischen dem 28. und 42. Tag nach der Empfängnis ausreichte, um die Missbildung hervorzurufen; Thalidomid ist ein sehr starkes Teratogen. Allerdings führt die Einnahme nicht zwingend zu einer Schädigung, da auch gesunde Kinder geboren wurden, deren Mütter das Mittel in der empfindlichen Zeitspanne eingenommen hatten.

Die in den Zulassungsstudien verwendeten Nager (Ordnung *Rodentia*) zeigen eine gewisse Resistenz gegen die Teratogenese: Wären in den Tierversuchen Kaninchen (Ordnung *Lagomorpha*) verwendet worden, hätte die Katastrophe verhindert werden können. Weltweit waren in 48 Ländern Tausende von Kindern betroffen. Die Thalidomid-Embryopathie gilt als die größte Arzneimittelkatastrophe des 20. Jahrhunderts (Ananas & Elias, 1999).

Bedeutung der Transportprozesse im Drug Design

Als Grund für ihr Interesse an den Transportprozessen der Placenta führen eine Reihe von Autoren die Möglichkeit der Verwendung im Drug Design an. Grundsätzlich sind hier zwei Anwendungen denkbar. Erstens wäre es wünschenswert, Medikamente so zu entwickeln, dass sie nicht oder nur wenig zum Fetus gelangen. Somit könnte einer teratogenen Wirkung vorgebeugt werden, da der Wirkstoff den Fetus nicht erreicht.

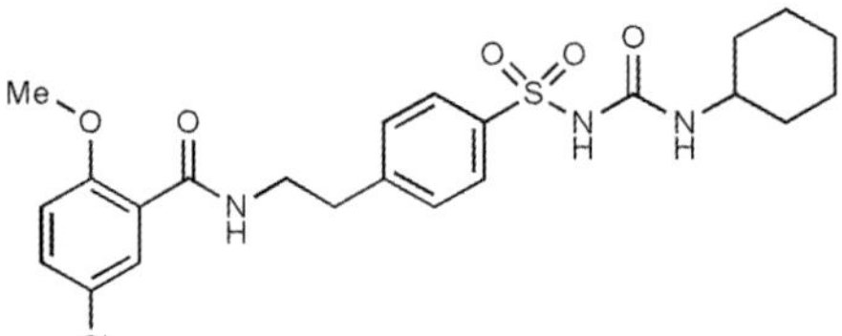

Glibenclamid

Das orale Antidiabetikum Glibenclamid wird beispielsweise kaum bis zum Fetus verteilt. Dies kann mit der hohen Proteinbindung des Wirkstoffs, seiner kurzen Halbwertszeit und der Tatsache begründet werden, dass es ein Substrat von Efflux-Pumpen an der Placenta ist (Gedeon & Koren, 2006).

Medikamentöse Therapie des Fetus

Andererseits gibt es Indikationen für eine medikamentöse Therapie des Fetus (Review z.B. Evans *et al.*, 1992). Zum Beispiel werden Arrhythmien des Fetus mit klassischen Antiarrhythmika behandelt (z.B. Digoxin, Flecainid, Amiodaron; Meijboom *et al.*, 1994).

Wirkstoffe werden direkt zum Fetus injiziert, zum Beispiel in die Fruchtblase oder intravenös/intramuskulär in sein Gewebe. Technisch einfacher und deshalb für eine längere Therapie besser geeignet ist jedoch die indirekte Applikation über den Organismus der Mutter: Das Arzneimittel wird der Mutter verabreicht und verteilt sich über ihren Blutkreislauf und die Placenta bis hin zum Fetus. Ungünstig an der Methode sind jedoch mögliche unerwünschte Wirkungen des Wirkstoffs für die Mutter, die bei einer spezifischen Krankheit des Fetus nicht mittherapiert werden soll. Für einen Transfer zum Fetus muss der Wirkstoff auch in ausreichender Konzentration im mütterlichen Blut vorliegen. Je nach Konzentration und Wirkstoff treten also auch bei der Mutter pharmakologische Effekte auf.

Die Placenta spielt bei der fetalen Therapie eine doppelte Rolle. Erstens müssen pharmazeutische Wirkstoffe die Placentaschranke überwinden, um zum Fetus zu gelangen. Die Verteilung zum Fetus hin ist hier also – im Gegensatz zur Therapie der Mutter – erwünscht und notwendig. Zweitens könnten mit der Kenntnis spezifischer Transportmechanismen Wirkstoffe entwickelt werden, die den Fetus gezielt erreichen und so unerwünschte Wirkungen für die Mutter möglichst vermeiden (Drug Targeting).

Fallbeispiel: Folsäure in der Schwangerschaft

Folsäure ist ein Vitamin und gehört zum B-Komplex. Es besteht aus einem Pteridinring, p-Aminobenzoesäure und der Aminosäure Glutaminsäure. Folsäure wird von Mikroorganismen synthetisiert und vom Menschen in verschiedenen Derivaten über die Nahrung aufgenommen.

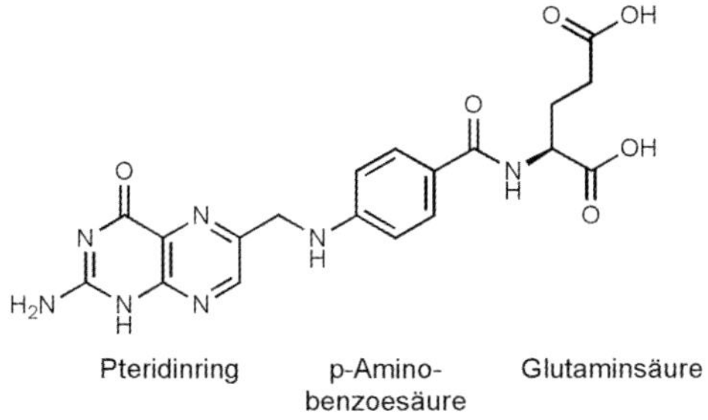

Folsäure

Im Organismus wird das Vitamin zu aktiven Metaboliten reduziert, welche als Coenzym die Übertragung von 1-Kohlenstoffresten ermöglichen. 5-Methyltetrahydrofolat ist der wichtigste Metabolit im Plasma. Die Übertragung von Kohlenstoffresten (z.B. einer Methylgruppe) ist unter anderem bei der Synthese von DNA-Basen entscheidend und deshalb für das Wachstum und die Zellteilung bei Mutter und Kind essentiell.

In der Schwangerschaft ist der Bedarf an Folsäue erhöht (Review: Tamura & Picciano, 2006). Wird sie nicht substituiert, fallen die Konzentrationen im Plasma der Mutter ab. Für diese Abnahme gibt es verschiedene Gründe. Einer ist der Transport von Folsäure zum Fetus. Folsäure wird dabei im Fetus konzentriert: die Blutkonzentrationen im Fetus oder im Neugeborenen sind im Vergleich zur Mutter deutlich erhöht.

Folsäure wird über verschiedene Mechanismen über die Placentaschranke transportiert. Neben Folat-Transportern ist auch ein Folat-Rezeptor an der apikalen Membran lokalisiert, der die Folsäure und die reduzierten Metaboliten bindet. Der Folat-Rezeptor ist über ein glykosyliertes Phosphatidylinositol in der apikalen Membran verankert. Der genaue Transportmechanismus ist nicht geklärt. Einerseits erhöht der Rezeptor die lokale Konzentration an Folsäure und bildet so einen Konzentrationsgradienten (Antony, 2007), andererseits scheint er auch über endozytotische Mechanismen in die Zelle aufgenommen zu werden (Sabharanjak & Mayor, 2004).

Da der Folat-Rezeptor von einigen Tumoren überexprimiert wird, stellt er ein attraktives Target für die gezielte Verabreichung zytostatischer Wirkstoffe dar (Hilgenbrink & Low, 2005).

Eine verminderte Vitaminkonzentration im Blut der Mutter kann während der Schwangerschaft zu einem Folsäuremangel und zu einer megaloblastischen Anämie führen. Zur Prävention eines Mangels sollte Folsäure deshalb während der Schwangerschaft medikamentös substituiert werden und auf eine folsäurereiche Ernährung geachtet werden. In verschiedenen Ländern, u.a. auch in der Schweiz und den USA, werden besimmte Nahrungsmittel mit Folsäure angereichert.

In vielen Studien wurde gezeigt, dass die präventive Gabe von Folsäure das Risiko für Neuralrohrdefekte beim Fetus vermindern kann (z.B. *Spina bifida*). Da sich das Neuralrohr bereits in der vierten Schwangerschaftswoche schließt, soll Folsäure schon **vor** der Schwangerschaft präventiv eingenommen werden, um ausreichende Spiegel zu erreichen. Da viele Schwangerschaften nicht geplant sind, wird Frauen im gebärfähigen Alter generell die präventive Einnahme von Folsäure empfohlen.

Metabolismus in der Placenta

Die Placenta exprimiert eine Reihe metabolischer Enzyme. In der reifen Placenta wurden beispielsweise folgende Phase-I-Enzyme identifiziert: CYP1A1, 1B1, 2E1, 2F1, 3A3–7 und 4B1, auf der Proteinebene wurden allerdings nur CYP1A1, 2E1, 3A4, 3A5, 3A7 charakterisiert. Auch Glucuronyltransferasen, Glutathion-S-Transferasen und andere Enyzme der Phase II wurden in der Placenta gefunden (Syme *et al.*, 2004; Pasanen, 1999). Das Expressionsmuster verändert sich während der Schwangerschaft und ist interindividuell variabel. Im Prinzip gelten in der Placenta dieselben Prinzipien wie in der Leber (s. Abschnitt 4.3 „Biotransformation"). Der Metabolismus kann Wirkstoffe inaktivieren, aktivieren oder toxifizieren.

Die Placenta kann als metabolische Barriere den Transport von Substanzen zum Fetus verhindern. So wird zum Beispiel mütterliches Cortisol in der Placenta durch die 11β-Hydroxysteroid-Dehydrogenase 2 (11β-HSD2) zu Cortison inaktiviert. Der Fetus wird so vor den höheren Cortisolkonzentrationen im mütterlichen Blut geschützt (Murphy *et al.*, 2007).

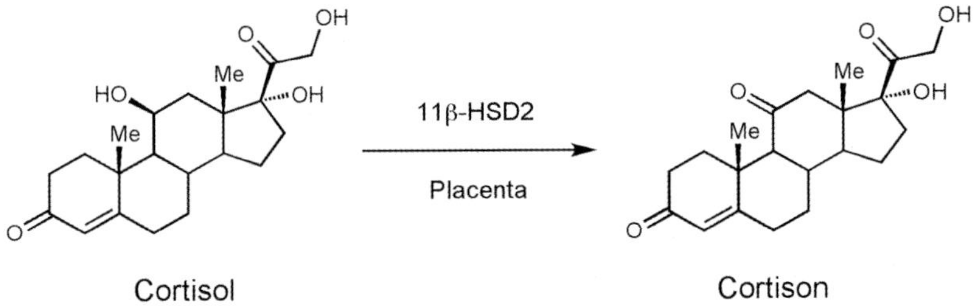

Murphy *et al.* (2007) haben *in vitro* gezeigt, dass auch synthetische Steroide, wie Beclomethason, Prednisolon, Dexamethason und Betamethason von 11β-HSD2 aus der Placenta zu ihren Ketometaboliten biotransformiert werden. Die Placenta könnte also auch für die synthetischen Steroide die Funktion einer metabolischen Barriere wahrnehmen und den Transport dieser Substanzen, die zur Inhalation bei Asthma indiziert sind, verhindern. Die Verwendung von inhalierten Corticosteoriden bei Asthma gilt während der Schwangerschaft als sicher (Kategorien B und C, siehe Dombrowski, 2006).

Die Enzymexpression in der Placenta wird wie in der Leber durch endo- und exogene Substanzen beeinflusst. So wird zum Beispiel die Aktivität von CYP1A1 durch Rauchen erhöht. Die Induktion ist in der späten Schwangerschaft am größten und kann über Wochen bestehenbleiben.

Merksatz

- ***Zu den wichtigsten Funktionen der Placenta gehören der bidirektionale Transport von Gasen, Nähr- und Abfallstoffen und die Hormonsynthese.***
- ***Um vom einen in den anderen Blutkreislauf zu gelangen, muss ein Wirkstoff folgende Strukturen überwinden: den Synzytiotrophoblasten, den Zytotrophoblasten, die Basallamina, Bindegewebe und das Endothel der fetalen Kapillaren.***
- ***Die Hauptdiffusionsbarriere wird vom Synzytiotrophoblasten gebildet, welcher Substanzen über verschiedene Transportmechanismen transportiert (z.B. transzellulär, mit Transportern oder durch Endozytose).***
- ***Die Transportprozesse sind pharmazeutisch insbesondere bei der Teratogenese und der fetalen medikamentösen Therapie bedeutsam.***

Fazit

Der mütterliche und fetale Blutkreislauf stehen in der Placenta über eine Gewebeschicht der Placentazotten in engem Kontakt. Sie vermischen sich jedoch nicht. Damit eine Substanz vom einen in den anderen Kreislauf gelangen kann, muss sie dieses Gewebe überwinden. Es ist vor allem der Synzytiotrophoblast, eine vielkernige Zellmasse aus fusionierten Zellen, der die Transportbarriere gegen den freien Stoffaustausch ausbildet. Der Transport von Nähr- und Wirkstoffen wird u.a. von den Eigenschaften des Wirkstoffs und den Transportmechanismen am Synzytiotrophoblasten bestimmt. Eine eigentliche „Placentaschranke“, welche alle Xenobiotika am Transport zum Fetus hindern würde, existiert nicht. Neben den Transportprozessen spielen weitere Faktoren für die Verteilung eine Rolle, u.a. die freie Konzentration im Plasma (Proteinbindung) und die Pharmakokinetik der Mutter (z.B. der Metabolismus).

Die Diskussion der Transportprozesse an der Placenta ist vor allem aus zwei Gründen relevant. Erstens spielen sie für die korrekte Versorgung des Fetus mit Nährstoffen und den Abtransport von Abfallstoffen eine zentrale Rolle. Zweitens bestimmen sie mit, ob eine Substanz zum Fetus gelangt oder nicht. Die Verteilung ist bei einem schädigenden (teratogenen) Wirkstoff nicht erwünscht. Hingegen besteht bei einer indirekten fetalen Therapie über die Mutter die Notwendigkeit eines Transports zum Fetus. Im Drug Design könnte die Kenntnis der Transportprozesse die Synthese von Substanzen ermöglichen, die den Fetus nicht oder gezielt erreichen.

Literatur

Abbott N.J. Evidence for bulk flow of brain intestinal fluid: significance for physiology and pathology. *Neurochemistry International*, **2004**, *45 (4)*, 545–552.

Abbott N.J., Rönnbäck L. & Hansson E. Astrocyte-endothelial interactions at the blood-brain barrier. *Nature Reviews/Neuroscience*, **2006**, *7*, 41–53.

Ala-Kokko T.I., Myllynen P. & Vähäkangas K. *Ex vivo* perfusion of the human placental cotyledon: implications for anesthetic pharmacology. *International Journal of Obstetric Anesthesia*, **2000**, *9*, 26–38.

Allt G. & Lawrenson J.G. Pericytes: cell biology and pathology. *Cells Tissues Organs*, **2001**, *169*, 1–11

Ananas G.J. & Elias S. Thalidomide and the Titanic: reconstructing the technology tradegies from the twentieth century. *American Journal of Public Health*, **1999**, *89*, 98–101.

Antony A.C. In utero physiology: role of folic acid in nutrient delivery and fetal development. *American Journal of Clinical Nutrition*, **2007**, *85*, 598–603.

Arriza J.L., Fairman W.A., Wadiche J.I., Mudorch G.H., Kavanaugh M.P. & Amara S.G. Functional comparisons of three glutamate transporter subtypes cloned from human motor cortex. *Journal of Neuroscience*, **1994**, *14*, 5559–5569.

Arzneimittel-Kompendium der Schweiz, www.kompendium.ch, **2006**.

Axelrod J., Whitby L. & Hertting G. Effect of psychotropic drugs on the uptake of ^{3}H-norepinephrine by tissues. *Science*, **1961**, *133*, 383.

Balabanov R. & Dore-Duffy P. Role of the CNS microvascular pericyte in the blood-brain barrier. *Journal of Neuroscience Research,* **1998**, *53 (6),* 637–644.

Ballabh P., Braun A. & Nedergaard M. The blood-brain barrier: an overview: structure, regulation, and clinical implications. *Neurobiology of Disease,* **2004**, *16,* 1–13.

Bennett M.R. History of the synapse. Australia: Harwood Academic, **2001**.

Berton O. & Nestler E.J. New apporaches to antidepressant drug discovery: beyond monoamines. *Nature Reviews Neuroscience,* **2006**, *7,* 137–151.

Bickel U., Yoshikawa T. & Pardridge W.M. Delivery of peptides and proteins through the blood-brain barrier. *Advanced Drug Delivery Reviews,* **2001**, *46,* 247–279.

Briggs G.G., Freeman R.K. & Yaffe S.J. Classification of drugs for teratogenic risk: an anachronistic way of counseling: a reply to Merlob and Stahl. *Birth Defects Research,* **2003**, *67,* 207–208.

Briggs G.G., Freeman R.K. & Yaffe S.J. Drugs in Pregnancy and lactation. A reference guide to fetal and neonatal risk. Baltimore (etc.): Williams & Wilkins, **1998**.

Bronger H., König J., Kopplow K., Steiner H.-H., Ahmadi R., Herold-Mende C., Keppler D. & Nies A.T. ABCC drug efflux pumps and organic anion uptake transporters in human gliomas and the blood-tumor barrier. *Cancer Research,* **2005**, *65 (24),* 11419–11427.

Brown R.C. & Davis T.P. Calcium modulation of adherens and tight junctions function. A potential mechanism for blood-brain barrier disruption after stroke. *Stroke,* **2002**, *33,* 1706–1711.

Bussolati O., Laris P.C., Rotoli B.M., Dall'Asta V., Gazzola G.C. Transport system ASC for neutral amino acids. An electroneutral sodium/amino acid cotransport sensitive to the membrane potential. *The Journal of Biological Chemistry* **1992**, 267, 8330–5.

Butt A.M., Jones H.C. & Abbott N.J. Electrical resistance across the blood-brain barrier in anaesthetized rats: a developmental study. *Journal of Physiology,* **1990**, 429, 47–62.

Cansev M. Uridine and cytidine in the brain: their transport and utilization. *Brain Research Reviews,* **2006**, *52(2),* 389–397.

Carrupt P.-A., Testa B., Bechalany A., El Tayar N., Descas P. & Perrissaud D. Morphine 6-Glucuronide and Morphine 3-Glucuronide as molecular chameleons with unexpected lipophilicity. *Journal of Medicinal Chemistry,* **1991**, *34,* 1272–1275.

Chen C., Hanson E., Watson J.W. & Lee J.S. P-glycoprotein limits the brain penetration of non-sedating but not sedating H1-Antagonists. *Drug Metabolism and Disposition,* **2003**, *31 (3),* 312–318.

Chen N-H., Reith M.E.A. & Quick M.W. Synaptic uptake and beyond: the sodium- and chloride-dependent neurotransmitter transporter familiy SLC6. *European Journal of Physiology,* **2004**, *447,* 519–531.

Clark D.E. *In silico* prediction of blood–brain barrier permeation. *Drug Discovery Today,* **2003**, *8 (20),* 927–933.

Cleaver O. & Melton D.A. Endothelial signaling during development. *Nature Medicine,* **2003**, *9* (6), 661–668.

Cooray H.C., Blackmore C.G., Lynn M. & Barrand M.A. Localisation of breast cancer resistance protein in microvessel endothelium of human brain. *Neuroreport,* **2002**, *13 (16),* 2059–2063.

Cornford E.M. & Hyman S. Localization of brain endothelial luminal and basolateral transporters with immunogold electron microscopy. *NeuroRX®: The Journal of the American Society for Experimental NeuroTherapeutics,* **2005**, *2,* 27–43.

Crane G.E. The psychiatric side-effects of Iproniazid. *American Journal of Psychiatry,* **1956**, *112,* 494–501.

Dallas S., Miller D.S. & Bendayan R. Multidrug resistance-associated proteins: expression and function in the central nervous system. *Pharmacological Reviews,* **2006**, *58,* 140–161.

De Boer A.G., van der Sandt I.C.J. & Gaillard P.J. The role of drug transporters at the blood-brain barrier. *Annual review of pharmacology and toxicology,* **2003**, *43,* 629–656.

De Robertis E. Submicroscopic morphology of the synapse. *International Review of Cytology,* **1959**, *8,* 61–96.

Dollery C. (Hrsg.) Therapeutic Drugs. Edinburgh: Churchill Livingstone, **1999**
Dombrowski M.P. Asthma and pregnancy. *Obstetrics & Gynecology*, **2006**, *108(3)*, 667–681.
Dombrowski S.M., Desai S.Y., Marroni M., Cucullo L., Goodrich K., Bingaman W., Mayberg M. R., Bengez L. & Janigro D. Overexpression of multiple drug resistance genes in endothelial cells from patients with refractory epilepsy. *Epilepsia*, **2001**, *42 (12)*, 1501–1506.
Drayer D.E. Lipophilicity, hydrophilicity, and the central nervous system side effects of beta blockers. *Pharmacotherapy*, **1987**, *7 (4)*, 87–91.
Drin G., Rousselle C., Scherrmann J.-M., Rees A.R. & Temsamani J. Peptide delivery to the brain via adsorptive mediated endocytosis: advances with SynB vectors. *AAPS Journal of Pharmaceutical Sciences*, **2002**, *4 (4)*, 1–7.
Duffy K.R., Pardridge W.M. & Rosenfeld R.G. Human blood-brain barrier insulin-like growth factor receptor. *Metabolism*, **1988**, *37 (2)*, 136–140.
Eccles J.C. & Jaeger J.C. The relationship between the mode of operation and the dimensions of the junctional regions at synapses and motor end-organs. *Proceedings of the Royal Society of London. Series B, Biological Sciences*, **1958**, *148(930)*, 38–56.
Ehrlich P. Das Sauerstoffbedürfnis des Organismus; eine farbenanalytische Studie. Berlin: Hirschwald, **1885**.
Embryologiekurs für Studierende der Medizin, http://www.embryology.ch.
Evans M.I., Pryde P.G., Reichler A., Bardicef M. & Johnson M.P. Fetal drug therapy. *Fetal Medicine*, **1993**, *159*, 325–332.
Farrell C.L. & Pardridge W.M. Blood-brain barrier glucose transporter is asymmetrically distributed on brain capillary endothelial lumenal and ablumenal membranes: an electron microscopic immunogold study. *Proceedings of National Academy of Sciences of United States of America*, **1991**, *88*, 5779–5783.
Fatt P. & Katz B. An analysis of the end-plate potential recorded with an intra-cellular electrode. *Journal of Physiology*, **1951**, *115*, 320–370.
Ganapathy V. & Prasad P.D. Role of transporters in placental transfer of drugs. *Toxicology & Applied Pharmacology*, **2005**, *207*, S381–S387.
Ganapathy V., Prasad P.D., Ganapathy M.E. & Leibach F.H. Placental transporters relevant to drug disposition across maternal-fetal interface. *The Journal of Pharmacology and Experimental Therapeutics*, **2000**, *294*, 413–420.
Ganong W.F. Circumventricular organs: definition and role in the regulation of endocrine and autonomic function. *Clinical and Experimental Pharmacology and Physiology*, **2000**, *27*, 422–427.
Gao B., Hagenbuch B., Kullak-Ublick G.A., Benke D., Aguzzi A. & Meier P.J. Organic anion–transporting polypeptides mediate transport of opioid peptides across the blood-brain barrier. *The Journal of Pharmacology and Experimental Therapeutics*, **2000**, *294 (1)*, 73–79.
Gedeon C. & Koren G. Designing pregnancy centered medications: drugs which do not cross the human placenta. *Placenta*, **2006**, *27*, 861–868.
Gee J. K. & Keller J. N. Astrocytes: regulation of brain homeostasis via apolipoprotein E. *The International Journal of Biochemistry & Cell Biology*, **2005**, *37 (6)*, 1145–1150.
Gerhart D.Z., Enerson B.E., Zhdankina O.Y., Leino R.L. & Drewes L.R. Expression of monocarboxylate transporter MCT1 by brain endothelium and glia in adult and sucking rats. *American Journal of Physiology – Endocrinology and Metabolism*, **1997**, *273*, E207–E213.
Glowinski J. & Axelrod J. Inhibition of uptake of tritiated-noradrenaline in the intact rat brain by imipramine and structurally related compounds. *Nature*, **1964**, *204*, 1318–1319.
Golden P.L. & Pardridge W.M. Brain microvascular p-glycoprotein and a revised model of multidrug resistance in brain. *Cellular and Molecular Neurobiology*, **2000**, *20 (2)*, 165–181.
Golden P.L., Maccagnan T.J. & Pardridge W.M. Human blood-brain barrier leptin receptor. *The Journal of Clinical Investigation*, **1997**, *99 (1)*, 14–18.
Goldman E.E. Die äussere und innere Sekretion des gesunden und kranken Organismus im Lichte der vitalen Färbung. *Beiträge zur klinischen Chirurgie*, **1909**, *64*, 192–265.

Goldman E.E. Vitalfärbung am Zentralnervensystem. Beitrag zur Physio-Pathologie des Plexus choriodeus und der Hirnhaute. Berlin: *Akademie der Wissenschaften*, 1913, 1, 1–60.

Guastella J., Nelson N., Nelson H., Czyzyk L., Keynan S., Miedel M.C., Davidson N., Lester H.A. & Kanner B.I. Cloning an expression of a rat brain GABA transporter. *Science*, **1990**, *249*, 1303–1306.

Habgood M.D., Begley D.J. & Abbott N.J. Determinants of passive drug entry into the central nervous system. *Cellular and Molecular Neurobiology*, **2000**, *20 (2)*, 231–253.

Halestrap A.P. & Price N.T. The proton-linked monocarboxylate transporter (MCT) family: structure, function and regulation. *Biochemical Journal*, **1999**, *343*, 281–299.

Hardebo J.E. & Owman C. Barrier mechanisms for neurotransmitter monoamines and their precursors at the blood-brain interface. Annals of Neurology, **2004**, 8 (1), 1–11.

Hargreaves K.M. & Pardridge W.M. Neutral amino acid transport at the human blood-brain barrier. *The Journal of Biological Chemistry*, **1988**, *263 (36)*, 19392–19397.

Hawkins B.T. & Davis T.P. The blood-brain barrier/neurovascular unit in health and disease. *Pharmacological Reviews*, **2005**, *57*, 173–185.

Hawkins R.A., Mokashi A. & Simpson I.A. An active transport system in the blood-brain barrier may reduce levodopa availability. *Experimental Neurology*, **2005**, *195(1)*, 267–271.

Hawkins R.A., O'Kane R.L., Simpson I.A. & Viña J.R. Structure of the blood–brain barrier and its role in the transport of amino acids. *The Journal of Nutrition*, **2006**, *136*, 218–226.

Hertting G. & Axelrod J. Fate of tritiated noradrenaline at the sympathetic nerve-endings. *Nature*, **1961**, *192*, 172–173.

Hilgenbrink A.R. & Low P.S. Folate receptor-mediated drug targeting: from therapeutics to diagnostics. *Journal of Pharmaceutical Sciences*, **2005**, *94(10)*, 2135–2146.

Hirschfeld R.M.A. History and evolution of the monoamine hypothesis of depression. *Journal of Clinical Pychiatry*, **2000**, *61* (Suppl. 6), 4–6.

Holsboer F. The corticosteroid receptor hypothesis of depression. *Neuropsychopharmacology*, **2000**, *23(5)*, 477–501.

Huwyler J. & Pardridge W.M. Examination of blood-brain barrier transferrin receptor by confocal fluorescent microscopy of unfixed isolated rat brain capillaries. *Journal of Neurochemistry*, **1998**, *70(2)*, 883–886.

Iversen L. Neurotransmitter transporters and their impact on the development of psychopharmacology. *British Journal of Pharmacology*, **2006**, *147*, S82–S88.

Iversen L. The uptake and storage of noradrenaline in sympathetic nerves. Cambridge: Cambridge University Press, **1967**.

Jefferies W.A., Brandon M.R., Hunt S.V., Williams A.F., Gatter K.C. & Manson D.Y. Transferrin receptor on endothelium of brain capillaries. *Nature*, **1984**, *312*, 162–163.

Kacem K., Lacombe P., Seylaz J. & Bonvento G. Structural organization of the perivascular astrocyte endfeet and their relationship with the endothelial glucose transporter: A confocal microscopy study. *Glia*, **1998**, *23*, 1–10.

Kanai Y. & Hediger M.A. The glutamate/neutral amino acid transporter family SLC1: molecular, physiological and pharmacological aspects. *European Journal of Physiology*, **2004**, *447*, 469–479.

Kanner B.I. Intimate contact enables transport. *Nature*, **2005**, *437*, 203–205.

Kido Y., Tamai I., Ohnari A., Sai Y., Kagami T., Nezu J.–i., Nikaido H., Hashimoto N., Asano M. & Tsuji A. Functional relevance of carnitine transporter OCTN2 to brain distribution of L-carnitine and acetyl-L-carnitine across the blood-brain barrier. *Journal of Neurochemistry*, **2001**, *79*, 959–969.

Kim J.H., Kim J.H., Park J.A., Lee S.-W., Kim W.J., Yu Y.S. & Kim K.-W. Blood-neural barrier: intercellular communication at glio-vascular interface. *Journal of Biochemistry and Molecular Biology*, **2006**, *39 (4)*, 339–345.

Knipp G.T., Audus K.L. & Soares M.J. Nutrient transport across the placenta. *Advanced Drug Delivery Reviews*, **1999**, *38*, 41–58.

Koren G., Pastuszak A. & Ito S. Drugs in pregnancy. *The New England Journal of Medicine*, **1998**, *338(16)*, 1128–1137.
Kuhn R. The treatment of depressive states with G 22355 (imipramine hydrochloride). *American Journal of Psychiatry*, **1958**, *115(5)*, 459–464.
Kumagai A.K., Eisenberg J.B. & Pardridge W.M. Absorptive-mediated endocytosis of cationizied albumin and a beta-endorphin-cationizied albumin chimeric peptide by isolated brain capillaries. Model system of blood-brain barrier transport. *Journal of Biological Chemistry*, **1987**, *262 (31)*, 15214–5219.
Lacasse J.R. & Leo J. Serotonin and depression: a disconnect between the advertisments and the scientific literature. *Public Library of Science Medicine*, **2005**, *2*, 1211–1216.
Lee W., Glaeser H., Smith H., Roberts R.L., Moeckel G.W., Gervasini G., Leake B.F. & Kim R.B. Polymorphisms in human organic anion-transporting polypeptide 1A2 (OATP1A2). *The Journal of Biological Chemistry*, **2005**, *280 (10)*, 9610–9617.
Lenz W. Kindliche Missbildungen nach Medikamenteinnahme während der Gravidität. *Deutsche Medizinische Wochenschrift*, **1961**, *86*, 2555–2265.
Leslie E.M., Deeley R.G. & Cole S.P.C. Multidrug resistance proteins: role of P-glycoprotein, MRP1, MRP2, and BCRP (ABCG2) in tissue defense. *Toxicology and Applied Pharmacology*, **2005**, *204 (3)*, 216–237.
Lewandowsky M. Zur Lehre von der Cerebrospinalflüssigkeit. Zeitschrift für klinische Medizin, **1900**, *40*, 480–194.
Lieberman J.A. History of the use of antidepressants in primary care. *Journal of Clinical Psychiatry*, **2003**, *5 (Supp. 7)*, 6–10.
Lippert H. (Hrsg.) Lehrbuch Anatomie. München: Urban & Fischer, **2003**.
Loewi O. An autobiographical sketch. *Perspectives in Biology and Medicine*, **1960**, *4*, 3–25.
Lötsch J. Opioid Metabolites. *Journal of Pain and Symptom Management*, **2005**, *29 (5)*, 10–24.
Maher F., Vannucci S.J. & Simpson I.A. Glucose transporter proteins in brain. *The FASEB Journal*, **1994**, *8*, 1003–1011.
Manoonkitiwongsa P.S., Schultz R.L., Wareesangtip W., Whitter E. F., Nava P. B. & McMillan P. J. Luminal localization of blood-brain barrier sodium, potassium adenosin triphosphatase is dependent on fixation. *The Journal of Histochemistry & Cytochemistry*, **2000**, *48 (6)*, 859–865.
Masson J., Sagné C., Hamon M. & El Mestikawy S. Neurotransmitter transporters in the central nervous system. *Pharmacological Reviews*, **1999**, *51(3)*, 439–464.
McAinsh J. & Cruickshank J.M. Beta-blockers and central nervous system side effects. *Pharmacology and Therapeutics*, **1990**, *46 (2)*, 163–197.
McBride W.G. Thalidomide and congenital abnormalities. *Lancet*, **1961**, *2*, 1358–1363.
McBride W.G. Thalidomide embryopathy. *Teratology*, **1977**, *16(1)*, 79–82.
McElhatton P.R. Principles of teratogenicity. *Current Obstetrics & Gynaecology*, **1999**, *9(3)*, 163–169.
Meijboom E.J., van Engelen A.D., van de Beek E.W., Weitens O., Lautenschutz J.M. & Benatar A.A. Fetal arrhythmias. *Currents Opinion in Cardiology*, **1994**, *9(1)*, 97–102.
Minn A., Ghersi-Egea J.F., Perrin R., Leininger B. & Siest G. Drug metabolizing enzymes in the brain and cerebral microvessels. *Brain Research. Brain Research Reviews*, **1991**, *16(1)*, 65–82.
Molimard M., Diquet B. & Strolin Benedetti M. Comparison of pharmacokinetics and metabolism of desloratadine, fexofenadine, levocetirizine and mizolastine in humans. *Fundamental & Clinical Pharmacology*, **2004**, *18(4)*, 399–411.
Mölsä M. *et al.* Functional role of P-glycoprotein in the human blood-placental barrier. *Clinical Pharmacology and Therapeutics*, **2005**, *78*, 123–131.
Moos T. & Morgan E.H. Transferrin and Transferrin receptor function in brain barrier systems. *Cellular und Molecular Neurobiology*, **2000**, *20 (1)*, 77–95.
Murphy V.E., Fittock R.J., Zarzycki P.K., Delahunty M.M., Smith R. & Clifton V.L. Metabolism of synthetic steroids by the human placenta. *Placenta*, **2007**, *28*, 39–46.

Myllynen P., Pasanen M. & Pelkonen O. Human placenta: a human organ for developmental toxicology research and biomonitoring. *Placenta*, **2005**, *26*, 361–371.
Nies A.T., Jedlitschky G., König J., Heerold-Mende C., Steiner H. H., Schmitt H.-P. & Keppler D. Expression and immunolocalization of the multidrug resistance proteins, MRP1–MRP6 (ABCC1-ABCC6), in human brain. *Neuroscience*, **2004**, *129*, 349–360.
Nyholm D. Pharmacokinetic optimisation in the treatment of Parkinson's disease: an update. *Clinical Pharmacokinetics*, **2006**, *45 (2)*, 109–136.
O'Kane R.L., Martínez-López I., DeJoseph M.R., Viña J.R. & Hawkins R.A. Na^{+}-dependent glutamate transporters (EAAT1, EAAT2, and EAAT3) of the blood-brain barrier. Journal of *Biologoical Chemistry*, **1999**, *274 (45)*, 31891–31895.
O'Kane R.L., Viña J.R., Simpson I. & Hawkins R.A. Na^{+} dependent neutral amino acid transporters A, ASC, and N of the blood-brain barrier: mechanisms for neutral amino acid removal. *American Journal of Physiology. Endocrinology and Metabolism*, **2004**, 287, E622–E629.
Obradovic T., Dobson G.G., Shingaki T., Kungu T. & Hidalgo I.J. Assessment of the first and second generation antihistamines brain penetration and role of *p*-glycoprotein. *Pharmaceutical Research*, **2007**, *24 (2)*, 318–327.
Ogawa N. Factors affecting levodopa effects in Parkinson's disease. *Acta medica Okayama*, **2000**, *54 (3)*, 95–101.
Ohtsuki S. New aspects of the blood-brain barrier transporters; its physiological roles in the central nervous system. *Biological & Pharmaceutical Bulletin*, **2004**, *27 (10)*, 1489–1496.
Palmer A.M. & Stephenson F.A. CNS drug discovery: challenges and solutions. *Drug News Perspect*, **2005**, *18 (1)*, 51–57.
Pardridge W.M. Blood-brain barrier drug targeting: the future of brain drug development. *Molecular Interventions*, **2003**, *3 (2)*, 90–105.
Pardridge W.M. Drug and gene targeting to the brain with molecular trojan horses. *Nature Reviews. Drug Discovery*, **2002**, *1 (2)*, 131–139.
Pardridge W.M. The blood-brain barrier: bottleneck in brain drug development. *NeuroRX®: The Journal of the American Society for Experimental NeuroTherapeutics*, **2005**, *2*, 3–14.
Pardridge W.M., Eisenberg J. & Yang J. Human blood-brain barrier insulin receptor. *Journal of Neurochemistry*, **1985**, *44 (6)*, 1771–1778.
Pardridge W.M., Eisenberg J. & Yang J. Human blood-brain barrier transferring receptor. *Metabolism*, **1987**, *36 (9)*, 892–895.
Pardridge W.M., Oldendorf W. H., Cancilla P. & Frank H. J. Blood-brain barrier: interface between internal medicine and the brain. *Annals of Internal Medicine*, **1986**, *105*, 82–95.
Pasanen M. The expression and regulation of drug metabolism in human placenta. *Advanced Drug Delivery Reviews*, **1999**, *38*, 81–97.
Paulson O.B. Blood-brain barrier, brain metabolism and cerebral blood flow. *European Neuropsychopharmacology*, **2002**, 12, 495–501.
Pierre K. & Pellerin L. Monocarboxylate transporters in the central nervous system: distribution, regulation and function. *Journal of Neurochemistry*, **2005**, *94*, 1–14.
Polli J.W., Wring S.A., Humphreys J.E., Huang L., Morgan J.B., Webster L.O. & Serabjit-Singh C.S. Rational use of in vitro p-glycoprotein assays in drug discovery. The Journal of *Pharmacology and Experimental Therapeutics*, **2001**, *299 (2)*, 620–628.
Potschka H., Fedrowitz M. & Löscher W. Multidrug resistance protein MRP2 contributes to blood-brain barrier function and restricts antiepileptic drug activity. *The Journal of Pharmacology and Experimental Therapeutics*, **2003**, *306 (1)*, 124–131.
Prat A., Biernacki K., Wosik K. & Antel J.P. Glial cell influence on the human blood-brain barrier. *Glia*, **2001**, 36 (2), 145–155.
Sabharanjak S. & Mayor S. Folate receptor endocytosis and trafficking. *Advanced Drug Delivery Reviews*, **2004**, *56*, 1099–1109.
Sandler M. Monoamine oxidase inhibitors in depression: history and mythology. *Journal of Psychopharmaology*, **1990**, *4(3)*, 136–139.

Schardein J.L. Chemically induced birth defects. New York (etc.): Marcel Dekker, **1993**.

Schildkraut J. The catecholamine hypothesis of affective disorders: a review of supporting evidence. *American Journal of Psychiatry*, **1965**, *122*, 509–522.

Shepherd G.M. & Erulkar S.D. Centenary of the synapse: from Sherrington to the molecular biology of the synapse and beyond. *Trends in Neuroscience*, **1997**, *20(9)*, 385–392.

Sherrington C.S. The central nervous system. In: Foster M. A Textbook of Physiology, 7th edition. London: Macmillan, **1897**.

Simons F.E. Advances in H1-Antihistamines. *The New England Journal of Medicine*, **2004**, *351 (21)*, 2203–2217.

Staddon J.M. & Rubin L.L. Cell adhesion, cell junctions and the blood-brain barrier. *Current Opinion in Neurobiology*, **1996**, *6 (5)*, 622–627.

SteinhilberD., Schubert-Zsilavecz M., Roth H.J. Medizinische Chemie, Targets und Arzneistoffe, Deutscher Apotheker Verlag Stuttgart **2005**.

Stewart P.A. & Wiley M.J. Developing nervous tissue induces formation of blood-brain barrier characteristics in invading endothelial cells: a study using quail-chick transplantation chimeras. *Developmental Biology*, **1981**, *84 (1)*, 183–192.

Stjärne L. Catecholaminergic neurotransmission: flagship of all neurobiology. *Acta Physiologica Scandinavica*, **1999**, *166*, 251–259.

Sugawara I,. Hamada H., Tsuruo T. & Mori S. Specialized localization of p-glycoprotein recognized by MRK 16 monoclonal antibody in endothelial cells of the brain and spinal cord. *Japanese journal of cancer research*, **1990**, *81*, 727–730.

Summerfield S.G., Stevens A.J., Cutler L., Osuna M.d.C., Hammond B., Tang S.-P., Hersey A., Spalding D.J. & Jeffrey P. Improving the in vitro prediction of in vivo central nervous system penetration: integrating permeability, p-glycoprotein efflux, and free fractions in blood and brain. *The Journal of Pharmacology and Experimental Therapuetics*, **2006**, *316 (3)*, 1282–1290.

Syme M.R., Paxton J.W. & Keelan J.A. Drug transfer and metabolism by the human placenta. *Clinical Pharmacokinetics*, **2004**, *43(8)*, 487–514.

Takata K. & Hirano H. Mechanism of glucose transport across the human and rat placental barrier: a review. *Microscopy research and technique*, **1997**, *38*, 145–152.

Tamai I. & Tsuji A. Transporter-mediated permeation of drugs across the blood-brain barrier. *Journal of Pharmaceutical Sciences*, **2000**, *89 (11)*, 1371–1388.

Tamura T. & Picciano M.F. Folate and human reproduction. *American Journal of Clinical Nutrition*, **2006**, *83*, 993–1016.

Tansey E.M. Not committing barbarism: Sherrington and the synapse, 1897. *Brain Resarch Bulletin*, **1997**, *44(3)*, 211–212.

Taussig H.B. Thalidomide and phocomelia. *Pediatrics*, **1962**, *30*, 654–659.

Thews G., Mutschler E. & Vaupel P. Anatomie, Physiologie, Pathophysiologie des Menschen. Stuttgart: Wissenschftliche Verlagsgesellschaft, **1991**.

Timmerman H. Factors involved in the absence of sedative effects by the second-generation antihistamines. *Allergy*, **2000**, *55*, 5–10.

Tsuji A. Small molecular drug transfer across the blood-brain barrier via carrier-mediated transport systems. *NeuroRx®: The Journal of the American Society for Experimental NeuroTherapeutics*, **2005**, *2 (1)*, 54–62.

Van de Waterbeemd H., Camenisch G., Folkers G., Chretien J.R. & Raevsky O.A. Estimation of blood-brain barrier crossing of drugs using molecular size and shape, and H-bonding descriptors. *Journal of Drug Targeting*, **1998**, *6 (2)*, 151–165.

Van Drop E.L.A., Romberg R., Sarton E., Bovill J.G. & Dahan A. Morphine-6-glucuronide: morphine's successor for postoperative pain relief? Anesthesia and Analgesia, **2006**, *102*, 1789–1797.

Verrey F. System L: heteromeric exchangers of large, neutral amino acids involved in directional transport. *European Journal of Physiology*, **2003**, *445*, 529–533.

Waterhouse R.N. Determination of lipophilicity and its use as a predictor of blood–brain barrier penetration of molecular imaging agents. *Molecular Imaging and Biology*, **2003**, *5 (6)*, 376–389.

Welsch U. (Hrsg.) Lehrbuch der Histologie. München: Urban & Fischer, **2006**.

Wolburg H. & Lippoldt A. Tight junctions of the blood-brain barrier: development, composition and regulation. *Vascular Pharmacology*, **2002**, *38 (6)*, 323–337.

Yaffe S.J. Introduction. In: Briggs G.G., Freeman R.K. & Yaffe S.J. Drugs in Pregnancy and lactation. A reference guide to fetal and neonatal risk. Baltimore (etc.): Williams & Wilkins, **1998**.

Yamashita A., Singh S.K., Kawate T., Yin Y. & Gouaux Y.J. Crystal structure of a bacterial homologue of Na^+/Cl^- -neurotransmitter transporters. *Nature*, **2005**, *437*, 215–223.

Yanagida O., Kanai Y., Chairoungdua A., Kim D.K., Segawa H., Nii T., Cha S.H., Matsuo H., Fukushima J.-i., Fukasawa Y., Tani Y., Taketani Y., Uchino H., Kim J.Y., Inatomi J., Okayasu I., Miyamoto K.-i., Takeda E., Goya T. & Endou H. Human L-type amino acid transport 1 (LAT1): characterization of function and expression in tumor cell lines. *Biochimica et Biophysica Acta*, **2001**, *1514*, 291–302.

Young A.M., Allen C.E. & Audus K.L. Efflux transporters of the human placenta. *Advanced Drug Delivery Reviews*, **2003**, *55*, 125–132.

Zeller E.A. Amine oxidases: inhibition of monoamine oxidase by 1-isonicotinyl-2-thiumisopropyl hydrazine. *Journal of Biological Chemistry*, **1955**, *214*, 267–274.

Zhang Y. & Pardridge W.M. Mediated efflux of IgG molecules from brain to blood across the bood-brain barrier. *Journal of Neuroimmunology*, **2001**, *114 (1–2)*, 168–172.

Zhang Y. & Pardridge W.M. Rapid transferrin efflux from brain to blood across the blood-brain barrier. *Journal of Neurochemistry*, **2001**, *76*, 1597–1600.

6
Elimination an der Niere

Nachdem ein pharmazeutischer Wirkstoff im Körper seinen therapeutischen Effekt ausgeübt hat, wird er hauptsächlich über die Leber und die Niere ausgeschieden. In diesem Kapitel wird gezeigt, welche Transportprozesse bei der renalen Elimination von Bedeutung sind.

6.1
Übersicht über Aufbau und Exkretion durch die Niere

Einleitung

Der Mensch hat zwei Nieren, die retroperitoneal gelegen sind. Sie filtrieren das Blut und darin enthaltene Substanzen (ca. 120 Liter pro Tag) und konzentrieren das entstehende Filtrat. Dabei wird der größte Teil der Flüssigkeit und viele, für den Körper wertvolle Substanzen, z.B. Aminosäuren und Glucose, reabsorbiert, d.h. wieder zurück in das Blut befördert. Zusätzlich werden Substanzen auch aktiv in den Primärharn ausgeschieden (sekretiert). Von der filtrierten Flüssigkeitsmenge wird schließlich nur 1% als Harn ausgeschieden. Der Harn wird von der Niere über das Nierenbecken und den Harnleiter in die Harnblase geleitet und durch die Harnröhre der Ausscheidung zugeführt.

Durch die Filtration, die Reabsorption und Sekretion von Wasser und Molekülen spielen die Nieren eine zentrale Rolle bei der Homöostase, beim Flüssigkeits-, Salz- und Substanzhaushalt, sowie bei der Kontrolle des Säure-Base-Haushalts. Neben weiteren Funktionen ist für die Pharmazie vor allem die Funktion der Ausscheidung von Xenobiotika von Interesse. Xenobiotika, zu denen auch die Medikamente und ihre Metaboliten gehören (s. Abschnitt 4.3 „Biotransformation") werden von der Niere im Prozess der renalen Exkretion ausgeschieden. Die Niere ist neben der Leber das wichtigste Organ für die Elimination pharmazeutischer Wirkstoffe.

Histologie

Die kleinste funktionelle Einheit der Nieren ist das Nephron (s. Abb. 6.1), bestehend aus Nierenkörperchen und Nierentubuli (zur Histologie siehe Welsch, 2003). Eine Niere enthält über 1 Million Nephrone. Das Nierenkörperchen des

Moderne Pharmakokinetik. Beat Ernst, Alexander Vögtli

ISBN: 978-3-527-32376-0

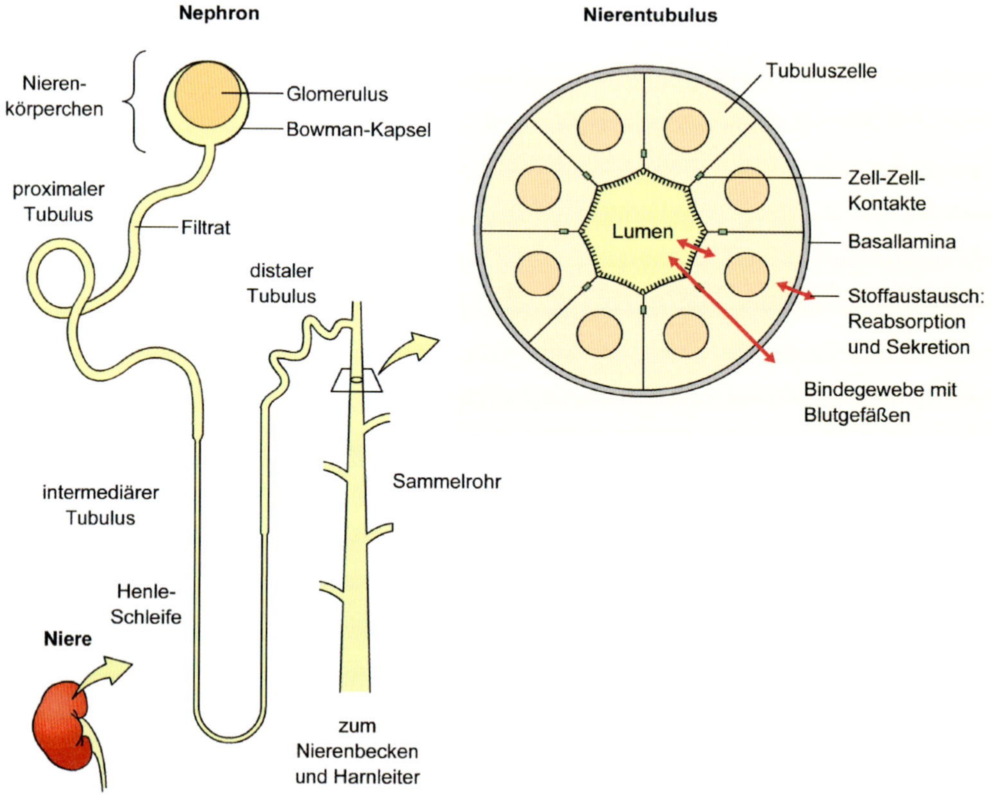

Abb. 6.1 Links: Die Niere ist aufgebaut aus über einer Million Nephrone, die aus Nierenkörperchen und den Nierentubuli bestehen. Ein Nephron ist aufgebaut aus dem *proximalen Tubulus* (kubisches Epithel mit Bürstensaum, Reabsorption von Natrium, Glucose und weiteren Substraten, Sekretion organischer Anionen), der *Henle-Schleife* (dünnes Zwischenstück mit Plattenepithelzellen zur weiteren Reabsorption und Konzentrierung), dem *distalen Tubulus* (weitere Reabsorption und Konzentrierung) und dem *Sammelrohr* (Entzug von Wasser). Rechts: Schematische Darstellung eines Nierentubulus im Querschnitt. Radiär angeordnete Tubuluszellen stehen über Zell-Zell-Kontakte untereinander in Verbindung. Zwischen dem Lumen mit dem Filtrat und Kapillaren im Bindegewebe findet ein intensiver Stoffaustausch statt.

Nephrons besteht aus der Bowman-Kapsel und einem Kapillarknäuel, dem Glomerulus, aus dem das Filtrat aus dem Blut abgepresst wird und über die Nierentubuli zum Sammelrohr und zum Nierenbecken weitergeleitet wird. Die Nierentubuli bestehen aus dem proximalen, intermediären und distalen Tubulus und münden im Sammelrohr.

Renale Exkretion endo- und exogener Substanzen

Bei der renalen Exkretion von endo- und exogenen Substanzen sind drei Prozesse involviert: die glomeruläre Filtration, die tubuläre Reabsorption und die tubuläre Sekretion (s. Abb. 6.2).

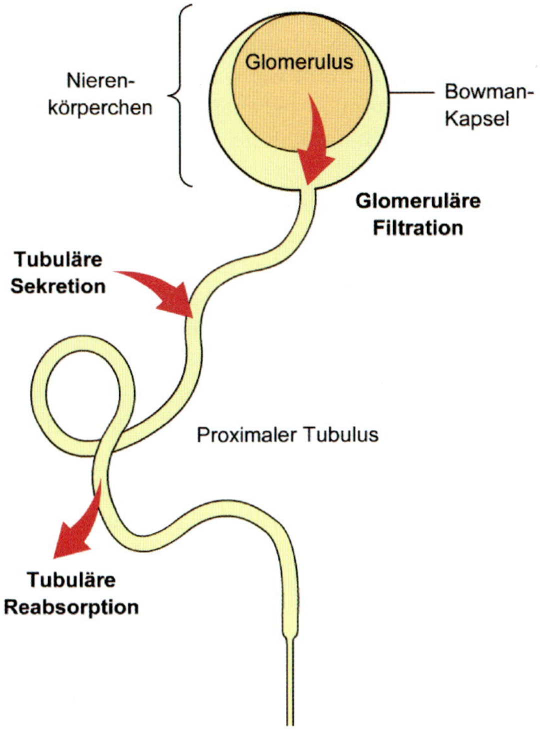

Abb. 6.2 Prozesse der renalen Exkretion, dargestellt am Nierenkörperchen und am proximalen Tubulus.

Filtration. Die Filtration an den Glomeruli der Niere ist ein passiver Prozess, bei dem Wasser, Ionen, kleine Moleküle und pharmazeutische Wirkstoffe ungehindert aus dem Blutplasma in den Primärharn abgepresst werden, während Zellen und die meisten Proteine im Blut zurückgehalten werden. Die Grenze für ungehinderte Filtrierbarkeit liegt etwa bei einem Molekulargewicht von 5000 g/mol. Kleinere Proteine und Peptide sind zum Teil also filtrierbar, werden aber durch Pinozytose am proximalen Tubulus wieder reabsorbiert. Da die meisten Arzneistoffe ein geringes Molekulargewicht haben, gelangen sie ungehindert in den proximalen Tubulus. Dabei ist zu beachten, dass nur die freie, d.h. die nicht an Proteine gebundene Fraktion des Wirkstoffs filtriert wird.

Die glomeruläre Filtrationsrate GFR ist das Filtratvolumen, das pro Zeiteinheit von beiden Nieren gebildet wird. Sie beträgt bei jungen, gesunden Männern im Tagesdurchschnitt 125 ml/min und bei jungen Frauen 110 ml/min und sinkt im Alter. Die GFR wird experimentell zum Beispiel mit dem Oligosaccharid Inulin bestimmt. Inulin wird in der Niere nur filtriert und weder sekretiert noch reabsorbiert. Auch Kreatinin wird zu diesem Zweck verwendet.

Reabsorption. Die Reabsorption ist ein Prozess, bei dem ein Großteil der im Ultrafiltrat enthaltenen Substanzen (Wasser, Ionen, Aminosäuren, Glucose, Proteine, etc.) wieder zurück ins Blut transportiert wird. Die Reabsorption erfolgt je nach Substanz trans- oder parazellulär, aktiv oder passiv im proximalen und im distalen Tubulus und in der Henle-Schleife des Nephrons. Für den Organismus wichtige Substanzen wie Glucose und Aminosäuren werden nahezu vollständig über aktive Prozesse reabsorbiert. Die Reabsorption reduziert also die renale Exkretion, weil dadurch die Stoffe wieder zurück ins Blut gelangen.

Sekretion. Beim Prozess der Sekretion werden Substanzen aus dem Blut in die Tubuluszellen aufgenommen und in das Tubuluslumen und den Harn überführt. Die Sekretion organischer Anionen findet am proximalen Tubulus des Nephrons statt. Im Gegensatz zu der Filtration handelt es sich bei der Sekretion um einen aktiven Prozess, der bei höheren Plasmakonzentrationen sättigbar ist und mit der Michaelis-Menten-Kinetik beschrieben wird. Die Sekretion erhöht also die renale Exkretion, weil zusätzlich zur Filtration Stoffe in den Harn gelangen. Es ist allerdings zu beachten, dass sekretierte Substanzen auch wieder reabsorbiert werden können. Ein Beispiel ist Harnsäure (s. Abb. 6.6).

Bei der Sekretion wird zwischen einem **Transportsystem für organische Anionen (Säuren) und organische Kationen (Basen)** unterschieden. An beiden Systemen sind unterschiedliche Transporter beteiligt. Das nächste Kapitel diskutiert die Rolle der Transportprozesse an den Tubuluszellen exemplarisch am Beispiel der organischen Anionen-Transporter OAT.

6.2
Sekretion: Organische Anionen-Transporter OAT

6.2.1
Sekretion organischer Anionen

Einleitung

Die OAT (Organic Anion Transporters: Organische Anionen-Transporter; bei Nagern Oat[1)]) sind an der renalen Exkretion von endo- und exogenen organischen Anionen beteiligt. Viele Arzneimittel sind organische Anionen und werden über die verschiedenen OAT-Isoformen in den Harn sekretiert. In diesem Kapitel wird die Sekretion der organischen Anionen und die Relevanz für die Pharmakotherapie diskutiert (Reviews zu OAT: z.B. Sekine, Cha & Endou, 2000; Burckhardt & Burckhardt, 2003; Miyazaki, Sekine & Endou, 2004; Sekine, Miyazaki & Endou, 2006).

Organische Anionen

„Organische Anionen“ (abgekürzt als OA, OA^-) sind strukturell eine sehr heterogene Substanzklasse. Sie sind definiert als Moleküle mit einem Kohlenstoffgerüst, die bei physiologischem pH eine negative Nettoladung tragen.

1) Verschiedene Bezeichnungen sind in Gebrauch, z.B. OAT, hOAT (Mensch), rOat (Ratte), mOat (Maus) usw. In diesem Kapitel steht OAT (Großbuchstaben) immer für das humane Protein.

Tabelle 6.1 Beispiele endo- und exogener organischer Anionen (modifiziert nach Miyazaki, Sekine & Endou, 2004; Sekine, Cha & Endou, 2000).

Organische Anionen	
1. endogene	
zyklische Nucleotide	cAMP, cGMP
Dicarboxylate	α-Ketoglutarat, Succinat, Glutarat
Eicosanoide	Prostaglandine
Weitere	Urat, Folat
2. exogene: Arzneimittel	
Antibiotika	Penicilline (Penicillin G)
Virostatika	Aciclovir, Cidofovir, AZT
NSAID	Acetylsalicylsäure, Indomethacin
Diuretika	Schleifen-, Thiaziddiuretika
Antihypertensiva	ACE-Hemmer, AT_2-Antagonisten
Zytostatika	Methotrexat
Antiepileptika	Valproat
Urikosurika	Probenecid, Benzbromaron
Weitere	*p*-Aminohippurat (PAH)
3. Konjugate	
	exogene und endogene Konjugate

Um zu beurteilen, ob es sich bei einer Substanz um ein organisches Anion handelt, muss deshalb abgeschätzt werden, ob sie dissoziiert vorliegt. Diese Abschätzung erfordert die Kenntnis der pK_a-Werte der Substanz und der pH-Werte des Harns.

Organische Anionen lassen sich in endo- und exogene Substrate und Konjugate unterteilen (s. Tab. 6.1). Zu den endogenen Substraten gehören zum Beispiel zyklische Nucleotide, Dicarboxylate, Folat, Harnsäure (Urat) und Eicosanoide. Zu den exogenen gehören Xenobiotika und somit auch viele Arzneimittel. Beispiele sind Antibiotika, Virostatika, NSAID, Diuretika oder Zytostatika. Schließlich sind auch Konjugate von endogenen (körpereigenen) und exogenen (von aussen zugeführten) Substanzen organische Anionen (Miyazaki, Sekine & Endou, 2004; Burckhardt & Burckhardt, 2003).

Tubuläre Sekretion organischer Anionen

Die Sekretion organischer Anionen ist ein zweistufiger Prozess (s. Abb. 6.3):

Aufnahme in die Tubuluszelle. Im ersten Schritt wird das Substrat aus dem Blut über Transporter in die Tubuluszelle aufgenommen. Die Aufnahme erfolgt bei einigen Substanzen gegen einen Konzentrationsgradienten, erfordert also Energie. Bei diesem Schritt sind neben anderen Transportern die Organischen Anionen-Transporter OAT1 und OAT3 beteiligt (schwächer: OAT2). Die Energie für den Transport stammt aus dem Antiport eines Dicarboxylats (α-Ketoglutarat), welches mit dem Gradienten aus der Zelle hinaustransportiert wird: OAT sind Organische

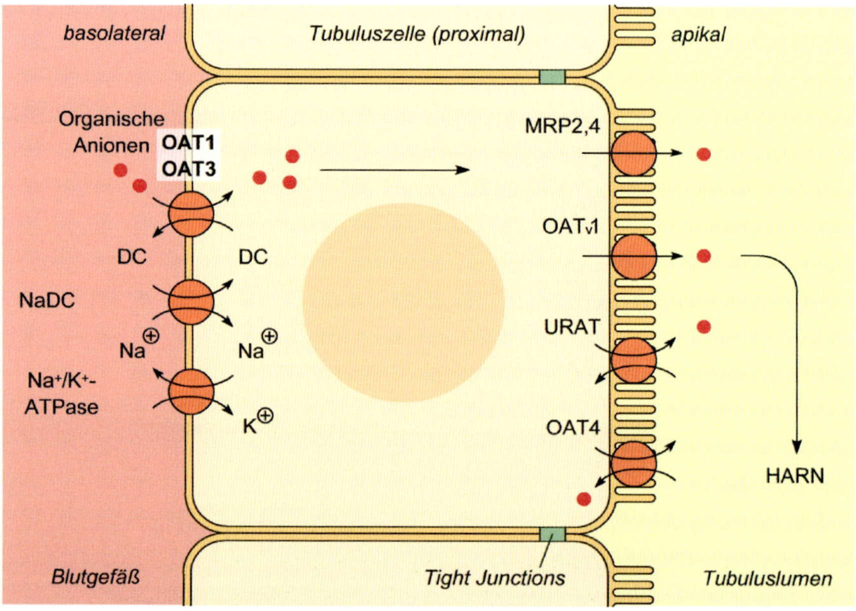

Abb. 6.3 Die Sekretion organischer Anionen in den Harn ist ein zweistufiger Prozess. (1) Das organische Anion wird zunächst über OAT1, (OAT2) oder OAT3 an der basolateralen Seite der Membran in die proximale Tubuluszelle aufgenommen. Beim Transport des organischen Anions wird ein Dicarboxylat (DC, α-Ketoglutarat) mit dem Gradienten aus der Zelle hinaustransportiert. Der Dicarboxylatgradient wird durch den Natrium-Dicarboxylat-Cotransporter (NaDC) aufrecht erhalten, der an eine Na^+/K^+-ATPase gekoppelt ist. Man spricht von einem tertiär aktiven Transport. (2) Das organische Anion wird anschließend über verschiedene Transporter an der apikalen Membran in das Tubuluslumen und den Harn sekretiert (vgl. Text; Bild modifiziert nach Miyazaki, Sekine & Endou, 2004).

Anionen-Dicarboxylat-Antiporter. Der Dicarboxylatgradient wird durch den Natrium-Dicarboxylat-Cotransporter (NaDC) aufrecht erhalten, der an eine primär aktive Na^+/K^+-ATPase gekoppelt ist. Dieser Prozess wird als *teritär aktiver Transport* bezeichnet. Das Modell der tertiären Energiekopplung des organischen Anion-Transports an der basolateralen Seite der Niere wurde bereits 1987 aufgestellt (Pritchard, 1987; Shimada *et al.*, 1987).

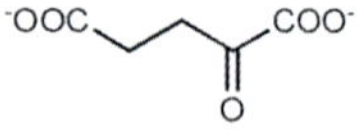

α-Ketoglutarat

Sekretion in das Tubuluslumen. Im zweiten Schritt wird das organische Anion über die apikale Bürstensaummembran in das proximale Tubuluslumen sekretiert. Dabei sind ebenfalls aktive Transporter involviert. Die primär aktiven Transporter MRP2 und MRP4 (Multidrug Resistance-Associated Proteins) transportieren organische Anionen unter ATP-Verbrauch in das Lumen. Möglicherweise ist auch ein spannungsabhängiger Transporter, OATv1, beteiligt (Jutabha *et al.*, 2003). Die apikale Membran enthält zudem Transporter zur Reabsorption von Substanzen aus dem Lumen. OAT4, ebenfalls ein Organischer Anionen–Dicarboxylat-Antiporter, ist offenbar vor allem an der *Reabsorption* bestimmter organischer Anionen aus dem Lumen beteiligt, wobei Dicarboxylate sekretiert werden (Ekaratanawong *et al.*, 2004)

6.2.2
Charakterisierung der OAT

Übersicht über die OAT und ihre Substrate

1997 wurde der erste OAT, OAT1 (Organischer Anionen-Transporter 1), von mehreren Forschungsgruppen kloniert und isoliert (Sekine *et al.*, 1997; Sweet *et al.*, 1997; Wolff *et al.*, 1997; Lopez-Nieto *et al.*, 1997). Dass die Niere organische Anionen sekretiert, ist jedoch schon seit langer Zeit bekannt. So zeigte bereits Heidenhain am Ende des 19. Jahrhunderts, dass Indigofarbstoffe vom proximalen Tubulus sekretiert werden (Heidenhain, 1874). Seine Experimente wurden 1923 mit der Sekretion von Phenolrot bestätigt (Marshall & Vickers, 1923).

Klassifizierung

Es wurden bisher 6 Isoformen von OAT und weitere, strukturell ähnliche Proteine identifiziert. Eine Übersicht über die Isoformen ist in Tabelle 6.2 dargestellt.

Tabelle 6.2 Übersicht über die bekannten Mitglieder der OAT-Familie (angepasst aus: Miyazaki, Sekine & Endou, 2004; Burckhardt & Burckhardt, 2003; Cha **et al.**, 2001).

Genprodukt *(Gensymbol)*	Expression im humanen Gewebe	Transport-Mechanismus	Renale Lokalisation prox. Tubulus, Funktion
OAT1 (*SLC22A6*)	**Niere** >> Gehirn	OA-DC-Antiporter	basolateral, S2-Segment OA-Sekretion
OAT2 (*SLC22A7*)	**Leber** > Niere	?	basolateral, OA-Sekretion
OAT3 (*SLC22A8*)	**Niere** > Muskel > Gehirn	OA-DC-Antiporter	basolateral, S1, S2, S3 OA-Sekretion
OAT4 (*SLC22A11*)	**Niere** und **Placenta**	OA-DC-Antiporter	apikal, OA-Reabsorption
URAT1 (*SLC22A12*)	**Niere**	Harnstoff-Anion-Antiporter	apikal, Urat-Reabsorption
OAT5 (SLC22A19)	? Niere (Maus)	?	?

Multispezifität

OAT sind an der Niere für die Sekretion (teilweise auch für die Reabsorption) von strukturell sehr unterschiedlichen Xenobiotika verantwortlich, was die Folge einer sehr breiten Substratspezifität ist. Man spricht deshalb von der „Multispezifität" des Transporters. Auch andere Transporter, die an der Elimination von Wirkstoffen beteiligt sind, sind multispezifisch, wie z.B. OATP oder P-gp (Miyazaki, Sekine & Endou, 2004).

Struktur-Aktivitäts-Beziehungen

Bereits vor der Klonierung der OAT waren viele Daten zur Substratspezifität des organischen Anionentransports verfügbar. Der Transporter, der früher als PAH-Transporter bezeichnet wurde, kann wahrscheinlich mit OAT1 gleichgesetzt werden (Burckhardt & Burckhardt, 2003). Deshalb haben auch die für dieses System bestimmten Struktur-Aktivitätsbeziehungen weiterhin Gültigkeit (Ullrich, 1997; 1999):

- Die Substrate müssen eine bestimmte Hydrophobizität aufweisen. Die hydrophobe Domäne muss eine minimale Länge von 4 Å aufweisen und kann bis zu 10 Å groß ein.
- Die Stärke der negativen Ladung spielt eine Rolle. Es konnte eine Beziehung zwischen den pK_a-Werten der Substrate und der Affinität zum Transporter gezeigt werden. Bei sinkendem pK_a steigt die Affinität des Substrats zum Transporter.
- Auch nicht-ionisierbare Substanzen werden transportiert, z.B. Aldehyde oder Steroide.
- Elektronenziehende Gruppen (Cl, Br, NO_2) erhöhen die Interaktion zum Transporter.

Struktur von OAT1

Die Kristallstruktur der OAT wurde noch nicht aufgeklärt. Für OAT1 wurde ein Aufbau aus 12 transmembranären Domänen vorhergesagt. N- und C-Terminus befinden sich intrazellulär. Zwischen der ersten und zweiten transmembranären Domäne befindet sich ein großer extrazellulärer, hydrophober Loop, der mehrfach glykosyliert werden kann. Die Glykosylierung spielt im *Trafficking*[2)] und vielleicht in der Substraterkennung eine Rolle.

Zwischen der 6. und 7. transmembranären Domäne befindet sich intrazellulär ein weiterer hydrophober Loop, der mehrfach phosphoryliert werden kann. Die Phosphorylierung, beispielsweise durch die Proteinkinase C, erniedrigt den Transport der Substrate und spielt bei der Regulation des Proteins eine Rolle (Sekine, Cha & Endou, 2000; Miyazaki, Sekine & Endou, 2004).

2) Trafficking bezieht sich auf den Transport vom Ort der Synthese des Proteins zum Wirkort (z.B. Zellmembran).

p-Aminohippursäure

p-Aminohippursäure (PAS; *p*-Aminohippurat PAH) wird in der Niere glomerulär filtriert und proximal tubulär sekretiert. Die Substanz wird bei einer Nierenpassage **nahezu vollständig aus dem Blut geklärt**, wenn ihre Konzentration nicht zu hoch ist. Die PAH-Clearance ist deshalb ein Maß für die Sekretionsfähigkeit der Niere und ein Maß für den renalen Plasmafluss, das zur Überprüfung der Nierenfunktion herangezogen wird (Smith *et al.*, 1945).

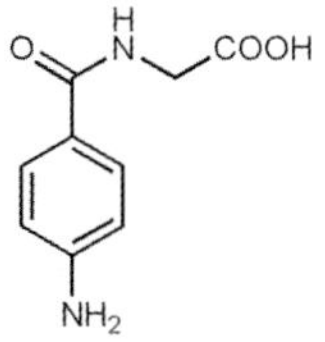

p-Aminohippursäure

PAH ist ein organisches Anion und hat als Modellsubstanz in der Geschichte der Erforschung der renalen Sekretion und des renalen Organischen Anionen-Transportsystems eine wichtige Rolle gespielt (Moeller & Sheikh, 1983; Pritchard & Miller, 1993). PAH ist ein Substrat für den Organischen Anionentransporter OAT1 an der basolateralen Seite der Niere.

6.2.3
Pharmakologische Relevanz der renalen OAT

Pharmakokinetik: Inhibition der Sekretion
Verlängerung der Pencillin-Wirkung durch Probenecid

Eine Inhibition der Sekretion eines Arzneimittels kann zu einer Reduktion der renalen Clearance und zu einer Verlängerung der Halbwertszeit führen[3]. Das bekannteste Beispiel in diesem Zusammenhang ist die signifikante Verlängerung der Halbwertszeit der Pencilline (z.B. Penicillin G = Benzylpenicillin) bei gleichzeitiger Applikation von Probenecid (z.B. Burnell & Kirby, 1951).

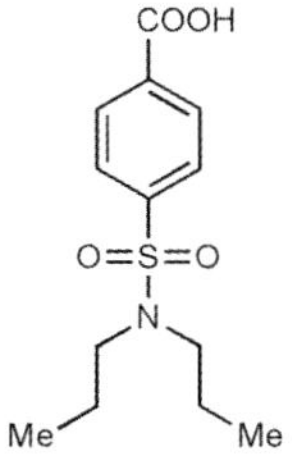

Probenecid

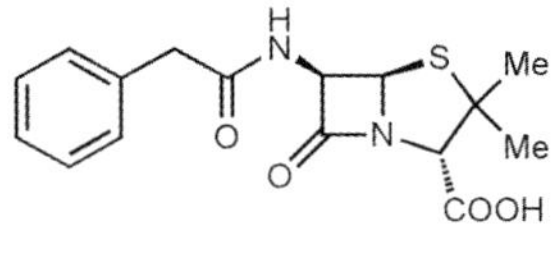

Penicillin G

Penicilline haben eine hohe renale Clearance und eine kurze Halbwertszeit. Penicillin G ist hydrophil und wird fast ausschließlich renal eliminiert. Es hat

3) Die Halbwertszeit eines Wirkstoffs ist umgekehrt proportional zur totalen Clearance (CL) einer Substanz. Die renale Clearance ist additiv an der totalen Clearance beteiligt. $t1/2 = \ln 2 \cdot Vd / CL$

eine kurze Halbwertszeit von 30–40 Minuten und wird zu 10 % filtriert und zu 90 % sekretiert (Angaben des Herstellers).

Unter der Leitung von Karl Beyer wurde bei Sharp und Dohme während des zweiten Weltkriegs ab 1943 nach einer Substanz gesucht, welche die Wirkung von Penicillin verlängern sollte. Dabei wurde das Ziel verfolgt, das rare und kostbare Arzneimittel zu „strecken“. Mit organischen Anionen wie PAH konnte die Sekretion der Penicilline durch eine Kompetition um den Transportweg signifikant gehemmt und damit die Halbwertszeit des Wirkstoffs erhöht werden (Beyer *et al.*, 1944). Die benötigte Dosis von PAH war aber zu hoch für eine praktische Anwendung.

Probenecid (CH: Santuril®, DE: Probenecid Weimer® USA: Benemid®) kam erst Mitte der 50er Jahre auf den Markt, als Penicillin relativ weit verbreitet und günstig geworden war (Greene, 2005). Die Substanz und Analoga wurden von Sharp and Dohme 1952 zum Zweck der Wirkungsverlängerung und Dosisreduktion von Penicillinen patentiert (US Patent Nr. 2'608'507). Vermarktet wurde Probenecid schließlich aber als Urikosurikum zur Förderung der Harnsäureausscheidung bei Gicht. Das Arzneimittel wird heute noch bei dieser Indikation eingesetzt.

Probenecid ist ein organisches Anion mit einem pK_a von 3,13 für die Carbonsäure. Es liegt deshalb bei physiologischen Bedingungen (außer bei saurem pH im Magen) als Anion vor. Der Wirkstoff ist ein Inhibitor der humanen OAT1 und OAT3 an der basolateralen Seite der Niere (s. Abb. 6.4). Probenecid inhibiert auch weitere tubuläre Transporter, z.B. MRP4 an der apikalen Membran (Van Aubel *et al.*, 2002).

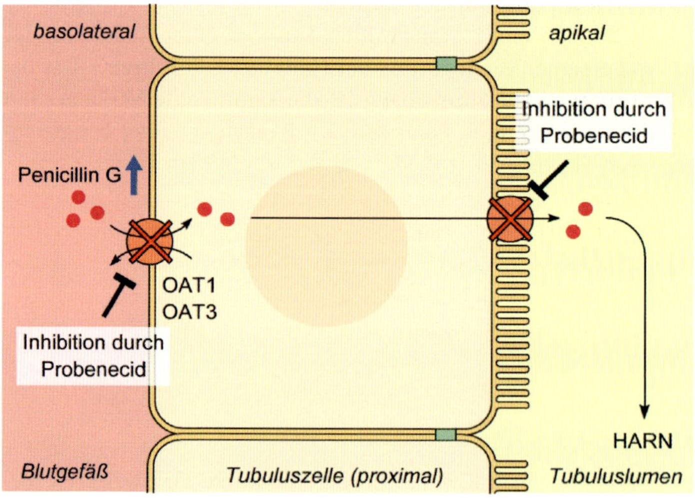

Abb. 6.4 Möglicher Mechanismus der Interaktion zwischen Probenecid und Penicillin G. Probenecid hemmt die Sekretion von Penicillin G und führt zu einer Wirkungsverlängerung. Probenecid ist ein Inhibitor der basolateralen OAT1, OAT3 und weiteren tubulären Transportern, z.B. MRP4 an der apikalen Membran.

Inhibition der Sekretion von Methotrexat durch NSAID, Penicilline und Probenecid
Methotrexat ist ein Folsäureanalogon und Antimetabolit und wird als Zytostatikum eingesetzt. In geringeren Dosen wird es auch bei autoimmunen und entzündlichen Erkrankungen, z.B. bei rheumatoider Arthritis, verwendet.

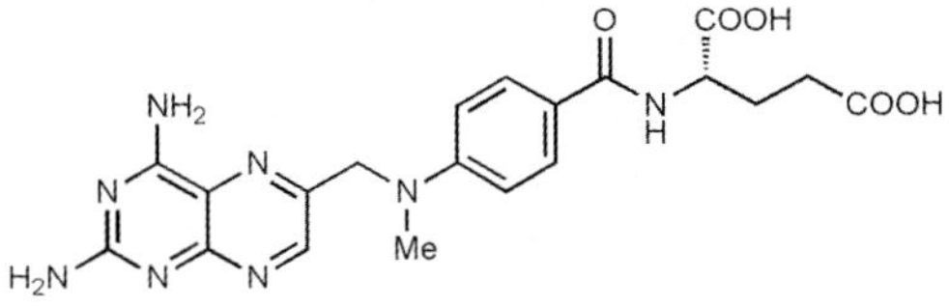

Methotrexat

Methotrexat wird zum größten Teil (90 %) unverändert über die Niere eliminiert und aktiv sekretiert (Angaben des Herstellers).

Organische Anionen wie Probenecid, NSAID und β-Lactam-Antibiotika (Penicillin G) können die Sekretion von Methotrexat hemmen und dadurch die Verweildauer der Substanz im Organismus erhöhen. Zahlreiche Fallberichte zeigen, dass insbesondere bei höheren Dosen von Kombinationen dieser organischen Anionen folgenschwere Interaktionen auftreten können. Die Erhöhung der Methotrexatkonzentration kann zu einer Suppression des Knochenmarks und akutem Nierenversagen führen.

Methotrexat ist ein Substrat der humanen OAT1, OAT3 und OAT4. Probenecid, NSAID und Penicillin G inhibieren diese Isoformen des Transporters und scheinen deshalb an der Interaktion beteiligt zu sein (Takeda *et al.*, 2002). Der genaue Mechanismus der Interaktion ist jedoch nicht restlos aufgeklärt. Auch andere Transporter (RFC-1) und eine Hemmung des apikalen Transports (MRP) könnten involviert sein (Nozaki *et al.*, 2004).

Verminderung des Effekts von Diuretika
Bestimmte Klassen von Diuretika sind organische Anionen. Dazu gehören die Schleifendiuretika (z.B. Furosemid, Torasemid und Bumetanid) und Thiaziddiuretika (z.B. Chlorthiazid, Hydrochlorthiazid). Diese Substanzen werden zur Förderung der Wasserausscheidung bei Indikationen wie Hypertension, Herzinsuffizienz und Leberzirrhose verwendet. Schleifendiuretika hemmen die Reabsorption von Natrium durch Hemmung des $Na^+/K^+/2Cl^-$-Cotransporters am aufsteigenden dicken Ast der Henle-Schleife. Thiaziddiuretika hemmen den Na^+/Cl^--Cotransporter am distalen Tubulus. Dies führt zu einer erhöhten Ausscheidung von Na^+ und Wasser.

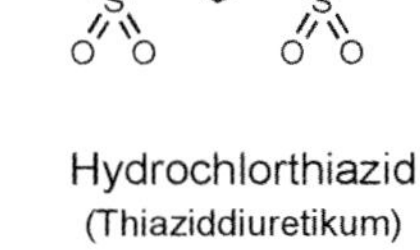

Hydrochlorthiazid
(Thiaziddiuretikum)

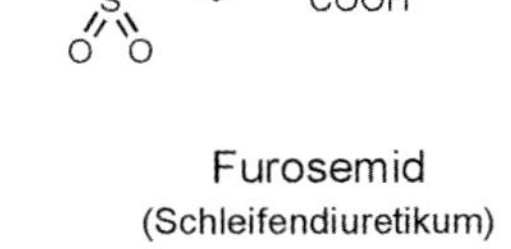

Furosemid
(Schleifendiuretikum)

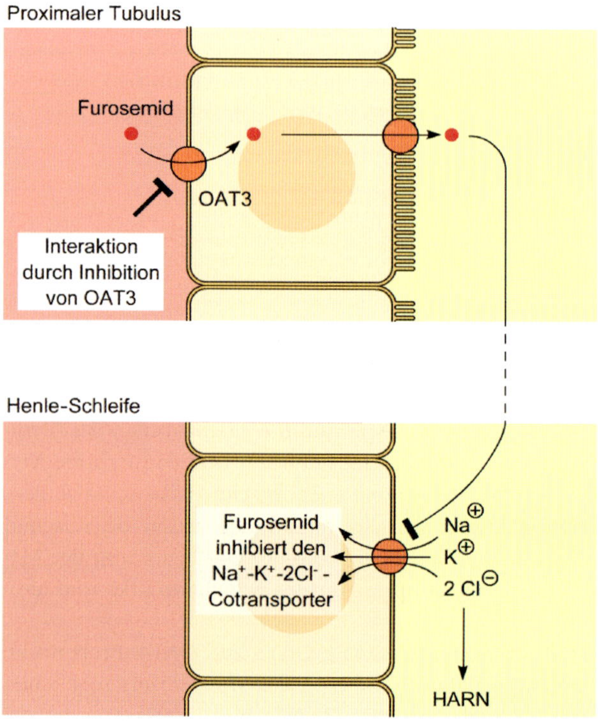

Abb. 6.5 Transport und Wirkmechanismus des Schleifendiuretikums Furosemid am Nephron. Furosemid ist ein organisches Anion und wird am proximalen Tubulus über OAT3 in das Tubuluslumen sekretiert. Sein diuretischer Effekt beruht auf der Inhibition des $Na^+/K^+/2Cl^-$-Cotransporters am aufsteigenden, dicken Ast der Henle-Schleife. Wird die Sekretion über OAT3 inhibiert, wird der diuretische Effekt reduziert, da das Medikament seinen Wirkort nicht erreichen kann.

Um ihren Wirkort zu erreichen, müssen Diuretika ins Tubuluslumen gelangen. Da die Proteinbindung der Diuretika im Allgemeinen hoch ist (>90 %), ist die tubuläre Sekretion der Diuretika der Hauptprozess der gesamten renalen Exkretion. Das bedeutet, dass bei einer Inhibition der Sekretion die Wirkung der Diuretika abgeschwächt wird.

Es wurde gezeigt, dass OAT1 vor allem an der Aufnahme der Thiazide und OAT3 vor allem an der Aufnahme der Schleifendiuretika beteiligt ist (Hasannejad *et al.*, 2004). Es ist bekannt, dass OAT1 und OAT3 unterschiedliche Substratspezifitäten aufweisen, obwohl sie zum Teil auch dieselben Substrate akzeptieren (Substratüberlappung, Cha *et al.*, 2001).

Bei einer gleichzeitigen Gabe von Arzneimitteln, die OAT hemmen, etwa durch Kompetition um den Transport, ist also mit einer Reduktion des diuretischen Effekts zu rechnen (s. Abb. 6.5).

Antivirale Medikamente

Es wurde gezeigt, dass eine Reihe antiviraler Medikamente (Aciclovir, Ganciclovir, Adefovir etc.) von OAT transportiert werden. Es sind also Interaktionen mit Inhibitoren von OAT, z.B. anderen organischen Anionen möglich. Zudem spielt der Transport in die Tubuluszelle auch eine Rolle in der (intrazellulären) Nephrotoxizität der Substanzen. Die Nephrotoxizität kann durch eine Hemmung des Transports verringert werden.

Cidofovir (CH: Vistide®) ist ein Cytidin-Analogon (Cytosin + Ribose), welches zur Behandlung der CMV (Cytomegalie-Virus)-Retinitis bei AIDS-Patienten eingesetzt wird. Cidofovir wird obligatorisch zusammen mit Probenecid verabreicht, um die Nephrotoxizität auf den proximalen Tubulus zu verringern (Russel, Masereeuw & van Aubel, 2002).

Oseltamivir-Probenecid-Kombination bei einer Grippe-Pandemie?
Angesichts einer möglichen Grippe-Pandemie wurde von einem amerikanischen Arzt im November 2005 vorgeschlagen, eine Interaktion zwischen dem Neuraminidasehemmer Oseltamivir (Tamiflu®) und Probenecid therapeutisch auszunutzen (Butler, 2005). Probenecid verlängert – wie bei den Penicillinen – die Verweildauer von Oseltamivir im Organismus, wahrscheinlich über eine Hemmung von OAT (Hill *et al.*, 2002). Es wäre deshalb theoretisch möglich, das antivirale Medikament pharmakokinetisch zu „strecken". Da im Pandemiefall mit Lieferschwierigkeiten zu rechnen ist, wäre es dadurch möglich, das Medikament mehr Patienten zugänglich zu machen. Diese Verwendung ist aber bisher klinisch noch nicht ausreichend untersucht worden. Zudem müsste Probenecid bis zu 4-mal täglich eingenommen werden.

Pharmakodynamik
URAT1: Inhibition der Harnsäure-Reabsorption an der apikalen Membran
URAT1 (Urate Transporter 1, *SLC22A12*) ist eine Isoform von OAT und reabsorbiert Urat (Harnsäure) aus dem Lumen zurück in die Tubuluszelle im Austausch gegen ein organisches Anion, das ins Lumen transportiert wird (s. Abb. 6.3). Im Gegensatz zu den anderen OAT ist URAT1 relativ spezifisch für sein Substrat. Harnsäure ist ein organisches Anion (pK_a: 5,75) und ein Abbauprodukt der Purine (u.a. Adenosin, Guanosin), welche über Xanthin zu Harnsäure oxidiert werden.

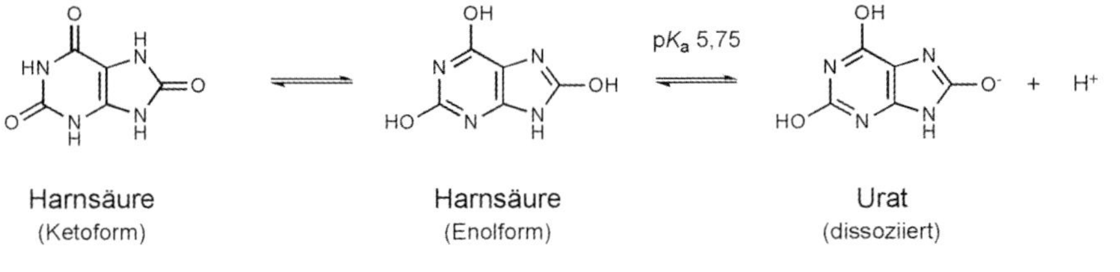

Die Exkretion der Harnsäure ist ein komplexer Prozess, der nach dem 4-Komponenten-Modell beschrieben wird (s. Abb. 6.6). Die Substanz wird filtriert und über OAT und einen Kanal (UAT, Urate Channel) sekretiert. Obwohl es sich um ein Abbauprodukt handelt, wird Harnsäure von URAT1 vor und nach der Sekretion wieder reabsorbiert und dadurch die Plasmakonzentration reguliert. Die Reabsorption ist der Grund, weshalb nur eine geringe Fraktion (10 %) der filtrierten und sekretierten Menge tatsächlich exkretiert wird.

Weshalb wird Harnsäure reabsorbiert, wenn es sich um ein „Abfallprodukt" des Organismus handelt? Die Ursache für diesen scheinbaren Widerspruch liegt darin, dass es sich bei Harnsäure um ein wichtiges Antioxidans handelt, also eine Substanz, die auch physiologische Funktionen wahrnimmt.

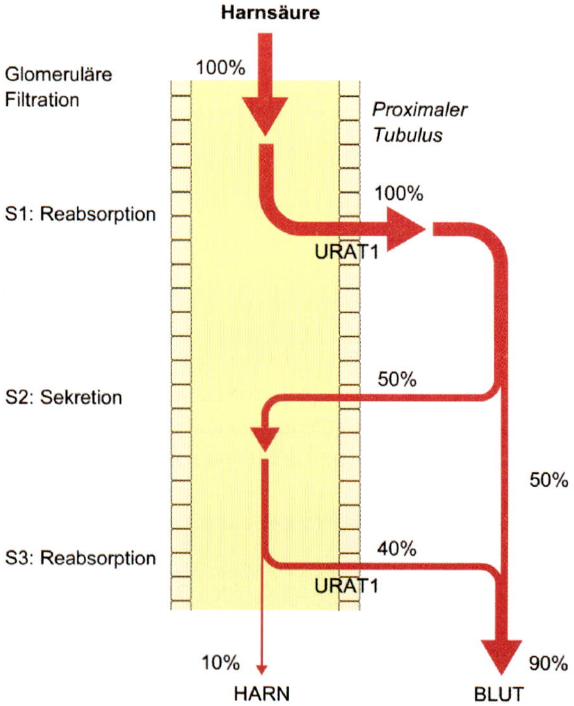

Abb. 6.6 Exkretion der Harnsäure. Gemäß dem 4-Komponenten-Modell wird Harnsäure zunächst glomerulär filtriert (100 %). Am S1-Segment des proximalen Tubulus wird sie wieder zu fast 100 % reabsorbiert (URAT1). Am S2-Segment wird etwa 50 % wieder sekretiert und schließlich wird am S3-Segment wieder ca. 40 % reabsorbiert. Am Ende verlässt nur etwa 10 % der filtrierten Harnsäure den Organismus im Harn, während insgesamt 90 % ins Blut reabsorbiert wurde (modifiziert nach Enomoto & Endou, 2005).

Eine zu hohe Harnsäurekonzentration kann durch Akkumulation und Kristallisation allerdings zu gesundheitlichen Problemen wie Gicht führen, weshalb die Regulation der Konzentration bedeutsam ist. URAT1 ist offenbar am Wirkmechanismus der Urikosurika beteiligt. Urikosurika, wie Benzbromaron und Probenecid (siehe oben), werden bei Gicht zur Förderung der Harnsäure-Exkretion verwendet. Es wurde gezeigt, dass sie URAT1 und somit die Reabsorption hemmen.

URAT1 könnte ein interessantes Drug Target darstellen, um neue Wirkstoffe gegen Gicht zu entwickeln. Die traditionellen Urikosurika haben Nachteile: Probenecid ist relativ unspezifisch und Benzbromaron ist aufgrund seiner Hepatotoxizität in der Schweiz außer Handel (vgl. Kaufmann *et al.*, 2005).

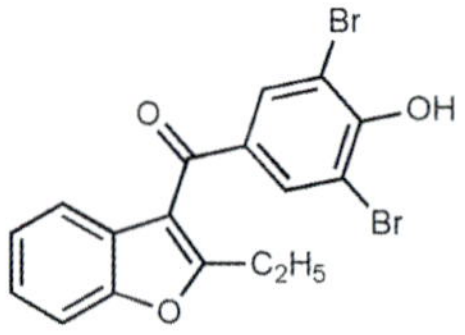

Benzbromaron

Es wurde gezeigt, dass bestimmte genetische Formen der Hypourikämie, d.h. ein erniedrigter Harnsäurespiegels im Blut, mit Defekten im für URAT1 kodierenden Gen *SLC22A12* assoziiert sind.

In diesem Zusammenhang ist auch interessant, dass Losartan, ein organisches Anion und Antagonist von Angiotensin II am AT_1-Rezeptor, hauptsächlich eingesetzt gegen hohen Blutdruck und Herzinsuffizienz, ebenfalls URAT1 hemmt. Eine unerwünschte Wirkung von Losartan ist deshalb die Hypourikämie (zu URAT1 siehe Enomoto *et al.*, 2002; Hediger, 2002; Enomoto & Endou, 2005; Hediger, Johnson, Miyazaki & Endou, 2005).

Polymorphismen

Zu klinisch relevanten Polymorphismen der OAT ist bisher noch wenig bekannt (Marzolini, Tirona & Kim, 2004).

Merksatz

- ***OAT: Organische Anionen-Transporter sind an der Sekretion endo- und exogener organischer Anionen am proximalen Tubulus der Niere beteiligt.***
- ***Die Sekretion von Substanzen ist ein zweistufiger Prozess: (1) Aufnahme aus dem Blut, (2) Sekretion in das Tubuluslumen.***
- ***OAT1, (OAT2) und OAT3 nehmen an der basolateralen Membran Substanzen aus dem Blut in den Nierentubulus auf. Dabei handelt es sich um einen tertiär aktiven Transport unter dem Antiport eines Dicarboxylats (α-Ketoglutarat).***
- ***OAT4 ist an der apikalen Membran des proximalen Tubulus lokalisiert und an der Reabsorption von Substanzen aus dem Blut beteiligt.***
- ***URAT1 ist der Transporter, welcher Harnsäure aus dem proximalen Tubulus reabsorbiert und von Urikosurika (Benzbromaron, Probenecid) gehemmt wird.***
- ***Viele Arzneimittel sind organische Anionen und werden an der Niere über OAT sekretiert. Bei gleichzeitiger Gabe organischer Anionen kann es durch Hemmung der Sekretion zu Interaktionen kommen. Beispiel: Erhöhte Knochenmarkstoxizität von Methotrexat bei gleichzeitiger Verabreichung von NSAID.***
- ***Die Interaktionen können auch positiv ausgenutzt werden, z.B. kann die Wirkdauer von Medikamenten verlängert werden (Pencilline, Oseltamivir?) und die Nephrotoxizität am proximalen Tubulus kann reduziert werden (z.B. Cidofovir).***

Fazit

Die organischen Anionentransporter (OAT) am proximalen Tubulus der Niere spielen eine signifikante Rolle bei der Sekretion organischer Anionen in den Harn. Einige OAT sind zudem an der Reabsorption beteiligt, wie OAT4 und URAT1 an der apikalen Membran des Tubulus.

Die Inhibition der OAT durch Arzneimittel kann aufgrund der Hemmung der Sekretion zu klinisch relevanten Interaktionen führen. Bei der Verabreichung von zwei Medikamenten, die organische Anionen sind, ist deshalb immer auf mögliche Interaktionen zu achten.

Die chemische Struktur ermöglicht es mit Hilfe der pK_a-Werte einfach abzuschätzen, ob es sich bei einem Arzneimittel um ein organisches Anionen handelt und so Vorhersagen über mögliche Interaktionen zu machen.

Literatur

Arzneimittel-Kompendium der Schweiz, www.kompendium.ch, **2006**.

Beyer K.H., Woodward R., Peters L., Verwey W.F. & Mattis P.A. The prolongation of penicillin retention in the body by means of para-Aminohippuric acid. *Science*, **1944**, *100*, 107–108.

Burckhardt B.C. & Burckhardt G. Transport of organic anions across the basolateral membrane of proximal tubule cells. *Reviews of Physiology, Biochemistry and Pharmacology*, **2003**, *146*, 95–158.

Burnell J.M & Kirby W.M.M. Effectiveness of a new compound, Benemid, in elevating serum penicillin concentrations. *Journal of Clinical Investigation*, **1951**, *30(7)*, 697–700.

Butler D. Wartime tactic doubles power of scarce bird flu-drug. *Nature*, **2005**, *438(3)*, 6.

Cha H.S., Sekine T., Fukushima J-I., Kanai Y., Kobayashi Y., Goya T. & Endou H. Identification and characterization of human organic anion transporter 3 expressing predominantly in the kidney. *Molecular Pharmacology*, **2001**, *59*, 1277–1286.

Enomoto *et al.* Molecular identification of a renal urate-anion exchanger that regulates blood urate levels. *Nature*, **2002**, *417*, 447–4452.

Enomoto A. & Endou H. Roles of organic anion transporters (OATs) and a urate transporter (URAT1) in the pathophysiology of human disease. *Clinical and Experimental Nephrology*, **2005**, *9*, 195–205.

Ekaratanawong S., Anzai N., Jutabha P., Miyazaki H., Noshiro R., Takeda M., Kanai Y., Sophasan S. & Endou H. Human organic anion transporter 4 is a renal apical organic anion/dicarboxylate exchanger in the proximal tubules. *Journal of Pharmacological Sciences*, **2004**, *94*, 297–304.

Greene J.A. Releasing the flood waters: Diuril and the reshaping of hypertension. *Bulletin of the History of Medicine*, **2005**, *79*, 749–794.

Hasannejad H., Takeda M., Taki K., Shin H.J., Babu E., Jutaba P., Khamdang S., Aleboyeh M., Onozato M.L., Tojo A., Enomoto A., Anzai N., Narikawa S., Huang X-L., Niwa T. & Endou H. Interactions of human organic anion transporters with diuretics. *The Journal of Pharmacology and Experimental Therapeutics*, **2004**, *308*, 1021–1029.

Hediger M.A. Gateway to a long life? *Nature*, **2002**, *417*, 393–395.

Hediger M.A., Johnson R.J., Miyazaki H. & Endou H. Molecular physiology of urate transport. *Physiology*, **2005**, *20*, 125–133.

Heidenhain R. Versuche über den Vorgang der Harnabsonderung. *Pflügers Archiv European Journal of Physiology*, **1874**, *9(1)*, 1–27.

Hill G., Cihlar T., OO C., Ho E.S., Prior K., Wiltshire H., Barrett J., Liu B. & Ward P. The anti-influenza drug oseltamivir exhibits low potential to induce pharmakokinetics drug interactions via renal secretion – correlation of in vivo and in vitro studies. *Drug Metabolism and Disposition*, **2002**, *30*, 13–19.

Jutabha P., Kanai Y., Hosoyamada M., Chairoungdua A., Kim D.K., Iribe Y., Babu E., Kim J.Y., Anzai N., Chatsudthipong V. & Endou H. Identification of a novel voltage-driven organic anion transporter present at apical membrane of renal proximal tubule. *Journal of Biological Chemistry*, **2003**, *278(30)*, 27930–27938.

Kaufmann P., Török M., Hänni A., Roberts P., Gasser R. & Krähenbühl S. Mechanisms of benzarone and benzbromarone-induced hepatic toxicity. *Hepatology*, **2005**, *41(4)*, 925–935.

Lopez-Nieto C.E., You G., Bush K.T., Barros E.J.G., Beier D.R. & Nigam S.K. Molecular cloning and characterization of NKT, a gene product related to the organic cation transporter family that is almost exclusively expressed in the kidney. *Journal of Biological Chemistry*, **1997**, *272(10)*, 6471–6478.

Marshall E.K. & Vickers J.L. The mechanism of the elimination of phenolsulphonephtalein by the kidney – a proof of secretion by the convoluted tubules. *Bulletin of the Johns Hopkins Hospital*, **1923**, *34*, 1–6.

Marzolini C., Tirona R.G. & Kim R.B. Pharmacogenomics of the OATP and OAT families. *Future Medicine*, **2004**, *5(3)*, 273–282.

Moeller J.V. & Sheikh M.I. Renal organic anion transport system: pharmacological, physiological, and biochemical aspects. *Pharmacological Reviews*, **1983**, *34(4)*, 315–358.

Miyazaki H., Sekine T. & Endou H. The multispecific organic anion transporter family: properties and pharmacological significane. *Trends in Pharmacological Sciences*, **2004**, *25(12)*, 654–662.

Nozaki Y., Kusuhara H., Endou H. & Sugiyama Y. Quantitative evaluation of the drug-drug interactions between methotrexate and nonsteroidal anti-inflammatory drugs in the renal uptake process based on the contribution of organic anion transporters and reduced folate carrier. *The Journal of Pharmacology and Experimental Therapeutics*, **2004**, *309*, 226–234.

Pritchard J.B. & Miller D.S. Mechanisms mediating renal secretion of organic anions and cations. *Physiological Reviews*, **1993**, *73(4)*, 765–796.

Pritchard J.B. Luminal and peritubular steps in renal transport of p-aminohippurate. *Biochimica et Biophysica Acta*, **1987**, *906*, 295–308.

Russel F., Masereeuw R. & van Aubel R. Molecular aspects of renal anionic drug transport. *Annual Reviews of Physiology*, **2002**, *64*, 563–594.

Sekine T., Watanabe N., Hosoyamada M., Kanai Y. & Endou H. Expression cloning and characterization of a novel multispecific organic anion transporter. *Journal of Biological Chemistry*, **1997**, *272*, 18526–18529.

Sekine T., Cha S.H. & Endou H. The multispecific organic anion transporter (OAT) family. *European Journal of Physiology*, **2000**, *440*, 337–350.

Sekine T., Miyazaki H. & Endou H. Molecular phyiology of renal organic anion transporters. *American Journal of Physiology, Renal Physiology*, **2006**, *290(2)*, F251–F261.

Shimada H., Moewes B. & Burckhardt G. Indirect coupling of Na of p-aminohippuric acid uptake into rat renal basolateral membrane vesicles. *American Journal of Physiology*, **1987**, *253*, F795–F801.

Shitara Y., Hitoshi H. & Yuichi S. Evaluation of drug-drug interaction in the hepatobiliary and renal transport of drugs. *Annual Review of Pharmacology and Toxicology*, **2005**, *45*, 689–723.

Smith H.W., Finkelstein H., Aliminosa L., Crawford B. & Graber M. The renal clearance of substituted hippuric acid derivatives and other aromatic acid in the dog and man. *Journal of Clinical Investigation*, **1945**, *24*, 388–404.

Smith H.W. The kidney: structure and function in health and disease. New York: Oxford University Press, **1951**.

Sweet D., Wolff N.A. & Pritchard J.B. Expression cloning and characterization of ROAT1. The basolateral organic anion transporter in rat kidney. *Journal of Biological Chemistry,* **1997**, *272,* 30088–30095.

Takeda M., Khamdang S., Narikawa S., Kimura H., Hosoyamada M., Cha S.H., Sekine T. & Endou H. Characterization of methotrexate transport and its drug interactions with human organic anion transporters. *The Journal of Pharmacology and Experimental Therapeutics,* **2002**, *302,* 666–671.

Ullrich K.J. Renal transporters for organic anions and organic cations. Structural requirements for substrates. *Journal of Membrane Biology,* **1997**, *158,* 95–107.

Van Aubel R., Smeets P., Peters J., Bindels R. & Russel F. The *MRP4/ABCC4* gene encodes a novel apical organic anion transporter in human kidney proximal tubules: putative efflux pump for urinary cAMP and cGMP. *Journal of the American Society of Nephrology,* **2002**, *13,* 595–603.

Welsch U. Sobotta – Lehrbuch Histologie. München, Jena: Urban & Fischer, **2003**.

Wolff, N.A., Werner A., Burkhardt S. & Burckhardt G. Expression cloning and characterization of a renal organic anion transporter from winter flounder. *FEBS Letters,* **1997**, *417,* 287–291.

You G. Towards an understanding of organic anion transporters: structure-function relationships. *Medicinal Research Reviews,* **2004**, *24(6),* 762–774.

Sachverzeichnis

a

Moderne Pharmakokinetik. Beat Ernst, Alexander Vögtli

ISBN: 978-3-527-32376-0

d

n

t